计算机网络技术与应用

（微课版）

肖仁锋　刘洪海　于晓燕　主编
徐胜南　徐　震　副主编

清華大学出版社
北京

内容简介

本书基于网络技术发展趋势和新时代对网络技术人才需求，以"1+X"认证为抓手，以企业实际网络应用案例为载体，遵循网络技能人才的成长规律，通过从网络技术理论阐述到项目案例设计和实施的完整过程，使读者既能充分学习"1+X"考试的基础知识，又能积累项目经验。全书共分为11章，分别介绍了计算机网络的基本概念和发展历史、计算机网络体系结构、物理层及通信技术基础、数据链路层的基本概念和功能、局域网的相关技术和协议、网络层与路由器的工作原理，以及传输层、会话层、表示层和应用层的基本内容，还有 Internet 基础、无线网络、网络管理和网络安全等内容。

本书以工作过程为导向，综合网络技术与应用涵盖的内容，结合教学中的实际需求，对网络技术和应用的内容重新进行了梳理和调整，遵循学生职业能力培养的基本规律，从简单到复杂，科学设计学习性工作任务和实训项目，增加了很多实用的实训案例，同时提供了丰富的教学资源，使全书内容更加全面，结构安排更加合理，同时，将职业技能等级标准有关内容及要求有机融入专业课程教学，优化了专业人才培养方案。另外，书中关于路由交换的案例都是基于华为设备的，更加符合实际的教学要求，促进了书证融通。本书配有课件、微课等教学资源，可扫码使用。

本书的内容组织合理、案例设计新颖，在以往网络基础理论的基础上增加了大量教学案例，体现了"学中做、做中学"的思想，可作为普通本科院校和高职高专院校的教学用书以及其他相关读者的学习用书。

图书在版编目(CIP)数据

计算机网络技术与应用：微课版/肖仁锋，刘洪海，于晓燕主编. —北京：清华大学出版社，2023.3
ISBN 978-7-302-62895-8

Ⅰ. ①计…　Ⅱ. ①肖…　②刘…　③于…　Ⅲ. ①计算机网络－高等学校－教材　Ⅳ. ①TP393

中国国家版本馆 CIP 数据核字(2023)第 035320 号

责任编辑：张　弛
封面设计：刘　键
责任校对：刘　静
责任印制：丛怀宇

出版发行：清华大学出版社
网　　址：http://www.tup.com.cn，http://www.wqbook.com
地　　址：北京清华大学学研大厦 A 座　　**邮　　编**：100084
社 总 机：010-83470000　　**邮　　购**：010-62786544
投稿与读者服务：010-62776969，c-service@tup.tsinghua.edu.cn
质量反馈：010-62772015，zhiliang@tup.tsinghua.edu.cn
课件下载：http://www.tup.com.cn，010-83470410
印 装 者：三河市君旺印务有限公司
经　　销：全国新华书店
开　　本：185mm×260mm　　**印　　张**：19.75　　**字　　数**：503 千字
版　　次：2023 年 5 月第 1 版　　**印　　次**：2023 年 5 月第 1 次印刷
定　　价：59.00 元

产品编号：095488-01

计算机网络是计算机技术和通信技术紧密结合并不断发展的一门学科，是20世纪最伟大的科技成就之一。它的理论发展和应用水平直接反映了一个国家高新技术的发展水平，并成为反映一个国家现代化程度和综合国力的重要标志。

计算机网络正在改变着我们的工作和生活的各个方面，推进着全球信息革命的进程。同时，随着《国家职业教育改革实施方案》的全面推广，"1＋X"证书制度试点工作开始在全国高职院校中逐步启动，通过将职业教育与证书培训相结合，培养出更具实践能力、符合岗位需求的高素质技能型人才。我们从"1＋X"证书制度入手，紧跟网络技术的发展编写了本书。

本书在编写过程中，紧密围绕党的二十大精神，全面贯彻党的教育方针，落实立德树人根本任务，坚持为党育人、为国育才，以培养社会主义建设者和接班人为目标。本书在内容论述和案例选取上，字斟句酌，精心安排；在结构设计和逻辑安排上，巧妙设计，精心布置。让学生在学习新知识的同时，把理论知识转化为工作本领、思路举措，坚持以学促知、以知促行、知行合一，用思想之光引领行动自觉，增强对党忠诚、为党尽职、为民造福的政治担当，增强时不我待、只争朝夕的历史担当，深化爱国主义、集体主义、社会主义教育，着力培养担当民族复兴大任的时代新人。

同时，在本书的编写过程中，我们始终把内容的可读性、实用性、先进性和科学性作为编写原则，力求内容新、结构清晰、层次清楚、概念准确、理论联系实际；另外，编者有多年的"计算机网络技术与应用"课程教学经验，有着丰富的理论基础和实践经验，在书中用大量的实例深入浅出地讲解了计算机网络的相关知识，使学生易读、易懂，轻松掌握计算机网络技术。

本书特点如下。

1. 全面系统的基础理论

编者都是教学多年的一线教师，根据多年的教学经验，对计算机网络的内容进行了重新梳理，在书中系统地阐述了网络基础和网络体系结构，详细地介绍了TCP/IP参考模型和OSI/RM参考模型中涉及的重要协议及其工作原理；另外，还结合实用的网络技术，循序渐进，让学生在掌握各种实用网络技术的基础上建立完整的理论体系。

2. 紧密对接"1＋X"证书制度

随着《国家职业教育改革实施方案》的全面推广，"1＋X"证书制度试点工作开始在全国高职院校中逐步启动，本书从"1＋X"证书制度入手，通过分析"1＋X"证书制度的具体概念和作用，进而有针对性地加入了与"1＋X"证书考试相关的案例，以此来全面提升计算机网络技术专业人才的就业与创新能力，为他们日后的顺利就业打好基础。力求通过将职业教育与证书培训相结合，深化复合型技术技能人才培养培训模式改革，提高人才培养质量。

3. 内容新颖

本书在大量的网络素材中选材精练,力求内容新颖、详略得当,既介绍了必要的理论基础,又补充了部分最新的知识和技能,与时俱进,为教师创造良好的教学空间、为学生学习提供了良好的上升空间。

4. 大量应用案例

本书根据高职学生的学习特点,理论与实践并重,在介绍理论的基础上,按照“每章有实训,每课有任务”的目标,增加了大量的应用案例,沿着“建网→用网→管网”的脉络设计内容,根据每章内容涉及的实用技术设计了多个相关的案例,帮助学生在学中做、做中学,做到了理论联系实际。

5. 可用性强

本书按照由浅入深、循序渐进的思路,详细地介绍了网络的知识和技能,并辅之大量的实例和习题,帮助学生理解和掌握相关知识。

本书由济南职业学院计算机学院与济南博赛网络技术有限公司合作开发。本书的第1～3章由肖仁锋编写,第4～6章由刘洪海编写,第7～9章由于晓燕编写,徐胜南和徐震分别编写了第10章和第11章,济南博赛网络技术有限公司的张金涛提供了大量的实训案例,并对本书内容的结构安排提出了许多建设性意见。同时,在本书的编写过程中,还得到了多位同事和济南博赛网络技术有限公司同行的关心和帮助,在此深表感谢。

限于编者的水平,本书难免存在疏漏不当之处,恳请广大读者批评、指正,我们将不断鞭策自己,持续改进。

编　者

2023年1月

教学课件

Contents

目

录

第1章 计算机网络基础

本章要点：

(1) 计算机网络的定义。
(2) 计算机网络的产生和发展。
(3) 计算机网络的功能。
(4) 计算机网络的组成。
(5) 计算机网络的分类。
(6) 计算机网络的应用。
(7) 计算机网络的发展前景。

学习目标：

(1) 了解计算机网络的产生和发展。
(2) 掌握计算机网络的定义。
(3) 掌握计算机网络的分类。
(4) 掌握计算机网络的功能。
(5) 掌握计算机网络的组成。
(6) 了解计算机网络的应用和发展前景。

1.1 计算机网络的定义

1.1

早期，人们将分散的计算机、终端及其附属设备，利用通信介质连接起来，能够实现相互通信的系统称为网络；1970 年，在美国信息处理协会召开的春季计算机联合会议上，计算机网络被定义为“以能够共享资源(硬件、软件和数据等)的方式连接起来，并且各自具备独立功能的计算机系统之集合”；现在，对计算机网络比较通用的定义是：计算机网络是利用通信设备和通信线路，将地理位置分散的、具有独立功能的多个计算机系统互联起来，通过网络软件实现网络中资源共享和数据通信的系统，如图 1-1 所示。

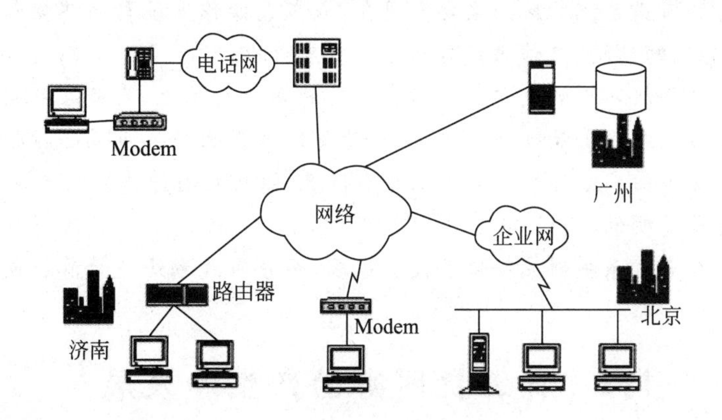

图 1-1 计算机网络示意图

计算机网络的定义涉及以下四个要点。

(1) 计算机网络中包含两台以上地理位置不同、具有“自主”功能的计算机。所谓“自主”,是指这些计算机不依赖于网络也能独立工作。通常,将具有“自主”功能的计算机称为主机(Host),在网络中也称为结点(Node)。网络中的结点不仅是计算机,还可以是其他通信设备,如 HUB、路由器等。

(2) 网络中各结点之间的连接需要有一条通道,即由传输介质实现物理互联。这条物理通道既可以是双绞线、同轴电缆或光纤等“有线”传输介质,也可以是激光、微波或卫星等“无线”传输介质。

(3) 网络中各结点之间互相通信或交换信息,需要有某些约定和规则,这些约定和规则的集合就是协议,其功能是实现各结点的逻辑互联。例如,Internet 上使用的通信协议是 TCP/IP 协议簇。

(4) 计算机网络以实现数据通信和网络资源(包括硬件资源和软件资源)共享为目的。要实现这一目的,网络中需配备功能完善的网络软件,包括网络通信协议(如 TCP/IP、IPX/SPX)和网络操作系统(如 Netware、Windows 2000 Server、Linux)。

计算机网络是计算机技术和通信技术相结合的产物,这主要体现在两个方面:一方面,通信技术为计算机之间的数据传递和交换提供了必要的手段;另一方面,计算机技术的发展渗透到通信技术中,又提高了通信网络的各种性能。

知识链接

分布式系统的定义是“存在着一个能为用户自动管理资源的网络操作系统,由它调用完成用户任务所需要的资源,而整个网络像一个大的计算机系统一样,对用户是透明的。”

分布式系统有以下五个特征。

(1) 系统中拥有多种通用的物理和逻辑资源,可以动态地给它们分配任务。

(2) 系统中分散的物理和逻辑资源通过计算机网络实现信息交换。

(3) 系统存在一个以全局方式管理系统资源的分布式操作系统。

(4) 系统中联网各计算机既合作又自治。

(5) 系统内部结构对用户是完全透明的。

计算机网络和分布式系统的共同点主要表现在:一般的分布式系统是建立在计算机网络之上的,因此分布式系统与计算机网络在物理结构上基本相同。

计算机网络与分布式系统的区别主要表现在:分布式操作系统与网络操作系统的设计思想是不同的,因此它们的结构、工作方式与功能也是不同的。

分布式系统与计算机网络的主要区别不在它们的物理结构上,而是在高层软件上。分布式系统是一个建立在网络之上的软件系统,这种软件保证了系统高度的一致性与透明性。分布式系统的用户不必关心网络环境中的资源分布情况,以及联网计算机的差异,用户的作业管理与文件管理过程是透明的。

计算机网络为分布式系统研究提供了技术基础,而分布式系统是计算机网络技术发展的高级阶段。

1.2 计算机网络的产生和发展

1.2

1.2.1 计算机网络的产生

随着计算机越来越深入地走进人们的生活,有时候人们迫切需要在异地访问某一台计算机上的数据。这时,计算机网络技术就可以派上用场了。可以这样说,计算机网络是计算机技术和通信技术结合的产物。计算机硬件技术的发展提升了计算机的运算速度,而通信技术的发展提升了数据交换的速度。两者的结合推动了计算机网络的快速发展。

1946年世界上第一台电子计算机ENIAC在美国诞生时,计算机技术与通信技术并没有直接的联系。20世纪50年代初,美国为了自身的安全,在美国本土北部和加拿大境内,建立了一个半自动地面防空系统SAGE(赛其系统),进行了计算机技术与通信技术相结合的尝试。

近年来,计算机技术和通信技术迅猛发展、互相渗透而又密切结合。计算机在通信中的应用也促使数据通信和数字通信等新的通信技术得到了快速发展,并促进了通信由模拟向数字化并最终向综合服务的方向发展。通信技术则为计算机之间信息的快速传递、资源共享和协调合作提供了强有力的手段。计算机网络在当今社会和经济发展中起着非常重要的作用,世界上任何一个拥有计算机的人都能够通过计算机网络了解世界的变化,掌握先进的科学知识,获得个人需要的信息。网络已经渗透到人们生活的各个角落,影响到人们的日常生活,计算机网络满足了人们几乎所有可能的需要。因此在某种程度上讲,计算机网络的发展水平不仅反映了一个国家的计算机科学和通信技术的水平,而且已经成为衡量其国力及现代化程度的重要标志之一。

1.2.2 计算机网络的发展

计算机网络技术发展和应用的速度是非常快的。计算机网络从形成、发展到广泛应用经历了近60年时间,其发展过程大致可分为以下四个阶段。

第一阶段:以单个计算机为中心的远程联机系统,构成面向终端的计算机通信网络(始于20世纪50年代)。

第二阶段:多个自主功能的主机通过通信线路互联,形成资源共享的计算机网络(始于20世纪60年代末)。

第三阶段:形成具有统一的网络体系结构、遵循国际标准化协议的计算机网络(始于20世纪70年代末)。

第四阶段:向互联、高速、智能化方向发展的计算机网络(始于20世纪80年代末)。

1. 面向终端的计算机通信网

在20世纪50年代出现了第一代计算机网络,它是以单个计算机为中心的远程联机系统。人们把这种以单个计算机为中心的联机系统称为面向终端的远程联机系统。该系统是计算机技术与通信技术相结合而形成的计算机网络的雏形,因此也称为面向终端的计算机通信网络。20世纪60年代初,美国航空订票系统SABRE-1就是这种计算机通信网络的典型应用,该系统由一台中心计算机和分布在全美范围内的2000多个终端组成,各终端通过电话线连接到中心计算机。

具有通信功能的单机系统的典型结构是计算机通过多重线路控制器与远程终端相连,如图1-2所示。

上述单机系统有以下两个主要缺点。

(1) 主机既要负责数据处理,又要管理与终端的通信,因此主机的负担很重。

(2) 由于一个终端单独使用一根通信线路,造成通信线路利用率低。此外,每增加一个终端,线路控制器的软硬件都需要做出很大的改动。

为减轻主机的负担,在通信线路和计算机之间设置了一个前端处理机(FEP),FEP专门

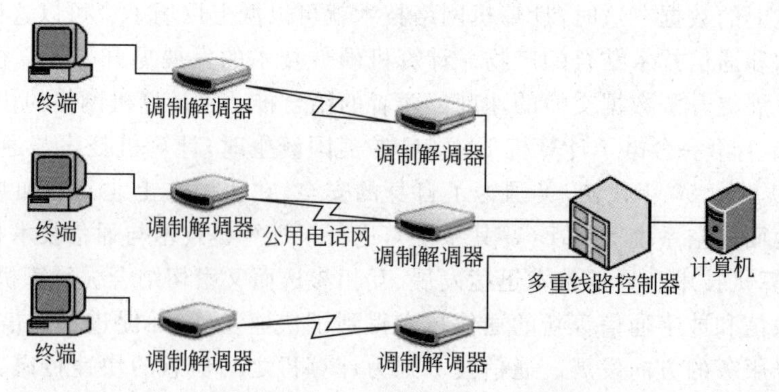

图 1-2 单机系统的典型结构示意图

负责与终端之间的通信控制,而让主机进行数据处理;为提高通信效率,减少通信费用,在远程终端比较密集的地方增加一个集中器,集中器的作用是把若干个终端经低速线路集中起来,连接到高速线路上。然后,经高速线路与前端处理机连接。前端处理机和集中器当时一般由小型计算机担当,因此,这种结构也称为具有通信功能的多机系统,如图 1-3 所示。

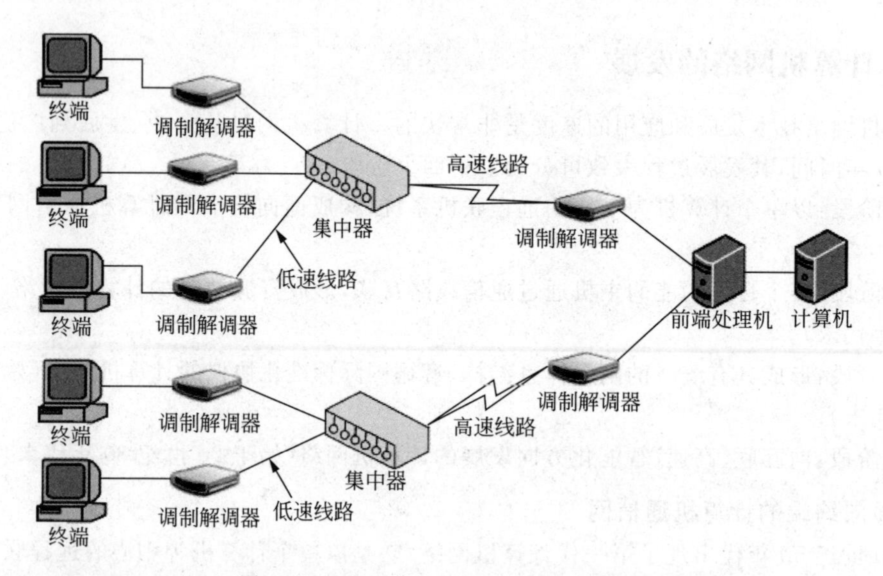

图 1-3 具有通信功能的多机系统示意图

2. 多机互联的计算机网络

20 世纪 60 年代中期到 20 世纪 70 年代出现了第二代计算机网络,它是用通信线路将多个主机实现互相接通,以便为用户提供服务。在这个阶段形成的典型代表是 ARPANET。ARPANET 是 1969 年美国国防部创建的第一个分组交换网。要连接在 ARPANET 上的主机都直接与就近的节点交换机相连。到了 20 世纪 70 年代,ARPANET 开始研究多种网络互联技术,这就导致后来 Internet 的出现,因此,ARPANET 也被看作是 Internet 的前身。

随着网络结构的复杂化,加之接入网络的设备日益增多,为了方便管理,根据网络设备及连接线路的逻辑功能,把网络分为资源子网和通信子网。其中,资源子网由网络中的所有主机、终端、终端控制器、外设(如网络打印机、磁盘阵列等)和各种软件资源组成,负责全网的数据处理和向网络用户(工作站或终端)提供网络资源和服务。通信子网由各种通信设备和线路组成，承担资源子网的数据传输、转接和变换等通信处理工作。

计算机互联网络的逻辑结构如图1-4所示。

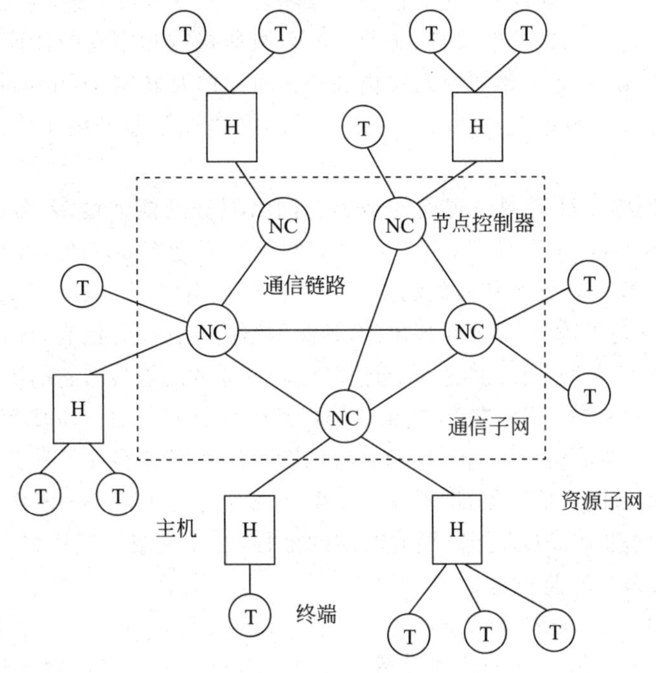

图1-4 计算机互联网络的逻辑结构

网络用户对网络的访问可分为以下两类。

(1) 本地访问：对本地主机进行访问，不经过通信子网，只在资源子网内部进行。

(2) 网络访问：通过通信子网访问远地主机上的资源。

3. 标准化的计算机网络

计算机网络发展的第三阶段是加速体系结构与协议国际标准化的研究与应用。20世纪70年代末，国际标准化组织(International Organization for Standardization，ISO)的计算机与信息处理标准化技术委员会成立了一个专门机构，研究和制定网络通信标准，以实现网络体系结构的国际标准化。1984年，ISO正式颁布了一个称为“开放系统互连参考模型”的国际标准ISO 7498，简称OSI/RM(Open System Interconnection Reference Model)，即著名的OSI七层模型。OSI/RM及标准协议的完善和制定大大加速了计算机网络的发展。很多大的计算机厂商相继宣布支持OSI标准，并积极研究和开发符合OSI标准的产品。

遵循国际标准化协议的计算机网络具有统一的网络体系结构，厂商需按照共同认可的国际标准开发自己的网络产品，从而保证不同厂商的产品可以在同一个网络中进行通信。这就是“开放”的含义。

目前存在着两种占主导地位的网络体系结构：一种是ISO提出的OSI/RM(开放系统互连参考模型)；另一种是Internet所使用的TCP/IP参考模型。

4. 互联网络与高速网络

从20世纪80年代末开始，计算机网络技术进入新的发展阶段，其特点是互联、高速和智能化，主要表现在以下三个方面。

(1) 发展了以 Internet 为代表的互联网。

(2) 发展高速网络。1993 年,美国政府公布了“国家信息基础设施”(National Information Infrastructure,NII)行动计划,即信息高速公路计划。这里的“信息高速公路”是指数字化大容量光纤通信网络,用以把政府机构、企业、大学、科研机构和家庭的计算机联网。美国政府又分别于 1996 年和 1997 年开始研究发展更加快速可靠的互联网 2(Internet 2)和下一代互联网(Next Generation Internet)。可以说,网络互联和高速计算机网络正成为最新一代计算机网络的发展方向。

(3) 研究智能网络。随着网络规模的增大与网络服务功能的增多,各国正在开展智能网络(Intelligent Network,IN)的研究,以提高通信网络开发业务的能力,并更加合理地进行网络各种业务的管理,真正以分布和开放的形式向用户提供服务。

智能网络的概念是美国于 1984 年提出的,智能网络的定义中并没有人们通常理解的“智能”含义,它仅仅是一种“业务网”,目的是提高通信网络开发业务的能力。它的出现引起了世界各国电信部门的关注,国际电联(ITU)在 1988 年开始将其列为研究课题。1992 年,ITU-T 正式定义了智能网络,制定了一个能快速、方便、灵活、经济、有效地生成和实现各种新业务的体系。该体系的目标是应用于所有的通信网络,即不仅可应用于现有的电话网、N-ISDN 网和分组网,同样也适用于移动通信网和 B-ISDN 网。随着时间的推移,智能网络的应用将向更高层次发展。

【例 1-1】 Internet 的前身是(　　)。

A. ARPANET　　B. MILNet　　C. NSFNet　　D. ANSNet

解:本题主要考查 Internet 的形成及发展历史。Internet 即因特网,起源于美国,现在已经发展为世界上最大的国际性计算机互联网。1969 年,美国国防部高级研究计划局(ARPA)构建了最初的分组交换网 ARPANET。1983 年 ARPANET 分解为两个部分:一部分仍称为 ARPANET,用于进一步的研究工作;另一部分称为 MILNet,用于军方的通信。1986 年,美国国家科学基金会构建了一个与 ARPANET 互联的三级计算机网络 NSFNet,NSFNet 后来取代了 ARPANET,成为 Internet 的主干网。1990 年,NSFNet 被由美国高级网络与服务公司(ANS)创建的主干网 ANSNet 所取代。因此,Internet 的起源为 ARPANET。答案为 A。

1.3 计算机网络的功能

1.3

计算机网络能够迅速发展,与其提供的强大功能是息息相关的。随着网络技术的进一步发展,人们除了可以利用计算机网络进行资源共享、数据通信和远程管理与控制外,还可以进行各种娱乐和商务活动。计算机网络的功能主要表现在以下几个方面。

(1) 资源共享。

(2) 数据通信。

(3) 集中管理和远程控制。

(4) 分布式信息处理。

(5) 提高计算机系统的可靠性。

(6) 娱乐和电子商务。

资源共享是计算机网络提供的最重要的功能之一,包括硬件资源和软件资源共享。计算机网络可以在整个网络内提供处理资源、存储器资源、输入/输出资源等昂贵设备的共享,如巨型计算机、具有特殊功能的处理部件、高分辨的激光打印机、大型绘图仪以及大量的外部存储器等，从而帮助用户节约投资，也便于集中管理和均匀分担负荷。另外，网络资源还允许互联网上的用户远程访问大型数据库，并提供网络文件传送服务、远程进程管理服务和远程文件访问服务，从而避免软件开发中的重复工作以及资源的重复存储，也便于集中管理。

远程数据通信是计算机网络的基本功能。计算机网络为人们提供了强有力的通信手段。近几年，随着网络技术的发展，计算机网络提供的数据通信服务无论在速度还是质量上，都有了明显的提高。

利用计算机网络可以轻松地在一个地点对分布在不同地点的设备进行管理(集中管理)，还可以对远地系统进行控制(远程控制)。假设企业分布在不同的城市，每个城市都需要计算机处理信息，那么可以通过计算机网络在不同计算机之间交换数据。

有了计算机网络，计算机系统软件和硬件的可靠性都得到提高，例如，可以利用多个服务器为用户提供服务，当某个服务器崩溃时，其他服务器可以继续提供服务；也可以将数据存储在网络中的多个地方，当某个地方不能访问时，可以方便地从其他地方继续访问。

网络游戏和网上购物已经成为人们日常生活的重要组成部分，所产生的新的经济价值引起各界的关注。

1.4 计算机网络的组成

1.4

通常把计算机网络中的计算机、通信设备等称为结点，而连接这些结点的通信线路称为链路。计算机网络就是由结点和连接结点的链路所组成的。

我们知道，通信是计算机网络最基本的功能，以通信为手段可以访问网络上的各种软件、硬件和信息资源；所以可以把计算机网络划分成通信子网和资源子网两部分，如图1-5所示。通信子网由通信处理机(Communication Control Processor，CCP)、通信链路和其他通信设备组成，其功能是通过通信处理机将资源子网中的计算资源连接起来进行通信。而资源子网可以是一个小规模的计算机网络，如局域网，也可以是计算机系统、软件，或者打印机、磁盘等外设。

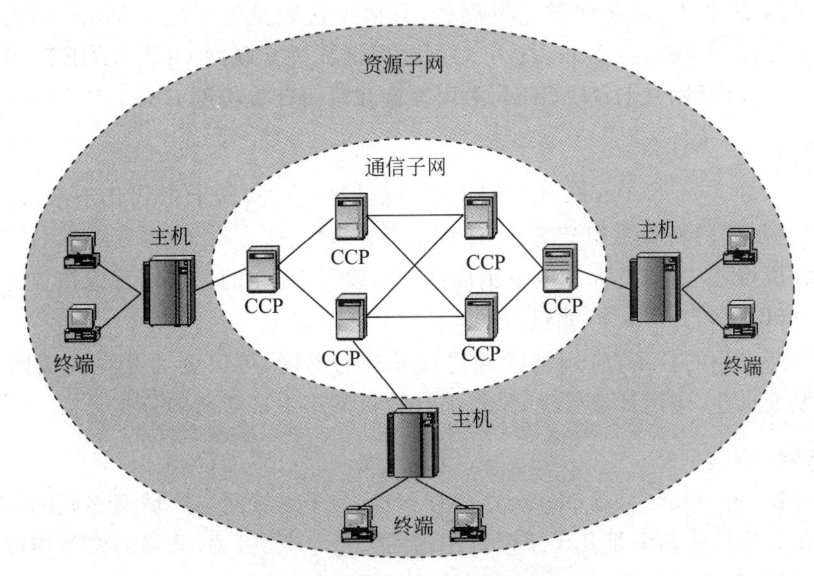

图1-5 计算机网络组成示意图

无论通信子网还是资源子网,均包含一个非常重要的组成部分,即软件。通常计算机网络所涉及的软件如下。

(1) 网络协议软件:通过协议程序控制数据的可靠、正确传输,同时对网络的流量、拥塞等进行控制。该软件的功能一般由网络接口卡和网络操作系统来共同实现。

(2) 网络操作系统:对网络环境下的系统资源进行调度、分配和有效管理,以实现资源共享。

(3) 网络管理和网络应用软件:网络管理软件对网络的运行进行监视和维护,根据监视数据合理配置网络设备,使网络系统能够安全、可靠、高效地运行;网络应用软件为用户提供各种服务,用户通过这些软件可以方便地访问和使用网络上的各种资源。

1.5 计算机网络的分类

计算机网络在使用过程中出现了多种形式。根据不同的网络分布方式,同一种网络,我们会得到各种各样的说法,如局域网、总线网,或者 Ethernet(以太网)等。因此,研究网络的分类有助于我们更好地理解计算机网络。

1.5.1 按网络覆盖的地理范围分类

按照计算机网络覆盖的地理范围对其进行分类,可以很好地反映不同类型网络的技术特征。由于网络覆盖的地理范围不同,所采用的传输技术也不相同,因而形成了不同的网络技术特点和网络服务功能。按覆盖范围的大小,可以把计算机网络分为广域网、局域网和城域网。

1. 广域网

广域网(Wide Area Network,WAN)的作用范围通常为几十到几千千米,现在采用了新技术和新设备,广域网的主干线路传输速率已可达 2.5Gb/s。广域网又被称为远程网,是可以在任何一个广阔的地理范围内进行数据、语音、图像信号传输的通信网,在广域网上一般连接有数百、数千、数万台各种类型的计算机和网络,并提供广泛的网络服务。

广域网是从 20 世纪 60 年代开始发展的,其典型代表是美国国防部的 ARPANET,即现在全世界普遍使用的互联网(Internet)。中国公用计算机互联网 CHINANET、国家公用经济信息通信网(又名金桥网)CHINAGBN、中国教育和科研计算机网 CERNET 均是广域网。

2. 局域网

局域网(Local Area Network,LAN)的覆盖范围较小,从几十米到几千米,通信距离一般小于 10km。局域网的特点是组建方便、使用灵活。

随着计算机技术、通信技术和电子集成技术的发展,现在的局域网可以覆盖几十千米的范围,传输速率可以达到万 Mb/s,如以太网。

局域网按照采用的技术、应用范围和协议标准的不同,可以分为共享局域网和交换局域网。局域网发展迅速,应用日益广泛,是目前计算机网络中最活跃的分支。

3. 城域网

城域网(Metropolitan Area Network,MAN)是介于局域网与广域网之间的一种高速的网络。城域网设计的目标是满足几十千米范围内的大量企业、机关、公司的多个局域网互联的需求,以实现大量用户之间的数据、语音、图形与视频等多种信息的传输功能。

1.5.2 按网络的拓扑结构分类

计算机网络的通信线路在其布线上有不同的结构形式。在建立计算机网络时,要根据准备联网计算机的物理位置、链路的流量和投入的资金等因素来考虑网络所采用的布线结构。一般用拓扑方法来研究计算机网络的布线结构。拓扑(Topology)是拓扑学中研究由点、线组成几何图形的一种方法,用此方法可以把计算机网络看作是由一组结点和链路组成,这些结点和链路所组成的几何图形就是网络的拓扑结构。虽然用拓扑方法可以使复杂的问题简单化,但网络拓扑结构设计仍是十分复杂的问题。下面介绍图1-6所示的几种网络拓扑结构形式。

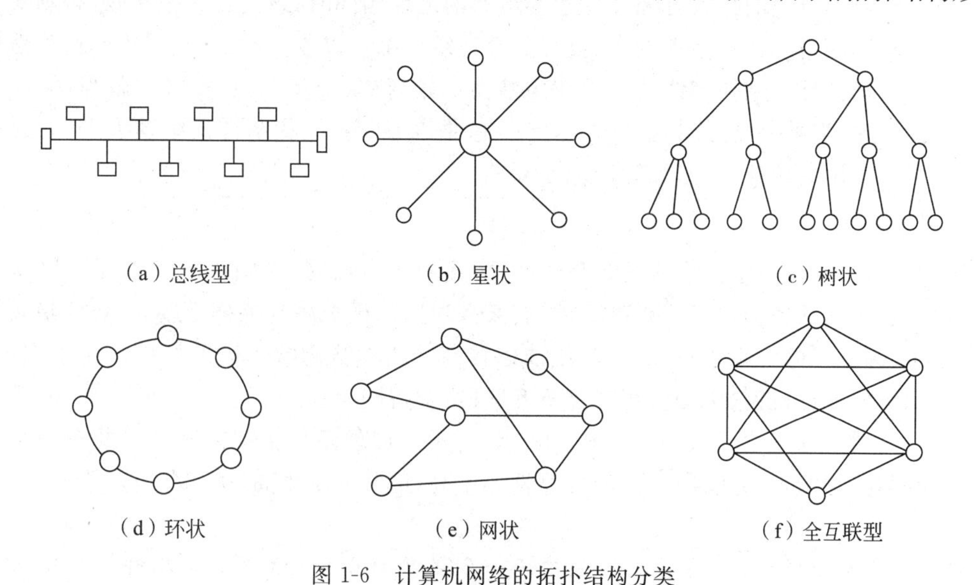

图1-6 计算机网络的拓扑结构分类

1. 总线型结构

总线型结构(Bus)的网络采用一般分布式控制方式,各结点都挂在一条共享的总线上,采用广播方式进行通信(网上所有结点都可以接收同一信息),无须路由选择功能,如图1-6(a)所示。

总线型结构主要用于局域网络,它的特点是安装简单,所需通信器材、线缆的成本低,扩展方便;由于采用竞争方式传送信息,故在重负荷下效率明显降低;另外,总线的某一接头接触不良时,会影响到网络的通信,使整个网络瘫痪。小型局域网或中大型局域网的主干网常采用总线型结构,但现在用总线型结构构建局域网的情况日渐减少。

2. 星状结构

星状结构(Star)的网络采用集中控制方式,每个结点都有一条唯一的链路和中心结点相连接,结点之间的通信都要经过中心结点并由其进行控制,如图1-6(b)所示。星状拓扑的特点是结构形式和控制方法比较简单,便于管理和服务;线路总长度较长,中心结点需要网络设备(集线器或交换机),成本较高;每个连接只接一个结点,所以连接点发生故障时,只影响一个节点,不会影响整个网络;但对中心结点的要求较高,当中心结点出现故障时,会造成全网瘫痪,所以对中心结点的可靠性和冗余度(可扩展端口)要求很高。星状结构是小型局域网常采用的一种拓扑结构。

3. 树状结构

树状结构(Tree)实际上是星状结构的发展和扩充,是一种倒树状的分级结构,具有根结点和各分支结点,如图 1-6(c)所示。现在一些局域网利用集线器(Hub)或交换机(Switch)将网络配置成级联的树状拓扑结构。树状结构网络的特点是结构比较灵活,易于进行网络的扩展。与星状结构相似,当根结点出现故障时,会影响到全局。树状结构是中大型局域网常采用的一种拓扑结构。

4. 环状结构

环状结构(Ring)为一个封闭的环状,如图 1-6(d)所示。这种拓扑结构采用非集中控制方式,各结点之间无主从关系。环中的信息单方向地绕环传送,途经环中的所有结点并回到始发结点。仅当信息中所含的接收方地址与途经结点的地址相同时,该信息才被接收,否则不予理睬。环状结构的网络上任一结点发出的信息,其他结点都可以收到,因此它采用的传输信道也称为广播式信道。环状结构网络的优点在于结构比较简单、安装方便,传输率较高;但单环结构的可靠性较差,当某一结点出现故障时,会引起通信中断。环状结构是组建大型、高速局域网的主干网常采用的拓扑结构,如光纤主干环网。

5. 网状结构

网状结构(Mesh)实际上是不规则形式,它主要用于广域网,如图 1-6(e)所示。网状结构中任意两结点之间的通信线路不是唯一的,若某条通路出现故障或拥挤阻塞时,可绕道其他通路传输信息,因此它的可靠性较高,但其成本也较高。此种结构常用于广域网的主干网中,如中国教育和科研计算机网、中国公用计算机互联网、金桥网等。

还有的网状结构是全互联型的,如图 1-6(f)所示。这种拓扑结构的特点是每一个结点都有一条链路与其他结点相连,所以它的可靠性非常高,但其成本太高,除了特殊场合外,一般较少使用。

注意:在实际组网中,采用的拓扑结构不一定是单一固定的,通常是几种拓扑结构混合使用。

【例 1-2】 广域网中广泛采用的拓扑结构是( )。

A. 树状　　B. 网状　　C. 星状　　D. 环状

解:本题主要考查计算机网络拓扑的相关知识点。计算机网络拓扑是应用拓扑学来研究计算机网络结构,通过抽象将计算机网络表示成点和线的几何关系,从而反映出网络中各实体间的结构关系。网络拓扑结构是构建计算机网络的第一步,对整个网络的设计、性能、可靠性以及通信开销等方面都有着重要影响。由于广域网通常是各种形状网络的互联,形状不规则,所以它的拓扑结构也不是很符合规则的几何形状,其中网状结构居多。答案为 B。

1.5.3 按物理结构和传输技术分类

网络所采用的传输技术决定了网络的主要技术特点,因此根据网络所采用的传输技术对网络进行划分是一种很重要的方法。

在通信技术中,通信信道的类型有两类,即广播通信信道与点到点通信信道。在广播通信信道中,多个结点共享一个通信信道,一个结点广播信息,其他结点必须接收信息。而在点到点通信信道中,一条通信信道只能连接一对结点,如果两个结点之间没有直接连接线路,那么它们只能通过中间结点传输信息。显然,网络要通过通信信道完成数据传输任务,因此网络所采用的传输技术也只可能有两种,即广播(Broadcast)方式和点到点(Point-to-Point)方式。这样,相应的计算机网络也可以分为两类,即点到点式网络(Point-to-Point Network)和广播式网络(Broadcast Network)。

1.5.4 按传输介质分类

传输介质是指用于网络连接的通信线路。目前常用的传输介质有同轴电缆、双绞线、光纤、卫星、微波等有线或无线传输介质,相应地可将网络分为同轴电缆网、双绞线网、光纤网、卫星网和无线网。

1.5.5 按带宽速率分类

带宽速率指的是“网络带宽”和“传输速率”两个概念。传输速率是指每秒钟传送的二进制位数,通常使用的计量单位为 b/s、Kb/s、Mb/s。按网络带宽可以分为基带网(窄带网)和宽带网;按传输速率可以分为低速网、中速网和高速网。一般来讲,高速网是宽带网,低速网是窄带网。

1.5.6 按网络的交换方式分类

按网络的交换方式分类,计算机网络可以分为电路交换网、报文交换网和分组交换网三种。电路交换(Circuit Switching)方式类似于传统的电话交换方式,用户在开始通信前,必须申请建立一条从发送端到接收端的物理信道,并且在双方通信期间始终占用该信道。报文交换(Message Switching)方式的数据单元是要发送的一个完整报文,其长度并无限制。报文交换采用存储-转发原理,这有点像古代的邮政通信,邮件由途中的驿站逐个存储转发一样。报文中含有目的地址,每个中间结点都要为途经的报文选择适当的路径,使其能最终到达目的端。

分组交换(Packet Switching)方式也称为包交换方式,1969 年首次在 ARPANET 上使用,现在人们都公认 ARPANET 是分组交换网之父,并将分组交换网的出现作为计算机网络新时代的开始。采用分组交换方式通信前,发送端先将数据划分为一个个等长的单位(即分组),这些分组每个都是由各中间结点采用存储-转发方式进行传输,最终到达目的端。由于分组长度有限,可以在中间结点机的内存中进行存储处理,使其转发速度大大提高。

1.6 计算机网络的应用

1.6

计算机网络在资源共享和信息交换方面所具有的功能,是其他系统所不能替代的。计算机网络所具有的高可靠性、高性能价格比和易扩充性等优点,使得它在工业、农业、交通运输、邮电通信、文化教育、商业、国防以及科学研究等各个领域、各个行业获得了越来越广泛的应用。我国有关部门也已制定了“金桥”“金关”和“金卡”三大工程,以及其他的一些“金”字号工程,这些工程都是以计算机网络为基础设施,为促使国民经济早日实现信息化的主干工程,也是计算机网络的具体应用。由于计算机网络的应用范围过于广泛,本节仅介绍一些带有普遍意义和典型意义的应用领域。

1. 办公自动化

办公自动化(Office Automation,OA)按计算机系统结构来看是一个计算机网络,每个办公室相当于一个工作站。它集计算机技术、数据库、局域网、远距离通信技术以及人工智能、声音、图像、文字处理技术等综合应用技术之大成,是一种全新的信息处理方式。办公自动化系统的核心是通信,其所提供的通信手段主要为数据/声音综合服务、可视会议服务和电子邮件服务。

2. 电子数据交换

电子数据交换(Electronic Data Interchange,EDI)是将贸易、运输、保险、银行、海关等行业信息用一种国际公认的标准格式,通过计算机网络通信,实现各企业之间的数据交换,并完成以贸易为中心的业务全过程。EDI在发达国家的应用已很广泛,我国的"金关"工程就是以EDI作为通信平台的。

3. 远程交换

远程交换(Telecommuting)是一种在线服务(Online Serving)系统,原指在工作人员与其办公室之间的计算机通信形式,按通俗的说法即为家庭办公。一个公司内本部与子公司办公室之间也可通过远程交换系统实现分布式办公系统。远程交换的作用也不仅仅是工作场地的转移,它大大加强了企业的活力与快速反应能力。近年来,各大企业的本部纷纷采用一种被称为"虚拟办公室"(Virtual Office)的技术,创造出一种全新的商业环境与空间。远程交换技术的发展,对世界的整个经济运作规则产生了巨大的影响。

4. 远程教育

远程教育(Distance Education)是一种利用在线服务系统,开展学历或非学历教育的全新的教学模式。远程教育几乎可以提供大学中所有的课程,学员们通过远程教育,同样可得到正规大学从学士到博士的所有学位。这种教育方式对于已从事工作而仍想获得高学位的人士特别有吸引力。远程教育的基础设施是电子大学网络(Electronic University Network,EUN)。EUN的主要作用是向学员提供课程软件及主机系统的使用权限,支持学员完成在线课程,并负责行政管理、协作合同等。这里所指的软件除系统软件之外,还包括CAI课件,即计算机辅助教学(Computer Aided Instruction,CAI)软件。CAI课件一般采用对话和引导式的方式指导学生学习,发现错误后还具有回溯功能,从本质上解决了学生在学习中遇到的困难。

5. 电子银行

电子银行也是一种在线服务系统,是一种由银行提供的基于计算机和计算机网络的新型金融服务系统。电子银行的功能包括金融交易卡服务、自动存取款作业、销售点自动转账服务、电子汇款与清算等,其核心为金融交易卡服务。金融交易卡的诞生,标志了人类交换方式从物-物交换、货币交换到信息交换的又一次飞跃。围绕金融交易卡服务,产生了自动存取款服务,自动取款机(CD)及自动存取款机(ATM)也应运而生。自动取款机与自动存取款机大多采用联网方式工作,现已由原来的一行联网发展到多行联网,形成覆盖整个城市、地区甚至全国的网络,全球性国际金融网络也正在建设之中。电子汇款与清算系统可以提供客户转账、银行转账、外币兑换、托收、押汇信用证、行间证券交易、市场查证、借贷通知书、财务报表、资产负债表、资金调拨及清算处理等金融通信服务。由于大型零售商店等消费场所采用了终端收款机(POS),从而使商场内部的资金即时清算成为现实。销售点的电子资金转账是POS与银行计算机系统联网而成的。

当前电子银行服务又出现了智能(IC)卡。IC卡内装有微处理器、存储器及输入输出接口,实际上是一台不带电源的微型电子计算机。由于采用IC卡,持卡人的安全性和方便性大大提高了。

6. 电子公告板系统

电子公告板系统(Bulletin Board System,BBS)是一种发布并交换信息的在线服务系统。BBS可以使更多的用户通过电话线以简单的终端形式实现互联,从而得到廉价的丰富信息,并为其会员提供网上交谈、发布消息、讨论问题、传送文件、学习交流和游戏等的机会和空间。

7. 校园网

校园网(Campus Network)是在大学校园区内用以完成大中型计算机资源及其他网内资源共享的通信网络。一些发达国家已将校园网确定为信息高速公路的主要分支。无论在国内还是国外,校园网都是衡量该院校学术水平与管理水平的重要标志,也是提高学校教学、科研水平不可或缺的重要支撑环节。共享资源是校园网最基本的应用,人们通过网络更有效地共享各种软硬件及信息资源,为众多的科研人员提供一种崭新的合作环境。校园网可以提供异型机联网的公共计算环境、海量的用户文件存储空间、昂贵的打印输出设备、能方便获取的图文并茂的电子图书信息,以及为各级行政人员服务的行政信息管理系统和为一般用户服务的电子邮件系统。

8. 信息高速公路

如同现代信息高速公路的结构一样,信息高速公司也分为主干、分支及树叶。图像、声音、文字转化为数字信号在光纤主干线上传送,由交换技术再送到电话线或电缆分支线上,最终送到具体的用户"树叶"。主干部分由光纤及其附属设备组成,是信息高速公路的骨架。我国政府也十分重视信息化事业,为了促进国家经济信息化,提出了"金桥"工程——国家公用经济信息网工程、"金关"工程——外贸专用网工程、"金卡"工程——电子货币工程。这些工程是规模宏大的系统工程,其中"金桥"工程是国民经济的基础设施,也是其他"金"字系列工程的基础。"金桥"工程包含信息源、信息通道和信息处理三个组成部分,通过卫星网与地面光纤网开发,并利用国家及各部委、大中型企业的信息资源为经济建设服务。"金卡"工程是在金桥网上运行的重要业务系统之一,主要包括电子银行及信用卡等内容。"金卡"工程也称为无纸化贸易工程,其主要实现手段为EDI,它以网络通信和计算机管理系统为支撑,以标准化的电子数据交换替代了传统的纸面贸易文件和单证。其他的一些"金"字系列工程,如"金税"工程、"金智"工程、"金盾"工程等也在筹划与运作之中。这些重大信息工程的全面实施,在国内外引起了强烈反响,开创了我国信息化建设事业的新纪元。

9. 企业网络

集散系统和计算机集成制造系统是两种典型的企业网络系统。集散系统实质上是一种分散型自动化系统,也称为以微处理机为基础的分散综合自动化系统。集散系统具有分散监控和集中综合管理两方面的特征,而更将"集"字放在首位,更注重于全系统信息的综合管理。20世纪80年代以来,集散系统逐渐取代常规仪表,成为工业自动化的主流。工业自动化不仅体现在工业现场,也体现在企业事务行政管理上。集散系统的发展及工业自动化的需求,导致了一个更庞大、更完善的计算机集成制造系统(Computer Integrated Manufacturing System,CIMS)的诞生。集散系统一般分为三级:过程级、监控级和管理信息级。集散系统是将分散于现场的以微机为基础的过程监测单元、过程控制单元、图文操作站及主机(上位机)集成在一起的系统。它采用了局域网技术,将多个过程监控、操作站和上位机互联在一起,使通信功能增强,信息传输速度加快,吞吐量加大,为信息的综合管理提供了基础。因为CIMS具有提高生产率、缩短生产周期等一系列极具吸引力的优点,所以它已经成为未来工厂自动化的方向。

10. 智能大厦和结构化布线系统

智能大厦(Intelligent Building)是近十年来新兴的高技术建筑形式,它集计算机技术、通信技术、人类工程学、楼宇控制、楼宇设施管理为一体,使大楼具有高度的适应性(柔性),以适应各种不同环境与不同客户的需要。智能大厦是以信息技术为主要支撑的,这也是其具有"智能"名称的由来。有人认为,具有三A的大厦可视为智能大厦。所谓三A,是指CA(通信自动化)、OA(办公自动化)和BA(楼宇自动化)。概括起来,可以认为智能大厦除有传统大厦功能之外,主要必须具备下列基本构成要素:高舒适的工程环境、高效率的管理信息系统和办公自动化系统、先进的计算机网络和远距离通信网络及楼宇自动化。智能大厦及计算机网络的信息基础设施是结构化布线系统(Structure Cabling System,SCS)。在建设计算机网络系统时,布线系统是整个计算机网络系统设计中不可分割的一部分,它关系到日后网络的性能、投资效益、实际使用效果以及日常维护工作。结构化布线系统是指在一个楼宇或楼群中的通信传输网络能连接所有的语音、数字设备,并将它们与交换系统相连,构成一个统一、开放的结构化布线系统。在结构化布线系统中,设备的增减、工位的变动,仅需通过跳线简单插拔即可,而不必变动布线本身,从而大大方便了管理、使用和维护。

11. 云计算

云计算技术是基于Web的服务,将散布在网络各处的资源进行了有效的整合、调配和管理,通过统一的界面同时为广大的网络用户提供服务,是一项全新的计算机网络技术。云计算技术极大地提升了信息资源获取和使用的速度,极大地符合了互联网资源共享的特性,给人们的工作和生活提供了便利。云平台和云服务是云计算的两个主要部分。云平台用于储存资源,为信息资源的获取和使用提供方便,并且实现了动态扩展,可以随着计算机网络形势的变化对资源进行及时拓展和补充,极大地满足了用户工作和学习的需求。云服务则是实际为用户提供的服务,具备弹性扩展的特性,其基础设施可以根据工作需要进行完善,从而合理地设施云服务内容。

云计算旨在通过网络把多个成本相对较低的计算实体整合成一个具有强大计算能力的完美系统,并借助先进的商业模式让终端用户可以得到这些强大计算能力的服务。云计算的一个核心理念就是通过不断提高"云"的处理能力,不断减少用户终端的处理负担,最终使其简化成一个单纯的输入/输出设备,并能按需享受"云"强大的计算处理能力。物联网感知层获取大量数据信息,在经过网络层传输以后,放到一个标准平台上,再利用高性能的云计算对其进行处理,赋予这些数据智能,才能最终转换成对终端用户有用的信息。

狭义来讲,云计算是IT基础设施的交付和使用模式,广义的云计算是指服务的交付和使用模式。云计算以互联网为平台,为用户提供方便快捷的网络计算和存储服务。在数据信息存储方面,云计算系统由大量服务器组成,具有先进的存储技术和较高的传输速度。由于云计算结合了虚拟化技术、分布式海量数据存储技术、数据管理技术、编程方式及平台管理技术五大关键技术,使得云计算对数据的计算能力大大加强,且能够搭建成本较低的、高效的运算连接点,使信息调度更为方便灵活,能实现对海量数据的管理,所以,云计算当之无愧是万物互联时代的基石。

1.7 计算机网络的发展前景

1.7

Internet的应用已从局域网发展到网上证券交易、电子商务、E-mail、多媒体通信、各种信息服务等各项增值业务。尤其是近年来,移动通信的火爆、移动

Internet的兴起、WAP手机的出现,进一步推动了Internet的发展。Internet正以其独特的优点带来更多的应用。从目前的情况来看,Internet的市场仍具有巨大的发展潜力,未来其应用将涵盖从办公室共享信息到市场营销、服务等广泛领域。另外,Internet带来的电子贸易正改变着现今商业活动的传统模式,其提供的方便而广泛的互联必将对未来社会生活的各个方面带来影响。

然而,Internet也有其固有的缺点,如网络无整体规划和设计,网络拓扑结构不清晰以及容错和可靠性能的缺乏,而这些对于商业领域的不少应用是至关重要的。安全性问题是困扰Internet用户发展的另一个主要因素。虽然现在已有不少的方案和协议来确保Internet网上的联机商业交易的可靠进行,但真正适用并将主宰市场的技术和产品目前尚不明确。另外,Internet是一个无中心的网络。所有这些问题都在一定程度上阻碍了Internet的发展,只有解决了这些问题,Internet才能更好地发展。

未来的Internet与现在的Internet将大不一样,它将会是一种可大可小的Internet。当你想要把它带在身边时,你不用拎一个很大的背包把它装进去,而是把它变小,放入自己的口袋中,随时随地可以拿出来,打开Internet,帮助你搜索需要的资料。它不仅具有现在Internet的功能,还增加了成千上万种当前的Internet所没有的功能,例如,可以随处旅游的"真实镜"、可以打出五线谱并能演奏的"模拟琴"、可以让图画变为实物的"马良笔",以及让Internet变为机器人的"转变程序"等。"真实镜"是指打开Internet,可以在桌面上看见一个镜子的图标,双击这个图标就可以看见一个全屏显示的大镜子,上面有文字提醒:"把你想要去的国家或城市的名字打进镜子里。"只要把你想去的地方的名字输入进去,再单击旁边的"确定"按钮就可以了。此时你便会感觉身体轻飘飘的,双脚离开了地面,迅速飞到想要去的地方。

未来的Internet不仅具有许多奇特的功能,它还可以自动报警。当你家有小偷潜入时,未来的Internet就会立即做出反应,发出震耳欲聋的响声,这时候,你就会马上从睡梦中醒来,让小偷无法得逞。通过Internet,你可以弄清楚过去五万年的历史,却不一定能够知道未来五十年的事情。但有一点是可以肯定的:Internet会越来越"神"。

在我国,三网融合已成为国家的战略方针。三网融合是指电信网、计算机网和有线电视网三大网络通过技术改造,能够提供包括语音、数据、图像等综合多媒体的通信业务。三网融合是一种广义的、社会化的说法,在现阶段它是指在信息传递中,把广播传输中的"点"对"面"、通信传输中的"点"对"点"、计算机中的存储时移融合在一起,更好地为人类服务,这并不意味着电信网、计算机网和有线电视网三大网络的物理合一,而主要是指高层业务应用的融合。"三网融合"后,人们可以用电视遥控器打电话,在手机上看电视剧,随需选择网络和终端,只要拉一条线或无线接入,即可完成通信、电视、上网等。未来,Internet必将会有更大的发展空间,具体表现在以下几个方面。

1. 大数据迭代创新发展

大数据不仅意味着海量、多样、迅捷的数据处理,更是一种颠覆的思维方式、一项智能的基础设施、一场创新的技术变革。大数据成为时代发展的一个必然产物,而且大数据正在加速渗透到我们的日常生活中,在衣食住行各个层面均有体现。大数据时代,一切可量化,一切可分析。未来,大数据产业链不断完善,大数据硬件、大数据软件、大数据服务等核心产业环节规模不断扩大,业务覆盖领域不断扩大。物联网、智慧城市、增强现实(AR)与虚拟现实(VR)、区块链技术、语音识别、人工智能、数字汇流等都是大数据应用的发展方向。

2. 计算机将不再是互联网的中心设备

未来的互联网将摆脱目前以计算机为中心的形象,越来越多的城市基础设施等设备将被连接到互联网上。目前连接在互联网上的计算机主机大概有5.75亿台,但据国家科学基金会预计,未来会有数十亿个安装在楼宇建筑、桥梁等设施内部的传感器被连接到互联网上,人们将使用这些传感器来监控电力运行和安保状况等。截至2020年,被连接到互联网上的传感器的数量已远远超过用户的数量。

3. 5G全产业链加速成熟

5G,即第五代移动通信。每一代移动通信都可由"标志性能力指标"和"核心关键技术"进行定义。5G的标志性能力指标为Gb/s级用户体验速率,核心关键技术包含大规模天线阵列、超密集组网、新型多址、全频谱接入和新型网络架构等。

5G全产业链加速成熟,正快速步入商用阶段。5G网络产品、基带芯片、模组解决方案已初步达到商用终端产品要求,今后,5G在各领域的创新应用将日益活跃,围绕超高清视频、虚拟现实、智能驾驶、智能工厂、智慧城市的应用探索将成为热点。

4. 更多基于云技术的服务项目

互联网专家们均认为未来的计算服务将更多地通过云计算的形式提供。国家科学基金会也在鼓励科学家们研制出更多有利于实现云计算服务的互联网技术,同时还在鼓励科学家们开发出如何缩短云计算服务的延迟,并提高云计算服务的计算性能的技术。

云计算应用细分领域不断拓展,其应用从互联网行业向工业、农业、金融、交通、物流、医疗、政务等传统行业不断渗透。随着数字经济的发展,数字化转型需求旺盛,云计算潜力不断被激发。企业将信息系统向云平台迁移,利用云计算加快数字化、网络化、智能化转型。云计算企业将进一步强化云生态体系建设。

5. 互联网将更为节能环保

目前的互联网技术在能量消耗方面并不理想,未来的互联网技术必须在能效性方面有所突破。全球范围内所有数据中心的总功率高达3000万kW,几乎相当于30座核电站的产电量。国际调查机构麦肯锡公司对药厂、军事合约商、银行、媒体和政府机构等70个大型数据中心、约2万个服务器进行了调查,发现实际用于计算机运算的用电量只占6%~12%,剩余的大量电力主要用以确保服务器处于闲置状态,以应对突如其来的网络流量高峰。据专家预计,随着能源价格的攀升,互联网的能效性和环保性将进一步提高,以减少成本支出。

6. 互联网的网络管理将更加自动化

除了安全方面的漏洞之外,目前互联网技术最大的不足便是缺乏一套内建的网络管理技术。国家科学基金会希望科学家们能够开发出可以自动管理互联网的技术,如自诊断协议、自动重启系统技术、更精细的网络数据采集、网络事件跟踪技术等。

7. 互联网技术对网络信号质量的要求将降低

随着越来越多无线网用户和偏远地区用户的加入,互联网的基础架构也将发生变化,将不再采取用户必须随时与网络保持连接状态的设定。相反,许多研究者已经开始研究允许网络延迟较大或可以利用其他用户将数据传输到某位用户那里的互联网技术,这种技术对移动互联网的意义尤其重大。部分研究者们甚至已经开始研究可用于在行星之间互传网络信号的技术,而高延迟互联网技术则正好可以发挥其效力。

8. 网络安全将成为人类面临的共同挑战

互联网为人类社会构建了全新的发展空间，随着网络空间成为人类发展新的价值要地，网络空间安全问题日益突出。网络攻击日趋复杂，网络黑客呈现出规模化、组织化、产业化和专业化等发展特点，攻击手段日新月异、攻击频率日益频繁、攻击规模日益庞大，各类网络攻击事件对全球经济社会发展造成的影响越来越大。

重大网络数据泄露事件频繁发生，社会破坏性越来越大，对保障个人隐私、商业秘密和各国安全都造成了极大影响。

另外，随着互联网向物联网领域的拓展，网络安全问题延伸到了经济社会的各个领域，未来网络安全问题将像火灾一样无处不在。加强网络空间治理，打击网络犯罪，携手共同应对全球网络安全问题，将成为未来世界共同发展的重要议题。

9. IPv6 和网络融合使网络娱乐产业迅猛发展

IPv6 在未来几年的实现，使电视机网络娱乐成为可能。IPv6 使 IP 资源变得极为丰富，每个电视机终端都将获得独立的 IP 地址进行管理，即使广电网具备了和互联网完全整合的技术基础，也使广电网即便不进行技术连接，也可以在网内运营基于 IP 技术的应用服务。作为家庭中最重要，甚至是唯一的娱乐终端，这一庞大的娱乐产业目前几乎完全空白。

1.8 小型案例实训

案例：绘制网络拓扑结构

1. 实验目的

(1) 理解网络的结构。

(2) 掌握使用工具绘制网络拓扑结构的方法。

2. 实验设备和环境

(1) PC：1 台。

(2) 软件：Microsoft Visio。

3. 拓扑结构

实训拓扑结构如图 1-7 所示。

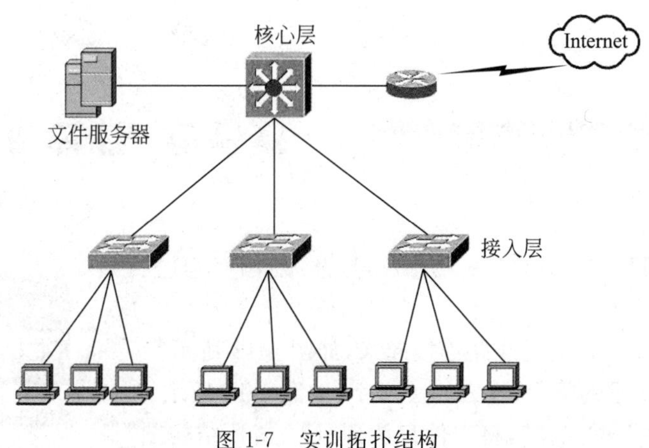

图 1-7 实训拓扑结构

4. 实验步骤

(1) 打开 Microsoft Visio 软件,单击“文件”→“新建”→“网络”→“基本网络”,新建一个网络拓扑文件“绘图 1”,如图 1-8 所示。

(2) 单击“文件”→“形状”→“打开模具”,在“E:\图标”目录下打开提前准备好的模具文件。因为有些拓扑图中用到的图标在 Microsoft Visio 中没有,所以需要从网络中下载部分设备图标导入到软件中来,如图 1-9 所示。

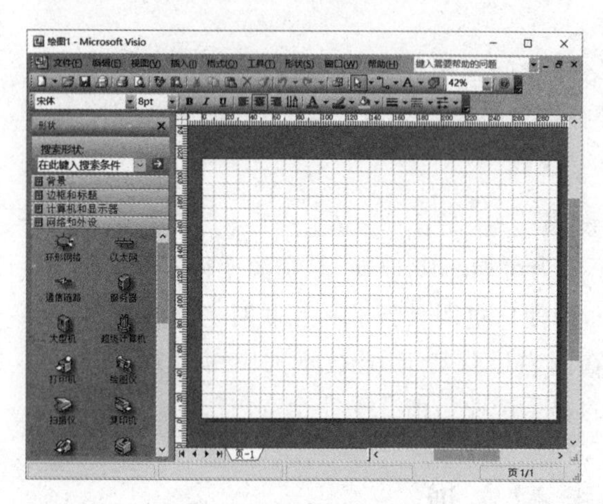

图 1-8 新建拓扑文件

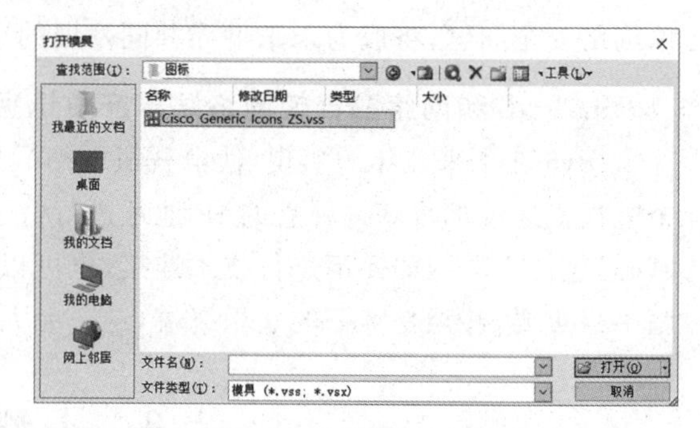

图 1-9 打开模具文件

(3) 打开指定的模具文件后,模具图标将会出现在 Microsoft Visio 软件的左侧(形状)区域,Microsoft Visio 软件中的图标将会增多,如图 1-10 所示。

(4) 在“形状”下选择相应的图标绘制拓扑图。将各种设备图标拖放到右侧的绘图区,如图 1-11 所示。

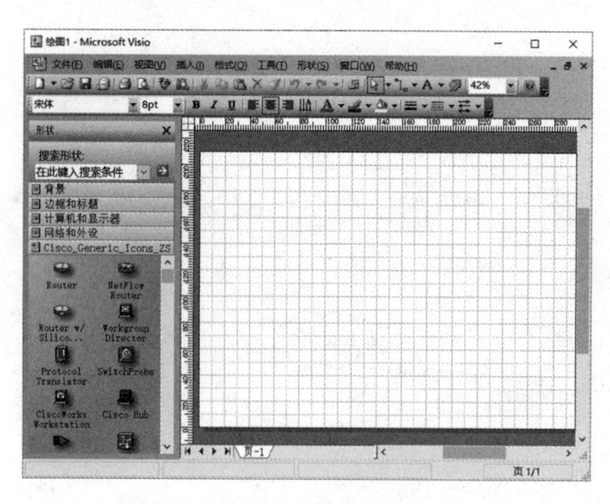

图 1-10 模具图标

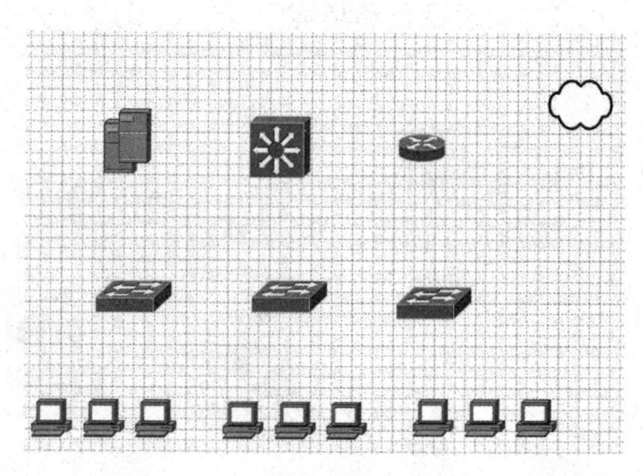
图 1-11 拖放设备图标

(5) 单击“视图”→“工具栏”→“绘图”,打开“绘图”工具栏,如图 1-12 所示。

图 1-12 “绘图”工具栏

(6) 将各种设备图标通过线路连接起来,如图 1-13 所示。

(7) 根据图 1-7 中的提示,输入相关文字,如图 1-14 所示。

(8) 单击“文件”→“保存”,将文件存放到“E:\拓扑结构图”目录中，如图1-15所示。

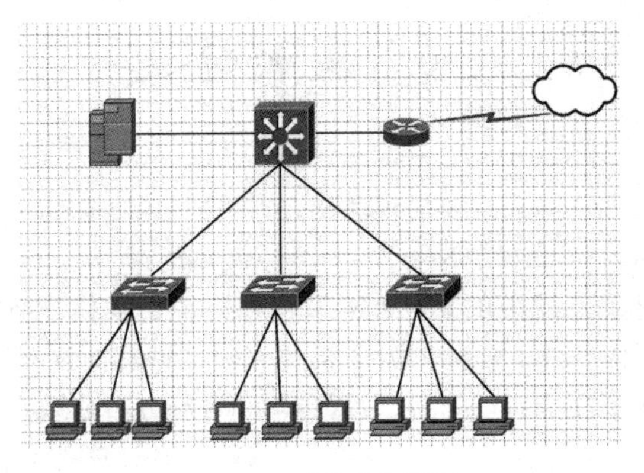

图1-13　连接设备图标

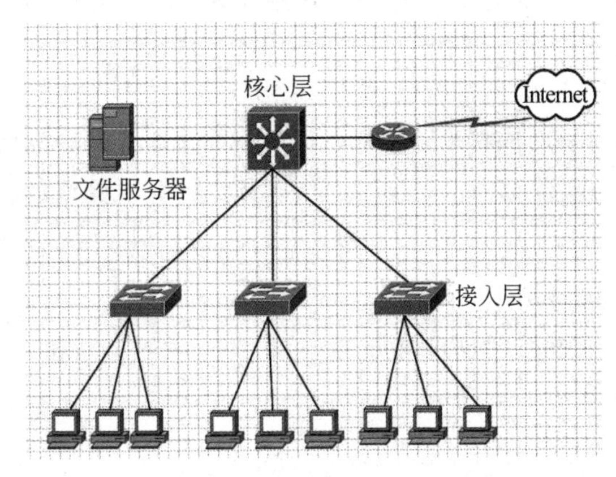

图1-14　输入相关文字

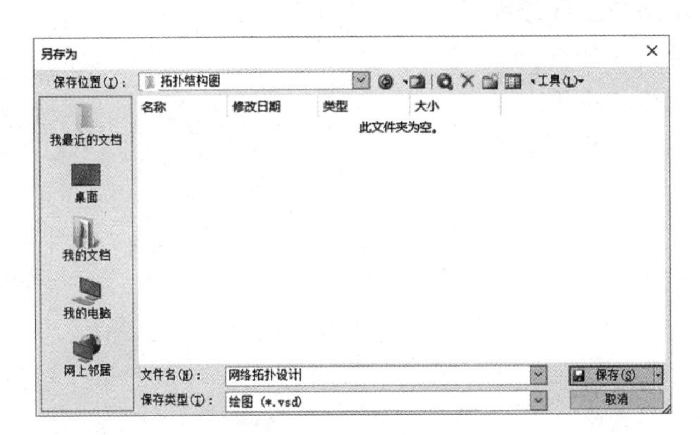

图1-15　保存拓扑文件

1.9　本章小结

本章通过介绍计算机网络的定义和发展历程，使读者了解了计算机网络的基本概况，并掌握了计算机网络的实质——资源共享，在此基础上详细阐述了计算机网络的功能、计算机网络的组成,并对计算机网络的未来发展趋势做了简单介绍,让读者更进一步地了解计算机网络。

1.10 本章习题

一、选择题

1. 一座建筑物内的几个办公室要实现联网,应该选择的方案为(　　)。

A. PAN　　B. LAN　　C. MAN　　D. WAN

2. 广域网覆盖的地理范围从几十千米到几千千米,它的通信子网主要使用(　　)。

A. 报文交换技术　　B. 分组交换技术　　C. 文件交换技术　　D. 电路交换技术

3. 计算机网络的主要功能有(　　)、数据传输和进行分布处理。

A. 资源共享　　B. 提高计算机可靠性

C. 共享数据库　　D. 使用服务器硬盘

4. (　　)物理拓扑将工作站连接到一台中央设备。

A. 总线型　　B. 环状　　C. 星状　　D. 树状

5. 计算机网络的拓扑结构是指(　　)。

A. 计算机网络的物理连接形式　　B. 计算机网络的协议集合

C. 计算机网络的体系结构　　D. 计算机网络的物理组成

二、填空题

1. 计算机网络的发展经历了________、________、________、________四个阶段。
2. 计算机网络按作用范围(距离)可分为________、________和________。
3. 常见的网络拓扑结构主要有________、________、________。

三、简答题

1. 什么是计算机网络?
2. 简述计算机网络的发展历程。
3. 简述计算机网络的分类。
4. 简述计算机网络的应用。
5. 简述计算机网络的发展前景。

第2章

网络体系结构

本章要点：

（1）网络体系结构概述。
（2）OSI参考模型。
（3）TCP/IP参考模型。

学习目标：

（1）理解网络分层的作用。
（2）理解网络体系结构的概念。
（3）理解服务、接口和协议的含义。
（4）掌握OSI参考模型的结构和各层的作用。
（5）掌握TCP/IP参考模型的层次结构。
（6）了解OSI参考模型和TCP/IP参考模型的区别。

2.1 网络体系结构概述

2.1.1

2.1.1 网络体系结构的基本概念

1. 网络协议

计算机网络由若干个相互连接的结点组成，在这些结点之间要不断地进行数据交换。要进行正确的数据传输，每个结点就必须遵守一些事先约定好的规则，这些规则就是网络协议。网络协议是在主机与主机之间、主机与通信子网之间或子网中各通信结点之间的通信中使用的，是通信双方必须遵守的，事先约定好的规则、标准或约定；从层次角度来说，网络协议是网络中所有对等层协议和接口协议的集合。

网络协议组成的三要素如下。

（1）语法：规定通信双方彼此应该如何操作，即确定协议元素的格式，如数据格式、信号电平等规定。

（2）语义：规定了通信双方要发出的控制信息、执行的动作和返回的应答等，包括用于调整和进行差错处理的控制信息。

（3）同步（时序）：对事件实现顺序的详细说明，指出事件的顺序和速率匹配等。

2. 层次结构的提出

通常在遇到复杂问题不好解决的时候，我们都会将它分解为一个个小问题来解决，即“分块”思想，同样地，计算机网络由许多计算机系统相连而成，这些计算机系统之间要进行数据传输。为了实现这一目标，设计人员提出了分层的思想。“分层”可以将复杂的问题简单化，容易实现，并且灵活。早在20世纪60年代设计ARPANET时，设计人员就采用了分层的思想，这标志着计算机网络体系结构的出现。随着网络体系结构的标准化,各类计算机设备都可以互联成网,这大大推动了计算机网络技术的进步与发展。这里的分层即“分块”。

分层是指把一个复杂的系统设计问题分解成多个层次分明的局部问题,并规定每一层次所必须完成的功能。它提供了一种按层次来观察网络的方法,描述了网络中任意两个结点间的信息传输。

分层可以降低网络系统设计的复杂程度,提高网络传输的适应性和灵活性。大多数网络都按照分层的方式来设计与实现。在网络各层中,每一层都实现若干种特定的功能和任务。下面举例进行说明。

把邮政系统看成一个巨大的计算机网络。当你在北京向济南的同学邮寄一封信时,这封信中的内容就是你要传递的数据。你去邮局邮寄时,通过信封把信纸封装起来,然后在信封上填写邮政编码、地址和姓名,交给邮局后,邮局根据信封上的邮政编码分类,然后通过火车、汽车运送到成都的邮局,成都的邮局再转发给济南当地的邮局。济南的邮局派邮递人员将信件直接送到你同学的单位。你的同学再去单位管理信件的工作人员那里取得信件,然后拆封阅读。由此就完成了一封信件的传递。

我们可以把完成该通信过程的结构描述为以下各层:用户→邮局→火车,如图 2-1 所示。

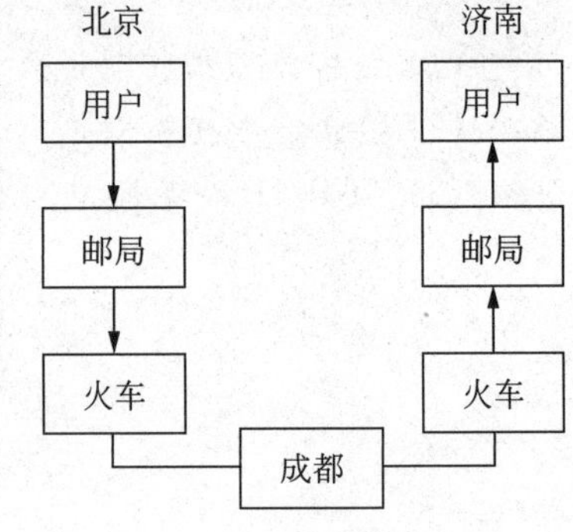

图 2-1 邮局系统示意图

3. 网络体系结构的概念

为了简化对复杂计算机网络的研究、设计和分析工作,同时也为了使网络中不同的计算机系统、不同的通信系统和不同的应用能够互联、互通和互操作,提出了网络体系结构的概念。

网络体系结构(Network Architecture)就是层、协议和服务构成的集合,具体来说,就是为了使各种不同的计算机能够相互通信,将所有需要完成的工作进行分类,划分为明确的层次,并规定出相同层次进程之间的通信协议和上、下层之间的接口及服务。体系结构是计算机网络的一种抽象的、层次化的功能模型。

在同一网络体系的层次结构中,下层为上层提供服务,上层利用下层提供的服务完成自己的功能,同时再向更上一层提供服务。因此,上层可看成是下层的用户,下层是上层的服务提供者。

网络体系结构是计算机网络的分层结构、各层协议和功能的集合,即网络体系结构={层,协议,功能}。

不同的计算机网络具有不同的体系结构,其层的数量、层次的名称、内容和功能以及各相邻层之间的接口都不一样。但在不同的网络体系结构中,每一层都是为了向邻接上层提供一定的服务而设置的,且每一层都对上层屏蔽实现协议的具体细节。

网络体系结构是一个抽象的概念,因为它不涉及具体的实现细节。网络体系结构仅指明网络工作者应“做什么”,而网络实现则说明应该“怎样做”。

4. 层次结构中的相关概念

(1) 实体:客观存在的、与某一应用有关的事物,如程序、进程或作业之类的成分。实体既可以是软件实体,也可以是硬件实体。

(2) 服务:层次结构中,各层都支持其上一层进行工作,这种支持就是服务。

(3) 对等层:不同系统的相同层次。

(4) 对等层协议:对等层实体之间通信所遵守的规则。各层的协议只对所属层的操作有约束力,而不涉及其他层。

(5) 接口:同一系统相邻层之间都存在一种接口。

(6) 服务访问点(Service Access Point,SAP):接口上相邻两层实体交换信息的地方,是相邻两层实体的逻辑接口。例如,N 层 SAP 就是 $N+1$ 层可以访问 N 层的地方。

5. 网络协议分层的优点

对于复杂的网络协议,最好采用分层结构。分层有以下几个优点。

(1) 各层之间是独立的。一个层次并不需要知道它下面的一层是如何实现的,而仅需知道该层通过层间的接口所提供的服务,以及调用此服务所需要的格式和参数。

(2) 灵活性好。当任何一层发生变化时,只要接口关系保持不变,则其他层次均不受影响。

(3) 结构上可分隔开。各层可以采用最合适的技术来实现。

(4) 易于实现和维护。这种结构使得一个复杂系统的实现和调试变得简单,因为整个系统已被分解为若干个小的易于处理的部分。

(5) 有利于标准化工作。每一层的功能以及向其他层所提供的服务都有了精确的说明,因此对于标准化工作是十分方便的。

6. 分层的原则和目标

分层虽然是一个处理复杂问题的有效方法,但分层本身并不是一项简单的工作。目前还不存在一个最佳的层次划分方法。下面介绍分层的一些主要原则。

(1) 当需要有一个不同等级的抽象时,就应当有一个相应的层次。

(2) 每层的功能应当是十分明确的。

(3) 层与层的接口应当明确,而且通过这些接口的信息量尽量少。

(4) 层数应适中。层数太少,会使每一层的协议太复杂;但层数太多,则在描述和综合各层的系统任务时会有较大的困难。

现代的计算机网络是围绕着分层协议或分层功能的概念来设计的,这些技术的发展是为了实现以下目标。

(1) 把一个复杂的网络合乎逻辑地分为若干个较小的、比较容易理解的部分(层)。

(2) 在各个网络功能之间提供标准接口,如软件之间的标准接口。

(3) 网络中各个结点的相同层执行相同的功能。

(4) 为预测和控制网络逻辑(软件或微码)的修改提供手段。

(5) 为网络设计者、开发者讨论网络功能时提供一种标准的语言。

2.1.2 服务类型

2.1.2

根据服务具体实现形式的不同,服务可以分为面向连接服务和无连接服务两种类型。这是由于上层对下层服务质量的不同要求而产生的。

1. 面向连接服务

所谓连接,就是两个对等实体为进行数据通信而进行的一种结合。面向连接服务(Connection-Oriented Service)与电话系统服务类似,发送方在发送信息之前必须向接收方发出连接请求,对方同意连接后,双方建立一条信息通道并在这条通道中交换信息。当双方完成信息传输之后,便拆除通道。因此,采用面向连接的服务进行数据传送要经历以下三个阶段。

(1) 建立连接阶段:在有关的服务原语及协议数据单元中,必须给出源用户和目的用户的完整地址,同时可以协商服务质量和其他一些选项。

(2) 数据交换阶段:在这个阶段,每个报文中不必包含完整的源用户和目的用户的完整地址,而是使用一个连接标识符来代替。由于连接标识符相对于地址信息要短得多,因此使控制信息在报文中所占的比重相对减小,从而可减小系统的额外开销,提高信道的利用率。另外,报文的发送和接收都是按固定顺序的,即发送方先发送的报文,在接收方先收到。

(3) 释放连接阶段:通过相应的服务原语完成释放操作。

从面向连接服务的三个阶段来看,连接就像一个管道,发送者在其一端依次发送报文,接收者依次在其另一端按同样的顺序接收报文,这种连接也称为虚拟电路。它可以避免报文的丢失、重复和乱序。

若两个用户经常需要通信,则可以建立永久虚拟电路。这样可以免除每次通信时建立连接和释放连接这两个阶段。这一点与电话网中的专线很相似。

面向连接服务的主要特点如下。

(1) 需要建立通道、维护通道和拆除通道。

(2) 信息在通道中传输。

(3) 信息传输过程不用自己寻找目标。

(4) 具体传输规则双方可以在建立连接时进行协商。

(5) 可靠性高,服务质量好。

(6) 可确保信息传送的次序。

(7) 实现机理比较复杂。

2. 无连接服务

无连接服务(Connectionless Service)与邮政系统服务类似,发送方将信息封装成一定的信息块,再通过网络发送到接收方,每一个信息块都具备传输路由信息,可以自主地传输到达目的地。在无连接服务的情况下,两个实体之间的通信不必事先建立一个连接。

相对于面向连接的服务,无连接服务灵活方便且快速。但它不能防止报文的丢失、重复和乱序。由于它的每个报文必须包括完整的源地址和目的地址,因此开销较大。

无连接服务主要有以下三种类型。

(1) 数据报:它的特点是发完报文就结束,而对方不做任何响应。数据报的服务简单,额外开销少,但可靠性差,比较适合于数据具有很大的冗余度以及要求有较高实时性的通信场合。

(2) 证实交付:也称为可靠的数据报。这种服务对每一个报文产生一个证实给发送方,不过这种证实不是来自对应方用户,而是来自提供服务的层。这种证实只能保证报文已经发给目的站,而不能保证对应方用户正确地收到报文。

(3) 请求回答:这种服务是接收端用户每收到一个报文,即向发送端用户发送一个应答报文,但是双方发送的报文都有可能丢失。如果接收端发现报文有错误,则回送一个表示有错误的报文。

无连接服务的主要特点如下。

(1) 无须建立通道,信息自由传输。

(2) 信息块包含识别目标的信息，传输相对独立。
(3) 信息块传输的路径和方法不一定相同。
(4) 传输规则事先约定。
(5) 可靠性不高，服务质量不好。
(6) 信息块不保证顺序到达，而且容易丢失。
(7) 实现机理比较简单。

2.2　OSI 参考模型

随着网络技术的发展和设备价格的下降，很多公司都按照一定的分层思想设计体系参考模型，开发自己的专用网络。1974 年，IBM 公司提出系统网络体系结构(System Network Architecture，SNA)，这是第一个公开的网络体系参考模型。接着，很多公司也纷纷公布自己所设计的参考模型。由于在不同的参考模型中，层次的划分、功能的分配和采用的技术都不相同，这给网络的互联造成一定的阻碍，人们迫切需要一种通用的参考模型。

2.2.1　OSI 参考模型概述

2.2.1

1977 年，ISO 成立了一个分委员会专门研究一种用于开放系统互联(Open System Interconnection，OSI)的体系结构。1984 年，ISO 颁布了 OSI 参考模型，制定了七个层次的功能标准、通信协议以及各种服务。这一模型被称为开放系统互联参考模型(Open System Interconnection Reference Model，OSI/RM)。目前形成的开放系统互联参考模型的正式文件是 ISO 7498 国际标准，我国的相应标准是 GB 9387。

OSI 参考模型的七层由低往高分别是物理层(Physical Layer)、数据链路层(Data Link Layer)、网络层(Network Layer)、传输层(Transport Layer)、会话层(Session Layer)、表示层(Presentation Layer)及应用层(Application Layer)。

主机和网络设备可以根据实际需要决定其工作的最高层次，例如主机需要达到应用层，路由器需要达到网络层，交换机需要达到数据链路层，而中继器只需要达到物理层。OSI 参考模型的结构如图 2-2 所示。

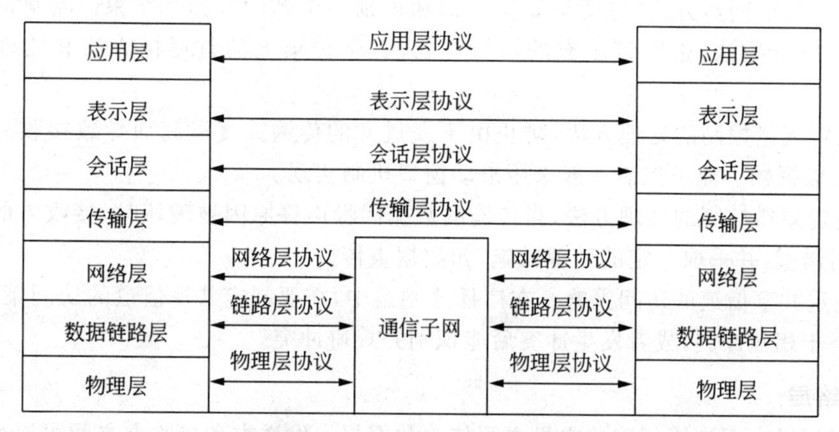

图 2-2　OSI 参考模型的结构

知识链接

由图 2-2 可知,OSI 参考模型的对等层之间遵循相同的协议,上下层之间各自有各自的协议,而且根据应用环境的不同,每层的协议也并不唯一,具体情况如下。

物理层:RS-232C,X.21,任何一种调制解调体制。

数据链路层:ALOHA、CSMA 或 CSMA/CD、TDMA、FDMA、CDMA、FDDI 等之一。

网络层:ARP、IP、ICMP、OSPF、BGP 等。

传输层:TCP、UDP 之一。

会话层:NetBIOS 等。

表示层:XML、HTML、MIME、XDR 等。

应用层:FTP、HTTP、DNS、SMTP、DHCP、ODBC、RPC 等。

2.2.2

2.2.2 OSI 参考模型各层描述

1. 物理层

物理层位于 OSI 参考模型的最底层,是整个开放系统的基础。物理层为设备之间的数据通信提供传输媒体及互联设备,为数据传输提供可靠的环境。它直接面向比特流的传输。

物理层的主要任务如下。

(1) 制定关于物理接口的机械、电气、功能和规程特性的标准,以便于不同的制造厂家能够根据标准各自独立地制造设备,并保证各个厂家的产品能够相互兼容。

(2) 制定信号的编码方式,使得通信各方能够正确对信号进行解析。

(3) 制定网络连接可用的拓扑结构。

(4) 制定数据的传输模式,例如传输是单工还是双工,线路是独占还是共享,通信是一对一还是一对多等。

2. 数据链路层

物理层只负责比特流的接收和传输,无须了解比特流中数据的意义和结构。数据链路层传输的是有结构的数据,称为帧(frame)。数据帧由发送方地址、接收方地址、控制信息、数据和一些必要的帧标识构成。数据帧中的地址称为物理地址。

数据链路层的主要任务如下。

(1) 制定帧的同步方式,也就是如何标识和识别一个帧的开始和结束。常见的几种帧同步方法有字符计数法、带字符填充的首尾界符法、带位填充的首尾标志法和物理层违例编码法。

(2) 制定流量控制的处理方法,防止由于发送方的传输速度过高而导致接收方无法及时处理所有的数据帧。流量控制一般采用滑动窗口机制实现。

(3) 制定差错控制的处理方法,当传输的数据因噪声等原因被破坏时,接收方的数据链路层能检测到错误,并采取一定的处理措施,如数据重传。

(4) 制定共享信道的访问策略。在广播式网络中,需要制定共享信道的访问策略,使得通信各方不至于相互冲突,或者发生冲突后能识别并规避冲突。

3. 网络层

网络层可以在不直接相连的主机之间传输数据报。发送方和接收方之间可以存在多条传输路径,数据报在传输过程中可能使用不同的数据链路层,这些数据链路层的传输延时、信道控制方式和最大传输单元(Maximum Transmission Unit,MTU)都不相同。网络层使用逻辑地址进行寻址,向上层提供一致的通信服务,并屏蔽不同数据链路层的差异。

网络层的主要任务如下。

(1) 制定逻辑地址与物理地址之间的地址解析方法。

(2) 既提供面向连接的通信服务,又提供无连接的通信服务。

(3) 解决数据报传输的路由问题,为数据报选择最合适的传输路径。路由选择可以采用静态设定的方法,也可以采用路由算法动态地进行计算。

(4) 制定数据报分片与重组的处理方法。由于数据报传输中可能经过不同的物理网络,各物理网络的 MTU 不同,超过 MTU 大小的数据无法传输,因此网络层在数据传输过程中一旦发现数据报大小超过 MTU,就要将数据报进行分片,在数据分片到达接收方时再进行重组。分片可以在发送方和传输的中间结点(路由器)进行,重组只能在接收方进行。

(5) 建立拥塞处理机制。当多条物理链路同时向一条物理链路传输数据时,有可能造成这条物理链路的拥塞,网络层必须建立相应的机制以解决拥塞问题。拥塞控制与数据链路层的流量控制有些相似,但流量控制涉及的发送方和接收方都只有一个,而拥塞控制涉及多个发送方,因此网络层的拥塞控制机制更为复杂。拥塞控制一般采用源抑制机制实现。

上述三层组成了通信子网,用户计算机连接到此子网上。通信子网负责把一台主机的数据可靠地传送到另一台主机,但并未实现两台主机的进程之间的通信。通信子网的主要功能是面向通信的。

4. 传输层

传输层建立在网络层之上,向会话层提供更强大而且灵活的通信服务。传输层的主要任务如下。

(1) 提供面向连接的通信服务。

(2) 以端口的形式实现多路复用,使多个上层通信进程可以同时进行网络通信。

(3) 实现端到端的流量控制,使发送方在传输时不至于超过接收方的处理能力。传输层的端到端的流量控制与数据链路层的点到点的流量控制有所不同,数据链路层的发送方和接收方处于同一个物理网络中,只有一条传输途径,通信时不需要其他设备进行存储转发;而传输层的发送方和接收方之间有可能有多条传输途径,通信时有可能需要通过其他设备进行存储转发,因此依然需要进行流量控制。流量控制依然采用滑动窗口机制实现。

(4) 提供差错控制处理机制,向用户提供可靠的通信服务。差错控制一般采用确认与超时重传机制实现。

(5) 提供让分组按照从发送方发出时的顺序依次到达接收方的服务。

5. 会话层

会话层建立在传输层连接的基础上,提供了对某些应用的增强会话服务,如远程登录的会话管理。会话层的主要任务如下。

(1) 建立、拆分和关闭会话。

(2) 实现会话的同步,将会话的数据进行分解,并在数据块中加入标识。

(3) 实现会话数据的确认和重传。

(4) 使用令牌实施对话控制,令牌可以在会话双方之间交换,执有令牌的一方才拥有发言权。

6. 表示层

表示层负责两个通信系统之间所交换信息的表示方式,使得两台数据表示结构完全不同的设备能够自由地进行通信。它关心的是所传输数据的语法和语义,目标是消除网络内部的语法、语义差异。表示层的主要任务如下。

(1) 实现数据格式的翻译,发送方先将数据转换成双方都能够理解的传输格式,接收方再将数据转换为自己使用的格式。

(2) 为了数据的安全,对数据进行加密传输,到达接收方再进行解密。

(3) 为了提高网络传输的速度,可以对数据进行压缩后再传输,并在接收方进行解压缩。

7. 应用层

应用层是OSI参考模型的最高层,负责为用户的应用程序提供网络服务。它与用户的应用程序直接接触,提供了大量通信协议,如网络虚拟终端、电子邮件、文件传输、文件管理、远程访问和打印服务等。

与OSI参考模型其他层不同的是,应用层不为任何其他层提供服务,而是直接为应用程序提供服务,包括建立连接、同步控制、错误纠正和重传协商等。为了让各种应用程序能有效地使用OSI网络环境,应用层的各种协议都必须提供方便的接口和运行程序,并形成一定的规范,确保任何遵循此规定的使用者都能够相互通信。

【例2-1】 以下功能分别属于OSI参考模型的哪一层?

(1) 介质访问控制(Medium Access Control)。

(2) 位的差错检测与恢复。

(3) 路由学习。

(4) 分组转发。

(5) 进程与进程之间的可靠传输。

解:本题考查OSI参考模型各层的功能。根据上面对各层的简单描述可知,这几个功能分别属于:数据链路层、数据链路层、网络层、网络层、传输层。

2.2.3 OSI参考模型的数据封装

2.2.3

OSI参考模型将网络传输分成了七个层次,各层在传输数据时都需要对数据进行一定的处理。发送方在数据发送前需要对数据进行封装;当接收方接收到被封装的数据后,首先要对数据进行解封,才能将数据传给上层调用者。

OSI参考模型对数据的封装方法是从应用层到网络层,每次封装都在原数据上附加一个头部,头部包含控制信息;在数据链路层,除了要附加一个头部之外,还要附加一个尾部,头部包含同步信息和控制信息,尾部包括同步信息和检验信息;在物理层,数据以比特流形式传输,不再需要封装。OSI参考模型的数据封装图如图2-3所示。

2.2.4 OSI通信方式

2.2.4

1. 层间通信

网络中每层使用定义好的协议与其相邻各层通信,图2-4用OSI分层表示两台网络主机之间的连接,每层之间的箭头表示它们之间的通信通道。主机发送的数据从最高层传递到最低层(物理层)。在物理层中,数据通过实际的通信通道水平地传送到目的主机。在目的主机中，数据从最低层向上传递到最高层。

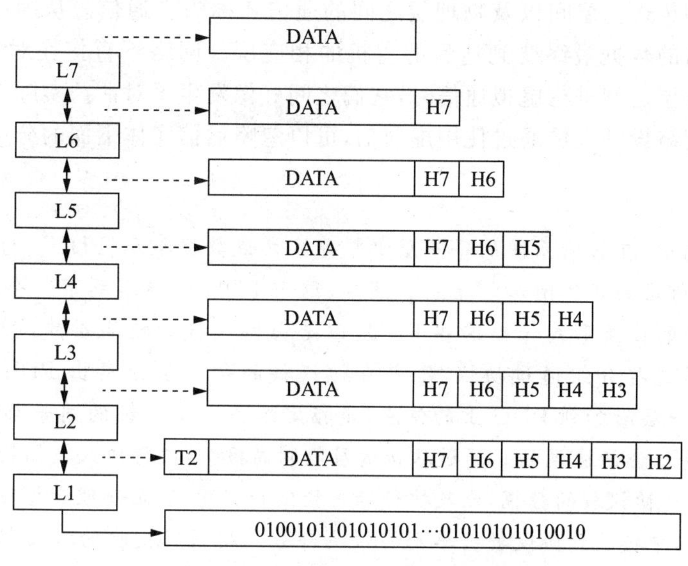

图 2-3　OSI 参考模型的数据封装图

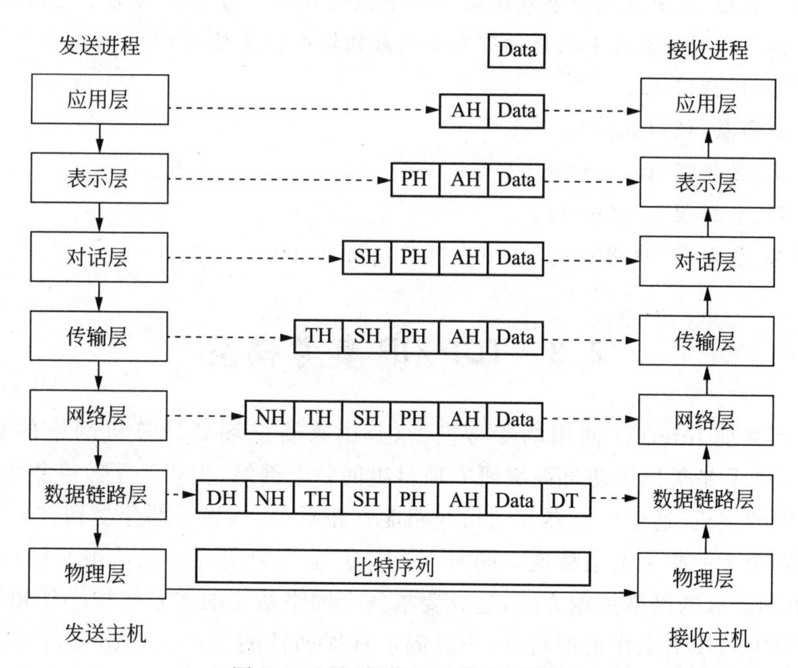

图 2-4　层间通信与对等层间通信

2. 对等层间通信

从概念上讲，当两台主机进行通信时，它们的相应层也进行通信。把网络中不同主机内的处于相同层次的相应层称为对等层，对等层之间两个通信的实体称为对等层实体。在图 2-4 中，对等层之间画了一条虚线。

3. 实通信和虚通信

除物理层之外，对等层之间的通信称为虚通信，实际上网络中计算机之间的通信只发生在网络的最底层(物理层),只有在那里才存在真正的物理连接。电信号只在物理层才通过通信介质在计算机之间传送。层间以及物理层之间的通信才称为实通信。从图 2-4 中可知,发送方的任意一层发送的数据最终要到达目的主机的相应层。网络不直接在对等层之间传输数据。两台主机相应层之间进行虚拟通信时,它们之间好像发生了对话。实际上,它们之间没有真正发生通信。网络设计人员通过使用虚通信,可以忽略通信实体下面的分层细节。

知识链接

分层网络结构中,在传输系统的每一层都将建立协议数据单元(PDU)。PDU 包含来自上层的信息,以及当前层的实体附加的信息。然后,这个 PDU 被传送到下一个较低的层。物理层实际以一种编帧的位流形式传输这些 PDU,但是由协议栈的较高层建造这些 PDU。接收系统自下而上传送这些分组通过协议栈,并在协议栈的每一层分离出 PDU 中的相关信息。重要的一点是,每一层附加到 PDU 上的信息,是指定给另一个系统的同等层的。这就是对等层如何进行一次通信会话协调的。通过从传输层段剥离报头,执行协议数据检测以确定作为传输层段的部分数据的协议段的数据,以及执行标志验证和剥离,从而处理数据段。还提供用于处理数据段的技术,其中接收到协议数据单元的报头部分。利用所接收的报头部分来确定将储存在应用空间中的数据的字节数。而且,利用所接收的报头部分来确定下一个协议数据单元的下一个报头部分。然后,发出窥视命令以获得下一个报头部分。另外提供用于利用所储存的部分循环冗余校验摘要和剩余数据来执行循环冗余校验的技术。各层的 PDU 分别如下。

(1) 物理层:比特(bit)。

(2) 数据链路层:帧(frame)。

(3) 网络层:数据报(packet)或包。

(4) 传输层:数据段(segment)。

(5) 会话层、表示层、应用层:一般称为报文或消息(message)。

2.3 TCP/IP 参考模型

TCP/IP 是目前 Internet 使用的参考模型,其由来要追溯到计算机网络的鼻祖 ARPANET。ARPANET 是美国国防部高级研究项目组的一个网络,主要为了改变集中控制的运作方式,使网络中的主机、通信控制器和通信线路能够相对独立,当一部分受到破坏时,其他部分照常工作,而不至于使整个网络瘫痪。同时,TCP/IP 也希望实现满足从报文的传送到数据的实时传输等不同需求的网络传输方式,这就要求整个网络系统的体系结构必须相当灵活。

最初的 ARPANET 工作情况良好,不过偶尔有周期性的瘫痪状态出现,而且运行成本很高,因此人们继续设计各种更加可靠的通信协议。20 世纪 70 年代,人们相继提出了 TCP/IP 协议,并研究和设计了 TCP/IP 参考模型。1974 年,Kahn 定义了最初的 TCP/IP 参考模型;1985 年,Leiner 等人对其进行了补充;1988 年,Clark 讨论了此模型的设计思想。

2.3.1 TCP/IP 参考模型概述

2.3.1

TCP/IP 参考模型分为四层,分别为网络接口层、网际层、传输层和应用层。

主机和网络设备可以根据实际的需要决定其工作的最高层次,主机需要达到应用层，路由器需要达到网际层，交换机只需要达到网络接口层。TCP/IP 参考模型的结构如图 2-5 所示。

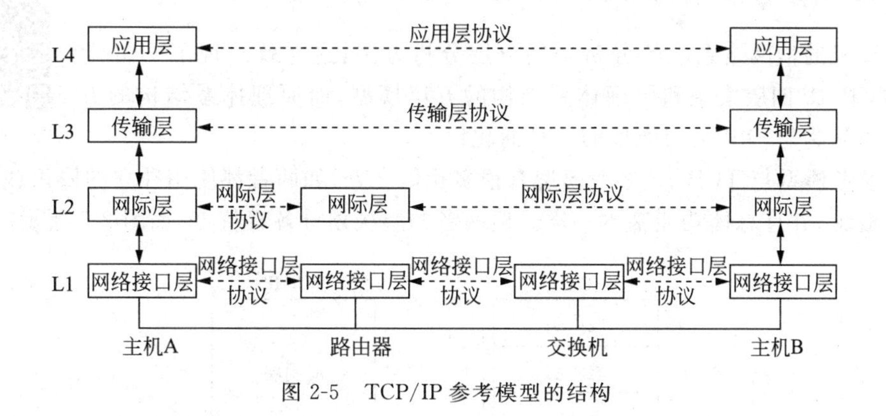

图 2-5　TCP/IP 参考模型的结构

TCP/IP 参考模型对等层之间也遵循相同的协议，而且不同的层次之间协议不同，具体如图 2-6 所示。

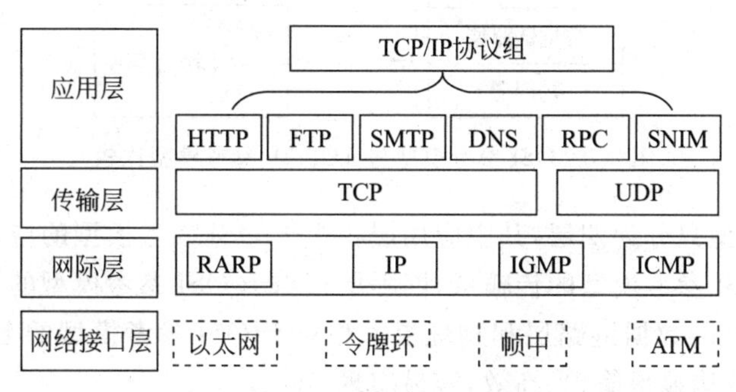

图 2-6　TCP/IP 参考模型各层协议

1. 网络接口层

网络接口层是 TCP/IP 参考模型中的最低层。TCP/IP 参考模型没有对网络接口层进行详细的描述，只是指出网络层可以使用某种协议与网络连接，以便传输 IP 数据报。至于协议如何定义和实现，TCP/IP 参考模型并不深入讨论。

2. 网际层

网际层是 TCP/IP 参考模型的核心，负责 IP 数据报的产生以及 IP 数据报在逻辑网络上的路由转发。在 TCP/IP 参考模型中，网际层提供了数据报的封装、分片和重组，以及路由选择和拥塞控制机制。但是，网际层只提供无连接不可靠的通信服务。

3. 传输层

传输层是 TCP/IP 参考模型中提供端到端通信服务的层次，既可以提供面向连接的可靠的通信服务，又可以提供无连接不可靠的通信服务。在 TCP/IP 参考模型中，传输层以端口的形式实现通信复用。

4. 应用层

应用层是 TCP/IP 参考模型中协议数量最多最复杂的层次，面向不同主题向用户提供各种各样的通信业务。

2.3.2 OSI 参考模型与 TCP/IP 参考模型的比较

2.3.2

对计算机通信网络系统的分析采用分层分析方法，这样就出现了 OSI 七层模型、TCP/IP 四层模型和原理体系结构的五层模型，而原理体系结构的五层模型可以认为是 OSI 七层模型的一种简化模型。

OSI 参考模型与 TCP/IP 参考模型有很多相似之处，如两者都使用独立的协议栈，采用层次结构的概念，并且总体功能基本一样。但两者的层次划分各有特点，如图 2-7 所示。

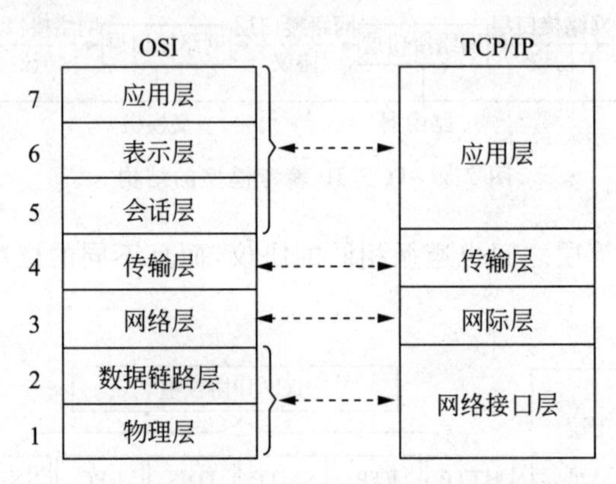

图 2-7 OSI 参考模型与 TCP/IP 参考模型比较

TCP/IP 参考模型只分为四层，其中应用层相当于 OSI 参考模型的应用层、表示层和会话层；传输层相当于 OSI 参考模型的传输层；网际层相当于 OSI 参考模型的网络层；网络接口层相当于 OSI 参考模型的数据链路层和物理层。相对于 OSI 参考模型的七层结构而言，TCP/IP 参考模型的四层结构显得简单、高效，容易实现。

OSI 参考模型是在协议被开发之前设计出来的，这意味着 OSI 模型并不是为某个特定的协议集而设计的，因而它具有通用性。另外，这也导致了 OSI 参考模型在协议实现方面存在不足，很多功能划分并不合理。例如会话层很少被利用，表示层几乎是空的，而数据链路层和网络层却拥挤了很多功能。TCP/IP 参考模型正好相反，先有协议，后建模型，模型实际上是对现有协议的描述，因而协议与模型非常吻合，但随之带来的问题是 TCP/IP 参考模型不支持其他协议集。因此，它不适合非 TCP/IP 网络的应用场合。

在 OSI 参考模型中，定义了三个基本概念——服务、接口和协议。这使 OSI 参考模型的结构非常清晰，每一层协议的更换对其他层次都不产生影响，这非常符合分层思想。而 TCP/IP 参考模型中并没有十分清晰地区分服务、接口和协议的概念，协议之间的耦合性相对较强，协议的定位存在二异性，某些协议按照调用关系可以归入某个层次，但按照功能和作用却又应该被归入另一个层次。从另一个角度来看，由于 OSI 参考模型对层次划分十分严格，也使参考模型变得复杂，数据处理周期长，实现比较困难，也降低了运行效率，这些都是造成 OSI 参考模型无法流行的原因。

在 OSI 七层模型中，将计算机通信网络系统分为七个层次，每个层次称为一个子系统。每一个子系统与上、下相邻的子系统进行交互作用，且这种作用是通过子系统之间的接口进行的。在所有互连的开放系统中，位于同一水平行上的子系统构成了 OSI 的对等层。对于各个层次，除了最高层和最低层外，任何一层均可称为(N)层，与(N)层相邻的上层和下层分别称为(N+1)层和(N−1)层。这种对层次的描述方法也适用于OSI的其他概念,如(N+1)协议、(N)功能、(N−1)服务等。

与OSI参考模型相比,TCP/IP参考模型与其有许多相似之处,两者均采用了层次结构并存在可比的运输层和网络层;两者都有应用层,虽然所提供的服务有所不同;两者均是一种基于协议数据单元的分组交换网络,而且分别作为概念上的模型和事实上的标准,具有同等的重要性。

由于TCP/IP参考模型有较少的层次,因而显得更简单,TCP/IP一开始就考虑到多种异构网的互联问题,并将网际协议IP作为TCP/IP的重要组成部分。作为从Internet上发展起来的协议,TCP/IP已经成为网络互联的事实标准。目前还没有实际网络是建立在OSI参考模型基础上的,OSI仅仅是作为理论的参考模型。

【例2-2】 下列关于TCP/IP协议的描述中,错误的是( )。

A. 地址解析协议ARP属于应用层

B. TCP、UDP协议都要通过IP协议来发送、接收数据

C. TCP协议提供可靠的面向连接服务

D. UDP协议提供简单的无连接服务

解:本题考查的是TCP/IP协议族。地址解析协议ARP应该隶属于网际层,与IP协议配合使用,起屏蔽物理地址细节的作用。IP协议也属于网际层,TCP、UDP协议都通过IP协议来发送、接收数据。TCP协议提供可靠的面向连接服务,UDP协议是一种不可靠的无连接协议。因此答案为A。

2.4 小型案例实训

案例:绘制体系结构图

1. 实验目的

(1) 理解网络体系结构的概念。

(2) 掌握OSI参考模型的层次。

(3) 掌握使用工具绘制网络体系结构的方法。

2. 实验设备和环境

(1) PC:1台。

(2) 软件:Microsoft Visio或Micorsoft Word。

3. 实训任务效果图

OSI参考模型体系结构如图2-8所示。

4. 实验步骤

(1) 打开Word软件,单击“插入”→“形状”,在下拉列表中选择矩形,按住鼠标左键拖动,画出合适大小的矩形框,如图2-9所示。

(2) 选择画好的矩形框,按Ctrl+C组合键复制该矩形框,然后按Ctrl+V组合键六次,粘贴矩形框。将矩形框拖曳到合适位置,如图2-10所示。

(3) 按住Ctrl键依次单击七个矩形框,然后对准其中一个右击,在弹出的快捷菜单中选择“组合”→“组合”,将七个矩形框组合在一起。

(4) 右击一个矩形框,在弹出的快捷菜单中选择“添加文字”,根据图 2-11 中的提示,在矩形框中输入相应的文字。

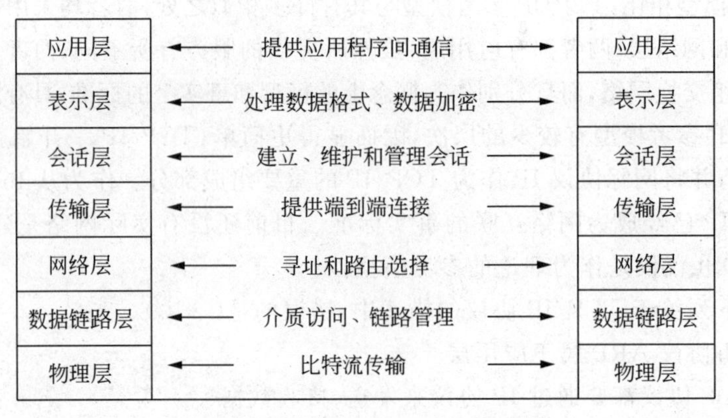

图 2-8 OSI 参考模型体系结构图

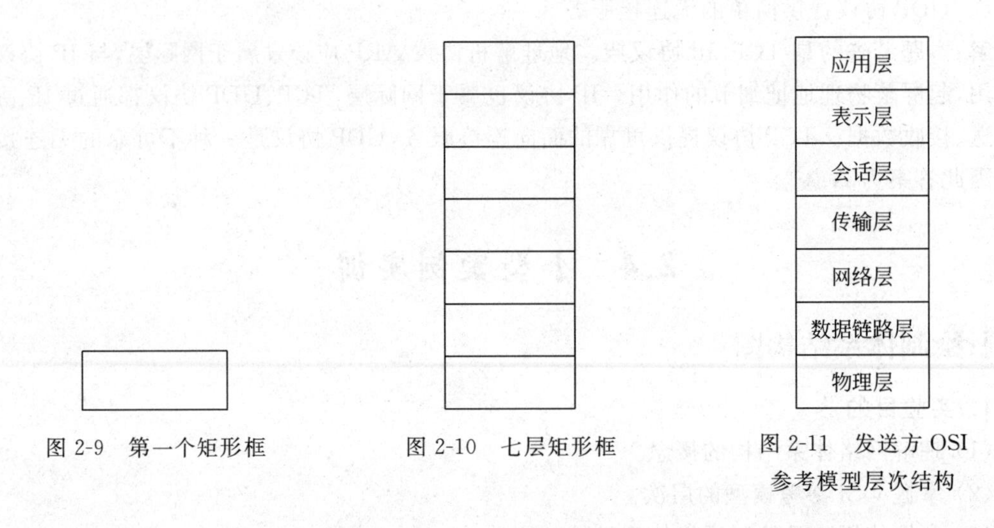

图 2-9 第一个矩形框　　图 2-10 七层矩形框　　图 2-11 发送方 OSI 参考模型层次结构

(5) 采用复制、粘贴的方法,快速做出右边的七层矩形框,并用横线将两边连接起来,如图 2-12 所示。

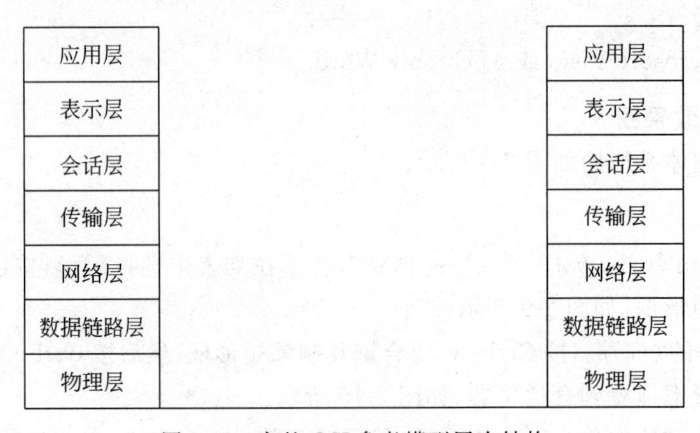

图 2-12 完整 OSI 参考模型层次结构

(6) 根据图 2-13,通过插入文本框的方法在对等层中间写入文字,并去掉文本框的底色和轮廓。

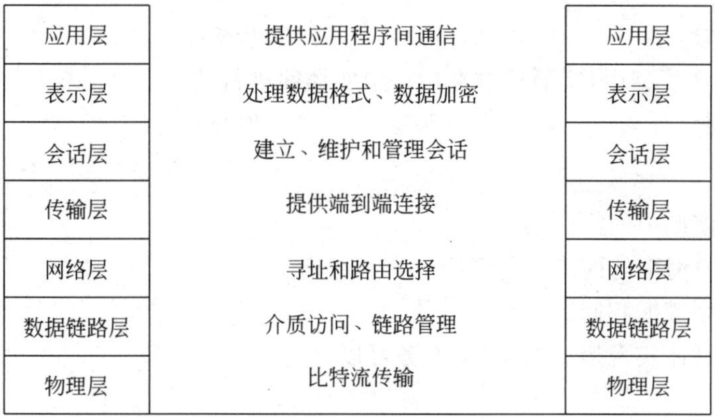

应用层
提供应用程序间通信
应用层
表示层
处理数据格式、数据加密
表示层
会话层
建立、维护和管理会话
会话层
传输层
提供端到端连接
传输层
网络层
寻址和路由选择
网络层
数据链路层
介质访问、链路管理
数据链路层
物理层
比特流传输
物理层

图 2-13　加入说明信息的 OSI 参考模型层次结构

(7) 在中间的文字两侧插入箭头,做成最后的效果图,如图 2-14 所示。

应用层
提供应用程序间通信
应用层
表示层
处理数据格式、数据加密
表示层
会话层
建立、维护和管理会话
会话层
传输层
提供端到端连接
传输层
网络层
寻址和路由选择
网络层
数据链路层
介质访问、链路管理
数据链路层
物理层
比特流传输
物理层

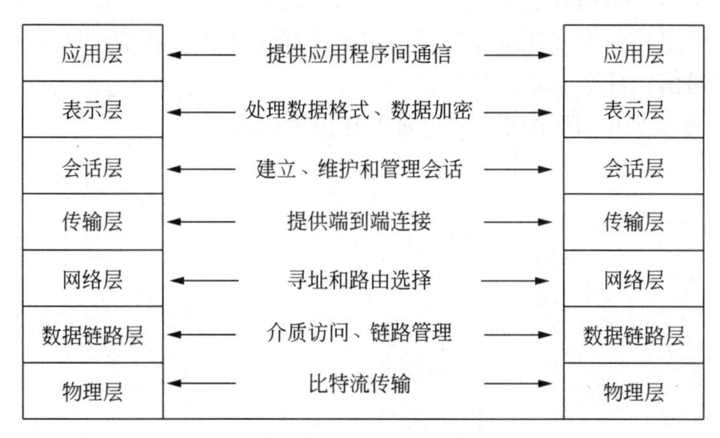

图 2-14　最终效果图

2.5　本章小结

本章首先介绍了协议和分层的概念,然后在此基础上给出了网络体系结构的定义,即层、协议和服务构成的集合,并简单介绍了 OSI 参考模型和 TCP/IP 参考模型各个层次的作用和协议,通过这两个著名案例来让读者了解网络体系结构的本质,并最终能够深刻理解网络通信的实质。

2.6　本章习题

一、选择题

1. 下列选择项中,不是协议的组成部分的是(　　)。

A. 语义　　B. 语法　　C. 同步　　D. 双工

2. TCP 的含义是(　　)。

A. 域名　　B. 网际协议　　C. 传输控制协议　　D. 超文本传输协议

3. OSI 参考模型的第三层是(　　)。

A. 数据链路层　　B. 网络层　　C. 传输层　　D. 网际层

4. 在 OSI 参考模型中,实通信是在(　　)实体间进行的。

A. 物理层　　B. 数据链路层　　C. 网络层　　D. 传输层

二、填空题

1. OSI 参考模型中的第四层是________。
2. OSI 参考模型中的网络层与 TCP/IP 参考模型中的________对应。
3. 对等层必须遵循相同的________。
4. 根据服务具体实现形式的不同,服务可以分为________和________两种类型。

三、简答题

1. 什么是计算机网络协议?计算机网络协议有哪些基本要素?
2. 什么是计算机网络体系结构?分层体系结构的主要优点有哪些?
3. 计算机网络体系结构分层的原则和目标主要有哪些?
4. OSI 参考模型共分为哪几层?各层的主要功能是什么?通信子网是由哪几层组成的?
5. 什么是实通信?什么是虚通信?
6. 在 OSI 参考模型中,两个网络用户是怎样传递数据的?

第3章 物理层

本章要点：

(1) 物理层功能。

(2) 物理层特性。

(3) 物理层协议。

(4) 通信基础。

(5) 物理层设备。

学习目标：

(1) 了解物理层功能。

(2) 掌握物理层特性。

(3) 掌握物理层的协议。

(4) 了解数据通信的概念。

(5) 掌握有线介质的特点。

(6) 掌握数据编码和差错控制内容。

(7) 了解物理层设备的特性。

3.1 物理层功能

3.1

物理层位于OSI参考模型的最底层，它直接面向实际承担数据传输的物理媒体(即通信通道)。物理层的传输单位为比特(bit)，即一个二进制位("0"或"1")。实际的比特传输必须依赖于传输设备和物理媒体，但是，物理层不是指具体的物理设备，也不是指信号传输的物理媒体，而是指在物理媒体之上为上一层(数据链路层)提供一个传输原始比特流的物理连接。

物理层虽然处于最底层，却是整个开放系统的基础。物理层为设备之间的数据通信提供传输媒体及互联设备，为数据传输提供可靠的环境。其主要作用可以归纳为以下几点。

(1) 为数据端设备提供传送数据的通路。数据通路既可以是一个物理媒体，也可以是多个物理媒体连接而成。一次完整的数据传输，包括激活物理连接、传送数据、终止物理连接。所谓激活，是指不管有多少物理媒体参与，都要在通信的两个数据终端设备间连接起来，形成一条通路。

(2) 传输数据。物理层要形成适合数据传输需要的实体，为数据传送服务。一是要保证数据能在其上正确通过，二是要提供足够的带宽(带宽是信号的频带宽度，通常与数据传输速率成正比)，以减少信道上的拥塞。传输数据的方式能满足点到点、一点到多点、串行或并行、半双工或全双工、同步或异步传输的需要。

(3) 完成物理层的一些管理工作。

3.2 物理层特性

3.2

信号的传输离不开传输介质，而传输介质两端必然有接口用于发送和接收信号。因此，物理层的主要任务就是规定各种传输介质和接口与传输信号相关的一些特性。

1. 机械特性

机械特性也称为物理特性,指明通信实体间硬件连接接口的机械特点,如接口所用接线器的形状和尺寸、引线数目和排列、固定和锁定装置等。这很像平时常见的各种规格的电源插头,其尺寸都有严格的规定。图 3-1 列出了各类已被 ISO 标准化了的 DCE 接口的几何尺寸及插孔芯数和排列方式。

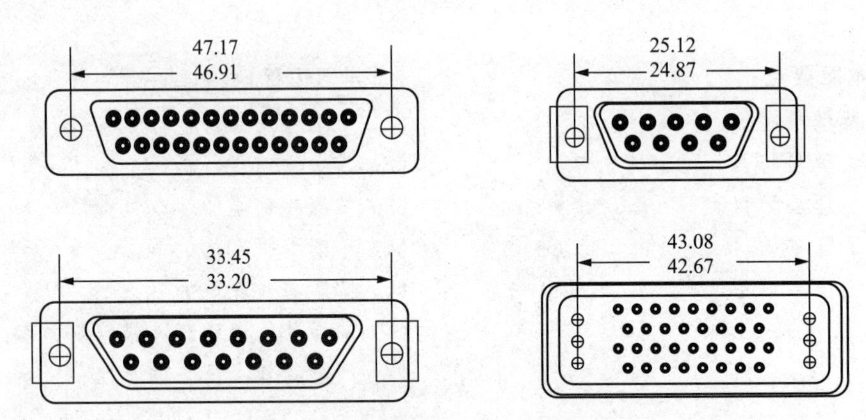

图 3-1　常用连接机械特性(单位:mm)

数据终端设备(Data Terminal Equipment,DTE)是具有一定数据处理能力和数据发送接收能力的设备,包括各种 I/O 设备和计算机。由于大多数数据处理设备的传输能力有限,直接将相距很远的两个数据处理设备连接起来是不能进行通信的,所以要在数据处理设备和传输线路之间加上一个中间设备,即数据线路端接设备(Data Circuit-terminating Equipment,DCE)。DCE 在 DTE 和传输线路之间提供信号变换和编码的功能。

一般来说,DTE 的连接器常用插针形式,其几何尺寸与 DCE 连接器相配合,插孔芯数和排列方式与 DCE 连接器成镜像对称。

2. 电气特性

电气特性规定了在物理连接上导线的电气连接及有关电回路的特性,一般包括接收器和发送器电路特性的说明、表示信号状态的电压/电流电平的识别、最大传输速率的说明,以及与互连电缆相关的规则等。

物理层的电气特性还规定了 DTE/DCE 接口线的信号电平、发送器的输出阻抗、接收器的输入阻抗等电气参数。

DTE/DCE 接口的各根导线(也称为电路)的电气连接方式有非平衡方式、差动接收器的非平衡方式和平衡方式三种。三种电气连接方式的结构如图 3-2 所示。

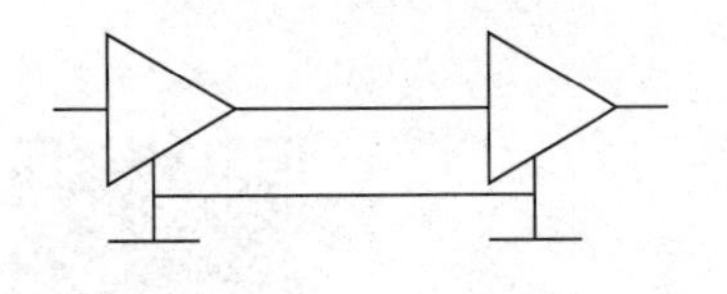

(a) 非平衡发送器/接收器

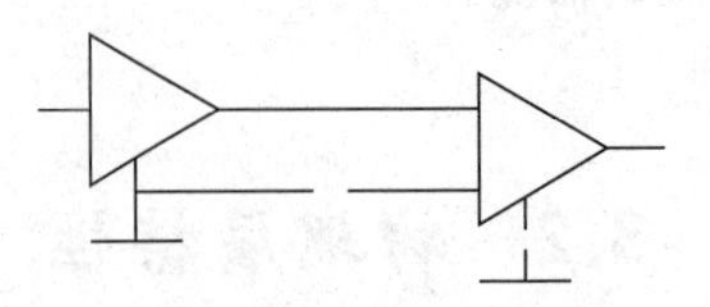

(b) 非平衡发送器/差动接收器

(c) 平衡发送器/差动接收器

图 3-2　三种电气连接方式的结构

非平衡方式采用分立元件技术设计非平衡接口，每个电路使用一根导线，收发两个方向共用一根信号地线，信号速率≤20kb/s，传输距离≤15m。由于使用共用信号地线，所以会产生比较大的串扰。CCITT V.28 建议采用这种电气连接方式，EIA RS-232C 标准基本与之兼容。

差动接收器的非平衡方式采用集成电路技术的非平衡接口。与前一种方式相比，发送器仍使用非平衡式，但接收器使用差动接收器。每个电路使用一根导线，但每个方向都使用独立的信号地线，串扰信号较小。这种方式的信号速率可达 300kb/s，传输距离为 10(300kb/s 时)～1000m(≤3kb/s 时)。CCITT V.10/X.26 建议采用这种电气连接方式，EIA RS-423 标准与之兼容。

平衡方式采用集成电路技术设计的平衡接口，使用平衡式发送器和差动式接收器，每个电路采用两根导线，构成各自完全独立的信号回路，使得串扰信号减至最小。这种方式的信号速率≤10Mb/s，传输距离为 10(10Mb/s 时)～1000m(≤100kb/s 时)。CCITT V.11/X.27 建议采用这种电气连接方式，EIA RS-423 标准与之兼容。

3. 功能特性

功能特性规定了接口信号的来源、作用以及其他信号之间的关系。

DTE/DCE 标准接口的功能特性主要是对各接口信号线做出确切的功能定义，并确定相互间的操作关系。对每根接口信号线的定义通常采用两种方法：一种方法是一线一义法，即每根信号线定义为一种功能，CCITT V24、EIA RS-232-C、EIA RS-449 等都采用这种方法；另一种方法是一线多义法，指每根信号线被定义为多种功能，此方法有利于减少接口信号线的数目，它被 CCITT X.21 所采用。

接口信号线按其功能一般可分为接地线、数据线、控制线、定时线等类型。对各信号线的命名通常采用数字、字母组合或英文缩写三种形式，如 EIA RS-232-C 采用字母组合，EIA RS-449 采用英文缩写，而 CCITT V.24 则以数字命名。在 CCITT V.24 建议中，对 DTE/DCE 接口信号线的命名以 1 开头，所以通常将其称为 100 系列接口线，而对 DTE/ACE 接口信号线的命名以 2 开头，所以将其称为 200 系列接口信号线。

4. 规程特性

规程特性指明利用接口传输比特流的全过程及各项用于传输的事件发生的合法顺序，包括事件的执行顺序和数据传输方式，即在物理连接建立、维持和交换信息时，DTE/DCE 双方在各自电路上的动作序列。

DTE/DCE 标准接口的规程特性规定了 DTE/DCE 接口各信号线之间的相互关系、动作顺序以及维护测试操作等内容。规程特性反映了在数据通信过程中，通信双方可能发生的各种可能事件。由于这些可能事件出现的先后次序不尽相同，而且又有多种组合，因而规程特性往往比较复杂。描述规程特性的一种比较好的方法是利用状态变迁图。因为状态变迁图反映了系统状态的变迁过程，而系统状态迁移正是由当前状态和所发生的事件(指当时所发生的控制信号)决定的。

以上四个特性实现了物理层在传输数据时，对于信号、接口和传输介质的规定。

3.3 物理层协议

物理层中较重要的新规程是 EIA RS-449 及 X.21，然而经典的 EIA RS-232C 仍是目前最常用的计算机异步通信接口。

3.3.1 RS-232C 协议

3.3.1

RS-232C 标准(协议)的全称是 EIA-RS-232C 标准,定义是"DTE 和 DCE 之间串行二进制数据交换接口技术标准"。它是在 1970 年由美国电子工业协会(EIA)联合贝尔系统、调制解调器厂家及计算机终端生产厂家共同制定的用于串行通信的标准。其中,EIA(Electronic Industry Association)代表美国电子工业协会,RS(Recommended Standard)代表推荐标准,232 是标识号,C 代表 RS-232 的最新一次修改。

RS-232C 是一个已制定很久的标准,它描述了计算机及相关设备间较低速率的串行数据通信的物理接口及协议。它是由 EIA 定义的,最初是为电传打印机设备而制定。

RS-232C 是计算机用来与调制解调器及其他串行设备交谈或交换数据的接口。在 PC 的某处,一般是主板上的通用异步收发器(UART)芯片,计算机上的数据正从它的 DTE 接口传送到一个内置或外置的调制解调器上(或其他的串行设备)。因为计算机中的数据是沿并行电路传输的,而串行设备一次只能处理一个比特,因此 UART 芯片将把并行数据转换成连续的比特流。PC 上的 DTE 代理也会和调制解调器或其他串行设备通信,而调制解调器与这些串行设备为了遵守 RS-232C 标准都有一个补充的 DCE 接口。

1. 机械特性

由于 RS-232C 并未定义连接器的物理特性,因此出现了 DB-25、DB-15 和 DB-9 各种类型的连接器,其引脚的定义也各不相同。下面分别介绍 DB-25 和 DB-9 两种连接器。

(1) DB-25 连接器

PC 和 XT 机采用 DB-25 连接器。DB-25 连接器定义了 25 根信号线,分为以下四组。

① 异步通信的 9 根电压信号线(含信号地线 SG)2,3,4,5,6,7,8,20,22。

② 20mA 电流环信号线 9 根(12,13,14,15,16,17,19,23,24)。

③ 空 6 根(9,10,11,18,21,25)。

④ 保护地线(PE)1 根,作为设备接地端(1 脚)。

DB-25 连接器的外形及信号线分配如图 3-3 所示。注意,20mA 电流环信号仅 IBM PC 和 IBM PC/XT 机提供,至 AT 机及以后,已不支持。

图 3-3 DB-25 连接器

(2) DB-9 连接器

在 AT 机及以后,不支持 20mA 电流环接口,使用 DB-9 连接器,作为提供多功能 I/O 卡或主板上 COM1 和 COM2 两个串行接口的连接器。它只提供异步通信的 9 个信号。DB-9 连接器的引脚分配与 DB-25 型引脚信号完全不同。因此,若与配接 DB-25 连接器的 DCE 设备连接,必须使用专门的电缆线。

电缆长度:在通信速率低于 20kb/s 时,RS-232C 所直接连接的最大物理距离为 15m(50 英尺)。

最大直接传输距离说明:RS-232C 标准规定,若不使用调制解调器,在码元畸变小于 4% 的情况下,DTE 和 DCE 之间最大传输距离为 15m(50 英尺)。可见这个最大的距离是在码元畸变小于 4%的前提下给出的。为了保证码元畸变小于 4%的要求,接口标准在电气特性中规定,驱动器的负载电容应小于 2500pF。

2. 电气特性

RS-232C 对电气特性、逻辑电平和各种信号线的功能都做了规定。

在 TxD 和 RxD 上：逻辑 1(MARK)＝－3～－15V；逻辑 0(SPACE)＝＋3～＋15V。

在 RTS、CTS、DSR、DTR 和 DCD 等控制线上：信号有效(接通，ON 状态，正电压)＝＋3～＋15V；信号无效(断开，OFF 状态，负电压)＝－3～－15V。

以上规定说明了 RS-323C 标准对逻辑电平的定义。对于数据(信息码)：逻辑"1"(传号)的电平低于－3V，逻辑"0"(空号)的电平高于＋3V；对于控制信号：接通状态(ON)即信号有效的电平高于＋3V，断开状态(OFF)即信号无效的电平低于－3V，也就是当传输电平的绝对值大于 3V 时，电路可以有效地检查出来，介于－3～＋3V 的电压无意义，低于－15V 或高于＋15V 的电压也认为无意义，因此，实际工作时，应保证电平在±3～15V。

3. 功能特性

RS-232C 规定标准接口有 25 根线，即 4 根数据线、11 根控制线、3 根定时线、7 根备用和未定义线，其中常用的只有 9 根线，分别如下。

(1) 2 根数据信号线：发送数据 TxD；接收数据 RxD。

(2) 1 根信号地线：SG。

(3) 6 根控制信号线：

① DSR　数传机(即调制解调器)就绪(Data Set Ready)。

② DTR　数据终端(DTE，即微机接口电路，如 Intel 8250/8251，16550)就绪(Data Terminal Ready)。

③ RTS　用来表示 DTE 请求 DCE 发送数据(Request To Send)，即当终端要发送数据时，使该信号有效(ON 状态)，向调制解调器请求发送。它用来控制调制解调器是否要进入发送状态。

④ CTS　DCE 允许 DTE 发送(Clear To Send)，该信号是对 RTS 信号的回答。当调制解调器已准备好接收终端传来的数据并向前发送时，使该信号有效，通知终端开始沿 TxD 信号线发送数据。

⑤ DCD　数据载波检出(Data Carrier Detection)，当本地 DCE(调制解调器)收到对方的 DCE 送来的载波信号时，使 DCD 有效，通知 DTE 准备接收，并且由 DCE 将接收到的载波信号解调为数字信号，经 RxD 信号线发送给 DTE。

⑥ RI　振铃提示(Ring Indicator)，当 DCE 收到交换机送来的振铃呼叫信号时，使该信号有效，通知 DTE 已被呼叫。

4. 规程特性

上述控制信号线何时有效、何时无效的顺序表示了接口信号的传送过程。例如，只有当 DSR 和 DTR 都处于有效(ON)状态时，才能在 DTE 和 DCE 之间进行传送操作。若 DTE 要发送数据，则预先将 DTR 信号线置为有效(ON)状态，等 CTS 信号线上收到有效(ON)状态的回答后，才能在 TxD 信号线上发送串行数据。这种顺序的规定对半双工的通信线路特别有用，因为半双工的通信才能确定 DCE 已由接收方向改为发送方向，这时线路才能开始发送。

为了更好地说明 RS-232C 物理接口的规程特性，我们将以两台计算机通过公用电话网进行数据交换的工作过程来阐述 RS-232C 各个信号线的动作，即 RS-232C 物理层接口的规程特性。计算机通过公用电话网进行通信的连接方式如图 3-4 所示。在计算机与调制解调器之间的物理层接口是RS-232C。

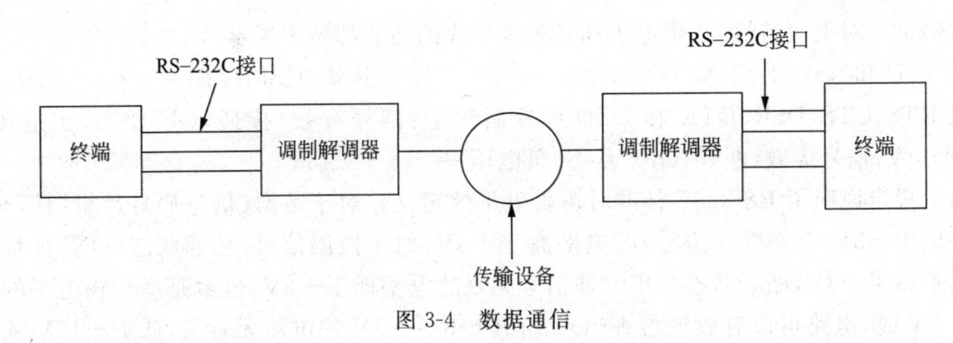

图 3-4 数据通信

(1) 将计算机和调制解调器分别加电,计算机将DTR信号线(第20针)置为ON状态,而调制解调器则将DSR信号线(第6针)置为ON状态,此时调制解调器处于命令方式(空闲状态)。

(2) 计算机A通过TxD信号线(第2针)发出拨号命令给调制解调器A,通知调制解调器A摘机并拨号。

(3) 调制解调器B检测到振铃信号后,通过RI信号线(第22针)通知计算机B对呼叫进行应答。而计算机B通过DTR信号线(第20针)允许调制解调器B自动应答调制解调器A的拨号呼叫,即调制解调器B发出摘机信号(音频信号)。

(4) 当调制解调器A收到调制解调器B返回的应答音频信号后,随即向调制解调器B发送载波,而调制解调器B收到载波后,通过DCD信号线(第8针)通知计算机B线路接通,同时回应以自身的载波给调制解调器A。而当调制解调器A检测到调制解调器B发出的载波后,它也通过DCD信号线(第8针)通知计算机A线路接通。此时计算机A和计算机B接通,调制解调器进入联机状态(即数据方式),通信双方可以进入数据通信。

(5) 计算机A通过TxD信号线(第2针)将数据发送给调制解调器A,调制解调器A将该二进制数据调制成一串不同频率的音频信号,通过公用电话网发送给调制解调器B,调制解调器B则从音频信号中解调出原始数据并通过RxD信号线(第3针)将数据发送给计算机B。而计算机B向计算机A发送数据的过程与此相同。计算机在发送数据过程中,要求RTS信号线(第4针)为ON状态;而在接收数据过程中,要求DCD信号线(第8针)为ON状态。

(6) 计算机A通过将RTS信号线置为OFF状态以通知调制解调器A数据发送结束。调制解调器A检测到RTS信号为OFF状态后,停止发送载波,并将CTS信号线置为OFF状态以响应计算机A。而调制解调器B检测不到载波后自动恢复到待机状态,并将DCD信号线(第8针)置为OFF状态,通知计算机B不能接收数据。

(7) 计算机A将DTR信号线(第20针)置为OFF状态,通知调制解调器A拆线。调制解调器A收到DTR信号线的OFF信号后撤除与电话线的连接,并将DSR信号线置为OFF状态作为回答。

3.3.2 X.21建议

3.3.2

CCITT的X.21建议是访问公共数据网的接口标准。X.21建议分为两部分:①用于公共数据网同步传输的通用DTE/DCE接口,这是X.21的物理层部分,对电路交换业务或分组交换业务都适用;②电路交换业务的呼叫控制过程,这一部分内容有些涉及数据链路层和网络层的功能。这里只考虑与建立物理链路有关的操作过程，它的四个特性分别叙述如下。

1. 机械特性

X.21的机械接口采用15针连接器。X.21建议对引脚功能做了精心安排，使得每一互换电路都能利用一对导线操作。特别重要的是，即使DTE使用X.26的不平衡接口，而DCE使用X.27的平衡接口时，按照X.21赋予引脚的功能，也能使每一互换电路自成回路，这样的互联能提供近似于全部使用X.27电气特性时的性能指标。

2. 电气特性

X.21采用X.26和X.27规定的两种接口电路。X.21建议指定的数据速率有五种，即600b/s、2400b/s、4800b/s、9600b/s和48000b/s。为了在比RS-232C更大的传输距离上达到这样高的数据速率，同时提供一定的灵活性，X.21规定在DCE一边只能采用X.27规定的平衡电气特性；在DTE一边，对于四种低速率可选用平衡电气特性或不平衡电气特性，对于超过9600b/s的速率只能采用平衡电气特性，以保证通信性能。

3. 功能特性

X.21对引脚功能的分配与RS-232C不同，它不是把每个功能指定给一个引脚，而是对功能进行编码，在少数电路上传输代表各种功能的字符代码，以建立对公共数据网的连接。这样X.21的接口线数比RS-232C大为减少，图3-5中画出了X.21定义的全部互换电路。

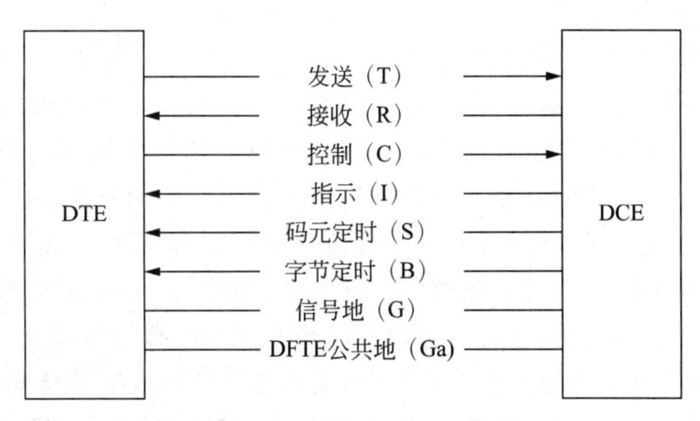

图3-5　X.21定义的互换电路

(1) 信号地G。G电路是发送器和接收器的公共回路，提供零电压参考点。如果DTE使用X.26的差分信号，则G电路分成两个电路，其中Ga电路是DTE的公共回路，在DTE一端接地，而原来的G电路成为Gb电路，作为DCE的公共回路，并在DCE一端接地。

(2) 数据传输电路T/R。DTE利用T电路向DCE发送数据，并利用R电路接收DCE发送来的数据。

(3) 控制电路。X.21有两个控制电路C和I，DTE利用C电路向DCE指示接口的状态。在数据传输阶段，数据代码在发送电路上流过时，C电路保持ON状态。类似地，DCE利用I电路向DTE指示接口的状态，I电路处于ON状态时，表示编码的信号正通过接收电路流向DTE。

(4) 定时电路。X.21有两个定时电路——码元定时S和字节定时B，这两个电路都由DCE控制。S电路上的时钟信号频率与发送/接收电路上的比特速率相同，B电路上的时钟信号控制字节的同步传送。当8位字节的前几位传送时，B电路维持ON状态，最后一位传送时，S电路变为ON状态，B电路变为OFF状态，表示一个字节传送完毕。B电路是任选的，并不经常使用。

4. 规程特性

下面举例说明DTE通过X.21接口在公共数据网上进行数据传输的动态过程。

(1) 初始状态,DTE和DCE均处于就绪状态,T=1,C=OFF,R=1,I=OFF。

(2) DTE发出呼叫请求,T=0,C=ON。

(3) DCE发出拨号音,R=+++(0,1交替出现)。

(4) DTE拨号,T=远端DTE地址。

(5) DCE发送回呼叫进行信号(由两位十进制数字组成),R=呼叫进行信号。

(6) 若呼叫成功,则R=1,I=ON。

(7) DTE发送数据,T=数据,C=ON。

(8) 发送结束,T=0,C=OFF。

(9) 线路释放,R=0,I=OFF。

(10) 恢复初始状态,T=1,C=OFF,R=1,I=OFF。

3.4 通信基础

3.4.1 基本概念

1. 通信系统模型

通信系统模型如图3-6所示,一般的点到点通信系统均可用此图表示。图3-6中,信源是产生和发送信息的一端,信宿是接收信息的一端。变换器和反变换器均是进行信号变换的设备,在实际的通信系统中有各种具体的设备名称。如信源发出的是数字信号,当要采用模拟信号传输时,则要将数字信号变成模拟信号,用所谓的调制器来实现;而接收端要将模拟信号反变换为数字信号,用解调器来实现。在通信中常要进行两个方向的通信,故将调制器与解调器做成一个设备,称为调制解调器,它具有将数字信号变换为模拟信号以及将模拟信号恢复为数字信号两种功能。当信源发出的是模拟信号,而要以数字信号的形式传输时,则要将模拟信号变换为数字信号,通常是通过所谓的编码器来实现;到达接收端后,再经过解码器将数字信号恢复为原来的模拟信号。实际上,考虑到一般为双向通信,故也将编码器与解码器做成一个设备,称为编码解码器。

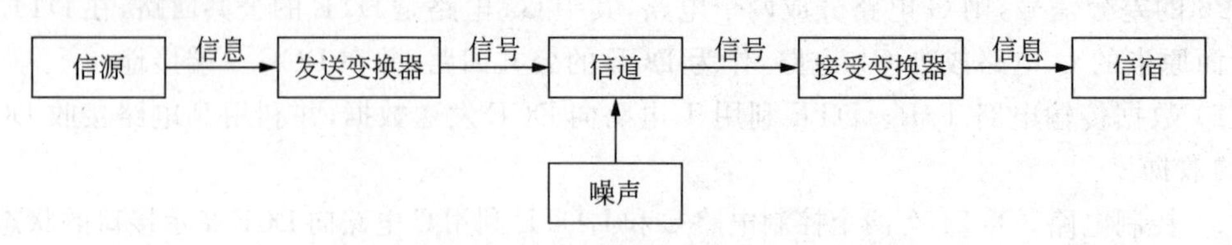

图3-6 通信系统模型

信道即信号的通道,它是任何通信系统中最基本的组成部分。信道的定义通常有两种,即狭义信道和广义信道。所谓狭义信道,是指传输信号的物理传输介质。对信道的这种定义虽然直观,但从研究消息传输的观点来看,其范围显得很狭窄,因而引入了新的、范围扩大了的信道定义,即第二种信道定义——广义信道。所谓广义信道,是指通信信号经过的整个途径,它包括各种类型的传输介质和中间相关的通信设备等。

2. 数据、信息和信号

通信是为了交换信息(Information)。信息的载体可以是数字、文字、语音、图形和图像，常称它们为数据(Data)。数据是对客观事实进行描述与记载的物理符号。信息是数据的集合、含义与解释。例如，对一个企业当前生产各类经营指标的分析，可以得出企业生产经营状况的若干信息。显然，数据和信息的概念是相对的，甚至有时将两者等同起来，此处不过多论述。

数据可分为模拟数据和数字数据。模拟数据取连续值，数字数据取离散值。数据在被传送之前，要变成适合于传输的电磁信号：或是模拟信号，或是数字信号。所以，信号(Signal)是数据的电磁波表示形式。模拟数据和数字数据都可用这两种信号来表示。模拟信号是随时间连续变化的信号，这种信号的某种参量，如幅度、频率或相位等可以表示要传送的信息。传统的电话机送话器输出的语音信号，电视摄像机产生的图像信号以及广播电视信号等都是模拟信号。数字信号是离散信号，如计算机通信所用的二进制代码"0"和"1"组成的信号。模拟信号和数字信号的波形图如图 3-7 所示。

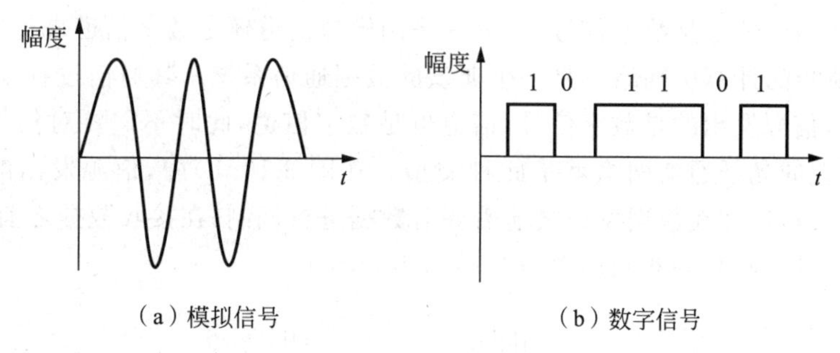

图 3-7　模拟信号和数字信号的波形图

和信号的这种分类相似，信道也可以分成传送模拟信号的模拟信道和传送数字信号的数字信道两大类。但是应注意的是，数字信号在经过数模变换后就可以在模拟信道上传送，而模拟信号在经过模数转换后也可以在数字信道上传送。

3. 数据传输分类

1) 模拟传输

数据传输类型

模拟传输是指信道中传输的为模拟信号。当传输的是模拟信号时，可以直接进行传输，如图 3-8 所示。其典型应用为公用电话系统。其主要优点在于信道的利用率较高，但是其在传输过程中信号会衰减，会受到噪声干扰，且信号放大时噪声也会放大。

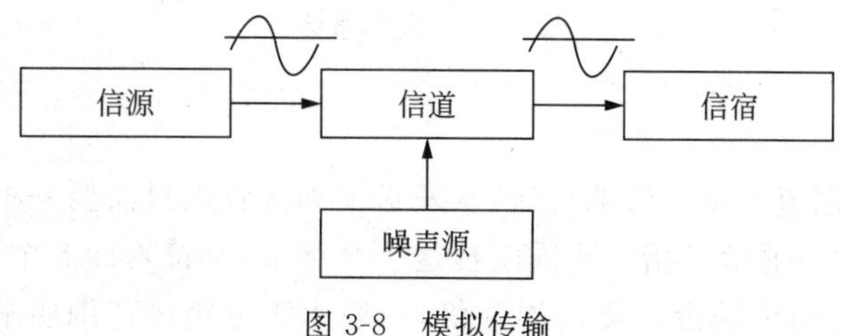

图 3-8　模拟传输

2) 数字传输

数字传输是指信源发出的信号为模拟信号，而信道中传输的为数字信号。信号进入信道前要经过编码解码器编码,变换为数字信号,如图 3-9 所示。其主要优点在于数字信号只取有限个离散值,在传输过程中即使受到噪声的干扰,只要没有畸变到不可辨识的程度,均可用信号再生的方法进行恢复,即信号传输不失真,误码率低,能被复用和有效地利用设备,但是传输数字信号比传输模拟信号所要求的频带要宽得多,因此数字传输的信道利用率较低。

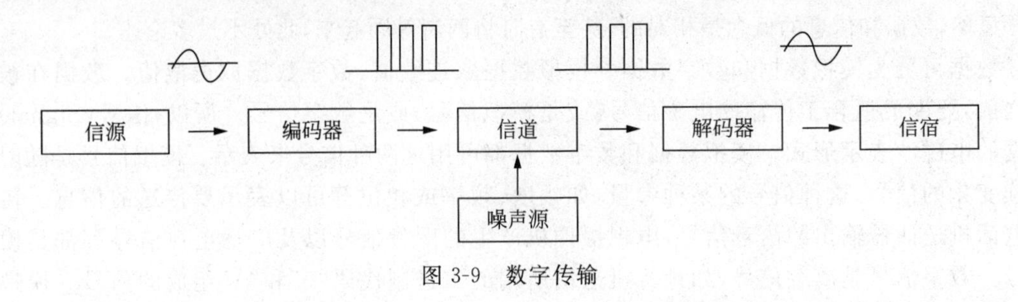

图 3-9 数字传输

3) 数据通信

如果信源发出的信号是数字信号,无论其采用模拟信道还是数字信道进行通信,都称为数据通信。通常所指的计算机网络就是一个典型的数据通信系统。其通信过程如图 3-10 所示。在图 3-10(a)中,信源发出的是数字信号,信道也是数字信道,此时不需要对信号进行改变,直接发送即可,现在的光纤通信网络就是此种类型。在图 3-10(b)中,信源发出的是数字信号,但信道是模拟信道,这样在数据发送之前需要对数据进行调制,在接收数据之前需要解调。其典型的应用是通过调制解调器利用 PSTN 接入 Internet。

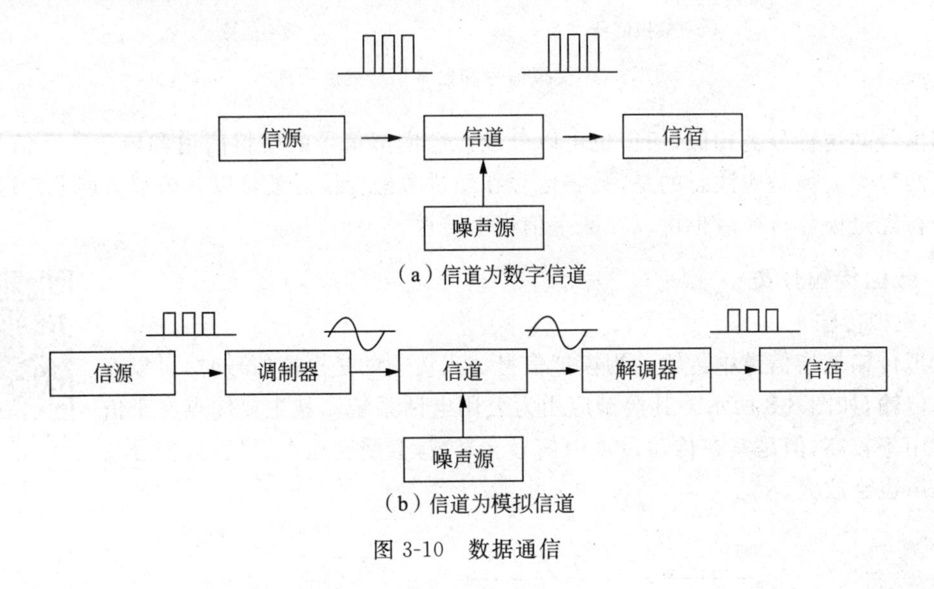

图 3-10 数据通信

4. 通信方式

串行通信是指数据流一位一位地传送,从发送端到接收端只需要一根传输线即可,易于实现。并行通信是指一次同时传送一个字节(字符),即 8 个码元。并行通信传输速率高,但传输设备要增加 7 倍,一般用于近距离范围要求快速传送的地方,计算机与输出设备打印机的通信一般采用并行通信。串行通信虽然传输速率低,但节省设备,是目前主要采用的一种传输方式,特别是在远程通信中,一般采用

串行通信方式。

在串行通信中,收、发双方存在着如何保持比特与字符同步的问题;而在并行通信中,一次传送一个字符,因此收、发双方不存在字符同步问题。串行通信的发送端要将计算机中的字符进行并/串变换,在接收端再通过串/并变换,还原成计算机的字符结构。

在串行通信中,根据数据传输方向的不同,又分为单工通信、半双工通信与全双工通信。

(1) 单工通信方式。在单工信道上,信息只能在一个方向传送。发送方不能接收,接收方不能发送。信道的全部带宽都用于由发送方到接收方的数据传送。无线电广播和电视广播都是单工通信的例子。

(2) 半双工通信方式。在半双工信道上,通信双方可以交替发送和接收信息,但不能同时发送和接收。在一段时间内,信道的全部带宽都用于一个方向上的信息传递。航空和航海无线电台以及对讲机等都采用这种通信方式。这种方式要求通信双方都有发送和接收能力,又有双向传送信息的能力,因而其设备比单工通信设备昂贵,但比全双工通信设备便宜。在要求不是很高的场合,多采用这种通信方式。

(3) 全双工通信方式。这是一种可同时进行信息传递的通信方式。现代的电话通信都采用这种方式。其要求通信双方都有发送和接收设备,而且要求信道能提供双向传输的双倍带宽,所以全双工通信设备较昂贵。

5. 同步

同步

在通信过程中,发送方和接收方必须在时间上保持步调一致(即同步),才能准确地传送信息。解决的方法是,要求接收端根据发送数据的起止时间和时钟频率,来校正自己的时间基准与时钟频率。这个过程称为位同步或码元同步。在传送由多个码元组成的字符以及由许多字符组成的数据块时,通信双方也要就信息的起止时间取得一致,这种同步作用有两种不同的方式,因而也就对应了两种不同的传输方式。

1) 异步传输

异步传输是指把各个字符分开传输,字符与字符之间插入同步信息。这种方式也称为起止式,即在组成一个字符的所有位前后分别插入起止位,如图3-11所示。起始位(0)对接收方的时钟起置位作用。接收方时钟置位后只要在8～11位的传送时间内准确,就能正确地接收该字符。最后的终止位告诉接收者该字符传送结束,然后接收方就能识别后续字符的起始位。当没有字符传送时,连续传送终止位(1)。加入校验位的目的是检查传输中的错误,一般使用奇偶校验。

1位	7位	1位	1位
起始位	字符	校验	终止位

图3-11 异步传输

2) 同步传输

异步传输不适合传送大的数据块,如磁盘文件。同步传输在传送连续的数据块时比异步传输更有效。按这种方式,发送方在发送数据之前先发送一串同步字符SYN(编码为0010110),接收方只要检测到两个以上SYN字符,即可确认已进入同步状态,准备接收数据,随后双方以同一频率工作(数字数据信号编码的定时作用也表现在这里),直到传送完指示数据结束的控制字符,如图 3-12 所示。这种方式仅在数据块前加入控制字符 SYN,所以效率更高,但实现起来较复杂。在短距离高速数据传输中,多采用同步传输方式。

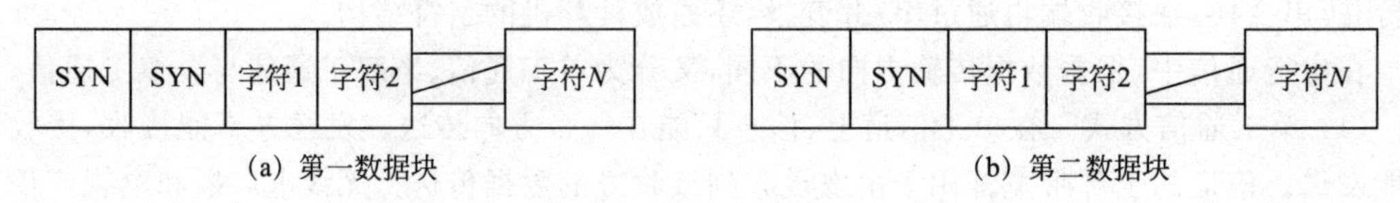

图 3-12 同步传输

6. 基带传输与频带传输

基带传输与频带传输

1) 基带传输

在数据通信中,由计算机或终端等数字设备直接发出的信号是二进制数字信号,是典型的矩形电脉冲信号,其频谱包括直流、低频和高频等多种成分。在数字信号频谱中,把直流(零频)开始到能量集中的一段频率范围称为基本频带,简称为基带。因此,数字信号也被称为数字基带信号,在信道中直接传输这种基带信号就称为基带传输。在基带传输中,整个信道只传输一种信号,通信信道利用率低。由于在近距离范围内,基带信号的功率衰减不大,从而信道容量不会发生变化,因此,在局域网中通常使用基带传输技术。

在基带传输中,需要对数字信号进行编码来表示数据。

2) 频带传输

早期的远距离通信信道多为模拟信道,例如,传统的电话(电话信道)只适用于传输音频范围(300～3400Hz)的模拟信号,不适用于直接传输频带很宽但能量集中在低频段的数字基带信号。

频带传输就是先将基带信号变换(调制)成便于在模拟信道中传输的、具有较高频率范围的模拟信号(称为频带信号),再将这种频带信号在模拟信道中传输。计算机网络的远距离通信通常采用频带传输。

基带信号与频带信号的转换是由调制和解调技术完成的。

3.4.2 数据通信的主要技术指标

3.4.2

在数字通信中,一般使用数据传输速率和误码率来分别描述数据信号传输速率的大小和传输质量的好坏等;在模拟通信中,常使用带宽和波特率来描述通信信道传输能力和数据信号对载波的调制速率。

1. 带宽

在模拟信道中,常用带宽表示信道传输信息的能力,带宽即传输信号的最高频率与最低频率之差。理论分析表明,模拟信道的带宽或信噪比越大,信道的极限传输速率越高。这也是我们努力提高通信信道带宽的原因。

2. 数据传输速率

在数字信道中,数据传输速率是指数字信号的传输速率,它用单位时间内传输的二进制代码的有效位(bit)数来表示,其常用单位为 b/s、kb/s 或 Mb/s(此处 k 和 M 分别为 1000 和 1000000,而不是涉及计算机存储器容量时的 1024 和 1048576)。

3. 波特率

波特率是指数据信号对载波的调制速率,它用单位时间内载波调制状态改变次数来表示,其单位为波特(Baud)。波特率与数据传输速率的关系为:数据传输速率=波特率×单个调制状态对应的二进制位数。

显然,两相调制(单个调制状态对应一个二进制位)的数据传输速率等于波特率;四相调制(单个调制状态对应两个二进制位)的数据传输速率为波特率的两倍;八相调制(单个调制状态对应三个二进制位)的数据传输速率为波特率的三倍;以此类推。

4. 误码率

误码率是指在数据传输中的错误率。在计算机网络中,一般要求数字信号误码率低于10^{-6}。

5. 信道容量

信道容量是指信道所能承受的最大数据传输速率,单位为 b/s。信道容量受信道的带宽限制,信道带宽越宽,一定时间内信道上传输的信息就越多。

带宽是指物理信道的频带宽度,即信道允许的最高频率和最低频率之差。按信道频率范围的不同,通常可将信道分为窄带信道(0～300Hz)、音频信道(300～3400Hz)和宽带信道(3400Hz 以上)三类。

信道容量有两种衡量的方法,即奈奎斯特公式和香农公式。

1) 奈奎斯特(Nyquist)公式

对有限带宽无噪声信道,信道容量可用以下公式计算:

$$C = 2H\log_2 N$$

式中:C——最大数据传输速率(信道容量);

H——信道的带宽,Hz;

N——一个脉冲所表示的有效状态数,即调制电平数。

【例 3-1】 若某信道带宽为 4000Hz,任何时刻信号可取 0、1、2 和 3 四种电平之一,则信道容量为多少?

解:

$$C = 2H\log_2 N = 2 \times 4000 \times \log_2 4 = 16(\text{kb/s})$$

奈奎斯特公式表明,对某一有限带宽无噪声信道,带宽固定,则调制速率也固定。通过提高信号能表示的不同的状态数,可提高信道容量。

2) 香农(Shannon)公式

对有限带宽随机噪声(服从高斯分布)信道,信道容量可用以下公式计算:

$$C = H\log_2(1 + S/N)$$

式中:H——信道的带宽,Hz;

S——信道内信号的功率;

N——信道内服从高斯分布的噪声功率;

S/N——信噪比,通常用 $10\log_{10}(S/N)$表示,dB。

【例 3-2】 计算信噪比为 30dB、带宽为 4000Hz 的信道容量。

解:由 $30\text{dB}=10\log_{10}(S/N)$得出,$S/N=1000$,则

$$C=4000\times\log_2(1+1000)\approx 40(\text{kb/s})$$

表示无论采用何种调制技术,信噪比为 30dB、带宽为 4000Hz 的信道容量均约为 40kb/s。

从上面的分析可以看出,数据传输速率用于衡量信道传输数据的快慢,是信道的实际数据传输速率;信道容量用于衡量信道传输数据的能力,是信道的最大数据传输速率;而误码率用于衡量信道传输数据的可靠性。

3.4.3 多路复用技术

3.4.3

多路复用技术是指把多个低信道组合成一个高速信道的技术,它可以有效地提高数据链路的利用率,从而使一条高速的主干链路同时为多条低速的接入链路提供服务,即使得网络干线可以同时运载大量的语音和数据传输。常见的有:频分多路复用(FDM)、时分多路复用(TDM)、波分多路复用(WDM)、码分多路复用(CDM)等。

1. 频分多路复用

频分多路复用(Frequency-Division Multiplexing,FDM)是指载波带宽被划分为多种不同频带的子信道,每个子信道可以并行传送一路信号的一种多路复用技术。

如果传输介质的可用带宽超过要传输信号所要求的总带宽时,可以采用频分多路复用技术。几个信号输入一个多路复用器中,由这个多路复用器将每一个信号调制到不同的频率,并且分配给每一个信号以它的载波频率为中心的一定带宽,称为通道。为了避免干扰,用频谱中未使用的部分作为保护带来隔开每一个通道。在接收端,由相应的设备来恢复成原来的信号,如图 3-13 所示。例如,有线电视台使用频分多路复用技术,将很多频道的信号通过一条线路传输,用户可以选择收看其中的任何一个频道。

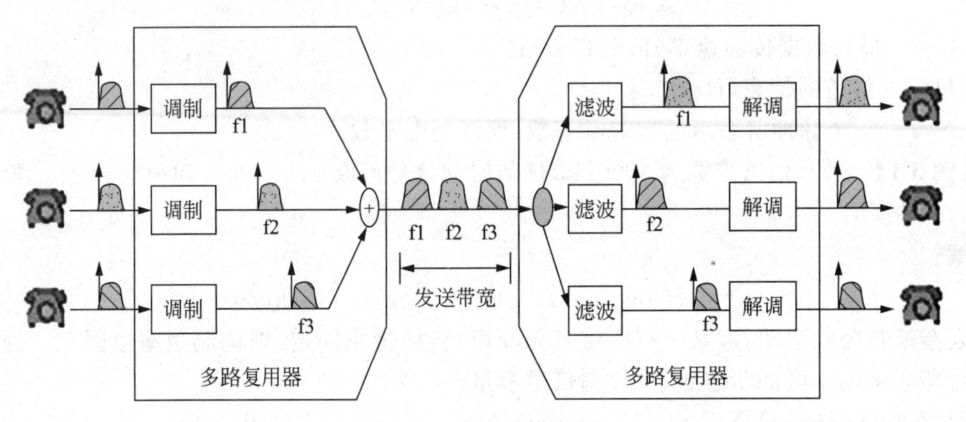

图 3-13 频分多路复用

采用频分多路复用技术时,输入多路复用器的信号既可以是数字信号,也可以是模拟信号。

2. 时分多路复用

如果传输介质可达到的数据传输速率超过要传输的数字信号的总数据传输速率时,可以采用时分多路复用(Time Division Multiplexing,TDM)技术。几个低速设备产生的信号输入一个多路复用器,保存在相应的缓冲器中(通常缓冲器为一个字符大小),按照一定的周期顺序扫描每一个缓冲器,可以将这些信号顺序传输在高速线路上。在接收端,由相应设备分离这些数据,恢复成原来的信号。采用时分多路复用时,输入多路复用器的信号一般是数字信号。

时分多路复用又分为同步时分多路复用(Synchronous Time division Multiplexing,STDM)和异步时分多路复用(Asynchronous Time Division Multiplexing,ATDM)。

1）同步时分多路复用

同步时分多路复用是指发送端的多台计算机通过一条线路向接收端发送数据时进行分时处理，它们以固定的时隙进行分配，例如，第一个周期，四个终端分别占用一个时隙发送 A、B、C、D，则 ABCD 就是一个帧，如图 3-14 所示。

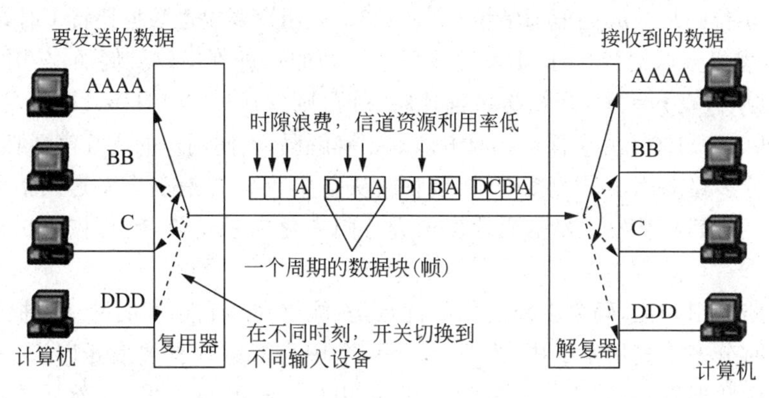

图 3-14　同步时分多路复用

2）异步时分多路复用

异步时分多路复用与同步时分多路复用有所不同，异步时分多路复用技术又被称为统计时分多路复用技术，它能动态地按需分配时隙，以避免每个时隙段中出现空闲时隙。异步时分多路复用在分配时隙时是不固定的，而是只给想发送数据的发送端分配其时隙段，当用户暂停发送数据时，则不给其分配时隙，如图 3-15 所示。

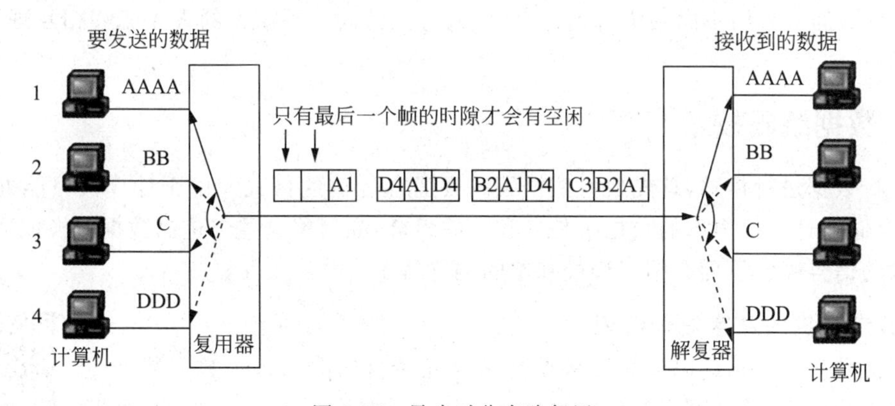

图 3-15　异步时分多路复用

3. 波分多路复用

波分多路复用(Wavelength Division Multiplexing，WDM)被应用于光纤通信领域，其本质上也属于频分多路复用技术。通过使用不同波长的光载波，可以在一根光纤上传输多路光信号。由于光载波的频率很高，人们习惯上用波长而不是频率来表示不同频率的光载波，因此将光载波在光纤上的复用称为波分多路复用。

4. 码分多路复用

码分多路复用(Code Division Multiplexing，CDM)技术也称为码分多址(Code Division Multiple Access，CDMA)技术。码分多路复用的特点是：采用了特殊的编码方法和扩频技术，多个用户可以使用同样的频带在相同的时间内进行通信。由于不同用户使用了不同的码型，因此相互之间不会造成干扰。码分多路复用信号的频谱类似于白噪声，具有很强的抗干扰能力。码分多路复用最初被应用于军事通信，现在已经被广泛应用于民用移动通信领域。

在码分多路复用系统中，每个用户被分配一个唯一的 m 比特码片序列，发送的每个数据比特均被扩展成 m 位码片。m 的值通常为 64 或 128。当用户要发送数据比特 1 时，则发送它的 m 位码片序列；当发送数据比特 0 时，则发送该码片序列的二进制反码。例如，某用户的码片序列是 10110011(这里假设 $m=8$)，当发送数据比特 1 时，则发送序列 10110011；当发送数据比特 0 时，则发送序列 01001100。为了保证接收方能够正确解码，不同用户的码片序列必须正交。

在进行码分多路复用信号的接收时，接收站从空中收到的是多个发送站信号的线性叠加码片序列的和。将其与某发送站的码片序列进行归一化内积运算，就可恢复出该站所发送的原始数据。

与时分多路复用相比，码分多路复用的优点是：能够在高利用率的网络中提供较低的数据传输时延。在时分多路复用系统中，当所有的 N 个用户都有数据要发送时，某一个特定的用户在发送完一次数据后，必须等待其他($N-1$)个用户进行数据的发送，然后才能进行下一次数据的发送，这就使得数据发送的时延较大。而在码分多路复用系统中，多个用户可以同时发送数据，时延较低。因此，码分多路复用适用于电话业务这种要求低时延的场合。

可以用一个例子来说明时分多路复用、频分多路复用和码分多路复用的区别。在一个屋子里有许多人要彼此进行通话，为了避免相互干扰，可以采用以下方法。

(1) 讲话的人按照顺序轮流进行发言(时分多路复用)。

(2) 讲话的人可以同时发言，但每个人说话的音调不同(频分多路复用)。

(3) 讲话的人采用不同的语言进行交流，只有懂得同一种语言的人才能够相互理解(码分多路复用)。

3.4.4 数据编码技术

为了将数据进行传输，首先要将数据编码成适合传输的格式。由于计算机只能处理 0 和 1，因此，存储在计算机内部的数据都是 0 和 1 的组合，如何将这些二进制数据转换成适合传输信道传输的信号呢？下面介绍三种最基本的编码技术。

1. 数字数据的数字信号编码

数字数据的数字信号编码

数字信号和数字化编码的数字数据之间存在着自然的联系。数字数据表现为 0 和 1 的序列。数字信号表现为“高电平”和“低电平”的组合。因此，可以将 0 和 1 通过某种形式与“高电平”和“低电平”形成一种有效的对应关系。这种对应关系就称为数字数据的数字信号编码。

1) 不归零法编码

不归零法编码(Nonreturn to Zero，NRZ)可能是最简单的一种编码方法。它用低电平表示二进制数 0，用高电平表示二进制数 1，如图 3-16(a)所示。NRZ 编码的缺点是无法判断每一位的开始与结束，收发双方不能保持同步，为保持收发双方同步，必须在发送 NRZ 码时，用另一个信道同时传送同步信号。

2) 曼彻斯特编码

曼彻斯特编码(Manchester Encoding)不用电平的高低表示二进制，而是用电平的跳变来表示的。在曼彻斯特编码中，每一个比特的中间均有一个跳变，这个跳变既作为时钟信号，又作为数据信号。电平从高到低的跳变表示二进制数1，从低到高的跳变表示二进制数0，如图3-16(b)所示，著名的以太网就是采用曼彻斯特编码的。曼彻斯特编码的一个缺点是需要双倍的带宽，也就是说，信号跳变的频率是NRZ编码的两倍。

3）差分曼彻斯特编码

差分曼彻斯特编码(Differential Manchester Encoding)是对曼彻斯特编码的改进，每比特中间的跳变仅做同步之用，每比特的值根据其开始边界是否发生跳变来决定。每比特的开始无跳变表示二进制数1，有跳变表示二进制数0，如图3-16(c)所示。

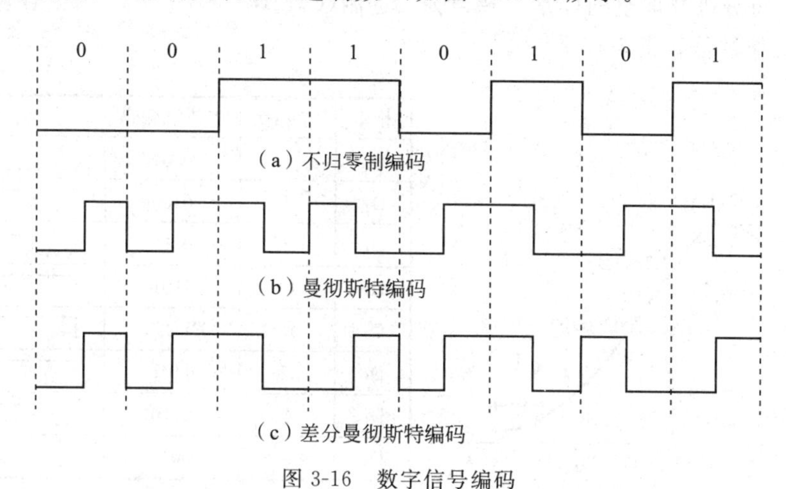

图3-16　数字信号编码

2. 数字数据的模拟信号编码

数字数据的模拟信号编码

为了将数字数据转换成模拟信号，通过调制振幅、频率和相位等载波特性或者这些特性的某种组合，来实现对数字数据的编码和传输，也称为频带传输，以区别于前面采用数字信号传输数字数据的基带传输。

最基本的数字数据到模拟信号的调制方式有以下三种。

(1) 幅移键控方式(Amplitude-Shift Keying，ASK)，也称为调幅。

(2) 频移键控方式(Frequency-Shift Keying，FSK)，也称为调频。

(3) 相移键控方式(Phase-Shift Keying，PSK)，也称为调相。

对数字串11010的调幅、调频和调相编码如图3-17所示。

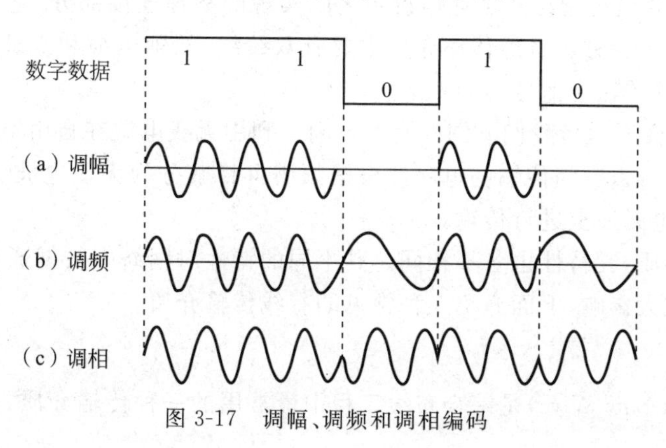

图3-17　调幅、调频和调相编码

3. 模拟数据的数字信号编码

模拟数据的
数字信号编码

模拟数据的数字信号编码是将连续的信号波形用有限个离散(不连续)的值近似代替的过程。简单地说,就是将模拟信号用数字信号近似代替,其中最常见的方法就是脉冲编码调制(Pulse Code Modulation,PCM)技术,简称脉码调制。

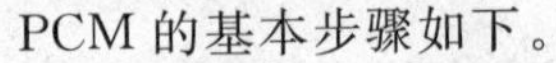

PCM 的基本步骤如下。

(1) 采样,即将原波形的时间坐标离散化,得到一系列的样本值。

(2) 量化,对采样得到的样本值按量级分级并取整。

(3) 编码,将分级并取整的样本值转换为二进制(0,1)码。

PCM 的工作过程如图 3-18 所示。

(a)

样本	量化级	二进制编码	编码信号
D_1	1	0001	
D_2	4	0100	
D_3	7	0111	
D_4	13	1101	
D_5	15	1111	
D_6	13	1101	
D_7	6	0110	
D_8	3	0011	

(b)

图 3-18　波形的采样与量化

PCM 最初并不是用来传送计算机数据的,采用它是为了解决电话局之间中继线不够的问题,通过对语音进行 PCM,并采用多路复用技术,使一条中继线可以传送多达几十路甚至更多路的电话。

3.4.5　网络传输介质

3.4.5

网络传输介质是指在网络中传输信息的载体。常用的网络传输介质分为有线传输介质和无线传输介质两大类。

(1) 有线传输介质是指在两个通信设备之间实现的物理连接部分,它能将信号从一方传输到另一方。有线传输介质主要有双绞线、同轴电缆和光纤。双绞线和同轴电缆传输电信号,光纤传输光信号。

(2) 无线传输介质是指我们周围的自由空间。利用无线电波在自由空间的传播可以实现多种无线通信。在自由空间传输的电磁波根据频谱可将其分为无线电波、微波、红外线、激光等,信息被加载在电磁波上进行传输。

不同的传输介质,其特性也各不相同。其不同的特性对网络中数据通信质量和通信速度有较大影响,下面介绍三种常见的有线传输介质。

双绞线

1. 双绞线

双绞线(Twist-pair Wire)是综合布线工程中最常用的一种传输介质,一般由两根 22～26 号绝缘铜导线相互缠绕而成。实际使用时，双绞线由多对双绞线一起包在一个绝缘电缆套管里。典型的双绞线是四对，如图 3-19 所示，不同线对具有不同的扭绞长度，一般来说，扭绞长度在 14～38.1cm 内，按逆时针方向扭绞。相临线对的扭绞长度在 12.7cm 以上，一般扭线越密，其抗干扰能力就越强，与其他传输介质相比，双绞线在传输距离、信道宽度和数据传输速度等方面均受到一定限制，但价格较为低廉。

1）双绞线的分类

双绞线按电气性能划分，通常分为一类、二类、三类、四类、五类、超五类、六类、超六类、七类双绞线等类型，原则上数字越大，版本越新、技术越先进、带宽越宽，价格也越贵。

图 3-19　双绞线

(1) 一类线。主要用于传输语音(一类标准主要用于 20 世纪 80 年代初之前的电话线缆)，不同于数据传输。

(2) 二类线：传输频率为 1MHz，用于语音传输和最高传输速率为 4Mb/s 的数据传输，常见于使用 4Mb/s 规范令牌传递协议的旧的令牌网。

(3) 三类线：目前在 ANSI 和 EIA/TIA568 标准中指定的电缆，该电缆的传输频率为 16MHz，用于语音传输及最高传输速率为 10Mb/s 的数据传输，主要用于 10BASE-T。

(4) 四类线：该类电缆的传输频率为 20MHz，用于语音传输和最高传输速率为 16Mb/s 的数据传输，主要用于基于令牌的局域网和 10BASE-T/100BASE-T。

(5) 五类线：该类电缆增加了绕线密度，外套一种高质量的绝缘材料，传输频率为 100MHz，用于语音传输和最高传输速率为 10Mb/s 的数据传输，主要用于 100BASE-T 和 10BASE-T。这是最常用的以太网电缆。

(6) 超五类线：它的特点是衰减小、串扰少，并且具有更高的衰减与串扰的比值(ACR)和信噪比(Structural Return Loss)、更小的时延误差，性能得到很大提高。超五类线主要用于千兆位以太网(1000Mb/s)。

(7) 六类线：该类电缆的传输频率为 1～250MHz，六类布线系统在 200MHz 时综合衰减串扰比(PS-ACR)应该有较大的余量，它提供 2 倍于超五类的带宽。六类布线的传输性能远远高于超五类标准，最适用于传输速率高于 1Gb/s 的应用。六类与超五类的一个重要的不同点在于：六类改善了在串扰以及回波损耗方面的性能，对于新一代全双工的高速网络应用而言，优良的回波损耗性能是极重要的。六类标准中取消了基本链路模型，布线标准采用星状的拓扑结构，要求的布线距离为：永久链路的长度不能超过 90m，信道长度不能超过 100m。

(8) 超六类线(CAT6e)：六类线的改进版，同样是 ANSI/EIA/TIA-568B.2 和 ISO 6 类/E 级标准中规定的一种非屏蔽双绞线电缆，主要应用于千兆位网络中。在传输频率方面是六类线的两倍，500MHz，最大传输速率也可达到 1000Mb/s，只是在串扰、衰减和信噪比等方面有较大改善。其另一特点是在四个双绞线对间加了十字形的线对分隔条。没有十字分隔，线缆中的一对线可能会陷于另一对线两根导线间的缝隙中，使线对间的间距减小而加重串扰问题。分隔条同时与线缆的外皮一起将四对导线紧紧地固定在其设计的位置，并可减缓线缆弯折而带来的线对松散，进而减少安装时性能的降低。

(9) 七类线(CAT7)：该类电缆是 ISO 7 类/F 级标准中最新的一种双绞线，它主要为了适应万兆位以太网技术的应用和发展。但它已不再是一种非屏蔽双绞线，而是一种屏蔽双绞线，因此它可以提供至少 500MHz 的综合衰减对串扰比和 600MHz 的整体带宽，是六类线和超六类线的 2 倍以上，传输速率可达 10Gb/s。在七类线缆中，每一对线都有一个屏蔽层，四对线合在一起还有一个公共大屏蔽层。从物理结构上来看,额外的屏蔽层使得七类线有一个较大的线径。还有一个重要的区别在于其连接硬件的能力,七类系统的参数要求连接头在600MHz时所有的线对提供至少60DB的综合近端串绕。而超五类系统只要求在100MHz提供43DB,六类系统在250MHz的数值为46DB。

按照是否带有电磁屏蔽层来划分,可将双绞线分为非屏蔽双绞线(Unshielded Twisted Pair,UTP)和屏蔽双绞线(Shielded Twisted Pair,STP)。

根据屏蔽方式的不同,屏蔽双绞线又分为两类,即STP和FTP。STP是指每条线都有各自屏蔽层的屏蔽双绞线,而FTP则是采用整体屏蔽的屏蔽双绞线。需要注意的是,屏蔽只在整个电缆均有屏蔽装置,并且两端正确接地的情况下才起作用。所以,要求整个系统全部是屏蔽器件,包括电缆、插座、水晶头和配线架等,同时建筑物需要有良好的地线系统。

屏蔽双绞线电缆的外层由铝箔包裹,以减小辐射,但并不能完全消除辐射。屏蔽双绞线电缆价格相对较高,安装时要比非屏蔽双绞线电缆困难。类似于同轴电缆,它必须配有支持屏蔽功能的特殊连接器和相应的安装技术。但它有较高的传输速率,100m内可达到155Mb/s。

非屏蔽双绞线电缆是由多对双绞线和一个塑料外皮构成的。网络中常使用的是第三类、第五类、超五类以及目前的六类非屏蔽双绞线电缆。第三类双绞线适用于大部分计算机局域网络,而第五、六类双绞线利用增加缠绕密度、高质量绝缘材料,极大地改善了传输介质的性质。

2) 双绞线的连接

1985年初,计算机工业协会(CCIA)提出对大楼布线系统标准化的倡议,美国电子工业协会(EIA)和美国电信工业协会(TIA)开始标准化制订工作。1991年7月,ANSI/EIA/TIA568即《商业大楼电信布线标准》问世。1995年年底,EIA/TIA 568标准正式更新为EIA/TI A/568A。

EIA/TIA的布线标准中规定了两种双绞线的线序568A与568B,如图3-20所示。

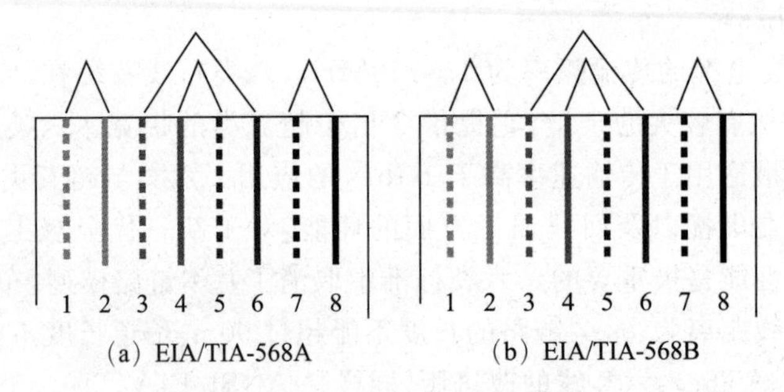

(a) EIA/TIA-568A (b) EIA/TIA-568B

图3-20 T568A和T568B标准

(1) 标准568A:绿白—1,绿—2,橙白—3,蓝—4,蓝白—5,橙—6,棕白—7,棕—8。

(2) 标准568B:橙白—1,橙—2,绿白—3,蓝—4,蓝白—5,绿—6,棕白—7,棕—8。

其中,1—2脚和3—6脚是对绞的两对芯线。对绞的电缆因为其中传输的信号方向相反,从而使彼此的电磁辐射相互抵消,因此使收、发数据之间的干扰降到最低。

根据不同的应用场景,实际应用中的双绞线分为直通线、交叉线和全反线三类。

直通线有两种,即两边都用标准568A做水晶头或者两边都用标准568B做水晶头的线,其中使用标准568B的较多,普遍认为该标准对电磁干扰的屏蔽更好。直通线一般用来连接两个不同性质的接口,如计算机连路由器、路由器连集线器、路由器连交换机等。由于互连的设备不同,所以使用直通线。

交叉线即两边的水晶头制作采用不同的标准，一头采用标准 568A，另一头采用标准 568B。交叉线一般用来连接两个性质相同的端口，如计算机连计算机、路由器连路由器、集线器连集线器，因为互连的设备相同，所以使用交叉线。

全反线即两边的水晶头线序完全相反的一种制作方法，一般是一头线序为 568B，另一头的线序全反过来。全反线不用于以太网的连接，主要连接计算机的串口和交换机、路由器的 Console 口，也称为配置线。

3）双绞线的选择

选购一款质量上乘的双绞线可以确保数据传输的准确性，并能提高网络性能。用户可以从以下几个方面着手选购质量好的双绞线。

（1）选择品牌。

比较著名的双绞线品牌相对较少，市场中较为常见的品牌双绞线以安普居多。安普（AMP）双绞线具有很高的性价比，非常受欢迎。正因如此，其假货非常多。用户在选购时一定要注意选择信誉较好的商家，否则很难买到正品。除了安普以外，西蒙的产品在综合布线中也经常可以看到。相对于安普品牌来说，西蒙双绞线的质量、技术性能表现更好，当然其价格也高出许多。因此，在普通的局域网中很难看到这种网线的身影。

图 3-21 双绞线外观

（2）看外观。

合格的双绞线外护套字符标示清晰，主要包含生产厂家、长度标示、规格标示等；各线对的线芯颜色符合规范，如图 3-21 所示。如果标示不清晰，与规范色彩差别较大，那么这样的双绞线肯定存在问题。

（3）看线径和材质。

国标超五类双绞线线径标准为 0.51mm（线规为 24AWG），质量不好的网线多为 0.4mm 或者更细，可通过肉眼观察或用游标卡尺测量。另外，可以将网线里的铜丝剪下一小段，用磁铁或带有磁性的螺丝刀吸一下，一般使用镀铜、镀铁等材质的可以被吸起来，纯铜的则不会。

（4）看阻燃性。

正品网线采用阻燃性材料作为外护套，可以用打火机点燃一小段，如果火立即熄灭，则证明为正品网线，如果护套继续燃烧，证明为次品网线。

2. 同轴电缆

同轴电缆

同轴电缆也是局域网中最常见的传输介质之一。它用来传递信息的一对导体是按照一层圆筒式的外导体套在内导体（一根细芯）外面，两个导体间用绝缘材料互相隔离的结构制作的，外层导体和中心轴芯线的圆心在同一个轴心上，所以称为同轴电缆。同轴电缆之所以设计成这样，也是为了防止外部电磁波干扰异常信号的传递。它比双绞线的屏蔽性更好，因此在更高速度上可以传输得更远。

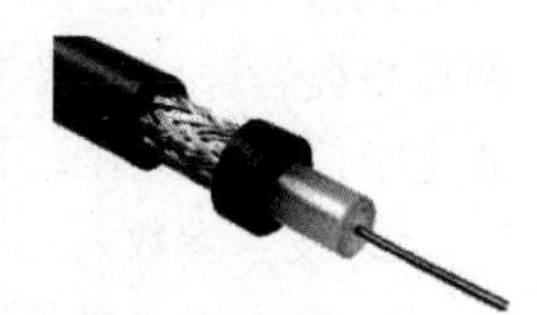
图 3-22 同轴电缆结构

同轴电缆以硬铜线为芯（导体），外包一层绝缘材料（绝缘层），这层绝缘材料再用密织的网状导体环绕构成屏蔽，其外又覆盖一层保护性材料（护套），实际结构如图 3-22 所示。同轴电缆的这种结构使它具有更高的带宽和极好的噪声抑制特性。1km 的同轴电缆可以达到 1～2Gb/s 的数据传输速率。

1) 同轴电缆的分类

同轴电缆可分为两种基本类型:基带同轴电缆和宽带同轴电缆。目前基带同轴电缆是常用的电缆,其屏蔽线是用铜做成的网状结构,特征阻抗为50Ω(如RG-8、RG-58等);宽带同轴电缆常用的电缆屏蔽层是用铝冲压成的,特征阻抗为75Ω(如RG-59等)。

基带同轴电缆根据其直径大小可以分为粗同轴电缆和细同轴电缆。粗缆适用于比较大型的局部网络,它的标准距离长,可靠性高,由于安装时不需要切断电缆,因此可以根据需要灵活调整计算机的入网位置,但粗缆网络必须安装收发器电缆,安装难度大,所以总体造价高。相反,细缆安装则比较简单,造价低,但由于安装过程要切断电缆,两头须装上基本网络连接头(BNC),然后接在T形连接器两端,所以当接头较多时容易产生不良的隐患,这是目前运行中的以太网所发生的最常见故障之一。

无论是粗缆还是细缆,均为总线型拓扑结构,即一根缆上接多部机器,这种拓扑适用于机器密集的环境,但是当一个触点发生故障时,故障会串联影响到整根缆上的所有机器。故障的诊断和修复都很麻烦,因此,已逐步被非屏蔽双绞线或光缆取代。

2) 同轴电缆的布线结构

在计算机网络布线系统中,对同轴电缆的粗缆和细缆有两种不同的构造方式,即细缆结构和粗缆结构。

(1) 细缆结构。

① 硬件配置。

a. 网络接口适配器;b. BNC-T形连接器;c. 中继器;d. 电缆系统。

电缆包括细缆(RG-58 A/U):直径为5mm,特征阻抗为50Ω的细同轴电缆。BNC连接器插头:安装在细缆段的两端。BNC桶形连接器:用于连接两段细缆。BNC终端匹配器:BNC 50Ω的终端匹配器安装在干线段的两端,用于防止电子信号的反射。干线段电缆两端的终端匹配器必须有一个接地。

② 技术参数。

a. 最大的干线段长度:185m。b. 最大网络干线电缆长度:925m。c. 每条干线段支持的最大结点数:30。d. BNC-T形连接器之间的最小距离:0.5m。

③ 特点。

a. 容易安装。b. 造价较低。c. 网络抗干扰能力强。d. 网络维护和扩展比较困难。e. 电缆系统的断点较多,影响网络系统的可靠性。

(2) 粗缆结构。

① 硬件配置。

建立一个粗缆以太网需要一系列硬件设备,包括:a. 网络接口适配器;b. 收发器;c. 收发器电缆;d. 中继器;e. 电缆系统。

电缆系统包括粗缆(RG-11 A/U):直径为10mm,特征阻抗为50Ω的粗同轴电缆,每隔2.5m有一个标记。N-系列连接器插头:安装在粗缆段的两端。N-系列桶形连接器:用于连接两段粗缆。N-系列终端匹配器:N-系列50Ω的终端匹配器安装在干线电缆段的两端,用于防止电子信号的反射。干线电缆段两端的终端匹配器必须有一个接地。

② 技术参数。

a. 最大干线段长度:500m。b. 最大网络干线电缆长度:2500m。c. 每条干线段支持的最大结点数:100。d. 收发器之间最小距离:2.5m。e. 收发器电缆的最大长度:50m。

③ 特点。

a. 具有较高的可靠性，网络抗干扰能力强。b. 具有较大的地理覆盖范围，最长距离可达2500m。c. 网络安装、维护和扩展比较困难。d. 造价高。

3. 光纤

光纤是光导纤维的简称，是一种由玻璃或塑料制成的纤维，可作为光传导工具。

光纤

1）光纤的特点

优点是传输带宽高、速度快、距离远、内容多，并且不受电磁干扰、不怕雷电击，很难在外部窃听，不导电，在设备之间没有接地的麻烦等。

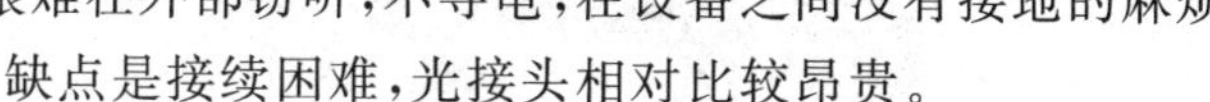

缺点是接续困难，光接头相对比较昂贵。

2）光纤的结构

光纤结构一般由纤芯、包层和保护套三部分组成，如图 3-23 所示。其中，纤芯用来传送光，折射率比较高；包层折射率较低，与纤芯一起形成全反射条件；保护套强度大，能承受较大冲击，保护光纤。

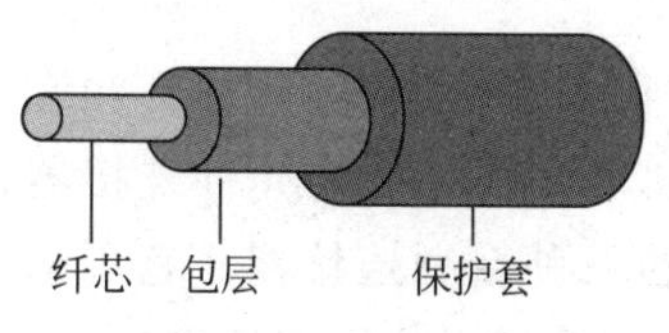

图 3-23 光纤的结构

3）光纤的分类

根据不同的分类方法，同一根光纤会有不同的名称。按照光纤的材料，可以将光纤分为石英光纤和全塑光纤；按照光纤剖面折射率分布的不同，可以将光纤分为阶跃型光纤和渐变型光纤；按照光纤传输的模式数量，可以将光纤分为多模光纤和单模光纤。

多模光纤（Multi Mode Fiber）中心玻璃芯较粗（芯径一般为 50μm 或 62.5μm），可传多种模式的光。但其模间色散较大，这就限制了传输数字信号的频率，而且随距离的增加会更加严重。例如，600Mb/km 的光纤在 2km 时只有 300Mb 的带宽。因此，多模光纤传输的距离比较近，一般只有几千米。

单模光纤（Single Mode Fiber）中心玻璃芯很细（芯径一般为 9μm 或 10μm），只能传一种模式的光。因此，其模间色散很小，适用于远程通信，但还存在着材料色散和波导色散，这样单模光纤对光源的谱宽和稳定性有较高的要求，即谱宽要窄，稳定性要好。

4）光纤的连接部件

光纤连接器按连接头结构形式可分为 FC、SC、ST、LC、D4、DIN、MU、MT-RJ 等，这八种接头中最常见和业界用得最多的是 FC、SC、ST、LC、MT-RJ，只有认识了这些接口，才能在工程中正确选购光纤跳线、尾纤、GBIC 光纤模块、SFP（mini GBIC）光纤模块、光纤接口交换机、光纤收发器、耦合器（或称适配器）。下面分别介绍局域网工程常见的五种接口。

FC 型光纤连接器是一种螺旋式的连接器，其外部采用金属套，主要是靠螺纹和螺帽之间锁紧并对准，因此可简称为“螺口”。FC 类型的连接器采用的陶瓷插针是对接端面呈球面的插针（PC）。FC 型光纤连接器多用在光纤终端盒或光纤配线架上，在实际工程中用在光纤终端盒最常见，如图 3-24 所示。

图 3-24 FC 型光纤连接器

SC 型光纤连接器是一种插拔销闩式的连接器，只要直接插拔就可以对接，外壳呈矩形，因此可以称为“方口”。所采用的插针和耦合套筒的结构尺寸与FC型完全相同,其中插针的端面多采用PC或APC型研磨方式。SC型光纤连接器多应用在光纤收发器、GBIC光纤模块中,如图3-25所示。

ST型光纤连接器有一个卡销式金属圆环,以便与匹配的耦合器连接,上有一个卡槽,直接将插孔的key卡进卡槽并旋转即可,因此可以称为"卡口",如图3-26所示。在出现SC之前,ST一直被认为是标准连接器。SC后来同ST一起被TIA/EIA-568-B标准列为结构化布线推荐连接器。ST型光纤连接器多用在光纤终端盒或光纤配线架上。

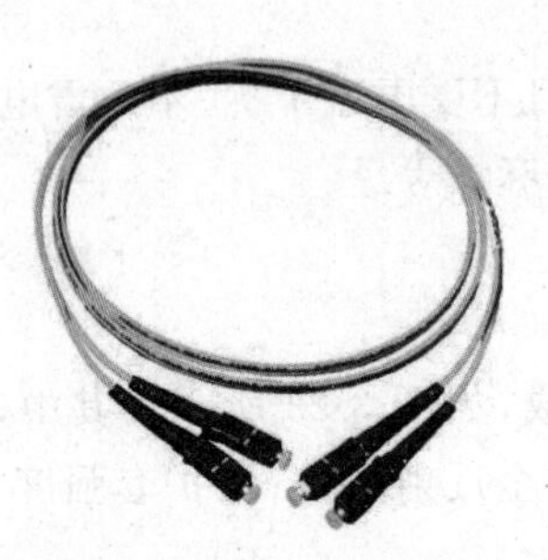

图3-25 SC型光纤连接器

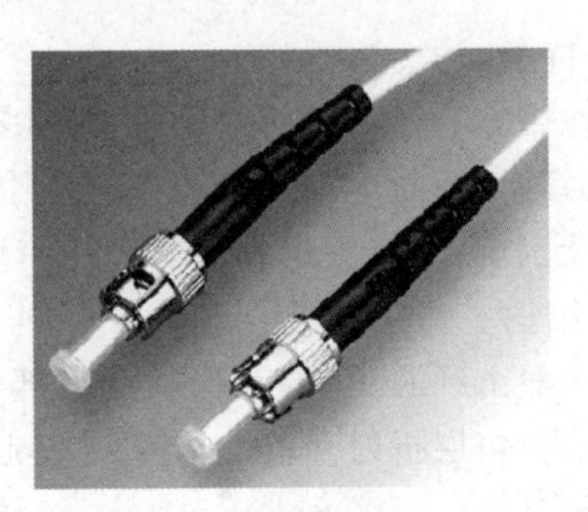

图3-26 ST型光纤连接器

LC型光纤连接器采用操作方便的模块化插孔(RJ)闩锁机理制成,其所采用的插针和套筒的尺寸是普通SC、FC等所用尺寸的一半,为1.25mm,如图3-27所示。LC型光纤连接器是为了满足客户对连接器小型化、高密度连接的使用要求而开发的一种新型连接器。它压缩了整个网络中面板、墙板及配线箱所需要的空间,使其占有的空间只相当于传统ST和SC型光纤连接器的一半。其特点有:体积小,尺寸精度高;1.25mm陶瓷插芯;插入损耗低;回波损耗高。目前,LC型光纤连接器多应用在SFP(mini GBIC)光纤模块中,而SFP模块用在提供SFP扩展槽的交换机中。

MT-RJ型光纤连接器是一种集成化的小型连接器,是双纤的。它有与RJ-45型LAN电连接器相同的闩锁机构,通过安装于小型套管两侧的导向销对准光纤,为便于与光收发信机相连,连接器端面光纤为双芯排列设计,是主要用于数据传输的下一代高密度光连接器。MT-RJ的插口很像RJ-45口,如图3-28所示,由于其横截面小,所以多见于含有光接口的交换机中,这样在交换机的前面板上不占用太多空间。

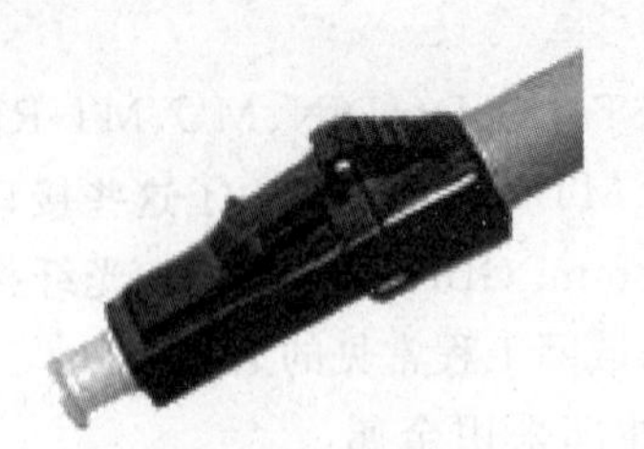

图3-27 LC型光纤连接器

图3-28 MT-RJ型光纤连接器

3.4.6 数据交换技术

3.4.6

最初的数据通信是在物理上两端直接相连的设备间进行的,随着通信设备的增多、设备间距离的扩大,这种每个设备直连的方式是不现实的。两个设备间的通信需要一些中间结点来过渡,这些中间结点称为交换设备。这些交换设备并不需要处理经过它的数据内容，只是简单地把数据从一个交换设备传到下一个交换设备，直到数据到达目的地。这些交换设备以某种方式互相连接成一个通信网络，从某个交换设备进入通信网络的数据通过从交换设备到交换设备的转接、交换被送达目的地。

通常使用电路交换、报文交换和分组交换三种交换技术。

1. 电路交换

电路交换(Circuit Switching)是在两个站点之间通过通信子网的结点建立一条专用的通信线路，这些结点通常是一台采用机电与电子技术的交换设备(如程控交换机)。也就是说，在两个通信站点之间需要建立实际的物理连接，其典型实例是两台电话之间通过公共电话网络的互联实现通话，如图3-29所示。

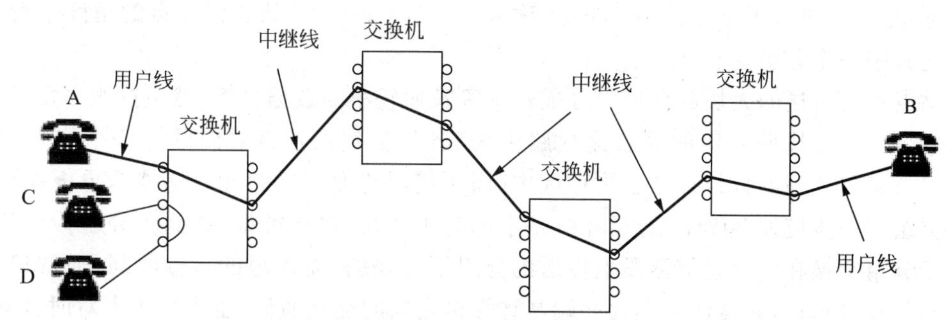

图3-29 电路交换实例

电路交换实现数据通信需要经过下列三个步骤：①建立连接，即建立端到端(站点到站点)的线路连接；②数据传送，所传输数据可以是数字数据(如远程终端到计算机)，也可以是模拟数据(如声音)；③拆除连接，通常在数据传送完毕后由两个站点之一终止连接。

电路交换的优点是实时性好，但将电话采用的电路交换技术用于传送计算机或远程终端的数据时，会出现下列问题。

(1) 用于建立连接的呼叫时间大大长于数据传送时间(这是因为在建立连接的过程中，会涉及一系列硬件开关动作，时间延迟较长，如某段线路被其他站点占用或物理断路，将导致连接失败，并需重新呼叫)。

(2) 通信带宽不能充分利用，效率低(这是因为两个站点之间一旦建立起连接，就独自占用实际连通的通信线路，而计算机通信时真正用来传送数据的时间一般不到10%，甚至可低到1%)。

(3) 由于不同计算机和远程终端的传输速率不同，因此必须采取一些措施才能实现通信，如不直接连通终端和计算机，而设置数据缓存器等。

2. 报文交换

报文交换(Message Switching)是通过通信子网上的结点采用存储转发的方式来传输数据，它不需要在两个站点之间建立一条专用的通信线路。报文交换中传输数据的逻辑单元称为报文，其长度一般不受限制，可随数据不同而改变。一般它将接收报文站点的地址附加于报文一起发出，每个中间结点接收报文后暂存报文，然后根据其中的地址选择线路再把它传到下一个结点，直至到达目的站点。

实现报文交换的结点通常是一台计算机，它具有足够的存储容量来缓存所接收的报文。

一个报文在每个结点的延迟时间等于接收报文的全部位码所需时间、等待时间,以及传到下一个结点的排队延迟时间之和。

报文交换的主要优点是线路利用率较高,多个报文可以分时共享结点间的同一条通道;此外,该系统很容易把一个报文送到多个目的站点。报文交换的主要缺点是报文传输延迟较长(特别是在发生传输错误后),而且随报文长度变化,因而不能满足实时或交互式通信的要求,不能用于声音连接,也不适用于远程终端与计算机之间的交互通信。

3. 分组交换

分组交换(Packet Switching)的基本思想包括数据分组、路由选择与存储转发。它类似于报文交换,但它限制每次所传输数据单位的长度(典型的最大长度为数千位),对于超过规定长度的数据,必须分成若干个等长的小单位,称为分组(Packets)。从通信站点的角度来看,每次只能发送其中一个分组。

各站点将要传送的大块数据信号分成若干等长而较小的数据分组,然后按顺序发送;通信子网中的各个结点按照一定的算法建立路由表(各目标站点各自对应的下一个应发往的结点),同时负责将收到的分组存储于缓存区中(而不使用速度较慢的外存储器),再根据路由表确定各分组下一步应发向哪个结点,在线路空闲时再转发;以此类推,直到各分组传到目标站点。由于分组交换在各个通信路段上传送的分组不大,故只需很短的传输时间(通常仅为 ms 数量级),传输延迟小,非常适合远程终端与计算机之间的交互通信,也有利于多对时分复用通信线路;此外,由于采取了错误检测措施,故可保证非常高的可靠性;而在线路误码率一定的情况下,小的分组还可减少重新传输出错分组的开销;与电路交换相比,分组交换带给用户的优点则是费用低。

根据通信子网的不同内部机制,分组交换子网又可分为面向连接(Connect-Oriented)和无连接(Connectless)两类。前者要求建立称为虚电路(Virtual Circuit)的连接,一对主机之间一旦建立虚电路,分组即可按虚电路号传输,而不必给出每个分组的显式目标站点地址,在传输过程中也无须为之单独寻址,虚电路在关闭连接时撤销。后者不建立连接,数据报(Datagram,即分组)带有目标站点地址,在传输过程中需要为之单独寻址。

分组交换的灵活性高,可以根据需要实现面向连接或无连接的通信,并能充分利用通信线路,因此现有的公共数据交换网都采用分组交换技术。LAN 局域网也采用分组交换技术,但在局域网中,从源站到目的站只有一条单一的通信线路,因此,不需要公用数据网中的路由选择和交换功能。

4. 三种数据交换技术的比较

为了便于理解与区别,下面对以上三种交换方式进行比较。

1) 报文交换与电路交换的主要区别

在报文交换方式中,发送的数据与目的地址、源地址和控制信息按照一定格式组成一个数据单元(报文或报文分组)进入通信子网。通信子网中的结点是通信控制处理机,它负责完成数据单元的接收、差错校验、存储、路选和转发功能,而在电路交换方式中,以上功能均不具备。

报文交换相对于电路交换具有以下优点:由于通信子网中的通信控制处理机可以存储分组,多个分组可以共享通信信道,线路利用率高。通信子网中通信控制处理机具有路选功能,可以动态选择报文分组通过通信子网的最佳路径,也可以平滑通信量,提高系统效率。分组在通过通信子网中的每个通信控制处理机时，均要进行差错检查与纠错处理，因此可以减少传输错误，提高系统可靠性。通过通信控制处理机可以对不同通信速率的线路进行转换，也可以对不同的数据代码格式进行变换。

2）电路交换与分组交换的比较

（1）从分配通信资源（主要是线路）方式上看。

电路交换方式静态地事先分配线路，造成线路资源的浪费，并导致接续时的困难；而分组交换方式可动态地（按序）分配线路，提高了线路的利用率，由于使用内存来暂存分组，可能出现因为内存资源耗尽，而中间节点不得不丢弃接到的分组的现象。

（2）从用户的灵活性方面看。

电路交换的信息传输是全透明的，用户可以自行定义传输信息的内容、速率、体积和格式等，可以同时传输语音、数据和图像等；分组交换的信息传输则是半透明的，用户必须按照分组设备的要求使用基本的参数。

（3）从收费方面看。

电路交换网络的收费仅限于通信的距离和使用的时间；分组交换网络的收费则考虑传输的字节（或者分组）数和连接的时间。

以上三种数据交换技术总结如下。

① 电路交换：在数据传送之前需要建立一条物理通路，在线路被释放之前，该通路将一直被一对用户完全占有。

② 报文交换：报文从发送方传送到接收方采用存储转发的方式。

③ 分组交换：此方式与报文交换类似，但报文被分成组传送，并规定了分组的最大长度，到达目的地后需要重新将分组组装成报文。

它们之间的交换原理综合比较如图 3-30 所示。

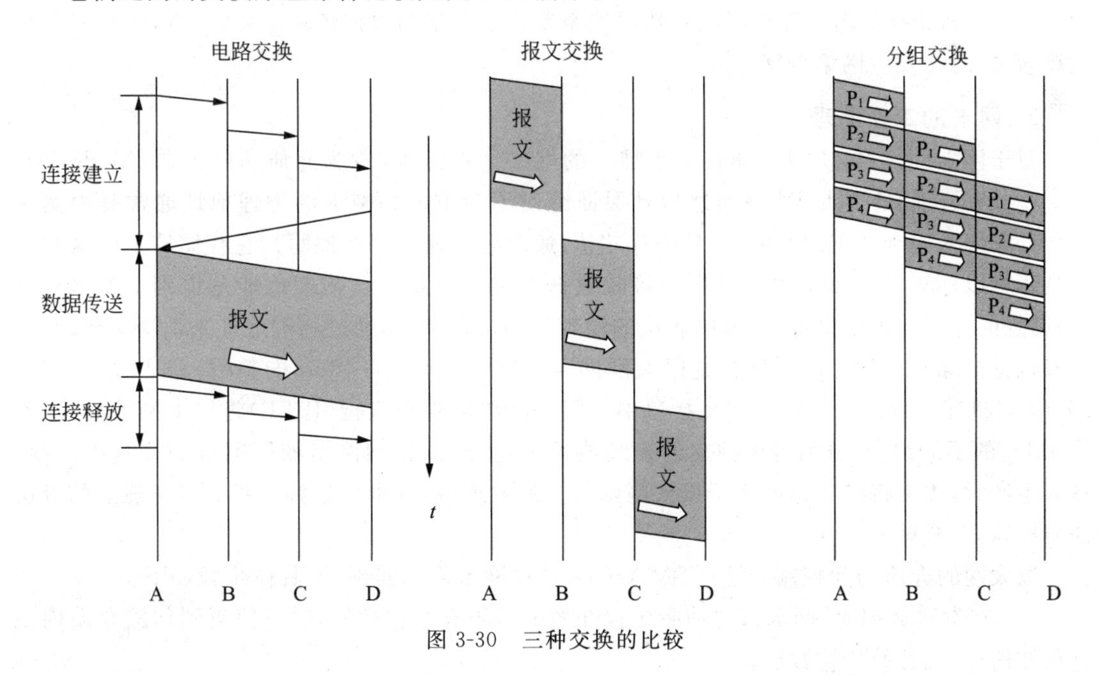

图 3-30　三种交换的比较

3.5　物理层设备

3.5.1

3.5.1　网卡

网卡(Network Interface Card,NIC)也称为网络适配器,是计算机与局域网相互连接的设备,如图 3-31 所示。无论是普通计算机还是高端服务器,只要连接到局域网,就都需要安装一块网卡。如果有必要,一台计算机也可以同时安装两块或多块网卡。

1. 网卡的功能

网卡是工作在链路层的网络组件,是局域网中连接计算机和传输介质的接口,不仅能实现与局域网传输介质之间的物理连接和电信号匹配,还涉及帧的发送与接收、帧的封装与拆封、介质访问控制、数据的编码与解码以及数据缓存的功能等。具体而言,有以下三个方面的功能。

图 3-31　网卡

(1) 数据通信。网络上传输数据的方式与计算机内部处理数据的方式是不相同的,它必须遵从一定的数据格式(通信协议)。当计算机将数据传输到网卡上时,网卡会将数据转换为网络设备可处理的字节,这样才能将数据传送到网线上,网络上其他的计算机才能处理这些数据。

(2) 串并转换。计算机内部采用并行传输方式,而网络中的传输是串行传输,在网络通信过程中,需要对数据进行串并转换。而且网卡的工作是双重的:一方面,它将本地计算机上的数据转换格式后送入网络;另一方面,它负责接收网络上传过来的数据包,对数据进行与发送数据时相反的转换,将数据通过主板上的总线传输给本地计算机。

(3) 数据缓冲。由于计算机内部传输速率要快于网络的数据传输速率,所以,需要对数据进行缓冲,防止发生网络拥塞。

2. 网卡的工作原理

对于网卡而言,每块网卡都有一个唯一的网络结点地址,称为介质访问控制(Media Access Control,MAC)地址(物理地址),且保证绝对不会重复。网卡的物理地址通常是由网卡生产厂家烧入网卡的 EPROM(一种闪存芯片,通常可以通过程序擦写),它存储的是传输数据时真正赖以标识发出数据的计算机和接收数据的主机的地址。物理地址是识别 LAN(局域网)结点的标识。也就是说,在网络底层的物理传输过程中,是通过物理地址来识别主机的,它一般也是全球唯一的。例如著名的以太网网卡,其物理地址是 48bit 的整数,如 44-45-53-54-00-00,以机器可读的方式存入主机接口中。以太网地址管理机构(IEEE)将以太网地址,也就是 48bit 的不同组合,分为若干独立的连续地址组,生产以太网网卡的厂家就购买其中一组,具体生产时,逐个将唯一地址赋予以太网网卡。形象地说,物理地址如同我们身份证上的身份证号码,具有全球唯一性。

以太网的介质访问控制方法(CSMA/CD)是在网卡内部实现的,具体步骤如下。

(1) 在发送数据时,网卡首先侦听传输介质上是否有载波信号,一直侦听到传输介质内没有载波信号,则开始传输数据。

(2) 网卡在数据传输中继续侦听传输介质,如果检测到信号冲突,则立即停止该次的信号发送,并等待一段时间后,再重新发送数据信号。如果数据经过多次重传后仍然发生冲突,则放弃发送。

(3) 在接收数据时,网卡查看传输介质上的数据信号,如果发现数据帧中的目的地址与本网卡地址相同,则对数据帧进行差错检测。检验正确的数据帧,网卡才会接收。

3. 网卡的分类

1) 按总线接口类型划分

按网卡的总线接口类型划分,一般可分为ISA接口网卡、PCI接口网卡以及在服务器上使用的PCI-X总线接口类型的网卡,笔记本电脑所使用的网卡是PCMCIA接口类型的。

2) 按网络接口类型划分

除了可以按网卡的总线接口类型划分外,还可以按网卡的网络接口类型来划分。网卡最终要与网络进行连接,所以必须有一个接口使网线通过它与其他计算机网络设备连接。不同的网络接口适用于不同的网络类型,目前常见的接口主要有以太网的RJ-45接口、细同轴电缆的BNC接口和粗同轴电缆的AUI接口、FDDI接口、ATM接口等。而且有的网卡为了适用于更广泛的应用环境,提供了两种或多种类型的接口,例如,有的网卡会同时提供RJ-45接口、BNC接口或AUI接口。

3) 按带宽划分

随着网络技术的发展,网络带宽也在不断提高,但是不同带宽的网卡所应用的环境也有所不同,目前主流的网卡主要有10Mb/s网卡、100Mb/s以太网网卡、10/100Mb/s自适应网卡、1000Mb/s以太网网卡四种。

4) 按网卡应用领域划分

如果根据网卡所应用的计算机类型来划分,可以将网卡分为应用于工作站的网卡和应用于服务器的网卡。前面所介绍的基本上都是工作站网卡,其实通常也应用于普通的服务器上。但是在大型网络中,服务器通常采用专门的网卡。它相对于工作站所用的普通网卡来说,在带宽(通常在100Mb/s以上,主流的服务器网卡都为64位千兆网卡)、接口数量、稳定性、纠错等方面都有比较明显的提高。还有的服务器网卡支持冗余备份、热拔插等服务器专用功能。

除了以上几类网卡以外,还有一些非主流的分类方式,如现在非常流行的无线网卡。

4. 网卡的选购

(1) 网卡品牌:目前有线网卡的品牌有很多种。由于现在很多主板都集成网卡,加上多数品牌家用网卡的价格都已降到很低(很少有超过百元销售价的),所以原来很受欢迎的大品牌,如3COM、Intel等厂家已基本上退出了10/100Mb/s的低端家用网卡市场。目前在家用消费级网卡市场上,常见的网卡品牌有TP-LINK、D-Link、金浪、联想(Lenovo)、清华同方、联合金彩虹(UGR)、LG、实达、全向、ECOM、维思达(VCT)、世纪飞扬等,用户应尽量采用知名品牌的产品,这样不仅兼容性好,而且大都能享受到一定的服务。

(2) 网卡主芯片:网卡的核心部分,一款网卡的主芯片决定着网卡的性能,因此在选择网卡时需要对其主芯片做一些了解。目前,市场上网卡的主芯片品牌型号有瑞昱(Realtek)的8139芯片、810X芯片、Realtek8201芯片,3COM的3C920芯片,Intel的8255x芯片,Davicom的DM9102芯片等。市面上大部分的中低端家用PCI网卡通常采用瑞昱系列芯片。

(3) 传输速率:有线网卡可以分为10Mb/s、10/100Mb/s自适应和千兆(1000Mb/s)网卡三种规格。目前最常用的是10/100Mb/s自适应网卡。传输速率越高越好。

(4) 网络(远程)唤醒:Wake on LAN,WOL功能是现在很多用户购买网卡时很看重的一个指标。通俗地讲,它就是远程开机,即不必移动位置就可以唤醒(启动)任何一台局域网上的计算机,这对于需要管理一个具有10台或上百台计算机的局域网工作人员来说无疑是十分有用的。

3.5.2 中继器

中继器(Repeater,RP)工作于OSI参考模型的物理层,是连接网络线路的一种装置,支持远距离通信,常用于两个网络结点之间物理信号的双向转发工作。

1. 中继器的功能

中继器主要完成物理层的功能,负责在两个结点的物理层上按位传递信息,完成信号的复制、调整和放大功能,以此来延长网络的长度。由于存在损耗,在线路上传输的信号功率会逐渐衰减,衰减到一定程度时将造成信号失真,因此会导致接收错误。中继器就是为解决这一问题而设计的。它完成物理线路的连接,对衰减的信号进行放大,保持与原数据相同。

采用中继器所连接的网络,在逻辑功能方面实际上是同一个网络。在图3-32所示的同轴电缆以太网中,两段电缆其实相当于一段。中继器仅仅起了扩展距离的作用,但它不能提供隔离功能。中继器的主要优点是安装简单,使用方便,几乎不需要维护。集线器也可以看作一种中继器。

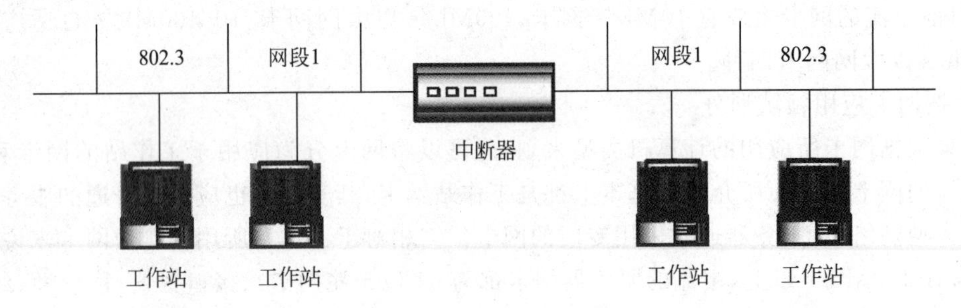

图3-32 中继器连接的网段

2. 中继器的工作原理

中继器设计的目的是给网络信号以推动,以使它们传输得更远。

由于传输线路噪声的影响,承载信息的数字信号或模拟信号只能传输有限的距离,中继器的功能是对接收信号进行再生和发送,从而增加信号传输的距离。它连接同一个网络的两个或多个网段。例如,以太网常常利用中继器扩展总线的电缆长度,标准细缆以太网的每段长度最长为185m,最多可有5段,因此增加中继器后,最大网络电缆长度可提高到925m。一般来说,中继器两端的网络部分是网段,而不是子网。

中继器可以连接两个局域网的电缆,重新定时并再生电缆上的数字信号,然后发送出去,这些功能是OSI参考模型中第一层——物理层的典型功能。中继器的作用是增加局域网的覆盖区域,例如,以太网标准规定单段信号传输电缆的最大长度为500m,但利用中继器连接4段电缆后,以太网中信号传输电缆最长可达2000m。有些品牌的中继器可以连接不同物理介质的电缆段,如细同轴电缆和光缆。

中继器只将任何电缆段上的数据发送到另一段电缆上,并不管数据中是否有错误数据或不适用于网段的数据。

3. 中继器的特性

中继器具有以下特性如下。

(1) 中继器仅作用于物理层。

(2) 只具有简单的放大、再生物理信号的功能。

(3) 由于中继器工作在物理层,在网络之间实现的是物理层连接,因此中继器只能连接相同的局域网。

(4) 中继器可以连接相同或不同传输介质的同类局域网。例如,中继器可以将使用UTP双绞线的以太网段与使用细同轴电缆的以太网段连接在一起。

(5) 中继器将多个独立的物理网连接起来,组成一个大的物理网络。

(6) 由于中继器在物理层实现互联,所以它对物理层以上的各层协议完全透明,也就是说,中继器支持数据链路层及其以上各层的所有协议。

4. 中继器的分类

中继器的分类有多种方法,按照使用介质的不同可以分为电缆中继器和光缆中继器,例如,10BASE-2和10BASE-5连接的中继器就是电缆中继器;按照端口的不同又可以将中继器分为单口中继器和多口中继器,通常提到的HUB就可以认为是多口中继器。

5. 使用中继器的注意事项

(1) 许多类型的网络对可以同时使用中继器扩展网段数目和网络距离的数目都有所限制。从理论上来讲,中继器的使用是无限的,网络也因此可以无限延长。事实上这是不可能的,因为网络标准中都对信号的延迟范围做了具体的规定,中继器只能在此规定范围内进行有效的工作,否则会引起网络故障。10M以太网应遵循5-4-3规则,即在一个10M网络中,一共可以分为5个网段,其中用4个中继器连接,允许其中3个网段有设备,其他2个网段只是传输距离的延长。

(2) 使用中继器时应注意,在同一网络的各段上不能使用不同的介质访问控制方法。例如,一个使用CSMA/CD方法的以太网和一个使用令牌环介质访问控制方法的网络连接时,不能使用中继器,而可以用中继器连接两个使用不同物理传输介质但使用相同介质访问控制方法的网络。

(3) 使用中继器连接的网络不能进行通信分段,连接后增加了网络的信息量,易发生阻塞。即中继器不能提供网段之间的隔离功能,通过中继器连接起来的网络在逻辑上是同一个网络。

3.5.3 集线器

集线器(HUB)如图3-33所示,用它可以将多台计算机连接在一个网络中,其工作在OSI参考模型的物理层。集线器是中继器的一种,其区别在于集线器能够提供更多的端口服务,所以集线器也称为多口中继器。集线器的主要功能是集中电缆并再生放大信号、扩大网络的规模和传输距离。每个工作站是用双绞线连接到集线器上,由集线器对工作站进行集中管理。

3.5.3

图3-33 集线器

1. 集线器的功能

集线器的主要功能是对接收到的信号进行再生放大,以扩大网络的传输距离,同时把所有结点集中在以它为中心的结点上。集线器只是一个信号放大和中转的设备,它不具备交换功能。集线器能与网络中的打印服务器、交换机、文件服务器或其他的设备连接。它是一个标准的共享设备,不具备定向传送信号的能力。

2. 集线器的工作原理

从工作方式来看,集线器是一种广播模式,所有端口都共享一条带宽。它从任一端口接收信号,整形放大后广播到其他端口,即其他所有端口都能够收听到信息,在同一时刻,只能有一个端口传送数据,其他端口处于等待状态。集线器主要应用于星状以太网中,如果一个工作站出现问题,不会影响整个网络的正常运行。

3. 集线器的特性

集线器的主要特性体现在以下几个方面。

(1) 用户共享带宽。集线器的每个端口并没有独立的带宽,而是所有端口共享总的背板带宽,用户端口带宽较窄,且随着集线器所接用户的增多,用户的平均带宽不断减少,不能满足当今许多对网络带宽有严格要求的网络应用,如多媒体、流媒体应用等环境。

(2) 广播式通信。集线器是一个共享设备,它只是一个信号放大和中转的设备,不具备自动寻址能力,即不具备交换作用,所有传到集线器的数据均被广播到与之相连的各个端口,由于无法分割冲突域,所以容易形成网络风暴,从而造成网络堵塞。

(3) 非全双工传输,网络通信效率低。集线器同一时刻每一个端口只能进行一个方向的数据通信,而不能像交换机那样进行双向传输,网络执行效率低,不能满足较大型网络通信需求。

4. 集线器的分类

1) 按尺寸分类

集线器按照外形尺寸分为机架式集线器和桌面式集线器两种。

(1) 机架式集线器是指几何尺寸符合工业规范、可以安装在 19 英寸机柜中的集线器,该类集线器以 8 口、16 口和 24 口的设备为主流。由于集线器统一放置在机柜中,既方便了集线器间的连接或堆叠,又方便了对集线器的管理。

(2) 桌面式集线器大多遵循接 8～16 口规范,也有个别 4～5 口的产品,仅适用于只有几台计算机的超小型网络。

2) 按带宽分类

集线器按照提供的带宽分为 10Mb/s 集线器、100Mb/s 集线器、10/100Mb/s 自适应集线器三种。

(1) 10Mb/s 集线器是指该集线器中的所有端口只能提供 10Mb/s 的带宽。这种集线器属于低档集线器产品,方便与原来的同轴电缆网络相连,有的 10Mb/s 集线器还提供了 BNC(细同轴电缆接口)或 AUI(粗同轴电缆接口)。

(2) 100Mb/s 集线器是指该集线器中的所有端口只能提供 100Mb/s 的带宽。这种集线器目前是比较先进的一种集线器,要求上联设备支持 IEEE 802.3U(快速以太网协议),在实际中应用较多。

(3) 10/100Mb/s 自适应集线器是指该集线器可以在 10Mb/s 和 100Mb/s 之间进行切

换。目前所有的10/100Mb/s自适应集线器均可以自适应，每个端口都能自动判断与之相连接的设备所能提供的连接速率，并自动调整到与之相适应的最高速率。

3) 按配置方式分类

一般可分为独立型集线器、模块化集线器和堆叠式集线器三种。

(1) 独立型集线器在低端应用是最多的，也是最常见的。独立型集线器是带有许多端口的单个盒子式的产品。独立型集线器之间多数是可以用一段10BASE-5同轴电缆把它们连接在一起，以实现扩展级联，这主要应用于总线型网络中，当然也可以用双绞线通过普通端口实现级联，但要注意，所采用的网线跳线方式不一样。独立型集线器具有价格低、容易查找故障、网络管理方便等优点，在小型的局域网中广泛使用。但这类集线器的工作性能比较差，尤其是在速度上缺乏优势。

(2) 模块化集线器在网络中是很流行的，因为它们扩充方便且备有管理选件。模块化集线器配有机架或卡箱，带多个卡槽，每个槽可放一块通信卡。每个卡的作用就相当于一个独立型集线器。当通信卡安放在机架内卡槽时，它们就被连接到通信底板上，这样，底板上两个通信卡的端口间就可以方便地进行通信。模块化集线器可有4～14个槽，故网络可以方便地进行扩充。例如，有10个通信卡，每一个卡可支持12个用户，则一个集线器就可以支持120个用户。

(3) 堆叠式集线器可以将多个集线器"堆叠"使用，当它们连接在一起时，其作用就像一个模块化集线器一样，堆叠在一起的集线器可以当作一个单元设备来进行管理。一般情况下，当有多个集线器堆叠时，其中存在一个可管理集线器，利用可管理集线器可对此堆叠式集线器中的其他"独立型集线器"进行管理。堆叠式集线器可以非常方便地实现对网络的扩充，是新建网络时最为理想的选择。

4) 按是否可进行网络管理分类

按照是否可被网络管理，集线器分为不可通过网络进行管理的"非网管型集线器"和可以通过网络进行管理的"可网管型集线器"两种。

非网管型集线器也称为傻瓜集线器，是指既无须进行配置，也不能进行网络管理和监测的集线器。该类集线器属于低端产品，通常只被用于小型网络，这类产品比较常见，就是集线器只要插上电、连上网线就可以正常工作。这类集线器虽然安装使用方便，但功能较弱，不能满足特定的网络需求。

可网管型集线器也称为智能集线器，可通过简单网络管理协议(Simple Network Management Protocol，SNMP)对集线器进行简单管理，这种管理大多是通过增加网管模块来实现的。实现网管的最大用途是用于网络分段，从而缩小广播域，减少冲突，提高数据传输效率。另外，通过网络管理可以在远程监测集线器的工作状态，并根据需要对网络传输进行必要的控制。需要指出的是，尽管同是对SNMP提供支持，但不同厂商的模块是不能混用的，甚至同一厂商的不同产品的模块也不同。

5. 集线器的应用

单个集线器提供的端口数量是有限的，一般是8个、6个、24个端口。当网络中的用户大于集线器提供的端口数量时，可以通过集线器的堆叠和级联来扩展端口数量，满足网络建设中端口的需求。

1) 集线器与工作站的连接

集线器与工作站的连接需要使用直通双绞线，将双绞线的一头插入集线器的一个非Uplink 端口,另一头插入工作站网卡的 RJ-45 端口即可。这种连接方式组织的网络拓扑结构为星状,如图 3-34 所示。

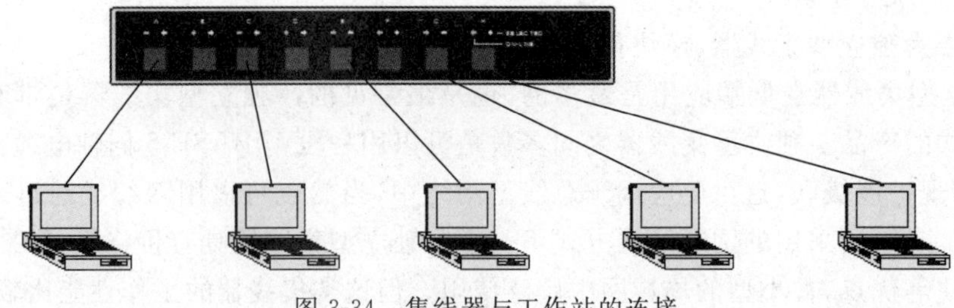

图 3-34 集线器与工作站的连接

2) 集线器与集线器间的连接

随着网络规模的增加,单个集线器已不能满足网络的使用,由此需要使用多个集线器,实现集线器与集线器之间的连接,通常有堆叠和级联两种连接方式。

集线器的堆叠是通过厂家提供的一条专用连接电缆,从一台堆叠式集线器的 UP 堆叠端口直接连接到另一台堆叠式集线器的 DOWN 堆叠端口。堆叠中的所有集线器可视为一个整体的集线器来进行管理,也就是说,堆叠中所有的集线器从拓扑结构上可视为一个集线器。

为了使集线器满足大型网络对端口的数量要求,一般在较大型网络中都采用集线器的堆叠方式来解决。需要注意的是,只有可堆叠集线器才具备这种端口。可堆叠集线器中一般同时具有 UP 和 DOWN 堆叠端口,如图 3-35 所示。

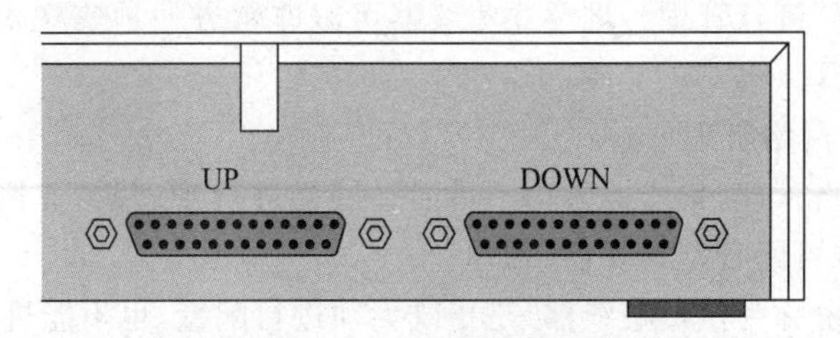

图 3-35 集线器堆叠端口

一般情况下,当有多个集线器堆叠时,其中存在一个可管理集线器,利用可管理集线器可对此堆叠式集线器中的其他"独立型集线器"进行管理。堆叠式集线器可非常方便地实现对网络的扩充,是新建网络时最为理想的选择。

集线器的级联是指通过集线器的普通或者特殊端口,用 UTP 交叉线或直通线把两个以上的集线器连接起来进行集线器端口扩展。

需要注意的是,当计算机网络较大时,集线器的级联必须满足 5-4-3 规则。所谓 5-4-3 规则,是指在一个局域网中,任意两台计算机间最多不超过 5 段线,其中用 4 个集线器(或中继器)连接,并且只能有 3 个网段可以有计算机等设备。

6. 集线器的选购

在选择集线器时,应注意所需要的集线器的端口类型、端口数量、端口速率、网管功能、端口扩展方式(堆叠和级联)、外形尺寸等。

如果集线器供小型局域网使用,选择固定端口的集线器即可,而对于用户数量较多的大中型局域网,就要考虑选用模块化集线器或可堆叠的多端口集线器。

由于连接在集线器上的所有结点均争用同一个上行总线，处于同一冲突域内，所以在集线器内所连接结点数目太多，就会造成数据冲突。

另外，集线器属于长期在线的设备，设备自身的稳定性和质量关系到集线器的使用寿命，因此购买品牌厂商的产品是明智的选择，当然也需要注意售后服务。

3.6 小型案例实训

案例：双绞线的制作

1. 实验目的

(1) 掌握双绞线的制作方法（剥、理、插、压）。

(2) 掌握 T568B 标准线序的排列顺序。

(3) 掌握直通线、交叉线的制作方法及其区别和使用环境。

(4) 掌握双绞线导通性测试的简单方法。

2. 实验设备和环境

(1) 非屏蔽超五类双绞线：若干米。

(2) RJ-45 接头（水晶头）：若干。

(3) 专用剥线/压线钳：1 把。

(4) 专用测线仪：1 个。

3. 实训步骤

(1) 用双绞线网线钳把双绞线的一端剪齐，然后把剪齐的一端插入网线钳用于剥线的缺口中。顶住网线钳后面的挡位以后，稍微握紧网线钳慢慢旋转一圈，让刀口划开双绞线的保护胶皮并剥除外皮，如图 3-36 所示。

注意：网线钳挡位离剥线刀口长度通常恰好为水晶头长度，这样可以有效避免剥线过长或过短。如果剥线过长，往往会因为网线不能被水晶头卡住而容易松动；如果剥线过短，则会造成水晶头插针不能跟双绞线完好接触。

(2) 剥除外皮后会看到双绞线的 4 对芯线，可以看到每对芯线的颜色各不相同。将绞在一起的芯线分开，按照橙白、橙、绿白、蓝、蓝白、绿、棕白、棕的颜色一字排列，并用网线钳将线的顶端剪齐，如图 3-37 所示。

图 3-36 双绞线插入剥线缺口

图 3-37 排好的双绞线

(3) 使 RJ-45 插头的弹簧卡朝下，然后将正确排列的双绞线插入 RJ-45 插头中。在插时一定要将各条芯线都插到底部。由于 RJ-45 插头是透明的，因此可以观察到每条芯线插入的位置,如图 3-38 所示。

(4) 将插入双绞线的 RJ-45 插头插入网线钳的压线插槽中,用力压下网线钳的手柄,使 RJ-45 插头的针脚都能接触到双绞线的芯线,如图 3-39 所示。

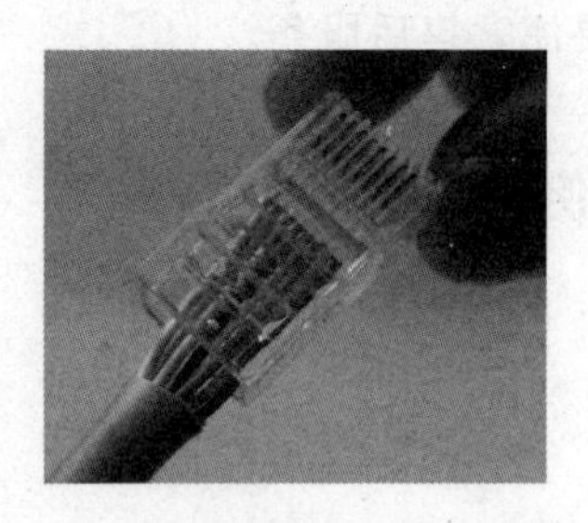

图 3-38 将双绞线插入 RJ-45 插头

图 3-39 将 RJ-45 插头插入压线插槽

(5) 完成双绞线一端的制作工作后,按照相同的方法制作另一端即可。注意双绞线两端的芯线排列顺序要完全一致,如图 3-40 所示。

(6) 在完成双绞线的制作后,建议使用网线测试仪对网线进行测试。将双绞线的两端分别插入网线测试仪的 RJ-45 接口,并接通测试仪电源。如果测试仪上的 8 个绿色指示灯都顺利闪过,说明制作成功。如果其中某个指示灯未闪烁,则说明插头中存在断路或者接触不良的情况。此时应再次对网线两端的 RJ-45 插头用力压一次并重新测试,如果依然不能通过测试,则只能重新制作,如图 3-41 所示。

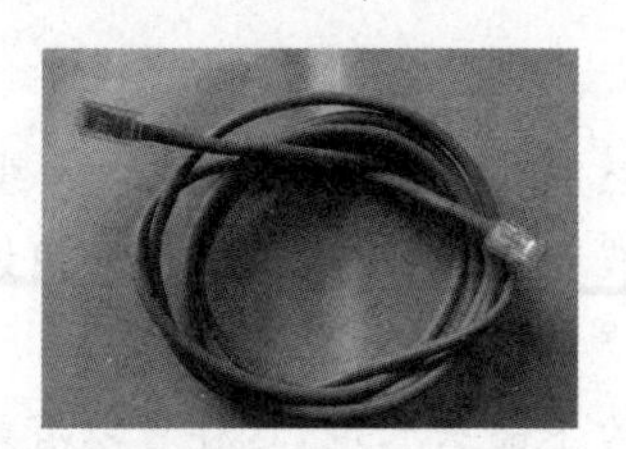

图 3-40 制作完成的双绞线

图 3-41 使用测试仪测试网线

3.7 本章小结

本章主要介绍物理层和数据通信的相关概念,第一部分介绍了物理层的功能、物理层的特性和物理层的协议,通过对物理层特性的学习和理解,要求学生掌握各个物理层协议的具体情况,理解协议的作用;第二部分介绍数据通信的基础知识,要求学生掌握数据通信的概念、数据编码、差错控制以及物理层设备等内容,为后续的学习打下基础。

3.8 本章习题

一、选择题

1. 在同一个信道上的同一时刻,能够进行双向数据传送的通信方式是(　　)。

A. 单工　　B. 半双工　　C. 全双工　　D. 上述三种均不是

2. 能从数据信号波形中提取同步信号的典型编码是(　　)。

A. 归零码　　B. 不归零码　　C. 定比码　　D. 曼彻斯特编码

3. 计算机网络通信采用同步和异步两种方式,但传送效率较高的是(　　)。

A. 同步方式　　B. 异步方式

C. 两者传送效率相同　　D. 无法比较

4. 将物理信道的总频带宽分割成若干个子信道,每个子信道传输一路信号,这种多路复用方式被称为(　　)。

A. 同步时分多路复用　　B. 波分多路复用

C. 异步时分多路复用　　D. 频分多路复用

5. 用载波信号相位来表示数字数据的调制方法,称为(　　)键控法。

A. 相移(或移相)　　B. 幅移(或移幅)

C. 频移(或移频)　　D. 混合

6. 下列传输媒体中,(　　)的保密性最好。

A. 双绞线　　B. 同轴电缆　　C. 光纤　　D. 无线电波

7. 物理层的传输数据单元是(　　)。

A. 帧　　B. IP 数据报　　C. 比特流　　D. 报文

8. 目前光纤通信中,光纤中传输的是(　　)。

A. 微波　　B. 红外线　　C. 激光　　D. 紫外线

9. 在下列传输介质中,(　　)的错误率最低。

A. 同轴电缆　　B. 光缆　　C. 微波　　D. 双绞线

10. (　　)实现的通信是物理通信。

A. 物理层　　B. 数据链路层　　C. 网络层　　D. 传输层

二、填空题

1. 物理层的四大特性分别为________、________、________和________。

2. 在采用电信号表达数据的系统中,数据有________和________两种。

3. 两种最常使用的多路复用技术是________和________。

4. 计算机网络中常用的三种有线媒体是________、________和________。

5. 数字信号实现模拟传输时,数字信号变换成音频信号的过程称为________;音频信号变换成数字信号的过程称为________。

三、简答题

1. 物理层的四大特性是什么?分别规定了什么内容?

2. 简述 RS-232C 协议的四大特性。

3. 画出通信系统的模型。

4. 什么是多路复用?分为哪几种类型?

5. 画出 10011101 的曼彻斯特编码和差分曼彻斯特编码。

6. 数据交换技术分为哪几种?试比较各种交换机的差异。

7. 什么是 DTE?什么是 DCE?

第4章 数据链路层

本章要点：

(1) 数据链路层概述。
(2) 帧同步功能。
(3) 差错控制功能。
(4) 流量控制功能。
(5) 数据链路层服务。
(6) 数据链路层协议实例。
(7) 数据链路层设备。

学习目标：

(1) 了解数据链路层的基础。
(2) 掌握数据链路层的功能。
(3) 掌握数据链路层的协议实例。
(4) 了解数据链路层服务。
(5) 掌握数据链路层设备的特性。

4.1 数据链路层概述

数据链路层(Data Link Layer,DLL)是 OSI 参考模型的第二层，属于低三层中的中间一层。数据链路可以粗略地理解为数据通道。物理层要为终端设备间的数据通信提供传输媒体及连接。媒体是长期的，而连接是有生存期的。在连接生存期内，收发两端可以进行一次或多次数据通信。数据链路层将本质上不可靠的传输媒体变成可靠的传输通路提供给网络层，每次通信都要经过建立通信联络和拆除通信联络两个过程，这种建立起来的数据收发关系就称为数据链路。而在物理媒体上传输的数据难免受到各种不可靠因素的影响而产生差错，为了弥补物理层上的不足，为上层提供无差错的数据传输，就要能对数据进行检错和纠错。数据链路的建立、拆除，对数据的检错、纠错是数据链路层的基本任务。它的主要作用是用来建立、管理和维护网络通信中的数据链，为数据通信提供可靠的通信链路。

4.1.1 数据链路层协议和设备

数据链路层协议是为收发对等实体间保持一致而制定的，也为了顺利完成对网络层的服务。数据链路层协议分为“面向字符”和“面向比特”两类。

4.1.1

1. 面向字符的链路层协议

ISO 的 IS1747～1975：称为“数据通信系统的基本型控制规程”，利用 10 个控制字符完成链路的建立、拆除及数据交换。对帧的收发情况及差错恢复也是靠这些字符来完成的。如基本型传输控制规程及其扩充部分(BM 和 XBM)协议。

(1) IBM 的二进制同步通信规程(BSC)。
(2) DEC 的数字数据通信报文协议(DDCMP)。
(3) 点对点协议(PPP)。

2. 面向比特的链路层协议

IBM的SNA网络使用的数据链路协议：同步数据链路控制(Synchronous Data Link Control,SDLC)协议。

ANSI修改SDLC协议后，提出的高级数据通信控制规程(Advanced Data Communication Control Procedure,ADCCP)。

ISO修改SDLC协议后，提出的高级数据链路控制(High-level Data Link Control,HDLC)协议。

CITT修改HDLC协议后，提出的链路访问规程(Link Access Procedure,LAP)作为X.25网络接口标准的一部分，后来改为链路访问过程平衡(LAPB)。

ISO 3309—1984：称为“HDLC帧结构”；ISO 4337—1984：称为“HDLC规程要素”；ISO 7809—1984：称为“HDLC规程类型汇编”。这三个标准都是为面向比特的数据传输控制而制定的。有人习惯上把这三个标准组合称为高级链路控制规程。

ISO 7776：称为“DTE数据链路层规程”，与CCITT X.25 LAPB相兼容。

ISO 1155、ISO 1177、ISO 2626、ISO 2629等标准的配合使用可形成多种链路控制和数据传输方式。

独立的链路设备中最常见的当属网桥。有人认为集线器、调制解调器的某些功能属于链路层，但对此还有些争议。除此之外，交换机也工作在数据链路层，但仅工作在数据链路层的是二层交换机。其他如三层交换机、四层交换机等虽然可对应工作在OSI的三层、四层，但二层功能仍是它们基本的功能。

4.1.2 数据链路层的分层结构及各自作用

4.1.2

在常见的IEEE 802系列标准中，将数据链路层分为两部分：①逻辑链接控制(Logical Link Control,LLC)子层；②媒体访问控制(Medium Access Control,MAC)子层。其中，MAC子层是制定如何使用传输媒体的通信协议，如IEEE 802.3以太网标准的CSMA/CD协议中，MAC子层规定如何在总线型网络结构下使用传输媒体；IEEE 802.4令牌总线(Token-Bus)标准中，MAC子层规定了如何在总线型网络结构下利用令牌(Token)控制传输媒体的使用；IEEE 802.5令牌环(Token-Ring)标准中，MAC子层规定了如何在环状网络结构下利用令牌来控制传输媒体的使用；IEEE 802.11无线局域网标准中，MAC子层规定了如何在无线局域网络的结构下控制传输媒体的使用。

LLC子层的主要工作是控制信号交换、数据流量控制(Data Flow Control)，解释上层通信协议传来的命令并且产生响应，以及克服数据在传送的过程中可能发生的种种问题(如数据发生错误，重复收到相同的数据，接收数据的顺序与传送的顺序不符等)。在LLC子层方面，IEEE 802系列标准中只制定了一种标准，各种不同的MAC都使用相同的LLC子层通信标准，使更高层的通信协议可不依赖局域网络的实际架构。

不同工作站的网络层通信协议可通过LLC子层来沟通。由于网络层上可能有许多种通信协议同时存在，而且每一种通信协议又可能同时与多个对象沟通，因此当LLC子层从MAC子层收到一个数据包时，必须能够判断要送给网络层的哪一个通信协议。为了达到这种功能，LLC子层提供了所谓的“服务点”(Service Access Point,SAP)服务，通过它可以简化数据传送的处理过程。为了能够辨认出LLC子层通信协议间传送的数据属于谁，每一个LLC数据单元(LLC Data Unit)上都有“目的地服务点”(Destination Service Access Point, DSAP)和“原始服务点"(Source Service Access Point,SSAP)。一对 DSAP 与 SSAP 即可形成通信连接。由 SSAP 送出来的数据经过 LLC 子层的传送之后便送给 DSAP,反之亦然。因此 DSAP 与 SSAP 成为独立的联机通信,彼此间所传送的数据不会与其他联机通信的数据交换。当然在传送的过程中,所有联机通信的数据都必须经由唯一的 MAC 管道来传送。

4.1.3 数据链路层主要功能概述

4.1.3

数据链路层最基本的服务是将源计算机网络层传来的数据可靠地传输到相邻结点的目标计算机的网络层。为达到这一目的,数据链路层必须具备一系列相应的功能,主要有:将数据组合成数据块,在数据链路层中将这种数据块称为帧,帧是数据链路层的传送单位;控制帧在物理信道上的传输,包括如何处理传输差错,如何调节发送速率以使之与接收方相匹配;在两个网络实体之间提供数据链路通路的建立、维持和释放管理。这些功能具体表现在以下几个方面。

1. 帧同步

为了向网络层提供服务,数据链路层必须使用物理层提供的服务。而物理层是以比特流进行传输的,这种比特流传输并不保证在数据传输过程中没有错误,接收到的位数量可能少于、等于或者多于发送的位数量。而且它们还可能有不同的值,这时数据链路层为了能实现数据有效的差错控制,就采用了一种"帧"的数据块进行传输。而要采用帧格式传输,就必须有相应的帧同步技术,这就是数据链路层的"成帧"(也称为"帧同步")功能。

采用帧传输方式的好处是:在发现有数据传送错误时,只需将有差错的帧再次传送,而不需要将全部数据的比特流进行重传,传送效率将大大提高。但同时也带来了两方面的问题:①如何识别帧的开始与结束?②在夹杂着重传的数据帧中,接收方在接收到重传的数据帧时是识别成新的数据帧,还是识别成重传帧呢?这就要靠数据链路层的各种"帧同步"技术来识别了。"帧同步"技术既可使接收方能从并不是完全有序的比特流中准确地区分出每一帧的开始和结束,同时还可识别重传帧。

2. 差错控制

在数据通信过程中,可能会因物理链路性能和网络通信环境等因素出现一些传送错误,但为了确保数据通信的准确,又必须使得这些错误发生的概率尽可能低。这一功能也是在数据链路层实现的,就是它的"差错控制"功能。

在数字或数据通信系统中,通常利用抗干扰编码进行差错控制。一般分为四类:前向纠错(FEC)、反馈检测(ARQ)、混合纠错(HEC)和信息反馈(IRQ)。

FEC 方式是在信息码序列中,以特定结构加入足够的冗余位——称为"监督元"(或"校验元")。接收端解码器可以按照双方约定的这种特定的监督规则,自动识别出少量差错,并能予以纠正。FEC 最适用于实时的高速数据传输的情况。

在非实时数据传输中,常用 ARQ 差错控制方式。解码器对接收码组逐一按编码规则检测其错误。如果无错误,向发送端反馈"确认"ACK 信息;如果有错误,则反馈回 ANK 信息,以表示请求发送端重复发送刚刚发送过的这一信息。ARQ 方式的优点在于编码冗余位较少,可以有较强的检错能力,同时编解码简单。由于检错与信道特征关系不大,在非实时通信中具有普遍应用价值。

HEC 方式是上述两种方式的有机结合,即在纠错能力内,实行自动纠错;而当超出纠错能力的错误位数时，可以通过检测而发现错码，无论错码多少都可以利用 ARQ 方式进行纠错。

IRQ 方式是一种全回执式最简单的差错控制方式。在该检错方式中，接收端将收到的信码原样转发回发送端，并与原发送信码相比较，若发现错误，则发送端再进行重发。这种方式只适用于低速非实时数据通信，是一种较原始的做法。

3. 流量控制

在双方的数据通信中，如何控制数据通信的流量同样非常重要。它既可以确保数据通信的有序进行，又可避免通信过程中出现因为接收方来不及接收而造成的数据丢失。这就是数据链路层的"流量控制"功能。数据的发送与接收必须遵循一定的传送速率规则，可以使得接收方能及时地接收发送方发送的数据。并且当接收方来不及接收时，就必须及时控制发送方数据的发送速率，使两方面的速率基本匹配。

4. 链路管理

数据链路层的"链路管理"功能包括数据链路的建立、维持和释放三个主要方面。当网络中的两个结点要进行通信时，数据的发送方必须确知接收方是否已处在准备接收的状态。为此，通信双方必须先要交换一些必要的信息，以建立一条基本的数据链路。在传输数据时要维持数据链路，而在通信完毕时要释放数据链路。

5. MAC 寻址

这是数据链路层中 MAC 子层的主要功能。这里所说的"寻址"与"IP 地址寻址"是完全不一样的，因为此处所寻找的地址是计算机网卡的 MAC 地址，也称为"物理地址""硬件地址"，而不是 IP 地址。在以太网中，采用媒体访问控制(Media Access Control，MAC)地址进行寻址，MAC 地址被烧入每个以太网网卡中。这在多点连接的情况下非常必需，因为在这种多点连接的网络通信中，必须保证每一帧都能准确地送到正确的地址，接收方也应当知道发送方是哪一个站。

6. 区分数据与控制信息

由于数据和控制信息都是在同一信道中传输，在许多情况下，数据和控制信息处于同一帧中，因此一定要有相应的措施使接收方能够将它们区分开，以便向上传送仅是真正需要的数据信息。

7. 透明传输

这里所说的"透明传输"是指可以让无论哪种比特组合的数据，都能够在数据链路上进行有效传输。这就需要在所传数据中的比特组合恰巧与某一个控制信息完全一样时，能采取相应的技术措施，使接收方不会将这样的数据误认为是某种控制信息。只有这样，才能保证数据链路层的传输是透明的。

4.1.4 链路层向网络层提供的服务

4.1.4

数据链路层的设计目标就是为网络层提供各种需要的服务。实际的服务随系统的不同而不同，但是在一般情况下，数据链路层会向网络层提供以下三种类型的服务。

1. 无确认的无连接服务

"无确认的无连接服务"是指源计算机向目标计算机发送独立的帧，目标计算机并不对这些帧进行确认。这种服务,事先无须建立逻辑连接,事后也不用释放逻辑连接。正因如此,如果由于线路上的原因造成某一帧的数据丢失,则数据链路层并不会检测到这样的丢失帧,也不会恢复这些帧。出现这种情况的后果是可想而知的,当然在错误率很低,或者对数据的完整性要求不高的情况下(如话音数据),这样的服务还是非常有用的,因为这样简单的错误可以交给OSI上面的各层来恢复。

2. 有确认的无连接服务

为了解决以上"无确认的无连接服务"的不足,提高数据传输的可靠性,引入了"有确认的无连接服务"。在这种连接服务中,源主机数据链路层必须对每个发送的数据帧进行编号,目的主机数据链路层也必须对每个接收的数据帧进行确认。如果源主机数据链路层在规定的时间内未接收到所发送的数据帧的确认,那么它需要重发该帧,这样发送方才能知道每一帧是否正确地到达对方。这类服务主要用于不可靠信道,如无线通信系统。它与下面将要介绍的"有确认的面向连接服务"的不同之处在于,它既不需要在帧传输之前建立数据链路,也不需要在帧传输结束后释放数据链路。

3. 有确认的面向连接服务

大多数数据链路层都采用向网络层提供面向连接的确认服务。利用这种服务,源计算机和目标计算机在传输数据之前需要先建立一个连接,该连接上发送的每一帧也都被编号,数据链路层保证每一帧都会被接收到,而且它保证每一帧只被按正常顺序接收一次。这也正是面向连接服务与前面介绍的"有确认无连接服务"的区别,在有确认的无连接服务中,在没有检测到确认时,系统会认为对方没收到,于是会重发数据,而由于是无连接的,所以这样的数据可能会重复发送多次,对方也可能接收多次,造成数据错误。有确认的面向连接服务存在三个阶段,即数据链路建立阶段、数据传输阶段和数据链路释放阶段。每个被传输的帧都被编号,以确保帧传输的内容与顺序的正确性。大多数广域网中通信子网的数据链路层采用有确认的面向连接服务。

4.2 帧同步功能

在数据链路层,为了提高数据的差错控制效率,一般的做法是把物理层的比特流分解成一个一个的帧,并计算出每一帧的校验和。当一帧到达目标计算机时,重新计算校验和,如果新计算出的校验和与该帧中所包括的校验和不同,则数据链路层知道在传输过程中产生了错误,它就会采取相应的措施进行处理,如返回错误报告、丢弃坏帧等。

在数据链路层,之所以要把物理层上的比特流组合成帧进行传送,其目的就是在出错时可以只将有错的帧重发,不必将全部数据重新发送,从而提高效率。通常通过为每个帧计算"校验和"(Checksum)来实现差错检测。当一帧到达目的地时,"校验和"将再被计算一遍,若与原"校验和"不同,就可能发现差错了。

接收方要检查"校验和",就必须能从物理层收到的比特流中明确区分出一帧的开始和结束在什么地方。这是一个看起来简单实现起来却并不容易的问题。这个问题就是数据链路层的成帧方法,也称为"帧同步"功能。由于网络传输中很难保证计时的正确和一致,所以不能采用依靠时间间隔关系来确定一帧的起始与终止的方法。在帧同步功能中,有面向字符的,也有面向比特的同步技术,下面介绍几种常用的帧同步方法。

4.2.1 字符计数法

4.2.1

这种帧同步方法是一种面向字节的同步规程，是利用帧头部中的一个域来指定该帧中的字符数，以一个特殊字符表示一帧的起始，并以一个专门字段来标明帧内的字符数。

1. 同步原理

接收方可以通过对该特殊字符的识别从比特流中识别出帧的起始，并从专门字段中获知该帧中随后跟随的数据字符数，从而可确定出帧的终止位置。

这种方法最大的问题在于，如果标识帧大小的字段出错，即失去了帧边界划分的依据，将造成灾难性的后果。如第二帧中的计数字符由5变为7，则接收方就会失去帧同步的可能，从而不可能再找到下一帧正确的起始位置。由于第二帧的校验和出现了错误，所以，接收方虽然知道该帧已被损坏，但仍然无法知道下一帧正确的起始位置。在这种情况下，给发送方请示重传都无济于事，因为接收方根本不知道应该跳过多少个字符才能到达重传的开始处。由于这种原因，字符计数法目前已很少使用。

2. 示例介绍

这种面向字节计数的同步规程的典型实例是DEC公司的数字数据通信报协议(Digital Data Communications Message Protocol，DDCMP)。它的以上一帧开始和结束字段分别为SOH和Count，DDCMP帧格式如图4-1所示。

8	14	2	8	8	8	16	8-131064	16
SOH	Count	Flag	Ack	Seg	Addr	CRC1	Data	CRC2

图4-1 DDCMP帧格式

SOH(Start Of Header)：帧头字段，8位。这就是面向字节计数法中的特殊字符，标志数据帧的开始，“控制帧”和“维护帧”分别用ENQ和DLE表示。

Count：字节计数字段，共有14位，也就是面向字节计数法中所说的标明字节数的专门字段。它用以指示帧中数据字段(Data)中数据的字节数。DDCMP就是靠字节计数来确定帧的终止位置的。

Flag：标志字段，2位。其中的一位用以指出下一帧是否紧接本帧；另一位类似于HDLC中的P/F(Poll/Final，轮询/终止位)。当P/F位用于命令帧(由主站发出)时，起轮询的作用，即当该位为1时，要求被轮询的从站给出响应，所以此时P/F位可称为轮询位(或P)；当P/F位用于响应帧(由从站发出)时，称为终止位(或F位)，当其为1时，表示接收方确认的结束。为了进行连续传输，需要对帧进行编号，所以控制字段中包括帧的编号。

ACK：响应号字段，类似于HDLC中的N(R)。当收到该信号时，表示接收方已准备接收帧的编号，同时表示对接收到的N(R)号以前帧的确认。

Seg：顺序号字段，8位。类似于HDLC中的N(S)，发送方所发送的帧的编号。

Addr：地址字段，8位。

CRC1：帧头校验字段，8位。强调帧头部分单独校验的原因是：一旦标题部分中的Count

字段出错,即失去了帧边界划分的依据,将造成灾难性的后果。

Data:数据字段,必须是字节的整数倍(1~16383 字节)。

CRC2:数据字段的校验字段,16 位。

4.2.2 字符填充的首尾定界符法

4.2.2

1. 同步原理

该同步方法是用一些特定的字符来定界一帧的起始与终止,充分解决了错误发生之后重新同步的问题。

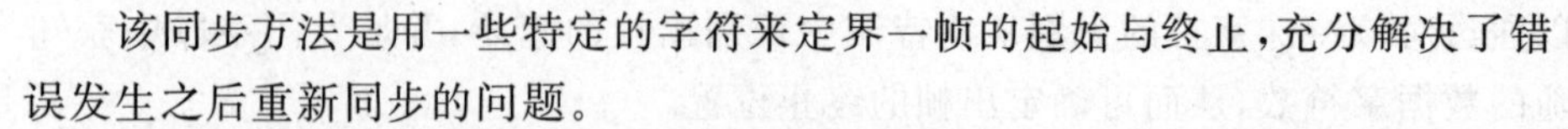

在这种帧同步方式中,为了不使数据信息位中与特定字符相同的字符被误判为帧的首尾定界符,可以在这种数据帧的帧头填充一个转义控制字符(Data Link EscapE-Start of Text, DLE STX),在帧的结尾则以 DLE ETX(Data Link EscapE-End of Text)结束,以示区别,从而达到数据的透明性。若帧的数据中出现 DLE 字符,发送方则插入一个 DLE 字符,接收方会删除这个 DLE 字符。例如要发送一个如图 4-2(a)所示的字符帧,在帧中间有一个 DLE 字符数据,所以发送时会在其前面插入一个 DLE 字符,如图 4-2(b)所示。接收方接收到数据后会自己删除这个插入的 DLE 字符,结果仍得到原来的数据,但帧头和帧尾仍在,予以区别,如图 4-2(c)所示。

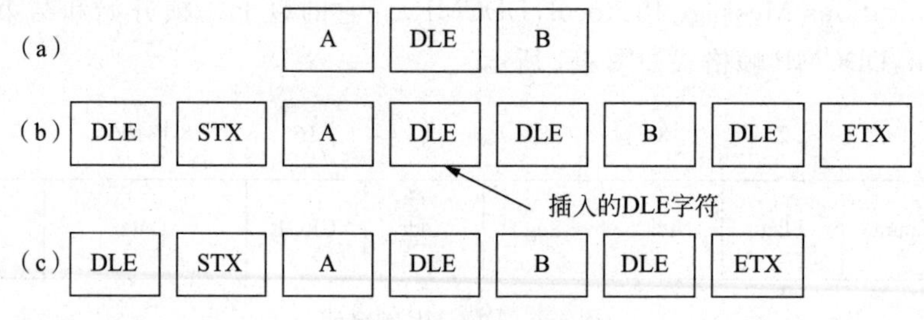

图 4-2 三种格式的帧

在以前的这种同步方式中,起始和结束字符是不同的(如起始字符为 DLE STX,而结束字符为 DLE ETX),但是近几年,绝大多数协议倾向于使用相同的字符来标识起始和结束位置。按照这样的做法,在接收方丢失了同步时,只需搜索一下标志符就能找到当前帧的结束位置。两个连接的标志符代表了当前帧的结束和下一帧的开始。

但这种同步方式也不是完美的,也会发生严重的问题。当标志符的位模式出现在数据中时,不同步问题就可能发生了,这种位模式往往会干扰正常的帧分界。解决这一问题的办法是在发送方的数据链路层传输的数据中,在与分界标志符位模式一样的字符中插入一个转义字符(如 ESC 等)。接收方的数据链路层在将数据发送给网络层前删除这种转义字符。因此,成帧用的标志字符与数据中出现的相同位模式字符就可以分开了,只要看它前面有没有转义字符即可。

如果转义字符出现在数据中间,同样需要用转义字符来填充。因此,任何单个转义字符一定是转义序列的一部分,而两个转义字节则代表数据中自然出现一个转义字符。

2. 示例介绍

这种帧同步方法只能用于较为少用的面向字符型协议,典型代表是 IBM 公司的二进制同步通信(BSC)协议和 PPP 协议。它的特点是一次传送由若干个字符组成的数据块,而不是只传送一个字符,并规定了 10 个字符作为这个数据块的开头与结束标志,以及整个传输过程的控制信息。由于被传送的数据块是由字符组成的,所以也被称为“面向字符的协议”。

SOH(Start of Head):报头开始标志,用于表示报文的标题信息或报头的开始。

STX(Start of Test):文本开始标志,标识标题信息的结束和报文文本的开始。

ETX(End of Text):文本终止标志,标识报文文本的结束。

EOT(End of Transmission):发送完毕标志,用于表示一个或多个文本的结束,并拆除链路。

ENQ(Enquire):询问标志,用于请求远程站给出响应,响应可能包括站的身份或状态。

ACK(Acknowledge):确认标志,由接收方发出的作为对正确接收到报文的响应。

DLE(Data Link Escape):转义标志,用于修改紧跟其后的有限个字符的意义。在BSC协议中,实现透明方式的数据传输,或者当10个传输控制字符不够用时,提供新的转义传输控制字符。

NAK(Negative Acknowledge):否认标志,由接收方发出的作为对未正确接收报文的响应。

SYN(Synchronous):字符同步标志,在同步协议中,用于实现结点之间的字符同步,或用于在无数据传输时保持同步。

ETB(End of Transmission Block):块终止或组终止标志,用于表示当报文分成多个数据块的结束。

BSC协议将在链路上传输的信息分为数据和监控报文两类。监控报文又可分为正向监控和反向监控两种。每一种报文中至少包括一个传输控制字符,用于确定报文中信息的性质或实现某种控制作用。数据报文一般由报头和文本组成。文本是要传送的有效数据信息,而报头是与文本传送和处理有关的辅助信息,报头有时也可不用。对于不超过长度限制的报文,可只用一个数据块发送,对较长的报文则分为多块发送,每一个数据块作为一个传输单位。接收方对于每一个收到的数据块都要给予确认,发送方收到返回的确认后,才能发送下一个数据块。

BSC协议的数据块有以下四种格式。

(1) 不带报头的单块报文或分块传输中的最后一块报文。这种报文格式如下。

SYN	SYN	STX	报文	ETX	BCC

(2) 带报头的单块报文。这种报文的格式如下。

SYN	SYN	SOH	报头	STX	报文	ETX	BCC

(3) 分块传输中的第一块报文。这种报文格式如下。

SYN	SYN	SOH	报头	STX	报文	ETB	BCC

(4) 分块传输中的中间报文。这种报文格式如下。

SYN	SYN	STX	报文	ETB	BCC

从以上数据报文格式可以看出,BSC协议中所有发送的数据均跟在至少两个SYN字符之后,以使接收方能实现字符同步。所有数据块在块终限定符(ETX或ETB)之后还有块校验字符(Block Check Character,BCC),BCC可以是垂直奇偶校验或者16位CRC,校验范围从STX开始到ETX或ETB为止。

当发送的报文是二进制数据库,而不是字符串时,二进制数据中形同传输控制字符的比特串将会引起传输混乱。为使二进制数据中允许出现与传输控制字符相同的数据(即数据的透明性),可在各帧中真正的传输控制字符(SYN 除外)前加上 DLE 转义字符;在发送时,若文本中也出现与 DLE 字符相同的二进制比特串,则可插入一个标记。在接收端则进行同样的检测,若发现单个的 DLE 字符,则可知其后为传输控制字符;若发现连续两个 DLE 字符,则可知其后的 DLE 为数据,在进一步处理前将其中一个删除。

4.2.3 比特填充的首尾定界符法

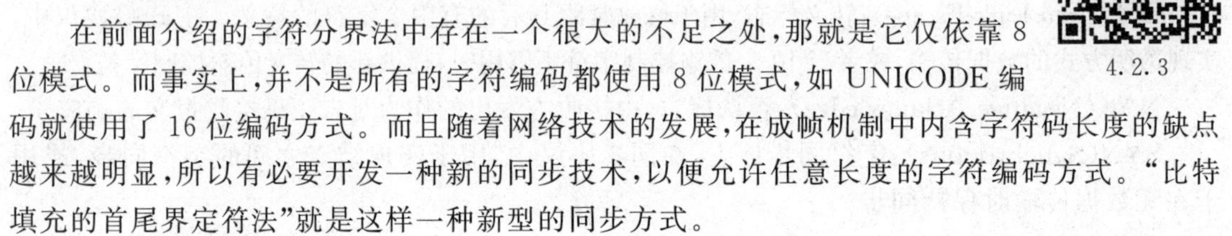

4.2.3

1. 同步原理

在前面介绍的字符分界法中存在一个很大的不足之处,那就是它仅依靠 8 位模式。而事实上,并不是所有的字符编码都使用 8 位模式,如 UNICODE 编码就使用了 16 位编码方式。而且随着网络技术的发展,在成帧机制中内含字符码长度的缺点越来越明显,所以有必要开发一种新的同步技术,以便允许任意长度的字符编码方式。"比特填充的首尾界定符法"就是这样一种新型的同步方式。

"比特填充的首尾界定符法"是以一组特定的比特模式(如 01111110)来标志一帧的起始与终止,它允许任意长度的位码,也允许任意每个字符有任意长度的位。它的工作原理是在每一帧的开始和结束位置都加上一个特殊的位模式,如 01111110。当发送方的数据链路层传到数据中 5 个 1(因为特定模式中有 5 个连续 1)时,自动在输出位流中填充一个 0。在接收方,当收到连续 5 个 1,并且后面位是 0 时,自动删除该 0 位。就像字节填充过程对于双方计算机中的网络层是完全透明的一样。如要传输的数据帧为 0110111111011111001,采用比特填充后,在网络中传送时表示为 01111110011011111010111110001011111110。

上述结果是在原信息(0110111111011111001)的基础上两端各加一个特定模式来标示数据帧的起始与终止,另外,因为在原信息中,有一段比特流与特定模式类似,为了与用于标识帧头和帧尾的特定模式字符区别,在有 5 个连续 1 的比特位后面插入一个 0。而接收方在收到上述最终数据后进行发送方的逆操作,首先去掉两端的特定模式字符,然后在每收到连续 5 个 1 后自动删去其后所跟的 0,以此恢复原始信息,实现数据传输的透明性。

2. 示例介绍

比特填充帧同步方式很容易由硬件来实现,性能优于字符填充方式。所有面向比特的同步控制协议采用统一的帧格式,无论是数据,还是单独的控制信息,均以帧为单位传送,其典型代表是 ISO 的 HDLC 协议。在此仅说明在 HDLC 的帧格式中也采用比特填充的帧同步方式,在它的首尾均有标志字段(Flag,8 位,即 01111110),如图 4-3 所示。

1	1~2	1	Variable	2	1Byte
Flag	Address	Control	Information	FCS	Flag

图 4-3　HDLC 协议帧格式

4.2.4 违法编码法

4.2.4

该方法在物理层采用特定的比特编码方法时采用。例如,曼彻斯特编码方法是将数据比特 1 编码成"高—低"电平对,将数据比特 0 编码成"低—高"电平对。而"高—高"电平对和"低—低"电平对在数据比特中是违法的。可以借用这些违法编码序列来界定帧的起始与终止。局域网 IEEE 802 标准中就采用了这种方法。违法编码法不需要任何填充技术便能实现数据的透明性，但它只适用于采用冗余编码的特殊编码环境。曼彻斯特编码方法已在 3.4.4 小节中进行了详细介绍，在此不再赘述。

由于字节计数法中 Count 字段的脆弱性（其值若有差错，将导致灾难性后果）及字符填充实现上的复杂性和不兼容性，目前较普遍使用的帧同步法是比特填充法和违法编码法。

【例 4-1】 以下关于组帧方法的描述中，不正确的是（　　）。

A. PPP 的开始和结束标记都使用 0x7E

B. HDLC 的开始和结束标记都使用 01111110

C. 比特填充法是指在连续 6 个 1 之后添加一个 0

D. 字节填充法是指在数据中出现的控制字符前面插入转义字符

解：此题考查的是转义字符。比特填充法是在 5 个连续的 1 后面添加一个 0。因此答案为 C。

4.3　差错控制功能

在解决了标识每一帧的起始和结束位置问题之后，还需要解决数据传输中的差错控制问题。即如何确保所有的数据帧最终在递交给目标计算机上的网络层时，能保证数据的完整性，并且保持正确的顺序。因为在原始物理传输线路上存在着各种噪声和干扰，传输数据信号可能有差错。设计数据链路层的主要目的是将有差错的物理线路改进成无差错的数据链路，所采取的方法包括差错检测、差错控制和流量控制等。而在差错控制功能中，主要采取纠错码、检错码，下面分别予以介绍。

4.3.1　差错控制概述

4.3.1

差错控制功能是数据链路层另一个非常重要的基本功能，也是确保数据通信正常进行的基本前提。数据通信系统必须具备发现并纠正差错的能力，使差错控制在所能允许的尽可能小的范围内，这就是数据链路层重要的“差错控制”功能。

通信信道的噪声分为两类：热噪声和冲击噪声。其中，热噪声引起的差错是随机差错；冲击噪声引起的差错是突发差错，引起突发差错的位长称为突发长度。在通信过程中产生的传输差错，是由热噪声的随机差错与冲击噪声的突发差错共同构成的。数据通信的差错程度通常是以“误码率”来定义的，它是指二进制比特在数据传输系统中被传错的概率，它在数值上近似为：$P_e = N_e / N$。其中，N 为传输的二进制比特总数，N_e 为被传错的比特数。

注意：误码率是衡量数据传输系统正常工作状态下传输可靠性的参数。对于一个实际的数据传输系统，不能笼统地说误码率越低越好，要根据实际传输要求提出误码率要求。差错的出现具有随机性，在实际测量一个数据传输系统时，只有被测量的传输二进制比特数越大，才会越接近于真正的误码率值。如果传输的不是二进制比特，要折合成二进制比特来计算。

在设计差错控制方法时，通常采取以下两种策略。

(1) 纠错码方案：让每个传输的分组带上足够多的冗余信息，以便在接收端能发现并自动纠正传输差错。如海明码、正反码。

(2) 检错码方案：让分组带上一定的冗余信息，根据这些冗余信息，接收端可以发现差错，但不能确定哪一个或哪一些位是错误的,并且自己不能纠正传输差错。如奇偶检验码(Parity Check Code,PCC)、循环冗余编码(Cyclic Redundancy Code,CRC)。

以上两种技术都有不同的适用环境:在高度可靠的信道上(如光纤),适宜采用检错码方案,当偶尔发生错误时,只需重新传一个数据分组即可。而在信道上可能频繁发生错误的环境中(如无线链路),则最好是在每一个数据分组中加入足够的冗余信息,以便接收方能计算出原始的数据分组是什么,而不依靠重传来解决问题。

纠错码方案虽然有优越之处,但实现困难,在一般的通信场合中不宜采用。检错码方案虽然需要通过重传机制达到纠错的目的,但其原理简单,实现容易,编码与解码速度快,目前正得到广泛使用。

除了需要采取一定的检错和纠错编码差错控制方法外,还需要在发生无法自动纠错的情况下进行数据帧重传的相应技术,如"反馈检测"法和"自动重发"法。

衡量编码性能好坏的一个重要参数是编码效率 R,它是码字中信息位所占的比例。编码效率越高,即 R 越大,信道中用来传送信息码元的有效利用率就越高。编码效率的计算公式为

$$R = k/n = k/(k + r)$$

式中:k——码字中的信息位位数。

r——编码时外加冗余位位数。

n——编码后的码字长度。

4.3.2 差错编码方案

差错校验是采用某种手段去发现并纠正传输错误,发现差错甚至能纠正差错的常用方法是对被传送的信息进行适当的编码,即给信息码元加上冗余码元,并使冗余码元与信息码元之间具备某种关系,然后将信息码元和冗余码元一起通过信道发出。接收端接收到这两种码元后,检验它们之间的关系是否符合发送端建立的关系,这样就可以检验传输差错,甚至可以纠错。能校验差错的编码称为检错码(Error-Detecting Code),可以纠错的编码称为纠错码(Error-Correcting Code)。下面介绍几种差错编码方案。

1. 奇偶校验

奇偶校验(Parity Check)是检验所传输的数据是否被正确接收的一种简单方法。发送方在发送的字符后附加一个校验位 0 或 1,接收方检查此位是否还保持数据位的正确关系,以判断是否正确传输。奇偶校验有奇校验和偶校验等方式。

奇偶校验

奇校验/偶校验是在发送数据后附加一个校验位,校验位的取值使得包括数据和校验位中的 1 的个数分别为奇数/偶数。例如,发送字符的位串是 1101110,如果进行的是奇校验,则加入的校验位为 0,发送的位串为 11011100,其中 1 的个数是 5,为奇数;如果进行的是偶校验,则校验位为 1,发送的位串为 11011101,其中 1 的个数是 6,为偶数。

奇偶校验的检错能力有限,例如奇校验,如果传输无差错,则接收方的奇校验一定是奇数,如果不是奇数,则说明一定出现了传输差错。但接收方的奇校验是奇数,却不能肯定传输无差错,当传输有差错的位数为偶数时,接收方的奇校验也会是奇数。奇偶校验只能检测出奇数位错而不能检测出偶数位错。奇偶校验的优点是简单、易实现,在位数不长的情况下常常采用。在以字符为单位的异步传输方式中使用奇偶校验。

按照校验的数据量和生成校验码的方式，奇偶校验分为以下三类。

1）垂直奇偶校验

垂直奇偶校验也称为纵向奇偶校验，是以一个字符作为校验单位纵向生成校验码位的检错方法，如图 4-4 所示。

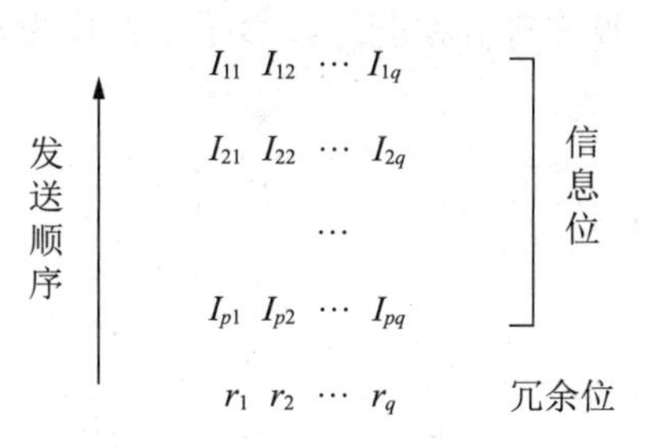

图 4-4　垂直奇偶校验信息块

具体编码规则如下。

偶校验：

$$r_i=I_{1i}+I_{2i}+\cdots+I_{pi}\quad(i=1,2,\cdots,q)$$

奇校验：

$$r_i=I_{1i}+I_{2i}+\cdots+I_{pi}+1\quad(i=1,2,\cdots,q)$$

式中：p——码字的定长位数；

q——码字的个数。

垂直奇偶校验的编码效率为 $R=p/(p+1)$。它能检测出每列中的所有奇数个错，但检测不出偶数个错，因而对差错的漏检率接近 1/2。

2）水平奇偶校验

水平奇偶校验也称为横向奇偶校验，是以多个字符作为校验单位横向生成校验码位的检错方法，如图 4-5 所示。

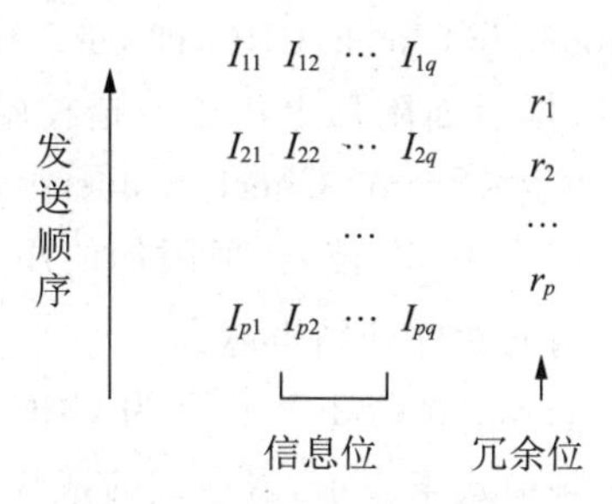

图 4-5　水平奇偶校验信息块

具体编码规则如下。

偶校验：

$$r_i=I_{i1}+I_{i2}+\cdots+I_{iq}\quad(i=1,2,\cdots,p)$$

奇校验：

$$r_i=I_{i1}+I_{i2}+\cdots+I_{iq}+1\quad(i=1,2,\cdots,p)$$

式中：p——码字的定长位数；

q——码字的个数。

水平奇偶校验的编码效率为 $R=q/(q+1)$。它不但能检测出各段同一位上的奇数个错，而且能检测出突发长度$\leqslant p$ 的所有突发错误。其漏检率要比垂直奇偶校验方法低，但实现水平奇偶校验时，一定要使用数据缓冲器。

3）水平垂直奇偶校验

水平垂直奇偶校验也称为纵横奇偶校验。以多个字符作为校验单位在水平垂直两个方向共同生成校验字符，如图 4-6 所示。

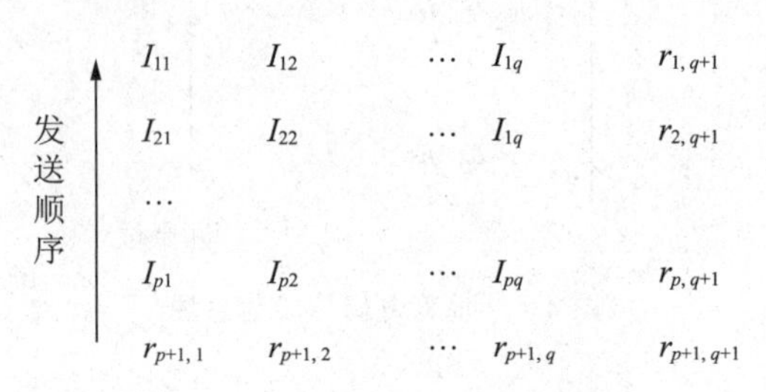

图 4-6　水平垂直奇偶校验信息块

若水平垂直方向都用偶校验，则

$$r_{i,q+1}=I_{i1}+I_{i2}+\cdots+I_{iq}\quad (i=1,2,\cdots,p)$$

$$r_{p+1,j}=I_{1j}+I_{2j}+\cdots+I_{pj}\quad (j=1,2,\cdots,q)$$

$$r_{p+1,q+1}=r_{p+1,1}+r_{p+1,2}+\cdots+r_{p+1,q}$$

$$=r_{1,q}+1+r_{2,q+1}+\cdots+r_{p,q+1}$$

水平垂直奇偶校验的编码效率为 $R=pq/[(p+1)(q+1)]$。它能检测出所有 3 位或 3 位以下的错误、奇数个错、大部分偶数个错以及突发长度$\leqslant p+1$ 的突发错误。可使误码率降至原误码率的百分之一到万分之一。它还可以用来纠正部分差错，有部分偶数个错不能测出，适用于中、低速传输系统和反馈重传系统。

2. 循环冗余校验

循环冗余校验

循环冗余校验(Cyclic Redundancy Check,CRC)即 CRC 校验，它是数据链路层中广泛采用的校验方式，在数据后面附加上用于差错校验的冗余码，在数据链路层的帧结构中称为帧校验序列(Frame Check Sequence,FCS)。

常用的冗余码位数有 12 位、16 位和 32 位，一般附加的用于校验的冗余码位数越多，检错能力就越强，但传输的额外开销也越大。

CRC 校验使用多项式码(Polynomial Code)，也称为 CRC 码。多项式码的基本思想是任何一个二进制位串都可以用一个多项式来表示，多项式的系数只有 0 和 1，n 位长度的码 C 可用以下$(n-1)$次多项式表示：

$$C(x)=C_{n-1}x^{n-1}+C_{n-2}x^{n-2}+\cdots+C_1x+C_0$$

例如，位串 1010001 可表示为 x^6+x^4+1。

数据后面附加上冗余码的操作可以用码多项式的算术运算来表示。例如，一个 k 位的信息码后面附加上 r 位冗余码，组成长度为 $n=k+r$ 的码，它对应一个$(n-1)$次多项式 $C(x)$，信息码对应一个$(k-1)$次项式 $K(x)$，冗余码对应一个$(r-1)$次多项式 $R(x)$，那么有

$$C(x)=x^rK(x)+R(x)$$

那么，如何由已知的信息码生成用于差错校验的冗余码呢？

由信息码产生冗余码的过程，即由已知的 $K(x)$ 求 $R(x)$ 的过程，也是用码多项式的算术运算来实现。方法是：通过用一个特定的 r 次多项式 $G(x)$ 去除 $X^r K(x)$，得到的 r 位余数作为冗余码 $R(x)$。其中，$G(x)$ 称为生成多项式(Generator Polynomial)，是事先约定的。除法中使用模 2 减(无借位减，相当于做异或运算)。要进行多项式除法，只要用其相应的系数进行除法运算即可。

【例 4-2】 已知：信息位串 1010001，对应 $K(x)=x^6+x^4+1(k=7)$，生成多项式 10111，对应 $G(x)=x^4+x^2+x+1(r=4)$。求：对应的冗余位。

解：$x^4K(x)$：10100010000，对应 $x^4(x^6+x^4+1)=x^{10}+x^8+x^4$。

那么 $R(x)$ 为 $x^4K(x)/G(x)$ 的余数。使用以下由相应的系数构成的除式：

```
             1001111
      10111 )10100010000
             10111
               11010
              10111
                11010
               10111
                 11010
                10111
                  11010
                 10111
                   1101
```

得到的 4 位余数 1101 作为冗余码，其码多项式 $R(x)=x^3+x^2+1$。

若传输过程不出现差错，则接收端接收到的信息也应为 $C(x)=10100011101$。在接收端将接收到的 $C(x)$ 除以生成多项式 $G(x)$，只要余数不为零，则表明检验出传输差错，若余数为零，则可以认为传输无误。但反过来，并不是余数为零就一定传输无差错，在某些非常特殊的比特差错组合下，CRC 也可能碰巧使余数为零，CRC 的检错率比奇偶校验高得多，其检错特点如下。

(1) 可检测出所有奇数位错。

(2) 可检测出所有双比特的错。

(3) 可检测出所有小于或等于校验位长度的突发错误。

在通信中广泛采用的生成多项式如下。

(1) CRC-8$=x^8+x^2+x+1$。

(2) CRC-16$=x^{16}+x^{15}+x^2+1$。

(3) CRC-CCITT$=x^{16}+x^{12}+x^5+1$。

(4) CRC=32$=x^{32}+x^{26}+x^{23}+x^{22}+x^{16}+x^{12}+x^{11}+x^{10}+x^8+x^7+x^5+x^4+x^2+x+1$。

上述 CRC-8 用于 ATM 信元头差错检验，CRC-16 是二进制同步系统 Bisync 中采用的 CRC 校验生成多项式，CRC-CCITT 是高级数据链路控制 HDLC 中采用的 CRC 校验生成多项式，而 CRC-32 是 IEEE 802.3 以太网媒体接入控制帧中采用的 CRC 校验生成多项式。这些生成多项式都是经过数学上的精心设计和实际检验的。

循环冗余校验无论是发送方冗余码的生成还是接收方的校验，都可以用专用的集成电路来实现，这样可以大大加快循环冗余校验的速度。

海明校验

3. 海明校验

在纠错码方案中，"海明码"是一种典型的纠错方案。海明码是一种可以纠正一位或多位差错的编码。它利用在 m 位信息位增加 r 位冗余位,构成一个 $n=m+r$ 位的码字,然后用 r 个监督关系式产生的 r 个校正因子来区分无错和在码字中的 n 个不同位置的一位错。它必须满足以下关系式:

$$2^r \geqslant n+1 \quad 或 \quad 2^r \geqslant m+r+1$$

【例 4-3】 若有效信息 $b_1b_2b_3b_4=1011$,使用海明校验(采用偶校验),求出其海明编码。

解:这里有 4 位有效信息(b_1、b_2、b_3、b_4),即 $m=4$。

根据公式 $2^r \geqslant m+r+1$,可求出校验位有 3 位,即 $r=3$,假定 3 位校验位为 P_1、P_2、P_3,可得

海明序号 1 2 3 4 5 6 7

海明编码 P_1 P_2 b_1 P_3 b_2 b_3 b_4

按表 4-1 所示将数据进行分组。

表 4-1 海明码分组表

海明码序号	1	2	3	4	5	6	7	指误字	无错	出错位
含义	P_1	P_2	b_1	P_3	b_2	b_3	b_4			1 2 3 4 5 6 7
第三组				√	√	√	√	G_3	0	0 0 0 1 1 1 1
第二组		√	√			√	√	G_2	0	0 1 1 0 0 1 1
第一组	√		√		√		√	G_1	0	1 0 1 0 1 0 1

接下来,将有效信息 $b_1b_2b_3b_4=1011$ 分别填入表格中最后一行第 3、5、6、7 位对应的位置,再分组进行奇偶统计,具体做法如下。

第一组:$P_1b_1b_2b_4$,因 $b_1b_2b_4$ 含偶数个 1,故 P_1 应取值为 0。

第二组:$P_2b_1b_3b_4$,因 $b_1b_3b_4$ 含奇数个 1,故 P_2 应取值为 1。

第三组:$P_3b_2b_3b_4$,因 $b_2b_3b_4$ 含偶数个 1,故 P_3 应取值为 0。

海明编码为:$P_1P_2b_1P_3b_2b_3b_4=0110011$。

因为分三组校验,每组产生一位检错信息,3 组共 3 位检错信息,便构成一个指误字,例 4-3 指误字由 $G_3G_2G_1$ 组成。

其中:

$$G_3=P_3+b_2+b_3+b_4 \qquad P_3b_2b_3b_4=0011$$

$$G_2=P_2+b_1+b_3+b_4 \qquad P_2b_1b_3b_4=1111$$

$$G_1=P_1+b_1+b_2+b_4 \qquad P_1b_1b_2b_4=0101$$

采用偶校验,在没有出错的情况下,$G_1G_2G_3=000$。由于在分组时就确定了每一位参加校验的组别,所以指误字能准确地指出错误所在位。

若第 3 位 b_1 出错,由于 b_1 参加了第一组和第二组的校验,必然破坏了第一组和第二组的偶性,从而使 G_1 和 G_2 为 1。因为 b_1 未参加第三组校验,故 $G_3=0$,所以构成的指误字 $G_3G_2G_1=011$,它指出第 3 位出错。

反之,若 $G_3G_2G_1=111$,则说明海明码第 7 位 b_4 出错。因为只有第 7 位 b_4 参加了三个小组的校验,破坏了三个小组的偶性。

假定源部件发送海明码为 0110011,接收端接收海明码为 0110011,则三个小组都满足偶校验要求,这时 $G_3G_2G_1=000$,表明收到信息正确,可以从中提出有效信息 1011 参与运算处

理；若接收端收到的海明码为 0110111，分组检测后指误字 $G_3G_2G_1=101$，它指出第 5 位出错，则只需将第 5 位变反，就可还原成正确的数码 0110011。

知识链接

在海明码中有一个基本概念，那就是“海明距离”。这个概念需要通过以下知识来理解。

通常一帧包括 m 个数据（报文）位和 r 个冗余位或者校验位。设整个长度为 n（即 $n=m+r$），则此长度为 n 的单元通常被称为 n 位码字（Codeword）。

给出任意两个码字（如 10001001 和 10110001），可以确定它们有多少个对应位不同（如在此例中有 3 位不同）。为了确定有多少位不同，只需对两个码字做异或（XOR）运算，然后计算结果中 1 的个数。计算方法如下：

```
     10001001
XOR  10110001
     00111000
```

两个码字中不同位的个数，称为海明距离（Hamming Distance）。其重要性在于：假如两个码字具有海明距离 d，则需要 d 个 1 位差错才能将其中一个码字转换成另一个。

一种编码的校验和纠错能力取决于它的海明距离。为检测出 d 比特错误，需要使用一个距离为 $d+1$ 的编码方案，因为在这样的编码方案中，d 个 1 位错误不可能将一个有效的码字转变成另一个有效的码字。当接收方看到无效的码字时，它就能明白发生传输错误。同样，为了纠正 d 比特错误，必须使用距离为 $2d+1$ 的编码方案，因为在这样的编码方案中，合法码字之间的距离足够远，即使发生了 d 位变化，这个发生了变化的码字仍然比其他码字都接近原始码字。作为纠错码的一个简单例子，考虑以下只有 4 个有效码字的代码：

0000000000　0000011111　1111100000　1111111111

以上编码的距离为 5，也就是说，它能纠正双比特错误。假如码字 0000000111 到达后，接收方知道原始码字应该为 0000011111。但是，如果出现了 3 位错，而将 0000000000 变成了 0000000111，则差错将不能正确地纠正。

差错控制使用最广泛的方法是反馈重发纠错，发送端计算检错码并随同信息一起发送，接收端按同样方式计算，发现错误后反馈给发送端，发送端重发信息。计算机网络中，常用的差错校验有奇偶校验、循环冗余校验及校验和等，它们使用不同的检错码，其中，循环冗余校验是数据链路层经常采用的技术。

4.4　流量控制功能

当接收到数据后，接收器往往要进行某些处理，还要把数据送给高层，所以产生数据的接收端往往比发送端速率低的现象。如果此时不对发送方的发送速率（即链路上的信息流量）做适当的限制，就可能出现接收端的数据帧“溢出”，前面来不及接收的帧将被后面不断发送来的帧“淹没”，从而造成帧的丢失而出错。所以，对发送端数据的发送速率进行适当的控制是必需的，使发送速率不致超过接收方的速率。在数据链路层中，停止—等待协议、滑动窗口机制就是常用的流量控制方法。

其实，流量控制并不是数据链路层特有的功能，许多高层协议（如传输层协议）中也提供流量控制功能，只不过流量控制的对象不同而已。例如，对于数据链路层来说，控制的是相邻两结点之间数据链路上的流量;而对于传输层来说,控制的则是从源到最终目的之间端对端的流量。

4.4.1 停止—等待协议

4.4.1

实用的数据链路层协议应考虑到:传输数据的信道不是可靠的(即不能保证所传的数据不产生差错),并且需要对数据的发送端进行流量控制。

停止—等待协议的思想是:在传输过程中不出差错的情况下,接收方在收到一个正确的数据帧后即交付给主机B,同时向主机A发送一个确认帧ACK。当主机A收到确认帧ACK后才能发送一个新的数据帧,这样就实现了接收方对发送方的流量控制。

现在假定数据帧在传输过程中出现了差错。由于通常都在数据帧中加上了循环冗余校验CRC,所以结点B很容易检验出收到的数据帧是否会有差错。当发现差错时,结点B就向主机A发送一个否认帧NAK,以表示主机A应当重发出现差错的那个数据帧。如多次出现差错,就要多次重发数据帧,直至收到结点B发来的确认帧ACK为止。为此,在发送端必须暂时保存已发送过的数据帧的副本。当通信质量太差时,主机A在重发一定的次数后即不再进行重发,而是将此情况向上一层报告。

有时链路上的干扰很严重,或由于其他一些原因,结点B收不到结点A发来的数据帧,这种情况称为帧丢失。发送帧丢失时,结点B当然不会向结点A发送任何应答帧。如果结点A要等到结点B的应答信息后再发送下一个数据帧,那么将永远等待下去,于是就出现了死锁现象。

同理,若结点B发过来的应答帧丢失,也会出现这种死锁现象。要解决死锁问题,可在结点A发送完一个数据帧时就启动一个超时定时器。若在超时定时器所设置的定时时间t内仍收不到结点B的任何应答帧,则结点A就重传前面所发送的这一数据帧。显然,超时定时器设置的定时时间应仔细选择确定。若定时时间选得太短,则还没有收到应答帧就重发了数据帧;若定时时间选得太长,则要白白浪费许多时间。一般可将定时时间选为略大于从发完数据帧到收到应答帧所需的平均时间。

然而问题并没有完全解决。如果丢失的是应答帧,超时重发将使主机B收到两个同样的数据帧。由于主机B无法识别重复的数据帧,因而在主机B收到的数据中出现了另一种差错——重复帧。要解决重复帧的问题,就必须使每一个数据帧都带上不同的发送序号。每发送一个新的数据帧,就把它的发送序号加1。若结点B收到发送序号相同的数据帧,就表明出现了重复帧。结点B应当丢弃这个重复帧,并向结点A发送一个确认帧ACK,因为结点B已经知道结点A还没有收到上一次发过去的确认帧ACK(有可能此确认帧在传输过程中出错)。

任何一个编号系统的序号所占用的比特数一定是有限的。因此,经过一段时间后序号就会重复。例如,当发送序号占3比特时,共有8个不同的发送序号,从000到111。当数据帧的发送序号为111时,下一个发送序号就又是000。因此要进行编号,就要考虑序号到底要占用多少比特。序号占用的比特数越少,数据传输的额外开销就越小。对于停止等待协议,由于每发送一个数据帧就停止等待,因此用一比特来编号就够了。这样,数据帧中的发送序号[以后记为N(S),S表示发送]就以0和1交替的方式出现在数据帧中。每发一个新的数据帧,发送序号就和上次发送的不一样。用这样的方法就可以使接收方能够区分开新的数据帧和重发的数据帧了。

4.4.2 滑动窗口协议

4.4.2

在前面的方案中，为了使接收方能及时处理发送方发来的数据，需要停止发送来进行等待，这样就会使得信道的利用率大打折扣。其实还可以进一步提高信道的有效利用率，使发送方不用等待确认帧返回就可连续发送若干帧。当然，这其中又会带来许多问题，如由于允许连续发送多个未被确认的帧，帧号就需要采用多位二进制数才能加以区分；又因为凡被发出去但尚未被确认的帧都可能出错或丢失而被要求重发，所以这些帧都需要保留下来，形成一个“重发表”。

1. 窗口协议简介

以上种种问题均要求发送方（注意不是“接收方”）有较大的发送缓冲区保留可能要求重发的未被确认的帧，但是发送方的缓冲区容量总是有限的。为此，可引入类似于空闲重发请求(RQ)控制方案的调整措施，使发送方在收到某确定帧之前，对发送方可继续发送的帧数目加以限制。这是由发送方调整保留在重发表中的待确认帧的数目来实现的。如果接收方来不及对收到的帧进行处理，便停发确认信息，此时发送方的重发表就会增长，当达到重发表限度时，发送方就不再发送新帧，直至再次收到确认信息为止。为了实现此方案，发送方存放待确认帧的重发表中应设置待确认帧数目的最大限度，这一限度被称为链路的“发送窗口”(Sending Window)。这种重发机制就是著名的“窗口机制”。

滑动窗口协议属于异步双工传输模式。该协议的指导思想为：发送的信息帧都有一个序号，从0到某个最大值，即 $0 \sim 2^n - 1$，一般用 n 个二进制位表示；发送端始终保持一个已发送但尚未确认的帧的序号表，称为发送窗口。发送窗口的上界表示要发送的下一个帧的序号，下界表示未得到确认的帧的最小编号。发送窗口大小＝上界－下界，大小可变。

滑动窗口协议的要点是：任何时刻发送进程要维护一组帧序号，对应于一组已经发送但尚未被确认的帧，这些帧称为落在发送窗口内；类似地，接收进程也要维护一组帧序号，对应于一组允许接收的帧，这些帧称为落在接收窗口内。

发送窗口中的序号代表已发送但尚未确认的帧，其中，窗口下沿代表最早发送但至今尚未确认的帧。当发送窗口尚未达到最大值时，可以从网络层接收一个新的分组，然后将窗口上沿加1，并将新的上沿序号分配给新的帧；当收到对窗口下沿帧的确认时，窗口下沿加1。由于每一个帧都有可能传输出错，所以发送窗口中的帧都必须保留在缓冲区里以备重传，直至收到确认为止。当发送窗口达到最大值时，停止从网络层接收数据，直到有一个缓冲区空出来为止。

接收窗口中的序号代表允许接收的帧，任何落在窗口外的帧都被丢弃，落在窗口内的帧存放到缓冲区里。当收到窗口下沿帧时，将其交给网络层，并产生一个确认，然后窗口整体向前移动一个位置。和发送窗口不同，接收窗口的大小是不变的，总是保持初始时的大小。接收窗口大小为1，意味着数据链路层只能顺序接收数据，当接收窗口大于1时不是这样的，但无论如何，数据链路层都必须按顺序将数据递交给网络层。

2. 主要的滑动窗口协议

滑动窗口协议主要有以下三种。

1) 一位滑动窗口协议

一位滑动窗口协议(One Bit Sliding Window Protocol)的特点为：窗口大小 $N=1$，发送序号和接收序号的取值范围是0,1；可进行数据双向传输，信息帧中可含有确认信息(Piggybacking 技术);信息帧中包括两个序号域,即发送序号和接收序号(已经正确收到的帧的序号)。

该协议存在的问题是:能保证无差错传输,但是基于停止—等待方式;若双方同时开始发送,则会有一半重复帧;效率低,传输时间长。

2) 退后 N 帧协议

退后 N 帧协议(A Protocol Using Go Back n)的特点为:为提高传输效率而设计;接收方从出错帧起丢弃所有后继帧;接收窗口为 1。

该协议存在的问题是:对于出错率较高的信道,浪费带宽。

3) 选择重传协议

选择重传协议(A Protocol Using Selective Repeat)的特点为:在不可靠信道上有效传输时,不会因重传而浪费信道资源;接收窗口大于 1,先暂存出错帧的后继帧;只重传坏帧;对最高序号的帧进行确认;接收窗口较大时,需较大缓冲区。

【例 4-4】 在数据链路层中,滑动窗口起到的作用是(　　)。

A. 差错控制　　B. 流量控制　　C. 超时控制　　D. 以上都不是

解: 此题考查的是滑动窗口的作用,应为流量控制,因此答案为 B。

4.4.3 窗口协议机制

4.4.3

窗口协议的本质就是在任何时刻,发送方总是维持着一组序列号,分别对应于它所允许的发送帧。类似地,在接收方也维持着这样一个“接收窗口”(Receiving Window),对应于一组允许它接收的帧。发送方的窗口和接收方的窗口不必有相同的上、下限,也不必有同样的大小。显然,如果窗口设置为 1,即发送方缓冲能力仅为一个帧,则传输控制方案就相当于空闲重发请求(RQ)方案,此时传输效率很低。故窗口限度应选为使接收方尽量能处理或接受收到的所有帧。当然,选择时还必须考虑诸如帧的最大长度、可使用的缓存空间及传输速率等因素。

注意: 重发表是一个连续序号的列表,对应发送方已发送但尚未确认的那些帧。这些帧的序号有一个最大值,这个最大值即发送窗口的限度。所谓发送窗口,是指发送方已发送但尚未确认的帧序号队列的界限,其上、下界分别称为发送窗口的上、下沿,上、下沿的间距称为窗口尺寸。类似地,接收方也有接收窗口,它表示允许接收的帧的序号。因为在数据传送过程进行时,打开的窗口(包括发送窗口和接收窗口)位置一直在滑动,所以也称为滑动窗口(Slidding Window)。

发送方每次发送一帧后,待确认帧的数目便增加 1,每收到一个确认信息后,待确认帧的数目便减少 1。当重发表长度计数值,即待确认帧的数目等于发送窗口尺寸时,便停止发送新的帧。一般帧号是用有限位二进制数来表示的,到一定时间后就会反复循环。如果帧号是用 3 位二进制数表示,则帧号在 0~7 循环,即最多可保存 8 个帧,窗口大小就是 8。如果发送窗口尺寸取值为 2,则发送过程如图 4-7 所示。图中发送方阴影部分表示打开的发送窗口,接收方阴影部分则表示打开的接收窗口。具体流程如下。

(1) 在①位置表示初始状态,发送方准备发送数据帧,而接收窗口中已有一个 0 号数据帧。

(2) 在②位置,发送方发送了 0 号帧,在发送窗口保留 0 号帧。

(3) 在③位置,发送方继续发送 1 号帧。因为此时发送方还没有收到接收方的确认帧,所以在发送窗口保留了两个帧,达到了窗口大小,不能继续发送数据帧。

(4) 在④位置,接收方收到了发送方发来的 0 号帧,此时原来保存的 0 号帧已处理,窗口

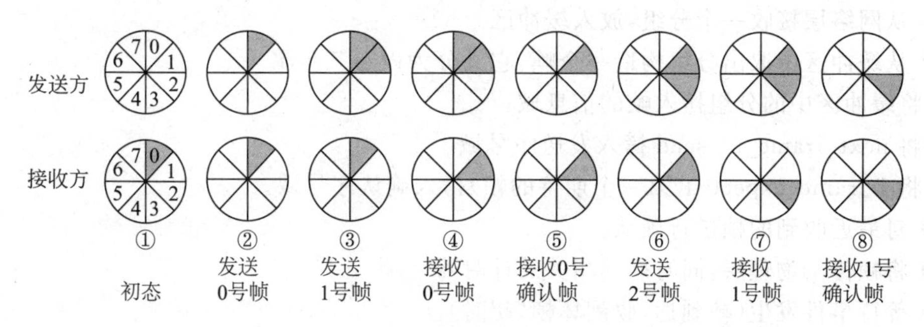

图 4-7 窗口机制工作原理示例

滑动到1号。但还没有向发送方发送0号确认帧，所以发送窗口仍有两个帧保留，不能继续发送数据帧。

(5) 在⑤位置，发送方收到了接收方发来的0号数据帧的确认帧，所以发送窗口清除保留的0号帧，只保留1号窗格中的1号帧。

(6) 在⑥位置，发送方又可继续发送2号帧，当然此时的2号帧又将保留在发送窗口的2号窗格中，发送窗口又达到窗口大小2，停止发送。

(7) 在⑦位置，接收方接收到发送方发来的1号帧，放在接收窗口的2号窗格中(此时原来的0号帧已处理，所以接收窗口仍只有一个保留帧)。

(8) 在⑧位置，发送方收到接收方发来的1号确认帧，在发送窗口中清除了原来保留的1号帧，只保留⑥位置发送的2号帧，可继续发送，后面的过程就是按照以上规律循环进行的。

注意：一般来说，凡是在一定范围内到达的帧，即使它们不按顺序，接收方也要接收下来。若把这个范围看成是接收窗口，则接收窗口的大小也应该是大于1的。而前面介绍的退后N帧协议正是接收窗口等于1的一个特例，选择重传协议也可以看作是一种滑动窗口协议，只不过其发送窗口和接收窗口都大于1。若从滑动窗口的观点来统一看待一位滑动窗口协议、退后N帧协议及选择重传协议，它们的差别仅在于各自窗口尺寸的大小不同。

(1) 一位滑动窗口协议：发送窗口=1，接收窗口=1。

(2) 退后N帧协议：发送窗口>1，接收窗口=1。

(3) 选择重传协议：发送窗口>1，接收窗口>1。

1. 一位滑动窗口协议

在数据传输过程中，大多数的通信都是双向的。当双方都有数据发送时，将确认序号携带在数据帧中传输可以减少开销，这种方法称为捎带应答(Piggybacking)。捎带应答带来的一个问题是：当需要发送确认时，没有要发送的数据帧怎么办？可以让确认信息推迟一点时间再发送，如果仍然没有数据帧要发送，再用一个单独的帧进行确认。本节将要介绍的三个协议都是用于双向数据传输的协议，且都属于滑动窗口协议，但它们的效率、复杂度及对内存的需求都不相同。

一位滑动窗口协议使用停止—等待方式，所以只需要1比特长的帧序号。由于支持双向传输，所以每个协议实体需要同时完成发送和接收两个功能，过程如下。

(1) 初始化发送序号和期待接收的帧序号：next_frame_to_send=0，frame_expected=0 (next_frame_to_send 指明发送方正在发送的那一帧，而 frame_expected 则指明了接收方正在等待的那一帧，在一位滑动窗口协议中，这两个值只能是0或者1)。

(2) 从网络层接收一个分组,放入缓冲区。

(3) 从缓冲区中取出分组构造一个帧,它又分为以下三步骤。

① 将缓冲区中的分组拷入帧的信息域。

② 将 next_frame_to_send 拷入发送序号域。

③ 将 1-frame_expected(第一个期待的帧)拷入确认序号域。

(4) 对最近收到的帧进行确认。

(5) 将帧传给物理层,同时启动相关的计时器。

(6) 等待事件发生(帧到达,收到坏帧,超时)。

(7) 如果发生的事件为帧到达,则从物理层接收一个帧,首先检查帧的 seq 域,若正是期待接收的帧(seq=frame_expected),则将帧中携带的分组交给网络层,frame_expected 加 1;然后检查帧的 ack 域,若正是等待确认的帧(ack=next_frame_to_send),终止相关的计时器,从网络层接收一个新的分组放入缓冲区,next_frame_to_send 加 1,继续执行下一步。如果发生的是其他事件(收到坏帧,超时),则也继续进行下一步。

(8) 用缓冲区中的数据分组、next_frame_to_send 和 1-frame_expected 构造一个帧,传给物理层,同时也启动计时器,返回到步骤(6)。以后就重复执行这样的循环。

在这种一位滑动窗口协议中,正常情况下,发送方和接收方是交替发送的;但当发送方和接收方同时向对方发送或超时设置得太短时,会造成不必要的重发,但协议也能够正常运行。

2. 退后 N 帧协议的窗口机制

我们一直假定信号的传播延迟可以忽略不计,但事实上有些时候是不能忽略的,例如在卫星信道上,如果信道的数据传输速率为 k b/s,帧的长度为 1 bit,信号的来回延迟为 R 秒,则线路的效率为 $1/(1+k\times R)$。如果在等待确认时多发送一些帧,就可以提高线路的效率,事实上允许发送窗口包含多个未被确认的帧,这种技术称为管道化(Pipelining)。当信号传播延迟远大于帧的传输时间时,适合采用这种技术。

当管道化技术建立在不可靠的信道上时会有一些问题。例如,位于帧流中的某个帧已丢失或损坏,而在发送进程发现出错前,大量的后继帧会到达接收方;或者当一个坏帧到达接收方时,显然会被接收方丢弃,这些又如何处理呢?

有两种基本的方法来处理以上问题:第一种方法为退后 N 帧协议,接收进程丢弃所有的后继帧,并且不通知发送进程。该策略对应接收窗口为 1 的情况,即只能按顺序接收帧,当发送进程超时后,必须按顺序重传所有未被确认的帧。如果错误率高,这种方法会浪费很多带宽,但对内存需求不大。第二种方法为选择重传协议(对应接收窗口大于 1 的情况),只要是落入接收窗口且校验正确的帧,都要接收下来放到缓冲区里,这样当发送进程意识到某个帧出错时,只是重传此帧而不是所有的后继帧。选择重传通常使用 NAK 对校验出错或疑为丢失的帧进行确认,以便发送进程尽快重传该帧。如果第二次重传成功,接收方的数据链路层中会有许多按顺序排列的正确帧,这些帧可以一起交给网络层,并只对最高序号的帧进行确认。当窗口很大时,这种方法需要大量的数据链路层内存,但它不浪费带宽。

退后 N 帧协议的过程如下。

(1) 初始化。开网络层允许;ack_expected=0(此时处于发送窗口的下沿);next_frame_to_send=0,frame_expected=0(初始化正在发送的帧和期待的帧序号);nbuffered=0(进行发送窗口大小初始化)。

(2) 等待事件发生(网络层准备好,帧到达,收到坏帧,超时)。

(3) 如果事件为网络层准备好，则执行以下步骤。从网络层接收一个分组，放入相应的缓冲区；发送窗口大小加1；使用缓冲区中的数据分组、next_frame_to_send 和 frame_expected 构造帧，继续发送；next_frame_to_send 加1；跳转步骤(7)。

(4) 如果事件为帧到达，则从物理层接收一个帧，执行以下步骤。首先检查帧的 seq 域，若正是期待接收的帧(seq=frame_expected)，将帧中携带的分组交给网络层，frame_expected 加1；然后检查帧的 ack 域，若 ack 落于发送窗口内，表明该序号及其之前所有序号的帧均已正确收到，因此终止这些帧的计时器，修改发送窗口大小及发送窗口下沿值，将这些帧去掉，继续执行步骤(7)。

(5) 如果事件是收到坏帧，继续执行步骤(7)。

(6) 如果事件是超时，即 next_frame_to_send=ack_expected，从发生超时的帧开始重新发送窗口内的所有帧，然后继续执行步骤(7)。

(7) 若发送窗口大小小于所允许的最大值(MAX-SEQ)，则可继续向网络层发送，否则暂停继续向网络层发送，同时返回步骤(2)等待。

注意：在这个协议中有一个问题，没有考虑到当某个方向上没有数据要发送时，要对收到的帧进行单独确认。在收到期待的帧后应该启动一个 ACK 超时计时器，当发生超时事件时，判断哪个计时器超时，若是 ACK 计时器超时，应该单独发送一个确认帧。而当发送了一个数据包时，应将被捎带确认的帧的 ACK 计时器终止。另外，在使用退后 N 帧协议时，发送窗口的大小不能超过 2^n-1。

3. 选择重传协议的窗口机制

在该协议中，发送方的窗口大小从0开始增长到某个预定的最大值，而接收方的窗口总是保持固定大小，并等于该最大值。接收窗口内的每个序号都有一个缓冲区，并有一位指示缓冲区是空还是满。当一个帧到达时，只要其序号落在接收窗口内，且此前并未收到过(相应缓冲区为空)，就接收此帧，并存于相应的缓冲区中；仅当序号比它小的所有帧都已递交给网络层时，此帧才会被提交给网络层。使用选择重传协议，发送窗口的大小不能超过 2^{n-1}。

具体的选择重传过程如下。

(1) 初始化：类似于退后 N 帧协议的初始化，但增加了与接收窗口相关的内容，如设定接收窗口的大小、清空缓冲区满标志等。

(2) 等待事件发生(帧到达，收到坏帧，数据帧超时，网络层准备好，ACK 超时)。

(3) 如果发生的事件为网络层准备好，则从网络层接收一个分组，组帧发送，修改相关参数，与退后 N 帧协议的处理方法相同，继续执行步骤(6)。

(4) 如果事件为帧到达，则从物理层接收一个帧，若为数据帧，且不是期待接收、未发送过 NAK(不应答)的帧，则发送一个 NAK 帧，要求重发指定序号的帧(Frame_expected)；否则启动 ACK 计时器；若收到的帧落在接收窗口内，且此前未收到过，则放入相应缓冲区并设置缓冲区满标志；若接收窗口下沿帧已经到达，则从该帧开始将连续的若干个帧交给网络层，并修改相应参数(缓冲区满标志，接收窗口范围)，启动 ACK 计时器。

若为 NAK 帧，且请求重发的帧落在当前的发送窗口内，则重发这个帧。若从发送窗口下沿开始连续的若干个帧已被确认，则终止这些帧的计时器，修改发送窗口大小及发送窗口下沿值，将这些帧去掉；继续执行下一步。

(5) 如果发生的事件为收到坏帧，则在尚未发送过 NAK 时，发送一个 NAK，继续执行步骤(6)；如果发生的事件为超时(数据帧超时)，重发超时的帧，也继续执行步骤(6)；如果事件为

ACK 超时,为指定的帧发送单独的确认帧,同样继续执行步骤(6)。

(6) 若发送窗口大小小于所允许的最大值(NR_BUFS),则允许继续向网络层发送帧,否则暂停向网络层继续发送帧,返回到步骤(2),继续等待。

【例 4-5】 若数据链路的帧序号占用 2bit,则发送方的最大窗口应为( )。

A. 2 B. 3 C. 4 D. 5

解:此题考查的是发送窗口的约束条件。发送方窗口最大不能超过 2^n-1。所以答案为 B。

【例 4-6】 接收窗口和发送窗口都等于 1 的协议是( )。

A. 停止—等待协议 B. 连续 ARQ 协议

C. PPP 协议 D. 选择重传 ARQ 协议

解:此题考查的也是发送窗口的约束条件。当接收窗口和发送窗口都为 1 时,滑动窗口协议与停止—等待协议是相同的。因此答案为 A。

4.5 数据链路层协议实例

除了计算机网络的 OSI 体系结构具有数据链路层外,在计算机局域网和广域网中也具有相应的数据链路层。由此可见,数据链路层是比较基础的一个结构层次。本节介绍计算机局域网和广域网中的数据链路层主要协议。

局域网是一个计算机通信网。所谓通信网,是指这种网络的服务是在这些通信设备之间传送数据。所以它的协议应该包括物理层、数据链路层和网络层。但局域网的拓扑结构绝大多数均是总线型、环状的,它们都属于共享信道,故路径选择的功能可以大大简化,所以可以不单独设置网络层,而将其排序、流量控制及差错控制等功能放在数据链路层中实现,因而数据链路层在局域网中显得尤为重要。

4.5.1 媒体访问控制及 MAC 地址

4.5.1

在局域网中,为了使数据链路层不过于复杂,在 IEEE 802 网络规范中,OSI 参考模型的数据链路控制(Data Link Control,DLC)层被分为两个子层:逻辑链路控制(Logical Link Control,LLC)子层和媒体访问控制(Media Access Control,MAC)子层。LLC 和 MAC 提供了相当于 OSI 数据链路层的功能。

LLC 能向高层提供无应答的无连接服务和面向连接的服务。无连接的服务即数据报服务,它支持一点、多点和广播式服务。数据报服务要使用源与目的地址字段,发送数据报的站点必须指定所发送的目的地址,使该帧能正确地递交到目的地。还要给出源地址,以便接收者知道它接收的帧是从何处来的。面向连接的服务即虚电路服务,它在服务访问点之间提供虚电路方式的连接,提供流量控制、顺序与错误恢复功能。此外,LLC 还可提供多路复用功能,即单条物理链路连接各个站至局域网。

MAC 子层有两个任务:数据成帧和解帧,包括寻址和错误检测;介质的管理,包括介质分配(避免碰撞)和竞争裁决(碰撞处理)。

MAC 子层直接作为网络媒体的接口。MAC 子层利用 MAC 地址识别物理设备。而对于遵循 IEEE 802 标准的网络,其结点地址被称为数据链路控制地址。

在遵循 IEEE 802 标准的局域网中,MAC 地址是为网络设备(如计算机或交换机)的

Adaptor 提供的唯一硬件号码。在以太局域网中，MAC 地址称为 Ethernet 地址。MAC 地址通常表示为 12 个 16 进制数(48 位)，格式通常采用以下其中一种：MM：MM：MM：SS：SS：SS 或 MM-MM-MM-SS-SS-SS。

IP 寻址在网络层实现(第三层)，而 MAC 寻址在数据链路层(第二层)实现。MAC 地址也被称为硬件地址或物理地址。通过 MAC 地址，可以唯一识别局域网中网络设备的 Adapter。通常 MAC 地址是固定不变的，并且无论网络设备安装于何处，总与之相连。而 IP 地址是随着网络设备位置的改变而改变的，但也有时候会给网络设备分配一个动态 IP 地址。

IP 网络支持设备 IP 地址及其 MAC 地址间的映射。地址解析协议(ARP)主要负责该映射过程并用于维持最新的 ARP 缓存器。通过动态主机配置协议(DHCP)，计算机可以直接加入基于 IP 的网络中，而不需要提供预置 IP 地址，一般而言，设备的 IP 地址唯一分配取决于 MAC 地址。

所有常用的网络操作系统都包含应用软件，以帮助用户查找(或改变)MAC 地址设置。表 4-2 列出了查找计算机 MAC 地址的几种方法。

表 4-2 常见系统中的 MAC 地址查找方法

操 作 系 统	方 法
Windows 95	Winipcfg
Windows NT	Ipconfig/All
Linux 和 UNIX	Ifconfig-A
Macintosh with Open Transport	TCP/IP Control Panel-Info or User Mode/Advanced
Macintosh with MacTCP	TCP/IP Control Panel-Ethernet Icon

4.5.2 Internet 的数据链路层协议

4.5.2

用户接入 Internet 的一般方法有两种：一种是用户使用拨号电话线接入 Internet；另一种是使用专线接入。不管用哪一种方法，在传送数据时都需要有数据链路层的协议。在 Internet 中使用得最为广泛的协议是 SLIP 和 PPP。

Internet 服务提供商(Internet Service Provider，ISP)是一个能够提供用户拨号入网的经营机构。ISP 拥有路由器，一般都用专线与 Internet 相连。用户在某一个 ISP 缴费注册后，即可用家中的电话线通过调制解调器接入该 ISP。ISP 分配给该用户一个临时的 IP 地址，因而用户可以像 Internet 上的主机一样使用网上所提供的服务。当用户结束通信时，ISP 将其用过的 IP 地址收回，以便下次再分配给新拨号入网的其他用户。

当用户拨通 ISP 时，用户 PC 机中使用 TCP/IP 的客户进程就和 ISP 路由器中的选路进程建立了一个 TCP/IP 连接。用户正是通过这个连接与 Internet 通信。在用户与 ISP 之间的链路上使用最多的协议就是 SLIP 和 PPP。

1. 串行线路网际协议

串行线路网际协议(Serial Line Internet Protocol，SLIP)用于运行 TCP/IP 协议的面向字符的点对点串行连接，早在 1984 年就已经开始使用。SLIP 通常专门用于串行连接，有时候也用于拨号，使用的线路传输速率一般介于 1200b/s 和 19.2kb/s 之间。SLIP 允许主机和路由器混合连接通信(主机—主机、主机—路由器、路由器—路由器都是 SLIP 网络通用的配置)，因而非常有用。

SLIP 只是一个包组帧协议,仅仅定义了在串行线路上将数据包封装成帧的一系列字符。它没有提供寻址、包类型标识、错误检查/修正或者压缩机制。

SLIP 定义了两个特殊字符:END 和 ESC。END 是八进制数 300(十进制数 192),ESC 是八进制数 333(十进制数 219)。在发送分组时,SLIP 主机只是简单地发送分组数据。如果数据中有一字节与 END 字符的编码相同,就连续传输两字节 ESC 和八进制数 334(十进制数 220)。如果与 ESC 字符相同,就连续传输两字节 ESC 和八进制数 335(十进制数 221)。当分组的最后一个字节发出后,再传送一个 END 字符。

因为没有标准的 SLIP 规范,也就没有 SLIP 分组最大长度的实际定义。可能最好是接收 Berkeley UNIX SLIP 驱动程序使用的最大分组长度:1006 字节,其中包括 IP 头和传输协议头(但不含分帧字符)。压缩串行线路 IP(CSLIP)在传送出的 IP 分组上执行 Van Jacobson 头部压缩。这个压缩过程显著提高了交互式会话吞吐量。如今,点对点协议(PPP)广泛替代了 SLIP,因为它有更多特性且更灵活。

SLIP 的缺点如下。

(1) SLIP 没有差错检测的功能。如果一个 SLIP 帧在传输中出了差错,就只能靠高层来进行纠正。

(2) 通信的每一方必须事先知道对方的 IP 地址,这对拨号入网的用户是很不方便的。

(3) SLIP 仅支持 IP,而不支持其他的协议。

(4) SLIP 并未成为 Internet 的标准协议。因此目前存在着多种互不兼容的版本,影响了不同网络的互联。

(5) SLIP 主要用于低速(不超过 19.2kb/s)的交互性业务。为了提高数据传输的效率,又提出了一种 CSLIP(Compressed SLIP),即压缩的 SLIP。它可将 40 字节的额外开销(即 20 字节的 TCP 首部和 20 字节的 IP 首部)压缩到 3 或 5 字节。压缩基于这样的考虑:在一连串的分组中,一定会有很多的首部字段是相同的。如某一段和前一个分组中的相应字段是一样的,就可不发送这个字段。如这一字段与前一个分组中的相应字段不同,就可只发送改变的部分。CSLIP 大大地改善了交互响应的时间。

2. 点对点协议

为了改进 SLIP,人们制定了点对点协议(Point-to-Point Protocol,PPP),它有以下三个部分。

(1) 一个将 IP 数据报封装到串行链路的方法。PPP 既支持异步链路(无奇偶校验的 8bit 数据),也支持面向比特的同步链路。

(2) 一个用来建立、配置和测试数据链路连接的链路控制协议(Link Control Protocol,LCP),通信的双方可协商一些选项。

(3) 一套网络控制协议(Network Control Protocol,NCP),支持不同的网络层协议,如 IP、OSI 的网络层、DEC net 及 AppleTalk 等。

为了建立点对点链路通信,PPP 链路的每一端必须首先发送 LCP 包,以便设定和测试数据链路。在链路建立 LCP 所需的可选功能被选定之后,PPP 必须发送 NCP 包,以便选择和设定一个或更多的网络层协议。一旦每个被选择的网络层协议都被设定好,来自每个网络层协议的数据包就能在链路上发送了。

PPP 的帧格式如图 4-8 所示。标志字段 F 为 0x7E,但地址字段 A 和控制字段 C 都是固定不变的,分别为 0xFF 和 0x03。PPP 不是面向比特的,因而所有 PPP 帧的长度都是整数字节。链路将保持通信设定不变，直到有 LCP 和 NCP 数据包关闭链路，或者发生一些外部事件的时候（如休止状态的定时器期满，或者网络管理员干涉）。

8	16	24	40	Variable	16～32bits	8
Flag	Address	Control	Protocol	Information	FCS	Flag

图 4-8　PPP 的帧格式

Flag：标志字段，表示帧的起始或结束，由二进制序列 01111110 构成。

Address：地址字段，包括二进制序列 11111111、标准广播地址（注意，PPP 通信不分配个人站地址）。

Control：控制字段，为二进制序列 00000011，要求用户数据传输采用无序帧。

Protocol：协议字段，识别帧中 Information 字段封装的协议。

Information：信息字段，任意长度，包含 Protocol 字段中指定的协议数据报。

FCS：帧校验序列字段，通常为 16 位（1 字节长）。PPP 的执行可以通过预先协议采用 32 位 FCS 来提高差错检测效果。

知识链接

随着宽带网络技术的不断发展，以 xDSL、CableModem 和以太网为主的几种主流宽带接入技术的应用已开展的如火如荼。同时这也给各大网络运营商们带来了种种困惑，无论使用哪种接入技术，对于他们而言，可盼和可求的是如何有效地管理用户，如何从网络的投资中收取回报，因此对于各种宽带接入技术的收费问题就变得更加敏感。在传统的以太网模型中，不存在所谓的用户计费的概念，要么用户能设置/获取 IP 地址上网，要么用户就无法上网。IETF 的工程师们秉承窄带拨号上网的运营思路（使用 NAS 设备终结用户的 PPP 数据包），制定出了在以太网上传送 PPP 数据包的协议（Point To Point Protocol Over Ethernet），这个协议出台后，各网络设备制造商也相继推出自己品牌的宽带接入服务器（BAS），它不仅能支持 PPPOE 协议数据报文的终结，而且能支持其他许多协议。如华为公司的 MA5200（小 BAS）和 ISN8850（大 BAS）。

PPPOE 协议提供了在广播式的网络（如以太网）中多台主机连接到远端访问集中器（目前能完成上述功能的设备为宽带接入服务器）上的一种标准。在这种网络模型中，不难看出，所有用户的主机都需要能独立地初始化自己的 PPP 协议栈，而且通过 PPP 本身所具有的一些特点，能实现在广播式网络上对用户进行计费和管理。为了能在广播式的网络上建立、维持各主机与访问集中器之间点对点的关系，就需要每个主机与访问集中器之间能建立唯一的点到点的会话。

PPPOE 协议共包括两个阶段，即 PPPOE 的发现阶段（PPPOE Discovery Stage）和 PPPOE 的会话阶段（PPPOE Session Stage）。本书中更注重的是 PPPOE 发现阶段的介绍，因为对于 PPPOE 的会话阶段，可以看成和 PPP 的会话过程是一样的（可直接参照 PPP 协议培训教材），而两者的主要区别在于，只是在 PPP 的数据报文前封装了 PPPOE 的报文头。无论是哪一个阶段的数据报文，最终都会被封装成以太网的帧进行传送。

当一个主机希望能够开始一个 PPPOE 会话时，首先会在广播式的网络（协议中是这样说的，但在实际应用中，可能还要跨越多点访问的网络，如 ATM 等，从而就形成了 PPPOEOA 的数据包）上寻找一个访问集中器，当然可能网络上会存在多个访问集中器，对于主机而言，则会根据各访问集中器所能提供的服务或用户预先的一些配置来进行相应的选择。当主机选择完所需要的访问集中器后,就开始和访问集中器建立一个 PPPOE 会话进程。在这个过程中,访问集中器会为每一个 PPPOE 会话分配一个唯一的进程 ID,会话建立起来后,就开始了 PPPOE 的会话阶段,在这个阶段中,已建立好点对点连接的双方(这种点对点的结构与 PPP 不一样,它是一种逻辑上的点对点关系)就采用 PPP 来交换数据报文,从而完成一系列 PPP 的过程,最终将在这点对点的逻辑通道上进行网络层数据报的传送。

4.6 数据链路层设备

4.6.1

4.6.1 网桥

网桥一般是指用以连接在数据链路层以上具有相同协议的网络的软件和硬件。网桥工作在 OSI 参考模型的第二层,即介质访问控制(MAC)子层。因此,网桥用于有条件同构型局域网之间的连接(即第三～七层使用相同或兼容协议),不能用来连接异构型的网段。也就是说,网桥能够实现两个在物理层或数据链路层使用不同协议的网络间的连接,例如,可以连接使用不同传输介质和不同介质访问控制协议的两个网络。

1. 网桥的功能

网桥将一个局域网段与另一个局域网段连接起来。它可以判断一段信号是正确的,还是发生了冲突的,或者是受到干扰的、错误的信号。如果是错误的信号,则丢弃。同时它可以判断帧的数据结构,判断帧的源地址和目的地址,进行地址识别。一个网段中的广播帧如果和其他网段中的计算机无关,网桥是不会让其通过的。

网桥的工作包括以下几个操作方法。

(1) 缓存:网桥首先会对收到的数据帧进行缓存并处理。

(2) 过滤:判断入帧的目标结点是否位于发送这个帧的网段中,如果是,网桥就不把帧转发到网桥的其他端口。

(3) 转发:如果帧的目标结点位于另一个网络,网桥就将帧发往正确的网段。

(4) 学习:每当帧经过网桥时,网桥首先在网桥表中查找帧的源 MAC 地址,如果该地址不在网桥表中,则将该 MAC 地址及其所对应的网桥端口信息加入。

(5) 扩散:如果在表中找不到目标地址,则按扩散的办法将该数据发送给予该网桥连接的除发送该数据的网段外的所有网段。

2. 网桥的工作原理

从硬件方面来看,网桥实际上可以看作一台专用的计算机,它具有 CPU、存储器和至少两个网络接口。通过这两个接口就可以连接两个网段,实现网段扩展。如图 4-9 所示是采用两个网桥连接的三个网段。

从连接方面来看,网桥类似于中继器,连接两个局域网段,但它们的实质是不同的。使用中继器时,要求在同一网络的各段上不能使用不同的介质访问控制方法,即它们的 MAC 协议是相同的;而使用网桥连接两个局域网时,可以使用不同的介质访问控制方法,具体原理如图 4-10 所示。

从数据转发方面来看,网间通信通过网桥传送,而网络内部的通信被网桥隔离。具体过程如下。

Bridge1
Bridge2
LAN1
LAN2
LAN3

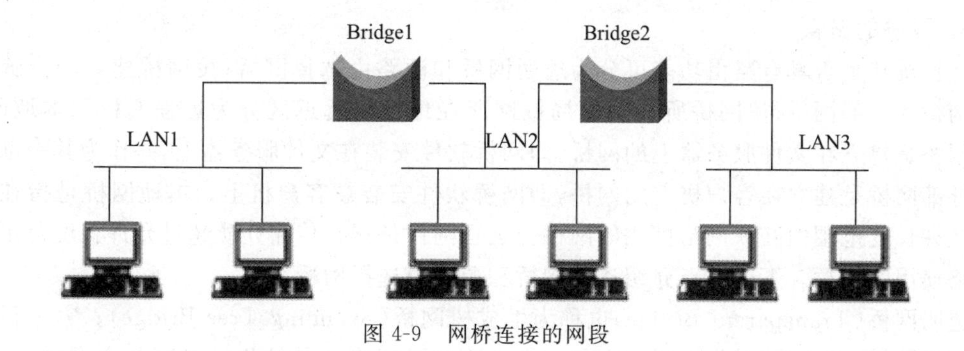

图 4-9 网桥连接的网段

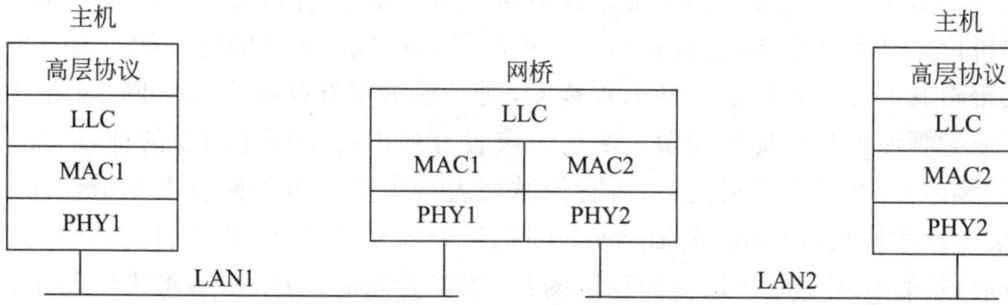

主机
高层协议
LLC
MAC1
PHY1
网桥
LLC
MAC1
MAC2
PHY1
PHY2
主机
高层协议
LLC
MAC2
PHY2
LAN1
LAN2

图 4-10 网桥的工作原理

(1) 当网桥收到网络中的帧后，网桥会把帧中的源 MAC 地址和目的 MAC 地址与网桥缓存中保存的 MAC 地址表进行比较。

(2) 最初，网桥的缓存中是没有任何 MAC 地址的，所以一开始它也不知道哪台主机在哪个物理网段上，收到的所有帧都直接以泛洪方式转发到另一个端口上，同时会把数据帧中的源 MAC 地址所对应的物理网段记录下来(其实就是与对应的网桥端口对应起来)。

(3) 在数据帧被某个 PC 机接收后，网桥也会把目的 MAC 地址所对应的物理网段记录在缓存中的 MAC 表中。经过多次这样的记录，就可以在 MAC 地址表中把整个网络中各主机的 MAC 地址与对应的物理网段全部记录下来。因为网桥的端口通常是连接集线器的，所以一个网桥端口会与多个主机 MAC 地址进行映射。

(4) 当网桥收到的数据帧中源 MAC 地址和目的 MAC 地址都在网桥 MAC 地址表中可以找到时，网桥会比较这两个 MAC 地址是否属于同一个物理网段。如果是同一个物理网段，则网桥不会把该帧转发到下一个端口，直接丢弃，起到冲突域隔离作用。相反，如果两个 MAC 地址不在同一个物理网段，则网桥会把从一个物理网段发来的帧转发到另一个物理网段上，然后通过所连接的集线器进行复制方式的广播。

3. 网桥的特性

(1) 网桥通过对不需要传递的数据进行过滤来实现对网络间的通信分段。

(2) 网桥可以连接两个使用不同传输介质，但介质访问控制方式相似的网络。当然，特殊的网桥(转换桥)可以连接不同类型的网络。

(3) 网桥在将两个或多个微机局域网连接成一个大的网络时分解了网络的流量，提高了整体效率。但是，网桥没有路径选择的能力，在存在多个路径时，网桥只使用某一固定的路径。

(4) 网桥连接两个网络时，要求被连接的网络在数据链路层以上的各层(第三～七层)采用相同或相兼容的协议。

4. 网桥的分类

网桥按其是否具有路由功能可分为透明网桥和源路由选择网桥;按网桥建立的位置分为内部网桥和外部网桥;按网桥所连接的局域网所在地域的远近区分为远程网桥和本地网桥。内部网桥是建立在文件服务器上的网桥,即网桥软件安装在文件服务器上,并作为其一部分运行。外部网桥是建立在客户机上的网桥,即网桥软件安装在客户机上。本地网桥是指在传输介质允许长度范围内互联网络使用的网桥。远程网桥是指在传输介质超过允许长度范围时互连网络使用的网桥。下面重点介绍透明网桥和源路由选择网桥。

透明网桥(Transparent Bridge)也称为生成树网桥(Spanning Tree Bridge)。它是目前使用最多的网桥。"透明"是指局域网上的站点并不知道所发送的帧将经过哪几个网桥,因为网桥对各站来说是看不见的。透明网桥是一种即插即用设备,其标准是 IEEE 802.1D。

透明网桥以混杂方式工作,它接收与之连接的所有局域网传送的每一帧。当一帧到达时,网桥必须决定将其丢弃还是转发。如果要转发,则必须决定发往哪个局域网。这需要通过查询网桥中地址数据库的目的地址而做出决定。该表可列出每个可能的目的地,以及它属于的输出线路(局域网)。在插入网桥之初,所有的散列表均为空。由于网桥不知道任何目的地的位置,因而采用扩散算法(Flooding Algorithm)把每个到来的、目的地不明的帧输出到连在此网桥的所有局域网中(除了发送该帧的局域网)。随着时间的推移,网桥将了解每个目的地的位置。一旦知道了目的地位置,发往该处的帧就只放到适当的局域网上,而不再散发。

透明网桥采用的算法是逆向学习法(Backward Learning)。由于网桥按混杂的方式工作,故它能看见所连接的任一局域网上传送的帧。查看源地址即可知道在哪个局域网上可访问哪台机器,于是在散列表中添上一项。

当计算机和网桥加电、断电或迁移时,网络的拓扑结构会随之改变。为了处理动态拓扑问题,每当增加散列表项时,均在该项中注明帧的到达时间。每当目的地已在表中的帧到达时,将以当前时间更新该项。这样,根据表中每项的时间即可知道该机器最后帧到来的时间。

网桥中有一个进程定期地扫描散列表,清除时间早于当前时间若干分钟的全部表项。于是,如果从局域网上取下一台计算机,并在别处重新连到局域网上,那么在几分钟内,它即可重新开始正常工作而无须人工干预。这个算法同时也意味着,如果机器在几分钟内无动作,那么发给它的帧将不得不散发,一直到它自己发送出一帧为止。

到达帧的路由选择过程取决于发送的局域网(源局域网)和目的地所在的局域网(目的局域网)。如果源局域网和目的局域网相同,则丢弃该帧。如果源局域网和目的局域网不同,则转发该帧。如果目的局域网未知,则进行扩散。

为了提高可靠性,在局域网之间可以设置并行的两个或多个网桥,但是,这种配置可能在拓扑结构中产生回路,可能引发无限循环。这个问题的解决方法是采用生成树算法,生成树算法能在有物理回路的网络中生成一棵没有逻辑回路的生成树,但并不能保证其中的路径是最优的。

透明网桥的最大优点就是即插即用,一接上就能工作。但是,网络资源的利用不充分。使用透明网桥时,不需要改动硬件和软件,也无须设置地址开关及装入路由表或参数,而只需插入电缆。

源路由选择网桥工作在数据链路层的 MAC 子层,常用于连接令牌环网或 FDDI 网的网段。所谓"源路由",是指信源站在向信宿站发送信息时,信源站发送的帧中包含了所有要经过的中间网桥的路径信息系列。每个中间网桥信息由此网桥的令牌环号和网桥号组成,帧中间的一串相连的令牌环号和网桥号对系列即构成了信源站到信宿站的路径。

源路由选择网桥路由选择的核心思想是，假定每个帧的发送者都知道接收者是否在同一局域网上。当发送一帧到另外的局域网时，源机器将目的地址的高位设置成 1 作为标记。另外，它还在帧头加进此帧应走的实际路径。

源路由选择网桥只关心那些目的地址高位为 1 的帧，当见到这样的帧时，它扫描帧头中的路由，寻找发来此帧的那个局域网的编号。如果发来此帧的那个局域网编号后跟的是本网桥的编号，则将此帧转发到路由表中自己后面的那个局域网。如果该局域网编号后跟的不是本网桥，则不转发此帧。

源路由选择的前提是局域网中的每台机器都知道所有其他机器的最佳路径。如何得到这些路由是源路由选择算法的重要部分。获取路由算法的基本思想是：如果不知道目的地址，源机器就发布一个广播帧，询问它在哪里。每个网桥都转发该查找帧（discovery frame），这样该帧就可到达所连的每一个局域网。当答复回来时，途经的网桥将它们自己的标识记录在答复帧中，于是，广播帧的发送者就可以得到确切的路由，并可从中选取最佳路由。

两种网桥的比较如表 4-3 所示。

表 4-3　透明网桥和源路由选择网桥的比较

特　点	透明网桥	源路由选择网桥
失效处理	由网桥处理	由主机处理
配置方式	自动	手工
连接方式	无连接	面向连接
定位	逆向学习	发现帧
透明性	完全透明	不透明
路由	次优化	优化
复杂性	在网桥中	在主机中

4.6.2　交换机

4.6.2

交换机相当于多端口的网桥，因此，人们又把交换机称为“网络开关”，在组建网络时，主要用它连接集线器、服务器、多媒体工作站；或者用它来连接分散的主干网等，需要独立和专有带宽的场合。

由于它工作在数据链路层，因此也被称为二层设备；另外，有些交换机还具有第三层的部分功能。二层交换机具备网桥的功能，即可以过滤以太网的数据帧，由于它不向其他子网转发属于本子网内的数据帧，而只转发需要转发的数据帧，因此可以显著提高网络的传输带宽。

1. 交换机的功能

二层交换机是交换式局域网的主要设备，顾名思义，其主要功能为数据交换，从这方面来看，交换机有以下三个功能。

（1）地址学习功能：以太网交换机了解每一端口相连设备的 MAC 地址，并将地址同相应的端口映射起来存放在交换机缓存中的 MAC 地址表中。

（2）过滤转发：当一个数据帧的目的地址在 MAC 地址表中有映射时，它被转发到连接目的结点的端口而不是所有端口(如该数据帧为广播/组播帧,则转发至所有端口)。

(3) 消除回路:当交换机包括一个冗余回路时,以太网交换机通过生成树协议避免回路的产生,同时允许存在后备路径。

从网络连接的角度来看,交换机除了能够连接同种类型的网络之外,还可以在不同类型的网络(如以太网和快速以太网)之间起到互连作用。如今,许多交换机都能够提供支持快速以太网或FDDI等的高速连接端口,用于连接网络中的其他交换机或者为带宽占用量大的关键服务器提供附加带宽。

一般来说,交换机的每个端口都用来连接一个独立的网段,但是有时为了提供更快的接入速度,可以把一些重要的网络计算机直接连接到交换机的端口上。这样,网络的关键服务器和重要用户就拥有更快的接入速度,支持更大的信息流量,从而增加传输带宽,降低网络传输的延迟。

另外,交换机还具备了一些新的功能,如对虚拟局域网的支持、对链路汇聚的支持,甚至有的还具有防火墙的功能。

2. 交换机的工作原理

交换机拥有一条很高带宽的背部总线和内部交换矩阵。交换机的所有端口都挂接在这条背部总线上,控制电路收到数据包以后,处理端口会查找内存中的地址对照表以确定目的MAC地址(网卡的硬件地址)的NIC(网卡)挂接在哪个端口上,通过内部交换矩阵迅速将数据包传送到目的端口,目的MAC地址若不存在,则广播到所有的端口,接收端口回应后,交换机会“学习”新的地址,并把它加入内部MAC地址表中。

使用交换机也可以把网络“分段”,通过对照MAC地址表,交换机只允许必要的网络流量通过交换机。通过交换机的过滤和转发,可以有效地减少冲突域,但它不能划分网络层广播(即广播域)。

交换机在同一时刻可进行多个端口对之间的数据传输。每一端口都可视为独立的网段,连接在其上的网络设备独自享有全部的带宽,无须同其他设备竞争使用。当结点A向结点D发送数据时,结点B可同时向结点C发送数据,而且这两个传输都享有网络的全部带宽,都有着自己的虚拟连接。假如这里使用的是10Mb/s的以太网交换机,那么该交换机这时的总流通量就等于2×10Mb/s=20Mb/s,而使用10Mb/s的共享式HUB时,一个HUB的总流通量也不会超出10Mb/s。总之,交换机是一种基于MAC地址识别,能完成封装转发数据包功能的网络设备。交换机可以“学习”MAC地址,并把其存放在内部地址表中,通过在数据帧的始发者和目标接收者之间建立临时的交换路径,使数据帧直接由源地址到达目的地址。

3. 交换机的特性

(1) 交换机的每个端口都具有桥接功能,可以互联一个局域网或一台高性能计算机。所有端口由专用处理器进行控制,并经过控制管理总线转发信息。中高档交换机可以用专门的网管软件进行集中管理。

(2) 可将每个端口所互联的网络工作站分割为独立的局域网(虚拟局域网)。

(3) 每个端口都与大带宽的背板连通,从而为每个端口提供专用的带宽。

(4) 流量控制(网桥无流量控制能力)。

(5) 采用专用集成电路(ASIC)处理器完成高速交换。

4. 交换机的分类

根据不同的标准，可以对交换机进行不同的分类。不同种类的交换机，其功能特点和应用范围也有所不同，应当根据具体的网络环境和实际需求进行选择。

按照网络覆盖范围划分，可将交换机分为广域网交换机和局域网交换机。广域网交换机主要应用于电信城域网互联、互联网接入等领域的广域网中，提供通信用的基础平台。局域网交换机就是我们常见的交换机，也是我们学习的重点。局域网交换机应用于局域网络，用于连接终端设备，如服务器、工作站、集线器、路由器、网络打印机等网络设备，提供高速独立通信通道。

按照传输介质和传输速率划分，可将局域网交换机分为以太网交换机、快速以太网交换机、千兆(G 位)以太网交换机、万兆(10G 位)以太网交换机、FDDI 交换机、ATM 交换机和令牌环交换机等。

按照应用层次划分，可将交换机分为企业级交换机、校园网交换机、部门级交换机、工作组交换机和桌面型交换机五种。

按照交换机的结构划分，可将交换机分为独立式交换机和模块化交换机。其实还有一种是两者兼顾，那就是在独立式交换机的基础上再配备一定的扩展插槽或模块。图 4-11 所示为一款 16 端口的独立式交换机，图 4-12 所示为模块化交换机。

图 4-11 独立式交换机

图 4-12 模块化交换机

按照交换机工作的协议层划分，可将交换机分为第二层交换机、第三层交换机和第四层交换机。工作的层次越高，说明其设备的技术性越高，性能也越好，档次也就越高。

按照是否支持网管功能划分，可将交换机分为网管型交换机和非网管型交换机。网管型交换机采用嵌入式远程监视(RMON)标准用于跟踪流量和会话，对决定网络中的瓶颈和阻塞点是很有效的。

另外，按照交换机部署的位置划分，可将交换机分为接入层交换机、汇聚层交换机和核心层交换机。

5. 交换机的工作方式

交换机在传送源端口和目的端口的数据包时通常采用直通式、存储转发式和碎片隔离式三种数据包交换方式。目前，存储转发式是交换机的主流交换方式。

直通式的以太网交换机可以理解为在各端口间是纵横交叉的线路矩阵电话交换机。它在输入端口检测到一个数据包时，检查该包的包头，获取包的目的地址，启动内部的动态查找表转换成相应的输出端口，在输入与输出交叉处接通，把数据包直通到相应的端口，实现交换功能。由于不需要存储，延迟非常小、交换非常快，这是它的优点。它的缺点是，因为数据包内容并没有被以太网交换机保存下来，所以无法检查所传送的数据包是否有误，不能提供错误检测能力。由于没有缓存，不能将具有不同速率的输入/输出端口直接接通，而且容易丢包。

存储转发式是计算机网络领域应用最为广泛的方式。它把输入端口的数据包先存储起来,然后进行循环冗余码校验(CRC)检查,在对错误包进行处理后才取出数据包的目的地址,通过查找表转换成输出端口送出包。正因如此,存储转发式在数据处理时延时大,但是它可以对进入交换机的数据包进行错误检测,有效地改善网络性能。尤其重要的是,它可以支持不同速率的端口间的转换,保持高速端口与低速端口间的协同工作。

碎片隔离(Fragment Free)是介于前两者之间的一种解决方案。它检查数据包的长度是否够64B,如果小于64B,说明是假包,则丢弃该包;如果大于64B,则发送该包。这种方式也不提供数据校验。它的数据处理速度比存储转发式快,但比直通式慢。

4.7 小型案例实训

案例:交换机基本使用

1. 实验目的

(1) 掌握交换机命令行各种操作模式的使用。

(2) 掌握交换机的基本配置命令。

2. 实验设备及环境

(1) 二层交换机:1 台。

(2) PC:1 台。

3. 拓扑结构

交换机连接示意图如图 4-13 所示。

4. 实训步骤

(1) 按照图 4-13 所示的连接示意图将交换机和 PC 机连接起来。

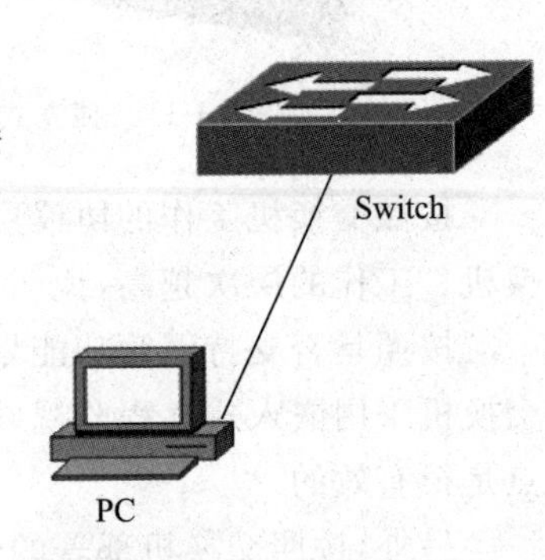

图 4-13 交换机连接示意图

(2) 为 PC 机配置 IP 地址,具体配置如下。

① IP 地址:192.168.1.1。

② 子网掩码:255.255.255.0。

③ 网关:192.168.1.254。

(3) 登录交换机并实现各个模式操作的切换。

```
<Huawei>system-view ! 进入特权模式
Enter system view, return user view with Ctrl + Z.
[Huawei]interface GigabitEthernet 0/0/1
[Huawei-GigabitEthernet0/0/1]          ! 进入交换机 G0/0/1 的接口模式
[Huawei-GigabitEthernet0/0/1]quit      ! 退回到上一级操作模式
[Huawei]quit
<Huawei>
```

(4) 交换机命令行界面常用命令。

① 帮助信息。

```
[Huawei]?                              ! 显示当前模式下所有可执行的命令
System view commands:
```

```
aaa                          AAA
acl                          Specify ACL configuration information
alarm                        Enter the alarm view
anti-attack                  Specify anti-attack configurations
application-apperceive       Set application-apperceive information
arp                          ARP module
arp-miss                     Specify ARP MISS configuration information
arp-suppress                 Specify arp suppress configuration information,
                             default is disabled
authentication               Authentication
autoconfig                   AutoConfig configuration information
bfd                          Bidirectional Forwarding Detection
bgp                          Border Gateway Protocol(BGP)
bootrom                      BootRom
bpdu                         BPDU message
btv                          Btv view
bulk-file                    Specify the file name of bulk statistics
bulk-stat                    Set bulk statistics
capture-packet               Capture-packet
ccc                          Circuit cross connection
cfm                          Connectivity fault management
clear                        Cancel current configuration
cluster                      Specify the information for cluster configuration
command-privilege            Specify the command level
[Huawei]co?                  ！显示当前模式下所有以 co 开头的命令
command-privilege            configuration
configuration-occupied
[Huawei]disp?                ！显示 show 命令后可执行的参数
```

② 命令的缩写。

```
<Huawei>system-view          ！代表 system-view
[Huawei]disp  cur            ！代表 display current-configuration
```

③ 命令的自动补齐。

```
<Huawei>sys                  ！按下 Tab 键自动补齐 system-view
```

命令的快捷键

```
[Huawei-GigabitEthernet0/0/1] #  ^z   ！按 Ctrl+Z 组合键退回到用户模式
<Huawei>
```

④ 交换机 ping 命令使用。

```
[Huawei]ping 192.168.1.1
  PING 192.168.1.1: 56  data bytes, press CTRL_C to break
    Request time out
    Request time out
```

```
    Request time out

  --- 192.168.1.1 ping statistics ---
    3 packet(s)transmitted
    0 packet(s)received
    100.00 % packet loss
[Huawei]
.^C                                    ! 按 Ctrl + C 键退回到特权模式
Switch#
```

注意:在交换机特权模式下执行 ping 192.168.1.1 命令,发现不能 ping 通目标地址,交换机默认情况下需要发送 5 个数据包,如不想等到 5 个数据包均不能 ping 通目标地址的反馈出现,可在数据包未发出 5 个之前按 Ctrl+C 组合键终止当前操作,另外,从对话框模式配置交换机界面按 Ctrl+C 组合键可回到命令行配置界面。

⑤ 配置交换机的名称。

```
[Huawei]sysname SW1 ! 配置交换机设备名称 SW1
[SW1]
```

⑥ 在交换机上配置管理 IP 地址。

```
[SW1]interface vlan 1
[SW1-Vlanif1]ip add 192.168.1.254 24
[SW1-Vlanif1]
Dec 18 2021 12:11:15-08:00 SW1 DS/4/DATASYNC_CFGCHANGE:OID 1.3.6.1.4.1.2011.5.25
.191.3.1 configurations have been changed. The current change number is 5, the c
hange loop count is 0, and the maximum number of records is 4095.
```

⑦ 验证测试:验证交换机管理 IP 地址已经配置和开启。

```
[SW1]display ip interface vlan 1
Vlanif1 current state : UP                    ! 查看 VLAN1 接口状态
Line protocol current state : UP
The Maximum Transmit Unit : 1500 bytes
input packets : 0, bytes : 0, multicasts : 0
output packets : 0, bytes : 0, multicasts : 0
Directed-broadcast packets:
received packets:            0, sent packets:          0
forwarded packets:           0, dropped packets:         0
Internet Address is 192.168.1.254/24
Broadcast address : 192.168.1.255
TTL being 1 packet number:        0
TTL invalid packet number:        0
ICMP packet input number:         0
```

⑧ 此时再用 ping 192.168.1.1 命令测试,应该是可以 ping 通的。

注意:配置完管理接口后,可进一步配置远程登录密码和特权密码,从而可以实现以 telnet 方式或 Web 等带内方式远程管理交换机，本实验不进行进一步配置，有兴趣的读者可以参考教材相关知识。

查看交换机系统版本和配置信息。

```
[SW1]display version                      ! 查看交换机的系统版本信息
[SW1]disp mac-address                     ! 查看所有的 MAC 地址表项
[SW1]disp current-configuration           ! 查看交换机的配置信息
```

⑨ 保存配置。

```
<SW1>save
The current configuration will be written to the device.
Are you sure to continue? [Y/N] y
Now saving the current configuration to the slot 0.
Dec 18 2021 16:34:27-08:00 SW1 %%01CFM/4/SAVE(l)[3]:The user chose Y when deciding whether to
save the configuration to the device.
Save the configuration successfully.
```

(5) 配置交换机接口。

具体命令如下：

```
[Quidway-Ethernet1/0/1]duplex {half|full }                      ! 配置端口工作状态
[Quidway-Ethernet1/0/1]speed {10|100|1000|auto}                 ! 配置端口工作速率
[Quidway-Ethernet1/0/1]port link-type {trunk|access|hybrid}     ! 设置端口工作模式
[Quidway-Ethernet1/0/1]undo shutdown                            ! 激活端口
[Quidway-Ethernet1/0/2]quit                                     ! 退出系统视图
```

4.8　本章小结

本章主要介绍 OSI 参考模型的第二层——数据链路层。主要内容是与数据链路层相关功能的实现技术和协议，如数据链路层的帧同步技术、差错控制技术、流量控制技术等。要求读者在了解数据链路层作用的基础上，掌握数据链路层成帧的方法、差错控制及流量控制的方法，熟悉 Internet 中数据链路层的协议及其工作原理，并在此基础上掌握数据链路层设备的工作原理和使用方法。其中，数据链路层的流量控制部分是重点，也是难点。

4.9　本章习题

一、选择题

1. 若数据链路的帧序号占用 2bit，则发送方最大窗口应为(　　)。

A. 2　　B. 3　　C. 4　　D. 5

2. 接收窗口和发送窗口都等于 1 的协议是(　　)。

A. 停止—等待协议　　B. 连续 ARQ 协议

C. PPP 协议　　D. 选择重传 ARQ 协议

3. 滑动窗口的作用是(　　)。

A. 流量控制　　B. 拥塞控制　　C. 路由控制　　D. 差错控制

4. 无论是 SLIP 还是 PPP,都是(　　)协议。

A. 物理层　　B. 数据链路层　　C. 网络层　　D. 传输层

5. 数据链路层可以通过(　　)标识不同的主机。

A. 物理地址　　B. 端口号　　C. IP 地址　　D. 逻辑地址

6. HDLC 协议的成帧方法使用(　　)。

A. 计数法　　B. 字符填充法　　C. 位填充法　　D. 物理编码违例法

二、填空题

1. 若 HDLC 帧数据段中出现比特串 11110100111110101000111111011,则比特填充后的输出为________。

2. 在 Windows NT 系统中,使用________命令,可以看到计算机的 MAC 地址。

3. 链路层向网络层提供的服务分为________、________和________三种。

4. BSC 协议中的转义字符是________。

5. HDLC 帧中用于差错校验的字段是________。

三、简答题

1. 数据链路层的主要功能有哪些?

2. 简述数据链路层帧同步的方法。

3. 画出 HDLC 协议的帧格式,并指明各部分的含义。

4. 比较 SLIP 协议和 PPP 协议。

5. 写出 BSC 协议数据块的四种格式。

第5章 局域网技术

本章要点：

(1) 局域网的特点。

(2) 局域网的参考模型。

(3) 以太网的基本技术。

(4) 交换式以太网。

(5) 高速局域网。

学习目标：

(1) 了解局域网的特点。

(2) 掌握局域网的参考模型。

(3) 掌握以太网的基本技术。

(4) 掌握交换式以太网的工作原理。

(5) 了解高速以太网。

5.1 局域网概述

5.1.1 局域网的特点

局域网最主要的特点是：网络为一个单位所有，且地理范围和站点数目均有限。在局域网刚刚出现时，局域网比广域网具有较高的数据传输速率、较低的时延和较小的误码率。但随着光纤技术在广域网中的普遍使用，现在广域网也具有很高的数据传输速率和很低的误码率。

局域网主要有以下优点。

(1) 具有广播功能，从一个站点可以很方便地访问全网。局域网上的主机可共享连接在局域网上的各种硬件和软件资源。

(2) 便于系统的扩展和逐渐演变，各设备的位置可灵活调整和改变。

(3) 提高了系统的可靠性(Reliability)、可用性(Availability)和生存性(Survivability)。

【例 5-1】 局域网的典型特性是(　　)。

A. 高数据传输速率，大范围，高误码率　　B. 高数据传输速率，小范围，低误码率

C. 低数据传输速率，小范围，低误码率　　D. 低数据传输速率，小范围，高误码率

解：此题考查的是局域网的特征，局域网比广域网具有较高的数据传输速率、较低的时延和较小的误码率。但随着光纤技术在广域网中的普遍使用，现在广域网也具有很高的数据传输速率和很低的误码率。答案为B。

5.1.2 局域网的拓扑结构及传输介质

1. 局域网的拓扑结构

局域网可按网络拓扑进行分类。图5-1(a)所示为星状网。由于集线器的出现和双绞线大量用于局域网中，星状以太网及多级星状结构的以太网获得了非常广泛的应用。图5-1(b)所示为环状网，最典型的就是令牌环状网(Token Ring)，简称令牌环。图5-1(c)所示为总线网，

各站直接连在总线上。总线两端的匹配电阻吸收在总线上传播的电磁波信号的能量,避免在总线上产生有害的电磁波反射。总线网有两种形式,一种是使用CSMA/CD协议的总线网,另一种是令牌传递总线网,即物理上是总线网而逻辑上是令牌环形网。前一种总线网现在已经演进为星状网,而后一种令牌传递总线网早已退出市场。图5-1(d)所示为树状网,它是总线网的变形,都属于广播信道的网络,但它主要用于频分复用的宽带局域网。局域网经过了三十多年的发展,尤其是在快速以太网(100Mb/s)和千兆以太网(1Gb/s)、万兆以太网(10Gb/s)进入市场后,以太网已经在局域网市场中占据了绝对优势,现在以太网几乎成了局域网的同义词,本书讨论的也都是以太网技术。

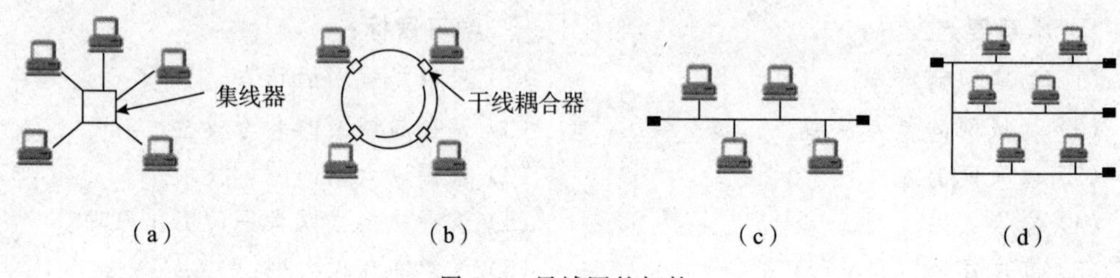

图5-1 局域网的拓扑

2. 局域网的传输介质

局域网可使用多种传输媒体。

1) 双绞线

双绞线由扭在一起的两根绝缘铜线组成。绝缘材料使两根线中的金属导体不会因为互碰而断路。双绞线通常用于传输平衡信号,即每根导线都有电流,但信号的相位差为180°。外界电磁干扰给两个信号带来的影响将相互抵销,从而使信号不至于迅速衰退。螺旋状的结构有助于抵消电流流经导线过程中可能增大的电容。

由于铜线上存在电阻,流经铜线上的信号最终会丧失能量。这意味着必须限制信号在双绞线上的传输距离。如果必须连接相距很远的两点,可以在中间插入中继器。

双绞线的模拟信号带宽可以达到250kHz。数字信号的数据传输速率随距离而变化。例如,在100m距离内,传输速率可达100Mb/s。

双绞线电缆有两种类型,即屏蔽双绞线电缆(Shielded Twisted Pair,STP)和非屏蔽双绞线电缆(Unshielded Twisted Pair,UTP)。

2) 同轴电缆

同轴电缆由四个部分构成,如图5-2所示。第一个部分在最里层,它是一根铜质或铝质的裸线。第二层是绝缘体,它包围着最里层的裸线,同时隔离着第一层(最里层)和第三层。第三

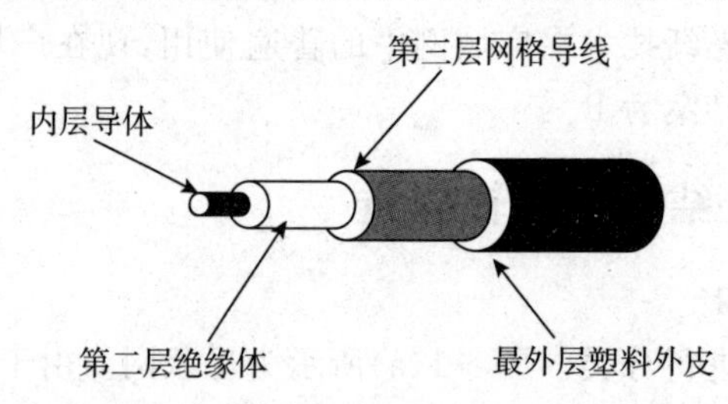

图5-2 同轴电缆

层(屏蔽层)是金属箔膜或金属网格,它可以起到屏蔽作用,保护裸线免受电磁干扰。同轴电缆最外一层是起保护作用的塑料外皮。

各种同轴电缆根据其无线电波管制(RG)级别来归类。每一种无线电波管制编号表示了一组特定的物理特性,包括内层导体的线路规格、内层绝缘体的厚度和类型、屏蔽层的组成,以及外层包装的规格和类型。

无线电波管制的每一个级别定义的电缆适用于一种特定的功能。以下是常用的几种规格。

(1) RG-8,用于粗缆以太网。

(2) RG-9,用于粗缆以太网。

(3) RG-11,用于粗缆以太网。

(4) RG-58,用于细缆以太网。

(5) RG-75,用于有线电视。

3) 光纤

光纤即光导纤维,它是一种能传播光波的介质。它由三层构成,最里层是光纤(由芯材和填充材料构成),由玻璃或塑料制成;中间层是包层,最外层是保护层,如图 5-3 所示。光信号只能在纤芯中传播。

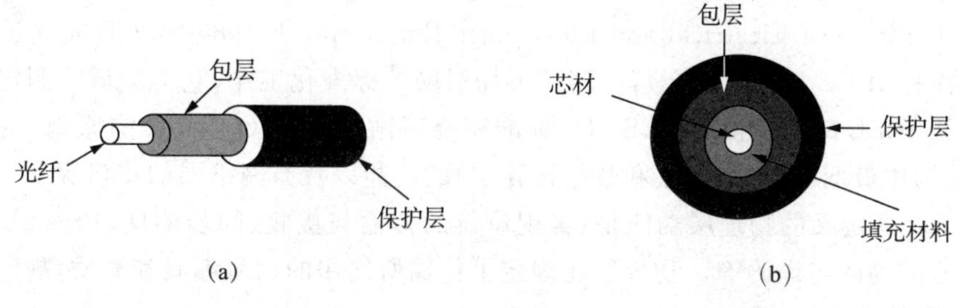

图 5-3　光纤

光纤的中心是玻璃或塑料的芯材,外面填充了密度较小的玻璃或塑料材料,两种材料的密度差异使得芯材中的光线大部分只能反射而不能折射入填充材料。信息被编码成一束以一系列开关状态来代表 0、1 的光线形式。

光纤信道有两种传播光的形式:多模传播和单模传播。在多模传播模式中,多束光线在芯材中通过不同路径传播,这样的光纤称为多模光纤。单模光纤发出的光线限制在非常接近水平的很小范围内,芯材的直径比多模光纤小得多,采用极低的折射率,使得全反射角度接近 90°,从而使得传播的光线基本是水平的。在这种情况下,不同入射角度的光线几乎同时到达目的地。

为实现数据的传输,发送方要安装光源,而接收方也要安装光敏元件(称为光电二极管),将接收的光线转变成计算机可以接受的电流信号。光源可以是一个发光二极管(LED)或是注入型激光二极管。LED 便宜一些,但它只能发射发散的光线,光线会以各种入射角度进入光纤,所以 LED 只适用于短距离传输。

激光具有高度的集中性,可以聚焦到一个很小的范围内,入射角的范围很小,所以适用于长距离传输。

光纤相对于双绞线和同轴电缆来说,具有更高的带宽,由于采用的是光信号,能很好地屏蔽电磁信号的干扰。

5.1.3 局域网参考模型

5.1.3

局域网作为通信网络不涉及第三层以上的内容。局域网的体系结构同样可以用 OSI 参考模型进行说明，主要涉及 OSI 参考模型的物理层和数据链路层，如图 5-4 所示。

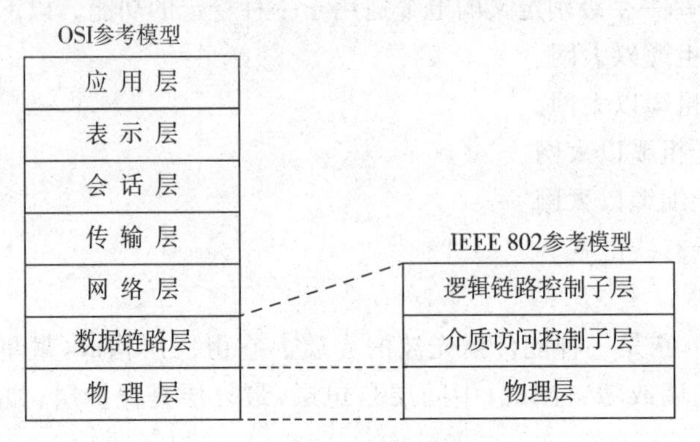

图 5-4 IEEE 802 局域网参考模型

IEEE(Institute of Electrical and Electronics Engineers)于 1980 年 2 月成立了局域网标准委员会(简称 IEEE 802 委员会)，专门从事局域网的标准化工作，它为局域网制定了一系列标准，统称为 IEEE 802 标准。IEEE 802 标准完全遵循了 ISO/OSI RM 的原则，主要描述了网络体系结构中最低两层(物理层和数据链路层)的功能以及与网络层的接口服务。

IEEE 802 所定义的物理层功能是：实现位流的传输与接收、同步前序(Preamble)的产生与删除、信号的编码与译码等。物理层还规定了传输所使用的信号编码和介质，规定了网络的拓扑结构和传输速率。

IEEE 802 标准中把数据链路层分为逻辑链路控制(Logical Link Control，LLC)和介质访问控制(Media Access Control，MAC)两个功能子层。通过将数据链路层分割为两个子层，数据链路功能中与硬件相关的部分和与硬件无关的部分被分离，从而使局域网体系结构能适应多种传输媒体，换言之，在 LLC 不变的条件下，只需要更换 MAC 子层便可适应不同的媒体和访问控制方法。

MAC 子层负责对物理媒体的使用进行控制，与接入各种传输媒体有关的问题都放在 MAC 子层。MAC 子层还负责在物理层的基础上进行无差错的通信。MAC 子层的主要功能是：将上层交下来的数据封装成帧进行发送，接收时将帧拆卸；实现和维护 MAC 协议，即控制使用网络媒体的时间和方法、处理帧的控制信息；MAC 子层要完成硬件寻址。

LLC 子层可以认为是面向数据帧的传输控制层，负责把经由物理媒体传输的数据分解合成，并对可能在传输过程中发生的各种错误进行控制。LLC 子层的主要功能是建立和释放数据链路层的逻辑连接、提供与高层的接口和差错控制。

IEEE 802 是一个标准系列，新的标准不断地增加，现有的标准如下。

(1) IEEE 802.1A——局域网体系结构。

(2) IEEE 802.1B——寻址、网络互联与网络管理。

(3) IEEE 802.2——逻辑链路控制(LLC)。

(4) IEEE 802.3——CSMA/CD 访问控制方法与物理层规范。

(5) IEEE 802.3i——10BASE-T 访问控制方法与物理层规范。

(6) IEEE 802.3u——100BASE-T 访问控制方法与物理层规范。

(7) IEEE 802.3ab——1000BASE-T 访问控制方法与物理层规范。

(8) IEEE 802.3z——1000BASE-SX 和 1000BASE-LX 访问控制方法与物理层规范。

(9) IEEE 802.3ae——定义了在光纤上传输 10G 以太网的标准。

(10) IEEE 802.4——令牌总线(Token-Bus)访问控制方法与物理层规范。

(11) IEEE 802.5——令牌环(Token Ring)访问控制方法与物理层规范。

(12) IEEE 802.6——分布式队列双总线(DQDB)访问控制方法与物理层规范。

(13) IEEE 802.7——宽带局域网访问控制方法与物理层规范。

(14) IEEE 802.8——光纤技术(FDDI)访问控制方法与物理层规范。

(15) IEEE 802.9——综合数据话音网络。

(16) IEEE 802.10——可互操作的局域网安全标准(SILS)。

(17) IEEE 802.11——无线局域网访问控制方法与物理层规范。

(18) IEEE 802.12——100VG-AnyLAN 访问控制方法与物理层规范。

(19) IEEE 802.14——协调混合光纤同轴(HFC)网络的前端和用户站点间数据通信的协议。

(20) IEEE 802.15——无线个人网技术标准,其代表技术是蓝牙(Bluetooth)。

(21) IEEE 802.16——宽带无线 MAN 标准(WiMAX)。

(22) IEEE 802.17——弹性分组环(RRR)工作组。

(23) IEEE 802.18——宽带无线局域网技术咨询组(Radio Regulatory)。

(24) IEEE 802.19——多重虚拟局域网共存技术咨询组。

(25) IEEE 802.20——移动宽带无线接入(MBWA)工作组。

(26) IEEE 802.21——媒体无关切换(MIH)。

目前,IEEE 802 委员会下属的活跃工作组只有 8 个,即 802.1、802.3、802.11、802.15、802.16、802.17、802.20、802.21,其余的都已经暂时或完全停止了活动。图 5-5 所示为 IEEE 802 各个工作组的结构图。

802.10可互操作的局域网的安全标准							
802.1体系结构、网络互连							
	802.2逻辑链路控制LLC						
	802.3 CSMA/CD MAC 物理层	802.4 令牌总线 MAC 物理层	802.5 令牌环网 MAC 物理层	802.6 城域网 MAC 物理层	802.11 无线 局域网	802.16 宽带无线 局域网	其他

图 5-5 IEEE 802 各个工作组的结构

5.1.4 信道的多路访问控制

5.1.4

广播信道可以进行一对多的通信,局域网使用的就是广播信道。信道的多路访问控制问题是数据在广播链路上传输带来的特殊问题。

多路访问与多路复用不同,多路复用是将一条信道分割成多条逻辑信道,每个用户占用一条逻辑信道,使多个用户信息在同一信道上同时传输的技术;多路访问是多个站点使用同一条信道。多路访问也称为多点共享控制技术、多点接入技术、介质共享技术,它是指在某一个时刻只允许传送一个用户数据的情况下,为解决多个用户争相使用引起的信道冲突(Collision,也称为碰撞)而采用的介质访问控制(Medium Access Control,MAC)方案。

目前有以下两种多路访问控制方式。

(1) 无竞争(受控)方式。各站点必须在某一控制原则下接入,形成一种无冲突的访问控制方式,典型代表有分散控制的令牌环局域网和集中控制的多点线路探询(Polling,也称为轮询)。

(2) 竞争(随机接入)方式。各站点以竞争方式来取得介质的使用权,所有用户可随机地发送信息,但如果恰巧有两个或更多的用户在同一时刻发送信息,那么在共享媒体上会产生碰撞,使得这些用户的发送都失败。因此,必须有解决碰撞的网络协议。

令牌传递是一种受控访问控制方法,按照网络拓扑结构可分为令牌环介质访问控制和令牌总线介质访问控制。令牌是一个具有特殊格式的帧,它一直按一个方向从一个站点到另一个站点流动。令牌有“闲”和“忙”两种状态,如果站点有数据要发送,必须等空闲令牌的到来,检测到空闲令牌到来,便将其截获并置状态为“忙”,把要传递的数据加上去,令其继续往前传送。每到一个站点,该站点的转发器便将帧内的目的地址与本站的地址进行比较,如果两地址符合,则复制该帧,并在帧中置入“已收到”标志,然后让帧继续传送,当传送回发送的源站点时,若没有检测到“已收到”标志,则继续发送当前帧,若检测到“已收到”标志,就停止传送,撤销所发送的数据帧并立即生成一个新的令牌(空闲)发送到环上。这种由发送站回收令牌的策略具有广播性,允许多个站点接受同一数据帧。令牌传送方式是一种无冲突的介质共享方式。

目前,由于受控接入在局域网中使用得很少,这里不再讨论。属于竞争方式随机接入的以太网技术将重点讨论。

5.2 以太网基本技术

以太网(Ethernet)是美国施乐(Xerox)公司的 Palo Alto 研究中心(PARC)于 1975 年研制成功的。那时,以太网是一种基带总线局域网,数据传输速率为 2.94Mb/s。以太网用无源电缆作为总线来传送数据帧,并以曾经在历史上表示传播电磁波的以太(Ether)命名。1976 年 7 月,Robert Metcalfe 和助手 David Boggs 发表了对以太网而言有里程碑意义的论文——《以太网:局域计算机网络的分布式包交换技术》。1980 年 9 月,DEC 公司、英特尔(Intel)公司和施乐(Xerox)公司联合提出了 10Mb/s 以太网规范的第一个版本 DIX V1。1982 年又修改为第二版规范(DIX Ethernet V2),成为世界上第一个局域网产品的规范。

在此基础上,IEEE 802 委员会的 802.3 工作组于 1983 年制定了第一个 IEEE 的以太网标准 IEEE 802.3,数据传输速率为 10Mb/s。802.3 局域网对以太网标准中的帧格式做了一点小的改动,同时允许基于这两种标准的硬件在同一个局域网上互操作,因此很多人把 802.3 局域网也称为以太网,本书同样不加以严格区分。

当年,在现实商业竞争的情形下,IEEE 被迫制定了几个不同的局域网标准,如 802.4、802.5 等,为了使数据链路层能更好地适应多种局域网标准,IEEE 802 委员会把局域网的数据链路层拆分成 LLC 和 MAC 两个子层,以实现不管采用哪种传输媒体及 MAC 子层的局域网,对LLC子层来说都是透明的。然而,20世纪90年代后,竞争激烈的局域网市场逐渐明朗,以太网占据了垄断地位并成为局域网的代名词。由于Internet发展很快,而TCP/IP体系经常使用的局域网只剩下DIX Ethernet V2而不是IEEE 802.3标准中的局域网,因此IEEE 802委员会制定的LLC子层的作用已经消失了,很多厂商生产的适配器上仅装有MAC协议而没有LLC协议,本章也不再介绍LLC子层。

以太网从诞生到现在,技术上不断的改进和发展,数据传输速率从10Mb/s发展到100Mb/s、1Gb/s、10Gb/s,从共享式半双工网络发展成交换式全双工网络,实现了虚拟局域网(VLAN)的划分技术。下面将从以太网基本技术开始介绍,然后说明迅速发展起来的其他技术。

5.2.1 媒体访问控制技术

5.2.1

以太网采用共享媒体方式传输数据信息,即连接在一个以太网上的所有站点(人们常把局域网上的计算机称为"主机""工作站""站点""站")使用公共的传输媒体——总线收发数据。总线的特点是:当一个站点发送数据时,总线上的所有站点都能检测到这个数据,这就意味着,在同一时刻只能有一个站点使用总线。网络上的任何站点都是独立的,不可能预知或由调度来安排自己的发送时间,每一站的发送都是随机发生的,所以网上的所有站点都在争用总线,这时就需要一种媒体访问控制技术来解决如何保证计算机使用总线传输数据帧的问题。以太网采用载波侦听多路访问/冲突检测协议,即CSMA/CD(Carrier Sense Multiple Access/Collision Detection)协议,完成站点对共享总线的访问。CSMA/CD协议由"载波侦听多路访问"和"冲突检测"两部分组成。

1. CSMA协议

在采用这种协议的局域网中,数据帧会在整个总线上传输,即以广播方式传送数据,每个连在总线上的站点都能收听到该数据帧。总线有两个状态:"空闲"和"忙"。"空闲"状态时,总线上没有站点在发送数据帧;"忙"状态时,总线上至少有一个站点在发送数据帧。每个站点在使用总线发送数据前首先侦听网络,看网络是否处于"空闲"状态,然后决定自己发送帧的时间。决定发送帧时间的算法有以下三种。

(1) 非坚持CSMA。发送帧前侦听总线是否为"空闲"状态,如果是,则发送帧;如果总线"忙",则随机等待一段时间后再侦总线是否"忙",用这种方法一直侦听到总线"空闲"状态再发送数据帧。

(2) 1—坚持CSMA。发送帧前侦听总线是否处于"忙"状态,如果是,则坚持侦听,一直到网络"空闲"为止,然后立即发送数据帧。

(3) P—坚持CSMA。发送帧前侦听网络是否处于"忙"状态,如果是,则继续侦听;否则以$P(0<P<1)$概率发送帧,以$(1-P)$概率延迟一个时间单位后继续侦听,一直到成功发送数据帧。

【例5-2】 "一旦通道空闲就发送,如果冲突,则退避,然后尝试发送",符合这种描述思想的是(　　)。

A. 非坚持CSMA　　B. 1—坚持CSMA　　C. P—坚持CSMA　　D. 0—坚持CSMA

解:此题考查的是CSMA协议发送帧时间的算法。答案为B。

2. CD协议

采用载波侦听技术并没有完全避免站点发送数据时产生冲突的可能。由于网络上站点是彼此独立的,可能出现两个或两个以上站点同时侦听总线,同时认为总线空闲的情况;也可能出现站点侦听总线,总线空闲,而事实上另外站点已经发送了数据帧,只是信号还没有传到侦听站点所在位置的情况。以上情况都可以产生数据帧的冲突。

冲突检测就是"边发送边侦听",即在站点发送数据的同时检测(侦听)信道上信号电压的变化情况,以便判断自己发送的数据是否和其他站点发送的数据发生冲突(碰撞),如果发生冲突,总线上的信号电压变化幅度会增大(互相叠加),产生严重失真,无法从中恢复出有用的信息。因此,每个正在发送数据的站点,一旦发现总线上出现了冲突,将立即停止发送数据,等待一段随机时间(二进制指数退避)后再次发送。

在以太网中,媒体访问控制采用1—坚持CSMA协议,同时又做了以下几点改进。

(1) 帧间隙时间,即帧与帧之间的发送间隔时间,以太网规定帧间隙时间为9.6μs,相当于10Mb/s网络发送96位数据的时间。网络"忙",则继续侦听,直到"忙"状态结束,再加上帧间隙时间后发送。

(2) 按后退策略延迟发送。站点检测到冲突后,如果坚持侦听到网络信道为"空闲"后立即发送帧,则必然会再一次发生冲突。为降低再次冲突的概率,站点检测到"空闲"后推迟一个随机时间后再发送。

以太网采用二进制指数退避算法决定随机时间长度。具体算法是,设定基本时间片为"冲突时间"α,检测到冲突时,取$r=1\sim2^m$内的一个随时值,$T=r\alpha$作为等待时间。M为本次发送产生冲突的次数,初始值为0,检测到冲突后加1,如果连续多次(一般为16次)仍然发生冲突,就认为此时不能发送数据帧,网络上出现错误。这种规则称为二进制指数退避。

3. 冲突时间

在一个站点发送数据后,多长时间内有可能和其他站点的数据发生冲突呢?这是冲突时间的概念。冲突时间是和网络上最远的两个站点之间的距离(即网络跨距)相关的概念,是站点开始发送数据后,数据可能发生冲突所花费时间的上限。站点发送数据超过了冲突时间,可以确定不会再发生冲突,直到发送成功,因为,网络上所有的站点都已经听到总线被人占用,而不会再发送数据了。

我们可以估算一下冲突时间。如图5-6所示,假设公共总线长度为S,A、B两个站点分别连在总线的两个端点上,这是相距最远的两个站点。S称为网络的跨距,表示网络上站点间的最大距离范围。图5-6(a)表示A站点开始发送数据帧fa,帧沿着媒体向B站点传播;图5-6(b)表示帧到B站点前一瞬间,B没有侦听到网络"忙",开始发送数据帧fb;图5-6(c)表示在B站点处两帧发生冲突,冲突信号开始向总线的两端传播,B站点可以立即检测到冲突,而A站点还需要一段的传播时延;图5-6(d)表示冲突信号传播到A站点,此时A站点的fa帧应该还在发送,因此,A站点能检测到冲突,如果A站点已经结束发送,则不能判定冲突是否与自己发送的帧fa相关。

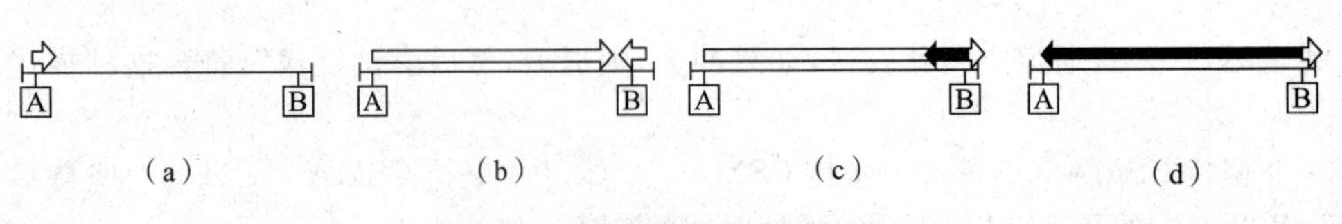

图5-6 冲突检测的时间分析

从数据帧fa发送后直到A站点能检测到冲突,这段时间间隔就是总线上站点开始发送数据帧到最后能检测到发生冲突的最长时间，即冲突时间。设帧在媒体上的传播速度为0.7C（电磁波在铜导体上的传播速度是光速的0.7倍左右，C为光速），A站点在物理层的延迟时间为Tphy，由于数据帧的发送和冲突检测需要花费两倍物理层延迟时间，因此可以用以下公式计算冲突时间α：

$$\alpha = 2S/0.7C + 2T\text{phy}$$

A站点发送帧时为了能检测到是否发生冲突，它至少要在冲突信号到达之前保持发送状态，因此要求发送帧所花费的时间必须大于冲突时间，用$L_{\min}$表示最小帧长度，网络的传输速率为R(b/s)，则

$$L_{\min}/R = \alpha \quad \text{或} \quad L_{\min} = 2R(S/0.7C + T\text{phy})$$

以太网把冲突时间定为51.2μs，在10Mb/s的发送速率下，按以上公式计算得出最小帧长度$L_{\min}$为512位，即64字节。而51.2μs也限定了网络跨距。

由于冲突只可能发生在小于或等于$L_{\min}$的范围内，因此也可以把$L_{\min}$理解为总线上传输的最大帧碎片的长度，小于此值为碎片，大于此值为有效帧。

综上所述，冲突时间是CSMA/CD机制中的一个重要参数，它在发送帧的过程中起到以下四个作用。

(1) 它是检测一次冲突所需的最长时间。

(2) 确定了帧的“最小帧长度”。

(3) 决定了在总线上出现的最大帧碎片长度。

(4) 可以作为冲突后帧要重新发送所需的时间延迟计算的基本单位。

【例5-3】 关于IEEE 802.3的CSMA/CD协议，下面结论中错误的是(　　)。

A. CSMA/CD是一种解决访问冲突的协议

B. CSMA/CD协议适用于所有802.3以太网

C. 在网络负载较小时，CSMA/CD协议的通信效率很高

D. 这种网络协议适合传输非实时数据

解：CSMA/CD是一种分解访问冲突的协议，应用在竞争发送的网络环境中，适用于传送非实时数据。在网络负载较小时，发送的速度很快，通信效率很高。在网络负载很大时，由于经常出现访问冲突，通信的效率很快就下降了。在千兆以太网中，当采用半双工传输方式时，要使用CSMA/CD协议来解决信道的争用问题。千兆以太网的全双工方式适用于交换机到交换机，或者交换机到工作站之间的点对点连接，两点间可同时进行发送与接收，不存在共享信道的争用问题，所以不需要采用CSMA/CD协议。答案为B。

4. 网络适配器及媒体访问控制(MAC)层的硬件地址

计算机与外界局域网的连接是通过网络适配器(Adapter)完成的。适配器曾经是插入主机板上的一块网络接口板（或是笔记本电脑上的一块PCMCIA卡），也称为网络接口卡（Network Interface Card，NIC），简称网卡。现在的主板上已经嵌入这种适配器而不再使用单独的网卡。适配器和局域网之间的通信通过电缆或双绞线以串行传输方式进行，而和计算机之间的通信是通过计算机主板上的I/O总线以并行方式传输。适配器上装有处理器和存储器（包括RAM和ROM）。适配器完成数据的串并行转换，完成以太网协议，把数据帧从局域网上发送出去和接收进来。

总线网络有这样的特点：当一台计算机发送数据时，总线上所有计算机都能检测到这个数据，这是广播的通信方式。但我们并不总是要在局域网上进行一对多的广播通信。为了在总

线上实现一对一的通信,可以使每一台计算机的适配器拥有一个与其他适配器都不同的地址。在发送数据帧时,在帧的首部写明接收站的地址。现在的电子技术可以很容易做到:仅当数据帧中的目的地址与适配器 ROM 中存放的地址一致时,该适配器才能接收这个数据帧。适配器会丢弃不是发送给自己的数据帧。这样,具有广播特性的总线就实现了一对一的通信。

在局域网中,适配器地址称为硬件地址、物理地址或 MAC 地址(因为这种地址用在 MAC 帧中)。IEEE 802 标准为局域网规定了一种 48 位的全球地址,是指局域网上的每一台计算机中固化在适配器的 ROM 中的地址。如果连接在局域网上的一台计算机的适配器损坏被更换了一个新的适配器,那么这个计算机的局域网"地址"也就改变了。如果计算机的位置从一个网络移动到另外的一个网络中而适配器没有变化,则硬件"地址"是不变的。由此,局域网上某个主机的"地址"不能告诉我们主机的位置,而应当是每一个主机的"名字"。如果连接在局域网上的主机或路由器安装有多个适配器,那么这样的主机或路由器就有多个"地址",更准确地说,这种 48 位的"地址"应当是某个接口的标识符。

IEEE 的注册管理机构(Registration Authority,RA)是局域网全球地址的法定管理机构,它负责分配地址字段 6 个字节中的前三个字节(即高 24 位)。世界上凡要生产局域网适配器的厂家都必须向 IEEE 购买由这三个字节构成的地址块,其正式名称是组织唯一标识符(Organizationally Unique Identifier,OUI),通常也称为公司标识(Company_id)。地址字段中的后三个字节(即低 24 位)由厂家自行指派,称为扩展标识符(Extended Identifier),只要保证生产出的适配器没有重复地址即可。应注意,24 位的 OUI 不能单独用来标志一个公司,因为一个公司可能有几个 OUI,也可能有几个小公司合起来购买一个 OUI。在生产适配器时,这种6 字节的 MAC 地址被固化在适配器的 ROM 中。因此,MAC 地址也称为硬件地址或物理地址。

IEEE 规定地址字段的第一字节的最低位为 I/G 位,表示 Individual/Group。当 I/G 位为 0 时,表示一个单个站地址;当 I/G 位为 1 时,表示组地址。IEEE 还考虑到可能有人并不愿意向 IEEE 的 RA 购买 OUI,为此,IEEE 把地址字段第一字节的最低第二位规定为 G/L 位,表示 Global/Local。当 G/L 位为 1 时,是全球管理(保证在全球没有相同的地址),厂商向 IEEE 购买的 OUI 都属于全球管理;当 G/L 位为 0 时,是本地管理,这时用户可任意分配网络上的地址。以太网几乎不使用这个 G/L 位。这样,在全球管理时,对每一个站点的地址可用 46 位的二进制数字来表示(最低位为 0 和最低第二位为 1)。剩下的 46 位组成的地址空间可以有 2^{46} 个地址,已经超过 70 万亿个,可以保证世界上的每一个适配器都有一个唯一的地址。

5.2.2 数据链路和帧

5.2.2

以太网是广播信道的数据链路层技术。广播信道上连接的主机很多,我们使用 CSMA/CD 共享信道协议来协调这些主机的数据发送。

1. 链路与数据链路

需要明确的是,"链路"和"数据链路"是不同的概念。所谓链路(Link),是指从一个结点到相邻结点的一段物理线路,中间没有任何其他的交换结点。在进行数据通信时,两个计算机之间的通信路径往往要经过许多段这样的链路,链路只是一条路径的组成部分。当需要在一条线路上传送数据时,除了必须有一条物理线路外,还必须有一些必要的通信协议来控制这些数据的传输,把实现这些协议的硬件和软件加到链路上,就构成了数据链路(Data Link)。通常使用网络适配器来实现这些协议的硬件和软件,一般的适配器都包括了数据链路层和物理层这两层的功能。

数据链路层的协议数据单元是“帧”。数据链路层把网络层交下来的数据构成帧发送到链路上，以及把接收到的帧中的数据取出并交给网络层。在 Internet 中，网络层协议单元是 IP 数据报。如图 5-7 所示的三层模型中，不管在哪一段链路上的通信（主机和主机、主机和路由器、路由器和路由器），我们都看成是结点和结点的通信。发送结点的数据链路层把网络层交下来的 IP 数据报添加首部和尾部封装成帧，用 CSMA/CD 协议确定是否可以使用信道，如果可以，则把数据帧发送给接收结点，若接收结点收到无差错的帧，则从收到的帧中提取出 IP 数据报上交给网络层，否则丢弃这个帧。

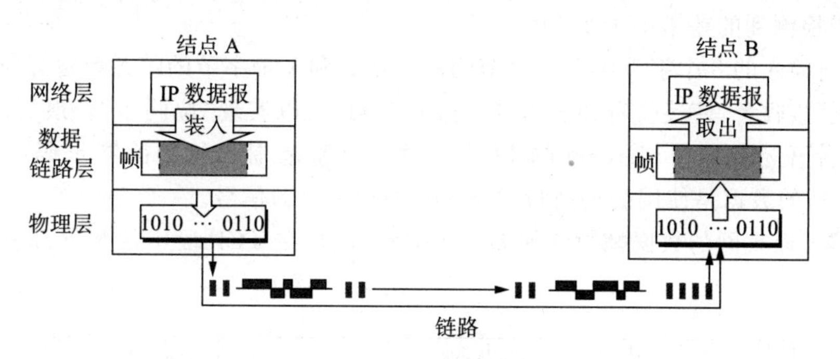

图 5-7　三层简化模型

2. 数据帧格式

常用的以太网帧格式有两种标准，一种是 DIX Ethernet V2 标准，另一种是 IEEE 的 802.3 标准。下面介绍使用最多的 DIX V2 的 MAC 帧格式，如图 5-8 所示。

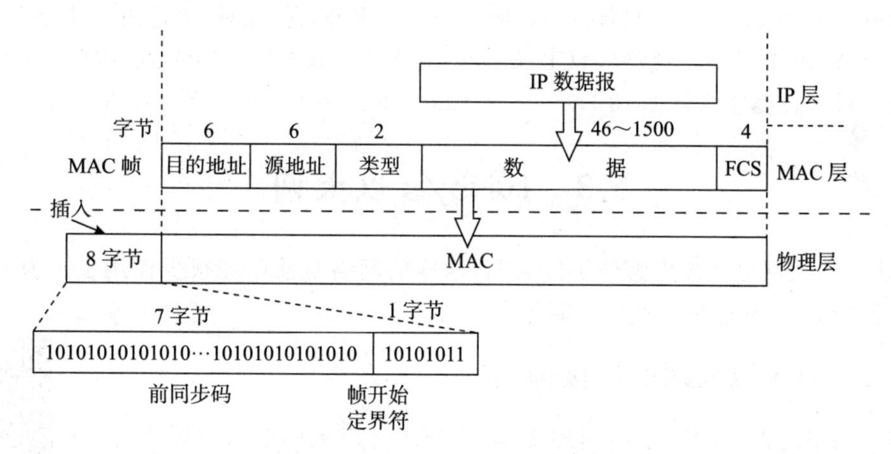

图 5-8　以太网 V2 的 MAC 帧格式

以太网 V2 的 MAC 帧由五个字段组成。第一个字段是 6 个字节长的目的地址，指接收该数据帧的主机的 MAC 地址。目的地址又可以进一步分为：单站地址，I/G 位为 0，即只有一个目的主机；组地址，I/G 位为 1，表示组内主机都将接收该数据帧；广播地址，目的地址段的所有位都为 1，表明源站发送的数据帧向局域网内的所有主机广播。

第二个字段是 6 个字节长的源地址，指发送该帧的主机的 MAC 地址。

第三个字段是 2 个字节的类型字段，用来标识上一层使用的是什么协议，以便接收方知道 MAC 帧的数据交给上层的哪一个协议。这是一个很重要的概念，例如，类型字段的值是

0x0800,表明这个数据帧中运送的是 IP 协议数据,而接收方要把 MAC 帧中的数据交给自己主机的 IP 进程处理。如果类型字段的值是 0x0806,则表明这是一个 ARP 帧。

第四个字段是数据字段,也就是 MAC 帧所要传送的数据内容。数据字段的长度约束范围 46～1500 字节。46 字节是以太网最小帧长 64 字节减去 MAC 帧首部和尾部的 18 字节得来的,1500 字节是以太网的最大传输单元(Maximum Transfer Unit,MTU),最大传输单元是每一种数据链路层协议都规定的帧的数据部分的长度上限。

最后一个字段是 4 个字节的帧检验序列(Frame Check Sequence,FCS),使用了循环冗余检验(Cyclic Redundancy Check,CRC)的检错技术。当传输媒体的误码率为 1×10^{-8} 时,MAC 可使未检测到的差错小于 1×10^{-14}。

数据帧前插入的 8 个字节由 7 个字节的前同步码和 1 个字节的帧开始定界符组成。同步码用来“唤醒”接收者,使接收者和发送者进行时钟同步,以实现“位同步”。最后一个 11 用于“提醒”接收者开始接收。MAC 帧的 FCS 字段的检验范围不包括前同步码。传统以太网(10Mb/s)发送的数据是使用曼彻斯特(Manchester)编码的信号。

【例 5-4】 以太网的数据帧封装如图 5-9 所示,包含在 TCP 段中的数据部分最长应该是(　　)字节。

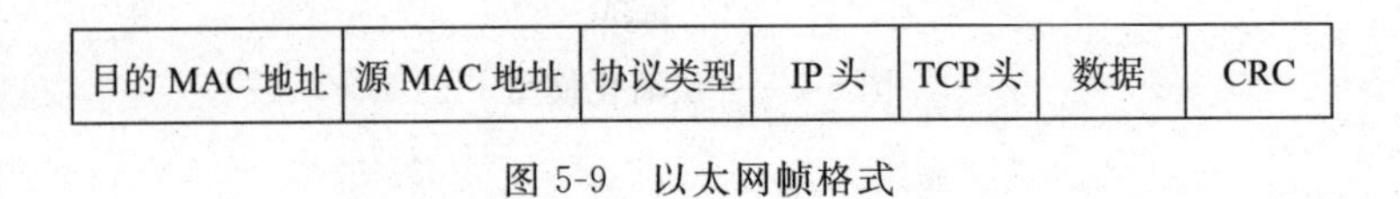

目的 MAC 地址	源 MAC 地址	协议类型	IP 头	TCP 头	数据	CRC

图 5-9　以太网帧格式

A. 1434　　　　B. 1460　　　　C. 1480　　　　D. 1500

解:在早些时候,以太网的数据帧最大长度是 1518 个字节,不包括前同步码和帧开始定界符,格式如图 5-9 所示。其中,目标 MAC 地址占 6 个字节,源 MAC 地址占 6 个字节,协议类型占 2 个字节,IP 头最小 20 字节,TCP 头最小 20 字节,CRC 占 4 个字节。因此,TCP 段中的数据部分的最大长度应该是 1518－6－6－2－20－20－4＝1460(字节)。答案为 B。

5.3　10Mb/s 以太网

10Mb/s 以太网也常被称为传统以太网,这样的网络目前已经很少使用了。为了完整地了解以太网的家族,在这里仍然给予简单的介绍。

5.3.1　10Mb/s 以太网的连接种类

5.3.1

站点与网络的连接取决于所用的媒体。10Mb/s 以太网使用的媒体有粗同轴电缆、细同轴电缆、非屏蔽双绞线、屏蔽双绞线、光纤。以太网根据物理媒体的不同可以分成几种不同的类型。IEEE 802.3 规定了几个不同的物理媒体用于物理层,并定义了相应的命名方法:

IEEE 802.3　X　TYPE-Y　NAME

其中,X 表示数据传输速率,TYPE 表示信号的传输方式,Y 表示网段长度或传输媒体的特征,NAME 是局域网的名称。例如,IEEE 802.3 10BASE-T Ethernet,10 表示传输速率为 10Mb/s,BASE 表示使用基带信号传输,T 表示支持 5 类双绞线,Ethernet 表示以太网。10Mb/s 以太网包括 10BASE-2、10BASE-5、10BASE-T、10BASE-F 等几种类型,具体针对物理层中使用的不同媒体与接口。

1. 10BASE-5 以太网

10BASE-5 以太网也称为粗缆以太网，它使用的主干电缆为 RG-8 粗同轴电缆，其特性阻抗为 50Ω。电缆和网络站点的连接组网方式如图 5-10 所示。终端器也称为匹配电阻，用于对信号进行吸收，防止信号在总线的端点产生反射。

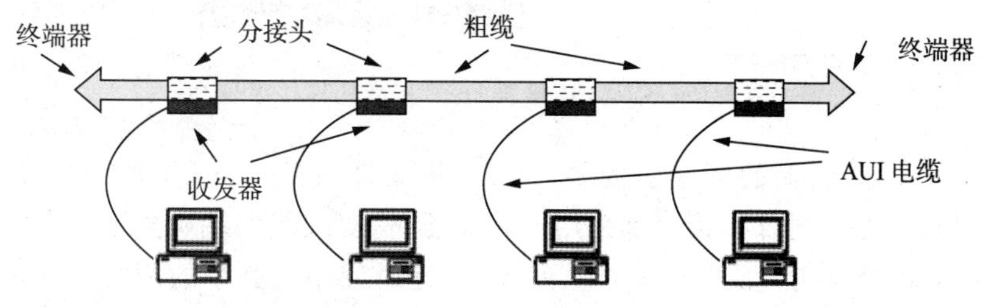

图 5-10　粗缆总线连接方式

粗缆以半双工方式工作，在接收有效信号期间，不允许网络适配器（网卡）发送数据信号。网卡发送数据信号时，同时通过收发器接收网上的信号（包括自己发送的数据信号），判断是否发生冲突。粗缆连接的网络站点之间的最短距离为 2.5m，不加中继的单段网络长度为 500m，每个网段中最多有 100 个站点，最多使用 4 个中继器（物理层设备，可以整形及放大信号）连接 5 个干线段，站点仅允许连接在其中的 3 个段上，另外 2 个段被用作加长距离（以太网的 5-4-3 规则），最大网络干线长度为 2500m。

2. 10BASE-2 以太网

10BASE-2 以太网也称为细缆以太网，在 10BASE-5 以太网的基础上产生，工作方式与粗缆相似，对应 IEEE 802.3a 标准，使用 RG-58（50Ω）的细缆。它的主要联网特性与粗缆相同，使用的连接配件为 BNC 头和 T 形连接器，如图 5-11 所示。最大网段长度为 185m（近似于 200m），每段中最多有 30 个站点，站点间最小距离为 0.5m。

这种网络连接的可靠性差，每接入一个站点，就产生两个连接点，如果有一个点上连接不好，就会影响整个网络的稳定。

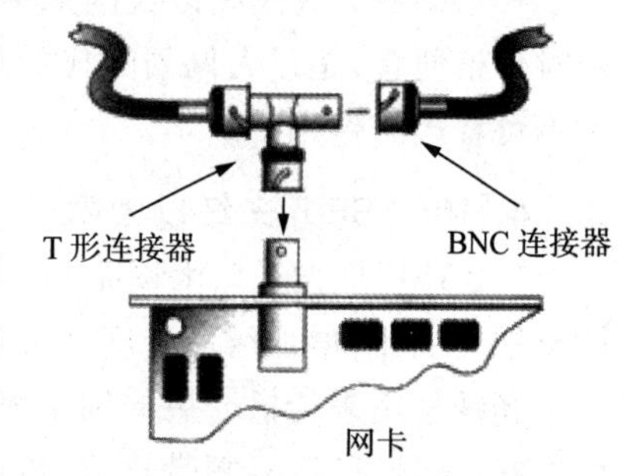

图 5-11　细缆总线连接方式

3. 10BASE-T 双绞线以太网

10BASE-T 双绞线以太网对应 IEEE 802.3i 标准，用双绞线链接站点和集线器构成网络。用双绞线实现站点和网络的连接时，要使用 RJ-45 连接器（俗称水晶头）而不需要外接收发器，收发器集成到网络适配器中。

双绞线由相互绞合的线对组成。目前使用的双绞线分为 6 种类型：1～6 类，编号越大质量越好。划分类型的依据是电气性能指标，包括衰减、近端串扰、阻抗特性、分布电容、直流电阻以及高频衰减指标、抗外部电磁干扰、抗射频干扰指标、自身辐射指标等。双绞线又可根据电缆上有无屏蔽层分为屏蔽双绞线（STP）和非屏蔽双绞线（UTP）。

用于局域网互联的 UTP 接头采用 RJ-45 连接器。RJ-45 连接器的接线方式存在多种标准，包括 EIA/TIA568A、EIA/TIA568B、AT&T 等，在使用时需要注意，要保证 RJ-45 接头接线方式的一致性。RJ-45 连接器 568B 标准的连接序号如图 5-12 所示。

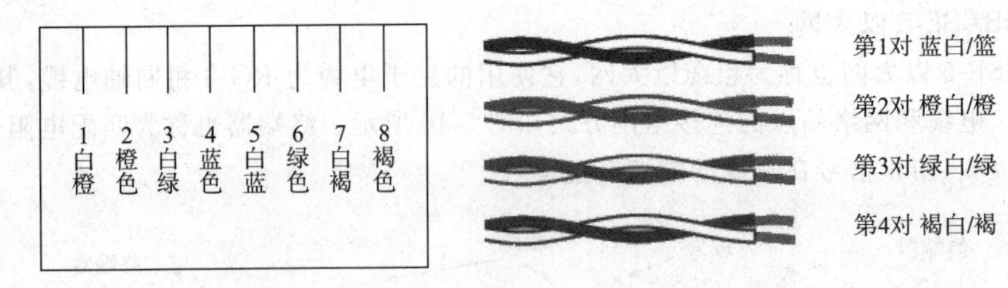

图 5-12 RJ-45 连接器 568B 标准的连接序号

在构成网络时,站点上的网络适配器可以与集线器直接相连,单段双绞线长度不超过 100m。适配器与集线器的外接接口都采用 RJ-45 插座,双绞线两端则安装 RJ-45 插头。一般双绞线电缆由 4 对双绞线组成,如图 5-13 所示,相连时使用了其中的两对。适配器与集线器相连时,两端的 RJ-45 线序一一对应,即适配器的发送信号线为 1、2,接收信号线为 3、6;集线器的发送信号线为 3、6,接收信号线为 1、2。这种双绞线的接线方法称为直通线,如图 5-13(a)所示。

如果只有两个站点构成网络,也可以不用集线器,两个站点之间用双绞线直接连接,双绞线的线序应交叉,即一端的 1、2 连接到另一端的 3、6,一端的 3、6 接连到另一端的 1、2,这种方法称为交叉线,如图 5-13(b)所示。

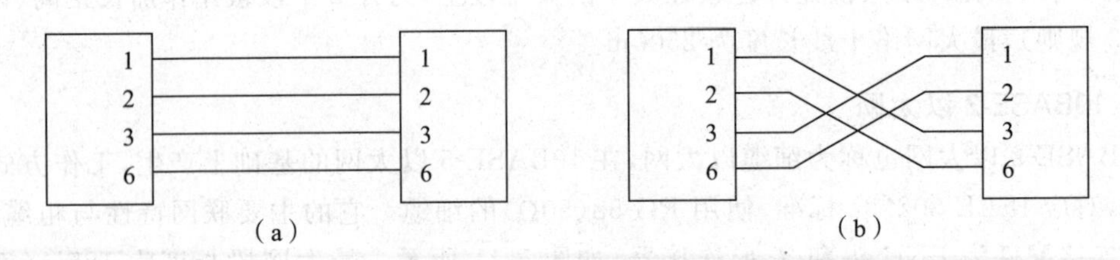

图 5-13 RJ-45 双绞线的连接

10BASE-T 双绞线以太网采用双绞线和星状结构,可靠性高,有利于网络的安装和维护,同时价格便宜,是以太网划时代的产品。在以太网和其他局域网技术竞争取胜的过程中,起到了不可替代的作用。

4. 10BASE-F 光纤以太网

10BASE-F 光纤以太网是在 10BASE-T 双绞线以太网的基础上,用光纤替代双绞线链接站点和集线器,增加网段长度和覆盖范围的一种以太网。

光纤是用来传播光束的细小而柔韧的传输介质。与其他传输介质相比,光纤的电磁绝缘性能好,信号衰变小,频带较宽,传输距离较长。光纤通信系统由光源、光纤、光发送机和光接收机等部件组成。光纤通信时,首先由光发送机产生光束,将电信号转变为光信号,再把光信号送入光纤。在光纤的另一端由光接收机接收光纤上传输来的光信号,并将它转变成电信号。从原理上讲,一条光纤不能进行信息的双向传输。如果要进行双向通信,须使用两条或双股光纤。

5.3.2

5.3.2 以太网集线器

集线器是构建传统以太网的一个主要设备,是局域网的星状连接点。集线器可以对经过的信号进行整形和放大，起到中继器的作用，通过连接多个站点或与其他集线器相连扩展网络范围。

1. 集线器的工作原理及分类

集线器实质上是一个多端口中继器，是为优化网络布线结构、简化网络管理而设计的。用集线器连接的网络，拓扑结构呈星状，但内部仍用广播方式工作，因此仍然是总线网络。

集线器具有信号再生、重新定时以及碰撞检测等功能。当数据信号到达集线器时，集线器先对此信号的幅度和相位失真进行补偿，然后将再生的信号向与集线器相连的站点广播，所以在共享集线器下面同一网段的所有机器的网络适配器都能接收到数据。图 5-14 表示了从一个端口接收到已衰减的信号，经过整形放大再广播到其他端口的情况。当有多站点同时发送时，集线器根据检测到的冲突产生冲突强化信号，并发向集线器连接的所有站点。

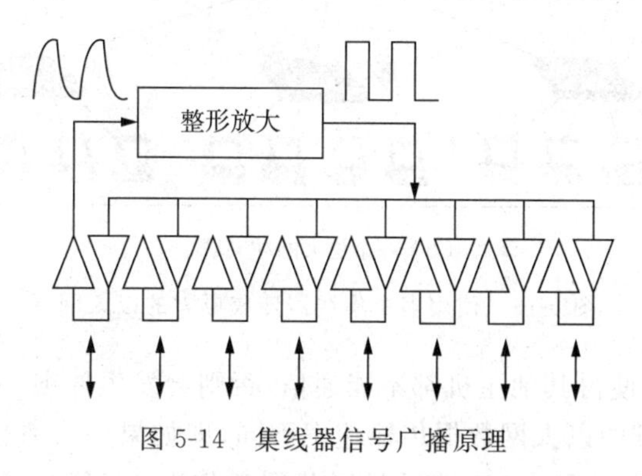

图 5-14　集线器信号广播原理

集线器有各种分类方法，表现了集线器的不同特点。集线器按结构可以分为独立式、堆叠式和机箱式三种；按供电方式可分为无源和有源两种；按是否具有网络管理功能可分为无管理集线器和管理式集线器；按集线器的端口数可分为 8、12、16、24、32、48 口等集线器；按端口提供的数据传输速率可分为 10Mb/s、10/100Mb/s 和 100Mb/s 集线器。

2. 集线器扩展的以太网

使用多个集线器，可以连接成覆盖更大范围的多级星状结构的以太网。例如，一个学院的三个系各有一个 10BASE-T 以太网，如图 5-15(a)所示，可以通过一个主干集线器把各系的以太网连接起来，成为一个更大的以太网，如图 5-15(b)所示。

这样做有以下两个好处：①使这个学院不同系的以太网上的计算机能够进行跨系通信；②扩大了以太网覆盖的地理范围。例如，在一个系的 10BASE-T 以太网中，主机与集线器的最大距离是 100m，因而两个主机之间的最大距离是 200m。但通过主干集线器连接后，不同系的主机之间的距离就可以扩展了，因为集线器之间的距离可以是 100m（使用双绞线）或者更远（使用光纤）。

但这种多级结构的集线器以太网也带来了以下缺点。

(1) 如图 5-15(a)所示的例子，在三个系的以太网互连之前，每一个系的 10BASE-T 以太网是一个独立的冲突域（Collision Domain），即任一时刻，在每一个冲突域中只能有一个站点在发送数据。每个系以太网的最大吞吐量是 10Mb/s，因此三个系总的最大吞吐量共有 30Mb/s。在三个系的以太网通过集线器互连起来后，把三个冲突域变成了一个冲突域，如图 5-15(b)所示，这时的最大吞吐量仍然是 10Mb/s。即当某个站点发送数据时，数据会通过

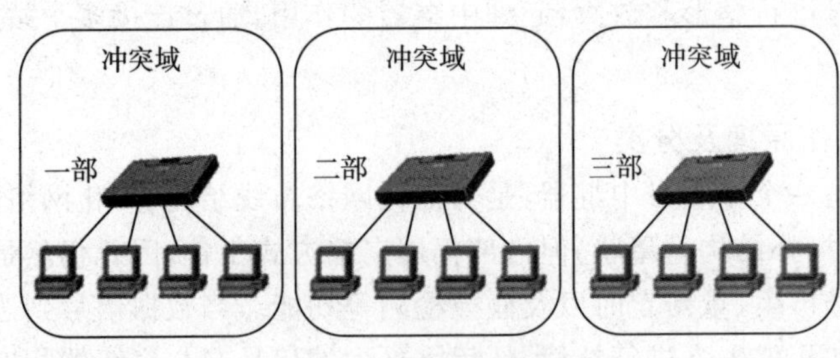

(a) 三个独立的冲突域

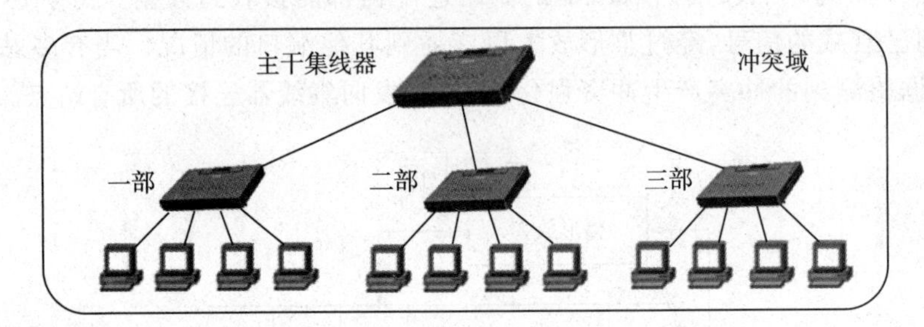

(b) 一个更大的冲突域

图 5-15　使用多个集线器连成更大的以太网

所有的集线器进行转发,使得其他主机都不能通信,否则会发生冲突。

(2) 如果不同冲突域的以太网数据传输速率不同,即如果一个系使用 10Mb/s 以太网,而另一个系使用 100Mb/s 以太网,则连接后只能共同工作在 10Mb/s 速率下,集线器不能缓存数据帧。

5.4 交换式以太网

在以太网交换技术出现以前,采用的是共享式以太网技术。CSMA/CD 介质访问控制机制很好地解决了传统以太网中多个站点同时访问介质造成的冲突现象,但是它也带来了局限性。首先,整个网络处在一个冲突域范围,使得网络中的所有主机只能共享网络带宽。如果一个共享式以太网的带宽为 10Mb/s,网络中的站点数为 n,那么每个站点能够得到的平均带宽只有($10/n$)Mb/s,由于存在冲突,实际的带宽更小。其次,网络中同一时刻只能有一个数据帧在传输,也就是说,站点在发送自己的数据时是没有能力接收其他站点发来的数据的,否则两个数据帧会发生冲突(共享总线),这是半双工的通信方式。

交换式以太网从根本上改变了共享介质工作方式,它可以通过交换机在多端口之间实现多个并发连接,从而实现多个站点间的并发通信。

5.4.1 以太网交换原理

5.4.1

从本质上讲,以太网交换技术是一种以太网桥接技术,在以太网交换技术中使用的交换机实际上是一种多端口网桥。为了更好地了解交换技术,下面先介绍桥和桥接技术。

1. 网桥与桥接技术

网桥是工作在数据链路层和物理层的网络设备，主要用于连接两个局域网。从工作原理来看，连接两个以太网的网桥依据以太网帧头部中的MAC地址来确定是否对其进行过滤或转发，并不关心网络层的数据内容。

在以太网中使用的网桥多是透明网桥(Transparent Bridge)，其标准是IEEE 802.1d。"透明"是指以太网上的站点并不知道所发送的帧将经过哪几个网桥，以太网上的站点看不见以太网上的网桥。透明网桥是一种即插即用设备，只要把网桥接入局域网，不用人工配置就能工作。图5-16所示为一个使用网桥连接两个局域网的例子。

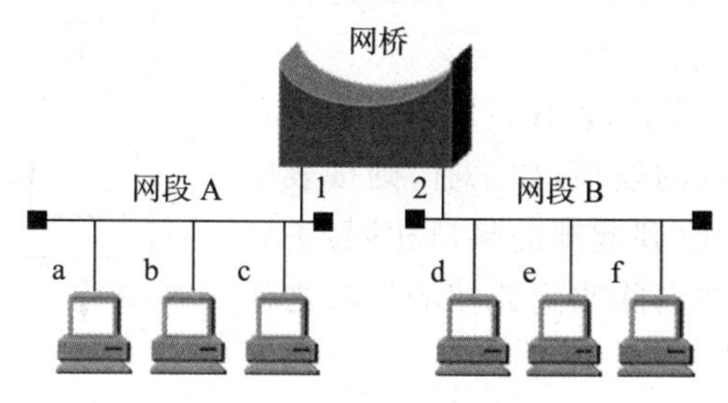

图5-16　网桥应用实例

在以太网中，数据帧以广播方式传送。系统工作时，网桥的每个接口都会接收到所连接网段上传送的各种帧。每收到一个帧，将其先存放在网段的缓冲区中。如检验无差错，且该帧是要发送到别的网段的帧，则通过查找转发表将收到的帧发送到对应的接口，进入相应网段中。若不是发往别的网段的帧，就将之丢弃，不增加别的网段的负担。

在图5-16中，若网桥从接口1收到a发给e的数据帧(数据帧头部中目的MAC地址为e的MAC地址)，则在查找转发表后得知e连在接口2的网段，网桥则把这个帧从接口2转发到另一个网段，使e能够收到这个数据帧。若网桥从接口1收到a发给b的数据帧，则丢弃这个帧，因为查表后得知，转发给b的帧应该从接口1转发出去，而现在正是接口1收到的这个帧，说明a和b在同一个网段内，b能够收到这个帧而不需要网桥转发。网桥是通过内部的接口管理软件和网桥协议实体来完成上述操作的。

网桥中的转发表是如何形成的呢？当网桥刚刚连接到以太网时，它的转发表是空的。这时如果网桥从某一接口收到一个数据帧，则能确定发送这个数据帧的主机连接在收到数据帧的接口上，网桥会将数据帧头部中写明的源MAC地址(即发送站的MAC地址)和接口的对应关系添加到转发表中。接下来，网桥如何转发此帧呢？此时转发表中并没有这个数据帧所要到达的目的主机和接口的对应关系，也就是说，网桥不知道帧的目的地在它的哪一个接口端，那么，网桥会将这个数据帧转发到除了收到这个帧的接口之外的所有接口上，可以肯定，目的主机会收到这个数据帧。

也就是说，网桥是通过主机发送数据帧得知主机地址和接口的对应关系的，同时，网桥记录这样的对应关系，以形成转发表，这个过程称为自学习(Self-Learning)。从没有发送过数据帧的主机地址是不会出现在转发表中的，前面说过，如果目的地址不在转发表中，则网桥会向其他所有接口发送此数据帧，以保证目的主机能够收到数据帧。

在网桥自学习形成转发表的过程中，除了记录地址和接口的对应关系之外，还要记录帧进入该网桥的时间。这是因为站点在以太网中的位置可能会发生变化，站点也可能更换网络适配器(这时站点的 MAC 地址就改变了)。例如,图 5-16 中的主机 a 被移动到了网段 B 中,则 a 在图 5-17 转发表中地址和接口的对应关系就是错误的。在形成转发表时,每一条表项在记录地址和接口的对应关系之外,还记录了表项生成的时间。网桥中的接口管理软件周期性地扫描转发表中的项目,对于超过一定时间(如几分钟)的表项予以清除,这样可以保证转发表的新鲜。也就是说,转发表可以自动适应网络拓扑的变化。

1) 网桥自学习和转发帧的过程

(1) 网桥收到数据帧后先自学习。查找转发表中有无和帧源 MAC 地址一致的项目,如果没有,则添加新的表项,包括地址和接口的对应关系及帧到达的时间;如果有,则刷新表项。

(2) 转发帧。收到数据帧后,查找转发表中是否有和帧中目的 MAC 地址一致的表项,如果有,则按表中给出的接口转发(如接口和收到此帧的接口相同,丢弃此帧,不转发);如果没有,则向除收到此帧的接口之外的所有接口转发数据帧。

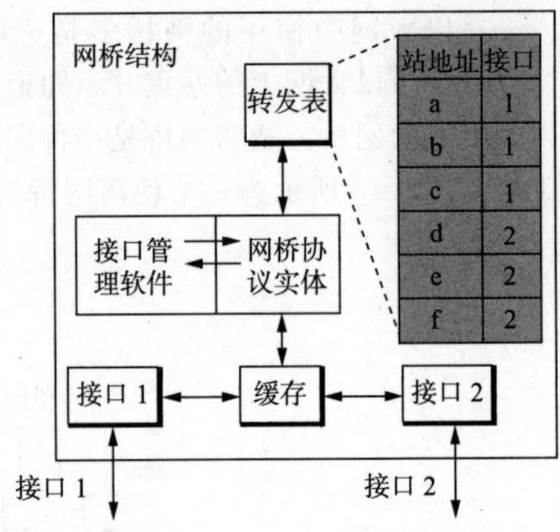

图 5-17 网桥工作原理

网桥如何处理目的地址为全 1 的广播帧呢?网桥在接口处收到广播帧时,会将其转发到它所连接的所有网段。也就是说,由网桥连接的网络是在同一个广播域中的。

2) 网桥的优点

(1) 过滤通信量,增大吞吐量。网桥工作在数据链路层,可以使以太网各网段成为隔离开的冲突域,如图 5-18 所示。网桥 B_1 和 B_2 将网络分成了三个冲突域,不同网段上的通信不会相互干扰。例如,A 和 B 通信时,C 和 D 以及 E 和 F 也可以同时通信。如果 A 和 C 通信,则要经过网桥 B_1 的转发。若每一个网段的数据传输速率都是 10Mb/s,那么三个网段合起来的最大吞吐量是 30Mb/s。如果把网桥换成工作在物理层的集线器或转发器,则网络仍然是同一个冲突域,整个冲突域的最大吞吐量仍然是 10Mb/s。

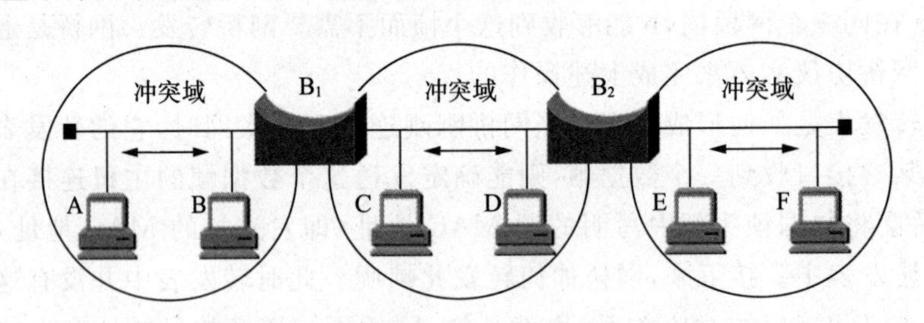

图 5-18 网桥使各网段成为独立的冲突域

(2) 扩大了物理范围,增加了整个以太网上工作站的数目。

(3) 提高了数据传输的可靠性。当一个网段出现故障时,一般不会影响其他网段的正常工作。

(4) 可互连不同物理层、不同 MAC 子层和不同速率的网络。

3) 网桥的缺点

(1) 由于网桥对接收的帧要先存储和查找转发表,然后才转发,在转发前还要执行 CS-MA/CD 协议,这样增加了时延。

(2) 在MAC子层没有流量控制功能。当网络上的负载很重时，可能因为网桥中的缓存空间不够而产生丢帧现象。

(3) 网桥只适合用户数不太多(不超过几百个)和通信量不太大的以太网，否则有可能会因为传播过多的广播信息而产生网络拥塞。

2. 生成树协议

透明网桥必须解决循环连接的问题。如果在网络的任何两个LAN之间存在多条网桥路径，这两个LAN之间就会出现环路，环路将严重降低网络的性能，如图5-19所示。在实际的网络工程中，可能会有意设计这样的循环链路，也有可能是无意之间构成了类似的回路。

下面分析图5-19所示的网络中网桥X和网桥Y的工作情况。

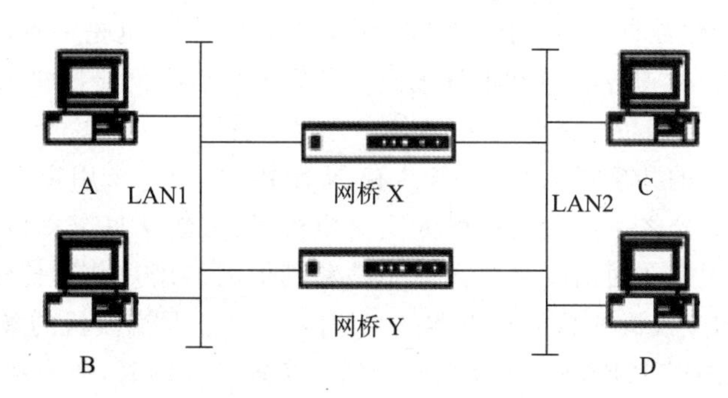

图5-19 循环连接

第一种情况，假设计算机A向计算机C发送一个数据帧，这个数据帧将同时到达网桥X和网桥Y。网桥X和网桥Y收到该帧后，查表得知计算机C在LAN2中，它们将先后向LAN2转发该数据帧，计算机C将接收到重复的数据帧，这将造成一定程度的带宽浪费。

第二种情况，假设网桥X和网桥Y的转发表中没有计算机C的有关记录，此时计算机A向计算机C发送数据帧。网桥X和网桥Y在接收到此数据帧后，均会向LAN2转发该数据帧。经网桥X转发的帧除了被计算机C接收外，还会被网桥Y右边的端口接收。由于网桥Y尚不清楚计算机C连接在哪个端口上，网桥Y会再将该帧从左边端口向LAN1转发，该帧将再次从网桥X的左端口进入，这个帧将沿着顺时针方向在网桥X和网桥Y之间循环。同理，最初经网桥Y转发的帧也会在网桥X和网桥Y之间形成逆时针方向的循环。这两个循环不但严重消耗了网络带宽，而且使计算机C接收到大量的重复帧。一旦计算机C向外发送数据帧，这样的情况就中止了。

第三种情况，对网络来说是致命的。当网络中的任何一台计算机向外发送广播报文时，网桥均会对其进行转发，于是会形成像第二种情况一样的顺时针、逆时针两个方向的广播帧的循环，而且不会中止。导致网络带宽基本上被这些重复、循环的广播帧所消耗，其他数据帧基本无法发送，这在一定程度上造成了网络瘫痪。

为了让图5-19所示的存在冗余链路的网络也能够正常工作，网桥的提供者实现了一种生成树协议(Spanning-Tree Protocol，STP)。IEEE 802.1d文档给出了生成树协议的详细算法。该协议的作用是通过网桥之间发送必要的信息来查找、计算并判断是否存在冗余链路，并且在存在冗余链路的情况下，在网络中标识出一条无环链路作为工作链路，临时关闭非工作链路中的网桥端口。当网络中任何一条链路的状态发生变化时，网桥将根据生成树协议重新计算是否因为链路状态的改变而出现新的回路。如果工作链路出现了故障导致不能通过，生成树协议将重新计算出一条新的无环回路，并打开临时关闭的网桥端口。

3. 以太网交换机

1990 年问世的交换式集线器(Switching Hub)，可明显地提高以太网的性能。交换式集线器常称为以太网交换机(Switch)或第二层交换机，表明这种交换机工作在数据链路层。

从技术上讲，网桥的接口数很少，一般只有 2～4 个，而以太网交换机通常都有十几个甚至几十个接口。因此，以太网交换机实质上是一个多接口的网桥，与工作在物理层的转发器和集线器有很大的差别。此外，以太网交换机的每个接口都直接与一个单个的主机或另一个集线器相连(普通网桥的接口往往是连接到以太网的一个网段)，并且一般都工作在全双工方式。当主机需要通信时，交换机能同时连通许多对接口，使每一对相互通信的主机都能像独占通信媒体那样，无冲突地传输数据。以太网交换机和透明网桥一样，也是一种即插即用设备，其内部帧转发表也是通过自学习算法自动地逐渐建立起来的。以太网交换机由于使用了专用的交换结构芯片，其交换速率较高。

对于普通 10Mb/s 的共享式以太网，若共有 N 个用户，则每个用户占有的平均带宽只有总带宽(10Mb/s)的 N 分之一。在使用以太网交换机时，虽然从每个接口到主机的带宽还是 10Mb/s，但由于一个用户在通信时是独占而不是和其他网络用户共享传输媒体的带宽，因此对于拥有 N 对接口的交换机的总容量为 $N \times 10$Mb/s。这正是交换机的最大优点。

从共享总线以太网或 10BASE-T 以太网转到交换式以太网时，所有接入设备的软件和硬件、适配器等都不需要做任何改动。也就是说，所有接入的设备继续使用 CSMA/CD 协议。此外，只要增加集线器或交换机的容量，整个系统的容量是很容易扩充的。

以太网交换机一般都具有多种速率的接口，例如，可以具有 10Mb/s、100Mb/s 和 1Gb/s 的接口的各种组合，这就方便了各种不同情况的用户。图 5-20 所示为一个简单的例子。图中的以太网交换机有三个 10Mb/s 接口分别和学院三个系的 10BASE-T 以太网相连，还有三个 100Mb/s 的接口分别和电子邮件服务器、万维网服务器以及一个连接 Internet 的路由器相连。

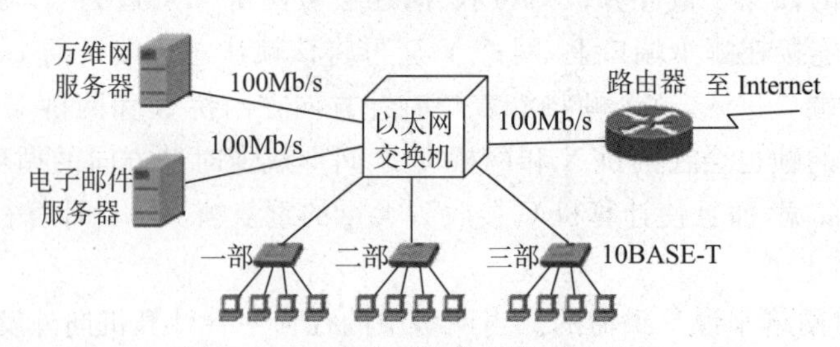

图 5-20 用以太网交换机扩展以太网

虽然许多以太网交换机对收到的数据帧采用存储转发方式进行转发，但也有一些交换机采用直通(Cut-Though)的交换方式。直通交换不必把整个数据帧先缓存再进行处理，而是在接收数据帧的同时就立即按数据帧的目的 MAC 地址决定该帧的转发接口，因而提高了帧的转发速度。如果在这种交换机的内部采用基于硬件的交叉矩阵，交换时延就非常小。直通交换的一个缺点是，它不检查差错就直接将帧转发出去，因此有可能也将一些无效帧转发给其他的站。在某些情况下，仍需要采用基于软件的存储转发方式进行交换，如在需要进行线路速率匹配、协议转换或差错检测时。现在有的厂商已生产出能支持两种交换方式的以太网交换机。

以太网交换机的发展与建筑物结构化布线系统的普及应用密切相关。在结构化布线系统中，广泛地使用了以太网交换机。

5.4.2 全双工以太网

5.4.2

所谓全双工(Full-Duplex)，是指在一条网络链路上可以同时进行数据接收和发送。广域网中的链路通常是全双工的，但局域网以前一直工作在半双工方式下。因为在总线方式下采用的是CSMA/CD技术，虽然使用了两对双绞线与集线器进行连接，一对用于发送，另一对用于接收，但任何情况下总线上只能有一个站点发送数据，否则数据将会发生冲突，因此局域网只能工作在半双工方式下，要么发送数据，要么接收数据。由于半双工以太网受到CSMA/CD的约束，网段上传输线路的长度(网络跨距)受到限制，影响了网络的覆盖范围，而且网络带宽越大影响越大。

采用交换机来连接网络以后，交换机的每个端口通常只连接一个工作站。交换机的端口和工作站分别使用一对线路进行发送，而从另一对线路上进行接收。这样，即使交换机和工作站同时发送数据也不会产生冲突，不需要在发送帧的同时用接收电缆侦听冲突信号，因此就能够使用全双工方式进行通信。在网络结构和连线不变的情况下，以全双工方式进行工作，网络的带宽可以提高一倍，如图5-21所示。

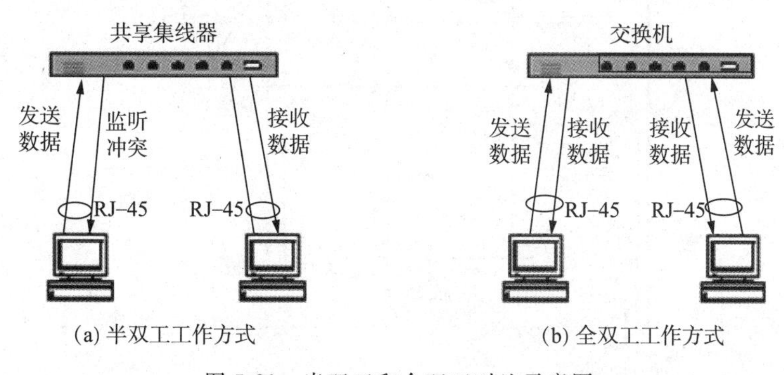

图5-21 半双工和全双工对比示意图

全双工以太网技术的使用不仅提高了网络速度，而且拓宽了以太网的覆盖范围。因为不会发生冲突，也就不需要支持冲突检测机制而使用的各种电缆布线的限制性规定。唯一的限制性规定是网络介质必须保证具有良好的抗扰信号衰减能力。

在实际组网时，交换机与交换机之间、交换机与单个工作站之间一般都采用全双工传输方式。如果交换机的端口中连接的是集线器，在集线器中又连接了多个工作站，那么这个端口下的工作站还是只能工作在半双工传输方式下。

5.4.3 虚拟局域网

虚拟局域网(Virtual Local Area Network，VLAN)是一项在20世纪90年代中期迅速发展起来的网络技术，这项技术的核心思想是利用交换机对数据帧的传输和控制能力，在网络的物理拓扑结构基础上建立多个逻辑网络，这些逻辑网络中的站点可以不受地理位置和物理连接的限制，但同样具有物理局域网的功能和特点，即同一个网络内的站点可以相互访问，而不同网络的站点不能直接访问。

1. VLAN 技术概述

交换机在以太网中的使用,解决了集线器所不能解决的冲突域的问题,但是交换技术并没有有效地抑制广播帧。即当站点向交换机的某个端口发送了广播帧后,交换机将把收到的广播帧转发到所有的与其他端口相连的网络上,制造网络上通信量的剧增。

对于 VLAN,由一个站点发送的广播数据帧只能发送到具有相同虚拟网号的站点,而其他站点则接收不到该广播数据帧。也就是说,虚拟局域网有效地缩小了广播域,减少了网络上不必要的广播通信。采用具有 VLAN 技术的交换机进行局域网的组建是一种目前比较流行的组网形式。如图 5-22 所示,在划分 VLAN 之前,所有的主机在同一个广播域中,也就是说,任何一台主机发送的广播数据帧都可以到达网络中的所有主机。而划分 VLAN 之后,主机发送的广播数据帧只能到达同一个 VLAN 中的其他主机。例如,A1 发送目的地址为全 1 的广播数据,只有 VLAN 1 中的 A2、A3、A4 能够收到。VLAN 1、VLAN 2、VLAN 3 在数据链路层已经被隔离,不能进行直接通信了,相当于三个独立的物理网络。不同 VLAN 内的主机之间需要路由器的转发才能相互访问。

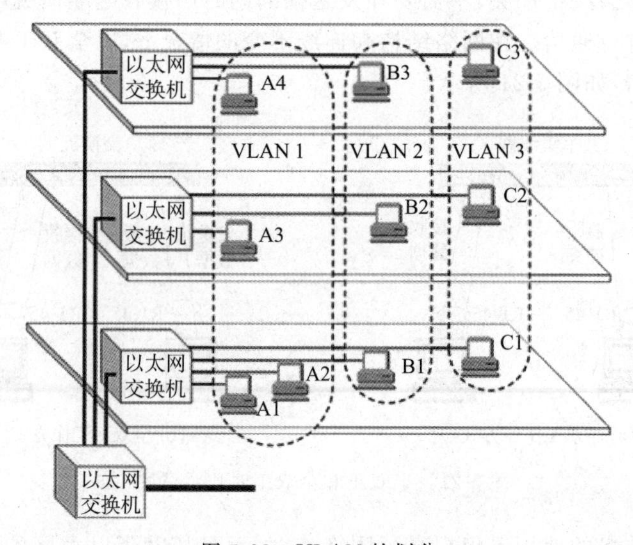

图 5-22 VLAN 的划分

VLAN 是数据链路层技术,建立在交换网络的基础上。VLAN 可以功能、工程组或应用为依据进行划分,而不是以实体或地理位置为依据进行划分。在图 5-22 中,VLAN 1 中的主机可能是属于同一部门的,那么无论主机所在的位置如何,都可以划分到同一个 VLAN 中。

VLAN 的出现改变了传统网络的结构,为计算机网络的不断发展创造了新的条件,也为新网络应用的推出提供了可能。归纳起来,VLAN 技术主要有以下几方面的优点。

(1) 隔离网络广播风暴。在局域网中,大量的广播信息将带来网络带宽的消耗和网络延迟,导致网络传输效率的下降。通过划分 VLAN,就可以把一个大型局域网划分成几个小的 VLAN,把广播信息限制在各个 VLAN 内部,从而大大减少了网络中的广播信息,消除了因广播信息泛滥而造成的网络拥塞,提高了网络性能。

(2) 增强了网络的安全性。传统的局域网中,任何一台主机都可以截取同一局域网中其他计算机之间传输的数据包,存在着一定的安全漏洞。由于必须通过路由器来转发 VLAN 之间的数据,VLAN 就相当于一个独立的局域网,安全性可以得到很大程度的提高。另外,还可以在路由器上进行适当的设置，对 VLAN 之间相互访问进行一定的安全控制。因此，VLAN 技术可以用于防止大部分以网络监听为手段的入侵。

(3) 简化网络管理和维护。VLAN 中的站点可以不受地理位置的限制，这给网络管理和维护带来了很大的方便。在网络组建时，就不必把一些相关的站点集中在一起，而可以分散在各个部门、各个大楼，只要将它们划分到一个 VLAN 中，就可以实现相互间方便地访问，如同在一个房间里一样。

(4) 提高网络性能。将同一工作性质的用户集中在同一 VLAN 中，可以减少跨 VLAN 的数据流量。由于跨 VLAN 的数据将通过路由器，所以，减少跨 VLAN 的数据流量就可以减轻路由器的工作负担，而且由交换机传输数据将比由路由器传输数据具有更短的延迟时间，从而可以提高网络的性能。

2. VLAN 的标准和协议

在实现 VLAN 的过程中，各网络设备厂商纷纷推出自己的技术和相应的产品，而这些技术和产品所遵循的标准和协议是不相同的，致使各厂家的 VLAN 产品自成系统，互不兼容。这不但妨碍了 VLAN 技术和市场的进一步发展，而且给不同厂商网络设备的互联带来了困难。因此，随着 VLAN 应用的推广，要建立 VLAN 的标准。与 VLAN 有关的标准主要有三个：IEEE 802.10、IEEE 802.1q 和 Cisco 的 ISL，其中 IEEE 802.1q 是最常用的。

IEEE 802.1q 标准是 IEEE 执行委员会在 1996 年开始制定的一种 VLAN 互操作性标准，它不仅规定了 VLAN 中的 MAC 帧格式，还制定了帧发送和检验、回路检测、对 QoS 参数的支持以及对网络管理系统的支持等方面的标准。

IEEE 802.1q 标准是在以太网帧格式中插入一个 4 字节的标识符，如图 5-23 所示，这个标识符称为 VLAN 标记(Tag)，用来指明发送该帧的站点属于哪一个 VLAN。如果还使用原来的以太网帧格式，就无法划分 VLAN。这 4 字节的内容是由交换机插入 MAC 帧中的，主机适配器并不关心这 4 字节的内容。也就是说，主机发送与接收的 MAC 帧仍是原来的以太网帧格式，只是进入交换机后，交换机依据主机(或主机所连接的交换机端口)所属 VLAN，在 MAC 帧中插入了这 4 字节的内容。当数据帧通过交换机时，交换机会根据数据帧中 Tag 的 VID 信息，来标识它们所在的 VLAN。当交换机将数据帧发送给主机时，交换机要去掉这 4 字节的内容。

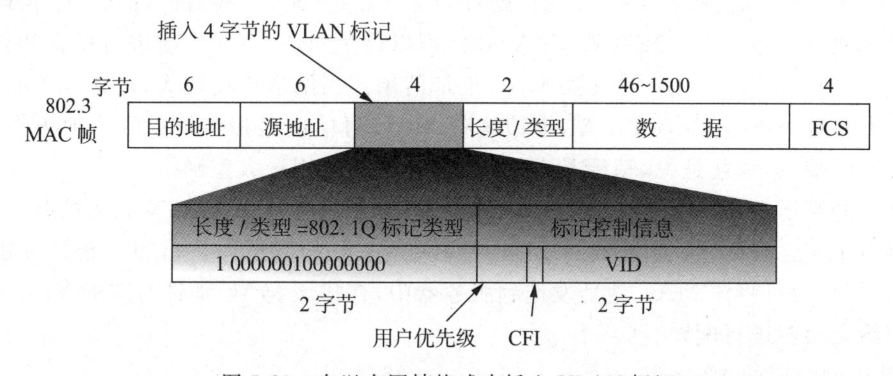

图 5-23　在以太网帧格式中插入 VLAN 标记

VLAN 标记字段的前两个字节总是设置为 0x8100(即二进制的 1000000100000000)，称为 IEEE 802.1q 标记类型，当数据链路层检测到 MAC 帧的源地址后面的两个字节的值是

0x8100 时,就知道已经插入了 4 字节的 VLAN 标记,于是接着检查后面两个字节的内容。在后面的两个字节中,前 3 位是用户优先级字段,接着的 1 位是规范格式指示符(Canonical Format Indicator,CFI,此位置为 1,表示地址使用的是规范格式,默认值为 0,表示以太网),最后 12 位是 VLAN 标识符(VLAN ID,VID),它唯一地标志了这个以太网帧属于哪一个 VLAN。

3. VLAN 的划分方式

划分 VLAN 是使用 VLAN 过程中非常重要的一个环节。通常情况下,把哪些站点划分到哪一个 VLAN 中是根据这些站点所在部门或所承担的任务来决定的。在本节中主要关心的问题是,如何在交换机中进行 VLAN 的配置,从而能够根据用户的要求让属于同一 VLAN 的站点确实工作在同一个 VLAN 中。

VLAN 的划分方式可以分为静态划分和动态划分两种。所谓静态划分,是指交换机中的某个端口属于哪个 VLAN 是相对固定的,除非管理员将其重新划分到另外一个 VLAN。而动态划分则是根据接入端口的计算机来决定其工作在哪一个 VLAN 中,如果接入属于 VLAN1 的计算机,那么端口就工作在 VLAN1 中,如果接入属于 VLAN2 的计算机,那么该端口就工作在 VLAN2 中。在实际网络中,这两种划分方式都经常被采用。

从技术上来看,VLAN 的划分可以根据不同的需要,按不同的方式进行。

1) 基于端口的划分

基于端口来划分 VLAN 是目前最为常用的方法,具有简单、安全和实用的特点。以这种方式划分 VLAN 时,VLAN 可以被理解为交换机端口的集合,这些被划分到同一个 VLAN 中的端口可以在一个交换机中,也可以来自不同的交换机。例如,可以把一个交换机的 1、3、6 端口划分到 VLAN 10 中,而把 2、4、5 端口划分到 VLAN 20 中。但是划分到 VLAN 10 中的这些端口必须使用 VLAN 10 中的网络地址,划分到 VLAN 20 中的端口必须使用 VLAN 20 中的网络地址,否则将不能进行通信。

按端口进行 VLAN 划分的设置操作较为简单,也容易被理解和接受。但是它不允许在一个端口上设置多个 VLAN,即一个端口上的所有计算机都属于一个 VLAN,同时在设备移动或添加时,需要网络管理人员对交换机的端口进行重新设置。该划分方式属于静态划分方式。

2) 基于 MAC 地址的划分

这种方式是根据网络设备的物理地址来划分 VLAN,属于动态划分方式。由于网络设备的 MAC 地址是唯一的,所以,基于 MAC 地址划分 VLAN 时,当网络设备从一个物理位置移动到另一个物理位置而没有改变其 VLAN 时,可以避免对 VLAN 重新进行设置和修改。在这种方式下,每一个 VLAN 就是一张 MAC 地址清单。当网络规模较大、设备较多时,要对每一个网络设备逐一进行 VLAN 设置,维护这些 MAC 清单也是相当繁重的一项工作,这是这种划分方式的缺点,也就是说,基于 MAC 的划分方式不适用于大型网络。

实现这种基于 MAC 地址划分 VLAN 的方式,通常需要一台 VLAN 成员策略服务器,服务器中有一个包含了 MAC 地址到 VLAN 成员关系关联的数据库。每当一台计算机接入交换机端口时,交换机将该 MAC 地址发送到服务器中,查找该 MAC 地址对应的 VLAN 配置信息并返回给交换机进行配置。

3) 基于网络层的 VLAN

基于网络层的 VLAN 划分也称为基于策略的划分,它是这几种划分方式中最高级也是最为复杂的。基于网络层的 VLAN 使用协议(网络中存在多协议时)或网络层地址(如 TCP/IP 中的子网段地址)来确定网络成员。利用网络层定义 VLAN 有以下几点优势:第一,这种方式可以按传输协议划分网段；第二，用户可以在网络内部自由移动而不用重新配置自己的工作站；第三，这种类型的 VLAN 可以减少由于协议转换而造成的网络延迟。这种方式看起来是最为理想的方式，但是在采用这种划分之前，要明确两件事情：一是可能存在 IP 盗用，二是对设备要求较高，不是所有设备都支持这种方式。

由于当前绝大多数 VLAN 都基于端口划分，且基于端口划分 VLAN 的技术最成熟，所以当前我国 VLAN 标准主要基于端口划分。

【例 5-5】 用交换机可以把网络划分成多个 VLAN。一般情况下，交换机默认的 VLAN 是(　　)。

A. VLAN 0　　B. VLAN 1　　C. VLAN 10　　D. VLAN 1024

解：一般情况下，交换机默认的 VLAN 是 VLAN1，交换机连接的所有工作站同属于 VLAN1。答案为 B。

4. VLAN 的设计

将局域网划分为若干个 VLAN 是目前组建局域网的主要形式，特别对大、中型局域网来说，划分 VLAN 是必不可少的。VLAN 的划分和设计可以遵循以下原则。

(1) VLAN 的划分和设计主要以计算机所有的部分或计算机所承担的功能为依据。

(2) VLAN 的划分和设计与 IP 地址的分配是密切相关的，不同 VLAN 内的主机需要使用不同子网地址的 IP 地址，因此，应将 VLAN 的设计与 IP 地址的规划结合起来进行。

(3) VLAN 的划分和设计要保证一个 VLAN 的主机数量不宜过多。

(4) VLAN 的划分不宜过细，划分得太细将导致网络中 VLAN 数量过多，并且容易造成 IP 地址的浪费。

【例 5-6】 下列关于 VLAN 的描述中，不正确的是(　　)。

A. VLAN 把交换机划分成多个逻辑上独立的交换机

B. 主干链路(Trunk)可以提供多个 VLAN 之间通信的公共通道

C. 由于包含了多个交换机，所以 VLAN 扩大了冲突域

D. 一个 VLAN 可以跨越多个交换机

解：此题主要考查 VLAN 的基本知识。VLAN 就是把物理上直接相连的网络划分为逻辑上独立的多个子网，每个 VLAN 中包含多个交换机，所以 VLAN 可以把交换机划分为多个逻辑上独立的交换机。

VLAN 中继(VLAN Trunk)也称为 VLAN 主干，是指交换机与交换机或者交换机与路由器之间连接时，可以在相互的端口上配置中继模式，使得属于不同 VLAN 的数据帧都可以通过这条中继线路进行传输，所以主干链路可以提供多个 VLAN 之间通信的公共通道。

每一个 VLAN 对应一个广播域，处于不同 VLAN 上的主机不能进行通信，不同 VLAN 之间的通信要通过路由器进行，所以 VLAN 并没有扩大冲突域。答案为 C。

知识链接

冲突域是指连接在同一导线上的所有工作站的集合，或者说，是同一物理网段上所有结点的集合或以太网上竞争同一带宽的结点集合。这个域代表了冲突在其中发生并传播的区域，这个区域可以被认为是共享段。在 OSI 参考模型中，冲突域被看作是第一层的概念，连接同一冲突域的设备有集线器、中继器或者其他进行简单复制信号的设备。也就是说，用集线器或者中继器连接的所有结点可以被认为是在同一个冲突域内，它不会划分冲突域。而第二层设

备(网桥,交换机)、第三层设备(路由器)都可以划分冲突域,当然也可以连接不同的冲突域。简单地说,可以将中继器等看成是一根电缆,而将网桥等看成是一束电缆。

广播域是指接收同样广播消息的结点的集合。例如,在该集合中的任何一个结点传输一个广播帧,则所有其他能收到这个帧的结点都被认为是该广播帧的一部分。由于许多设备都极易产生广播,所以如果不维护,就会消耗大量的带宽,降低网络的效率。由于广播域被认为是OSI参考模型中的第二层概念,所以像集线器、交换机等第一、第二层设备连接的结点被认为都在同一个广播域。而路由器、第三层交换机则可以划分广播域,即可以连接不同的广播域。

通常,集线器的所有端口都在同一个广播域和同一个冲突域内,而交换机的所有端口都在同一个广播域内,每一个端口就是一个冲突域。另外,一个VLAN是一个广播域,VLAN可以隔离广播,划分VLAN的其中一个目的就是隔离广播。

5.5 高速以太网

20世纪80年代初以太网刚出现时,相对于其他联网技术,人们认为10Mb/s以太网所提供的带宽已经足以满足任何应用的需要。事实也确实是这样,最初的以太网所提供的10Mb/s带宽直到20世纪90年代早期对于几乎所有的桌面连接都是足够的。尽管如此,很多专家已经认识到由大量的桌面连接汇集而成的主干网连接应该需要更大的带宽。早在1982年,IEEE 802委员会内部就提出了100Mb/s互联标准的建议,但并没有被大多数成员所接受。

整个20世纪80年代,网络的快速膨胀极大地推动了分布式应用的普及,而这种普及反过来又迅速吞噬了原来曾被认为足够满足任何应用的网络带宽,人们迫切需要更高的带宽来支持网络上各种新的应用。对高速局域网的需求最先做出反应的是美国国家标准局(ANSI)。它于20世纪80年代末率先推出了100Mb/s的分布式光纤数据接口(FDDI)标准。遗憾的是,FDDI标准与以太网标准并不兼容。FDDI作为一种调整高速骨干网技术曾经在网络主干连接方面得到了广泛的应用,但其昂贵的成本使其很难向桌面应用扩展。1994年,HP公司和AT&T公司开发的100VG-AnyLAN被IEEE 802委员会接纳为IEEE 802.12标准。紧接着,IEEE 802委员会又于1995年公布了100Mb/s以太网标准IEEE 802.3u。在这三种高速局域网技术中,100Mb/s以太网(也称为快速以太网,Fast Ethernet,FE)以它所具有的价格低廉和与传统以太网相兼容的优势迅速占领了整个局域网市场,甚至最后还占领了原来由FDDI所把持的高速主干网市场。

以太网在从10Mb/s向100Mb/s迁移的过程中,兼容性起到了关键性的作用。为了与传统以太网兼容,快速以太网允许设备既可以工作在10Mb/s,也可以工作在100Mb/s,并定义了一种自动协商机制,使设备在启动时能够选择合适的运行速度。这种能力使得整个迁移过程呈现为一种渐变的,而不是突变的过程,从而极大地保护了用户的投资。迁移的最终结果是快速以太网代替了传统以太网成了局域网市场的主流,并使得各种快速以太网设备(网卡、集线器、交换机、路由器等)得到了大规模的应用。

与10Mb/s向100Mb/s迁移一样,快速以太网的普及也必然会增加对网络流量和带宽的进一步需求,尤其是在多个100Mb/s网络汇聚的主干网中。另外,桌面计算机和工作站性能的不断提高,以及网络视频之类需要实时传输高质量彩色图像内容的新型应用也对带宽提出了更高的要求。这些因素最终导致了20世纪90年代末期IEEE 802.3z千兆位以太网(Gigabit Ethernet,GE)的诞生。千兆位以太网的传输速率可达到最初10Mb/s以太网的100倍。但这一过程仍没有结束,2002年,IEEE又正式通过了万兆位以太网(10 Gigabit Ethernet)标准IEEE 802.3ae,它使以太网的速度达到了前所未有的10Gb/s。

5.5.1 100Mb/s快速以太网

5.5.1

快速以太网是指工作在100Mb/s速率的以太网。1995年6月,作为IEEE 802.3标准的补充,IEEE 802.3u正式公布,命名为100BASE-T。100BASE-T是在双绞线上传送100Mb/s基带信号的星状拓扑以太网,仍然使用IEEE 802.3的CSMA/CD协议,它也称为快速以太网。用户只要更换一张适配器,再配上一个100Mb/s集线器,就可以很方便地由10BASE-T直接升级到100Mb/s,而不必改变网络的拓扑结构。所有在10Mb/s上的应用软件和网络软件都可以保持不变。100BASE-T的适配器有很强的自适应性,能够自动识别10Mb/s和100Mb/s。

100BASE-T是构造于10Mb/s系列传统以太网基础上的,它继承了传统以太网的帧格式和CSMA/CD介质访问控制协议,同时有效地将数据传输速率从10Mb/s扩张到100Mb/s。

100BASE-T使用CSMA/CD协议解决信道争用问题的前提是网络连接使用的是共享信道,也就是集线器连接。网络中存在冲突,运行在半双工方式下。存在冲突意味着发送数据帧时要侦听并等到冲突时间过后才能保证数据帧成功发送。在传统以太网标准中,冲突时间设定为51.2μs,它和以太网的最小帧长度64字节之间有明确的关联。即64字节为512位,以10Mb/s的发送速度发送64字节用时51.2μs。而51.2μs的时间又限定了网络跨距,即在51.2μs时间内,数据信号必须能够在网络内最远的两个站点之间完成折返,否则发生冲突后不能够判定冲突数据的来源。

100BASE-T仍然使用传统以太网的帧格式,即帧长度为64～1518字节。这就意味着,发送64字节所需要的时间从51.2μs缩短到了5.12μs,而5.12μs的冲突时间使100BASE-T在共享信道(半双工)时的网络跨距明显缩短。

如此看来,100BASE-T是否因为跨距的问题使得现实应用受到影响呢?结论是否定的,因为100BASE-T可使用交换机提供很好的服务质量,可在全双工方式下工作而无冲突发生。因此,CSMA/CD协议对全双工方式工作的快速以太网是不起作用的,由此解除了网络跨距的问题。10BASE-T虽然支持全双工操作,但在正式标准中并未定义。100BASE-T标准则正式定义了全双工操作。

100BASE-T不再支持同轴电缆介质和总线型拓扑。100BASE-T中所有的电缆连接都是点对点的星状拓扑,并且只支持UTP、STP和光纤这三类介质。这意味着,想从细缆以太网升级到快速以太网的用户必须重新布线。

1. 100Mb/s以太网的物理层规范

正式的IEEE 802.3u标准定义了四种不同的物理层规范以支持不同的物理介质,它们分别如下。

(1) 100BASE-TX,使用两对5类UTP电缆。

(2) 100BASE-FX,使用50/100μm或62.5/125μm光纤。

(3) 100BASE-T4,使用四对3类UTP电缆。

(4) 100BASE-T2,使用两对3类UTP电缆。

其中,100BASE-T4 和 100BASE-T2 很少使用,故在此不再介绍。

1) 100BASE-TX

100BASE-TX 和 100BASE-FX 统称为 100BASE-X。100BASE-TX 使用两对 5 类 UTP 双绞线电缆,电缆段的最大长度规定为 100m。如果网络运行环境中存在较大的电磁干扰,那么它也可以使用 STP 电缆来代替 UTP 电缆。为了实现兼容,100BASE-TX 也使用与 10BASE-T 类型相同的 RJ-45 连接器,并且引脚分配也相同。

100BASE-TX 采用了 4B/5B 块编码技术(不再使用曼彻斯特编码)。4B/5B 块编码技术把 4 位的半位元组映射为 5 位二进制编码,由于 5 位二进制编码有 32 种组合,所以 4B/5B 块编码只用了其中 16 种组合,剩下 16 种组合用于特殊控制功能被保留。

由于当达到 100Mb/s 的数据传输速率时,4B/5B 码形变换将使信号频率达到 125MHz,在 UTP 上传送这么高频率的信号将会产生严重的 RFI/EMI 辐射,所以还必须采用其他步骤来降低其频谱宽度。首先要对发送编码进行扰码,以便对发送波形的频谱宽度进行平滑处理。最后,在向 UTP 介质发送前,每一个 5B 编码的串行位流又被编成一个称为 MLT-3(多电平发送-3)的三进制电平码后再发送。这个过程既能够提供足够的时钟密度,同时又使能量变化最小,从而减少了 RFI/EMI 辐射,另外也降低了线路上的直流分量。

2) 100BASE-FX

100BASE-FX 使用两根独立的多模光纤作为传输介质,一根用于发送,另一根用于接收。

100BASE-FX 采用了与 100BASE-TX 相同的 4B/5B 块编码技术。但不必进行扰码和 MLT-3 编码,而是将 4B/5B 编码后的 5 位符号直接在光纤上传输。这是因为在使用光纤时,不用再考虑 RFI/EMI 辐射。

100BASE-FX 允许在光纤链路上进行全双工操作。全双工方式下,用多模光纤可将跨距增加到 2km(但不允许中间接有中继器,因为中继器不支持全双工操作)。

100BASE-FX 的典型应用是用于混合拓扑结构中,目的是加大网络跨距。

【例 5-7】 快速以太网标准 100BASE-TX 采用的传输介质是(　　)。

A. 同轴电缆　　B. 非屏蔽双绞线　　C. CATV 电缆　　D. 光纤

解: 快速以太网标准 100BASE-TX 采用的传输介质是 5 类非屏蔽双绞线(UTP),TX 表示 Twisted Pair。答案为 B。

2. 自动协商机制

在 100BASE-T 刚推出时,市场上还存在大量的 10BASE-T 设备,为了与这些设备兼容,简化从 10BASE-T 迁移到 100BASE-T 的操作,同时为了能够使设备进行工作模式的自动配置,快速以太网标准定义了一个自动协商机制,使得可运行于两种速率的双速设备能够自动感知双方的状态而选择一个合适的运行速率。

自动协商的过程是,双速设备在加电之后发送快速链路脉冲(Fast Link Pulse,FLP)突发序列来表明自己的能力。识别在另一端的对方设备所发出的 FLP 突发序列,如果识别出对方具有与自己兼容的工作模式,则选择其中最优的工作模式(最快的速率)。

5.5.2 千兆以太网

1996 年夏季,千兆以太网(也称为千兆位以太网)的新产品问世。IEEE 在 1997 年通过了千兆以太网的标准 IEEE 802.3z,它在 1998 年成为正式标准。

千兆以太网的标准 IEEE 802.3z 有以下几个特点。

(1) 允许在1Gb/s下以全双工和半双工两种方式工作。

(2) 使用IEEE 802.3协议规定的帧格式。

(3) 在半双工方式下使用CSMA/CD协议(全双工方式下不需要使用CSMA/CD协议)。

(4) 与10BASE-T和100BASE-T技术向后兼容。

千兆以太网可用作现有网络的主干网,也可在高带宽(高速率)的应用场合中(如医疗图像或CAD图形)用来连接工作站和服务器。

千兆以太网的物理层使用两种成熟的技术:一种是来自现有的以太网,另一种是ANSI制定的光纤通道(Fiber Channel,FC)。采用成熟技术能大大缩短千兆以太网标准的开发时间。

千兆以太网的物理层共有以下两个标准。

1) 1000BASE-X(IEEE 802.3z标准)

1000BASE-X标准是基于光纤通道的物理层,即FC-0和FC-1。使用的媒体有以下三种。

(1) 1000BASE-SX,SX表示短波长(使用850nm激光器)。使用纤芯直径为62.5μm和50μm的多模光纤时,传输距离分别为275m和550m。

(2) 1000BASE-LX,LX表示长波长(使用1300nm激光器)。使用纤芯直径为62.5μm和50μm的多模光纤时,传输距离为550m。使用纤芯直径为10μm的单模光纤时,传输距离为5km。

(3) 1000BASE-CX,CX表示铜线。使用两对短距离的屏蔽双绞线电缆,传输距离为25m。

2) 1000BASE-T(IEEE 802.3ab标准)

1000BASE-T使用4对UTP 5类线,传输距离为100m。

千兆以太网工作在半双工方式时,必须进行冲突检测。由于数据传输速率提高到了1Gb/s,最小帧长度为64字节时,千兆以太网的最大电缆长度(网络跨距)减小到10m,这样网络的实用价值就很小了。若将最小帧长度提高,一方面发送短数据时开销太大,另一方面不能保持帧格式的向后兼容。因此,千兆以太网采用了"载波延伸"(Carrier Extension)的方法,使最小帧长度为64字节时仍然有较好的网络跨距。

载波延伸技术在发送帧时检查帧的长度,当发送帧的长度小于512字节时,发送站在发送完帧后继续发送载波扩充位,一直到帧和载波延伸位的总长度达到512字节;当帧长度大于512字节时,不发送载波延伸位。载波延伸位由一些非0非1的特殊符号组成。这种方法保证了1Gb/s以太网的实用性。

载波延伸技术解决了网络跨距的问题,但它也会影响短帧的传输性能,因为载波延伸位实际上占用了网络的带宽。为此,千兆以太网还增加了一种称为帧突发技术的机制以进行弥补,达到提高网络带宽利用率的目的。

帧突发是CSMA/CD环境下的一个可选功能。在这个环境中,允许站点在线路上连续发送多个帧而不放弃对线路的控制。其他站点检测到该突发帧时,就认为线路上没有空闲。当一个站点需要发送几个短帧时,该站点先按照CSMA/CD协议发送第一个帧,该帧可能已附加了载波延伸位。一旦第一个帧发送成功,则具有帧突发功能的该站点就能够继续发送其他帧,直到帧突发的总长度达到65536bit为止。为了在帧突发过程中能始终占用媒体,站点必须用载波延伸位填充帧与帧之间的间隔,使其他站点看到线路总是处在"忙"的状态而不会发送帧。

千兆以太网交换机可以直接与多个图形工作站相连。千兆以太网也可用作百兆以太网的主干网,与百兆或千兆交换机相连,然后和大型服务器连接在一起。图5-24所示为千兆以太网的一个配置举例。

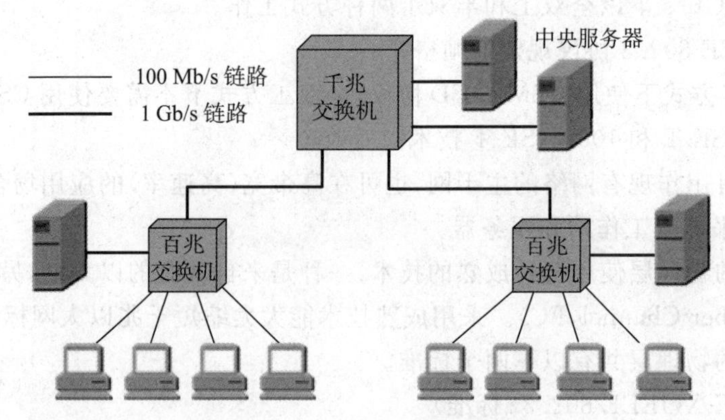

图 5-24 千兆以太网的配置实例

5.5.3 万兆以太网

在千兆以太网标准 IEEE 802.3z 通过后不久,1999 年 3 月,IEEE 成立了高速研究组(High-Speed Study Group,HSSG),其任务是致力于 10Gb/s 以太网的研究。10Gb/s 以太网标准由 IEEE 802.3ae 委员会进行制定,10Gb/s 以太网的正式标准在 2002 年 6 月完成,即万兆以太网。

万兆以太网并不是简单地将千兆以太网的数据传输速率提高了 10 倍,它有许多技术上的问题要解决。万兆以太网的主要特点如下。

(1) 帧格式与传统以太网完全相同,保留了最小及最大帧长度。这就使用户在将其已有的以太网进行升级时,仍能和较低速率以太网方便地通信。

(2) 由于数据传输速率很高,万兆以太网不再使用铜线而只使用光纤作为传输媒体。它使用长距离(超过 40km)的光收发器与单模光纤接口,以便能够工作在广域网和城域网的范围。万兆以太网也可以使用较便宜的多模光纤,但其传输距离为 65～300m。

(3) 万兆以太网只能工作在全双工方式中,因此不会存在冲突问题,也不使用 CSMA/CD 协议。这就使得万兆以太网的传输距离不再受进行冲突检测的限制而大大提高了。

(4) 千兆以太网的物理层可以使用已有的光纤通信技术,而万兆以太网的物理层是新开发的技术。

万兆以太网有以下两种不同的物理层。

(1) 局域网物理层(LAN PHY)。局域网物理层的数据传输速率是 10.000Gb/s(表示是精确的 10Gb/s),因此一个万兆交换机可以支持正好 10 个万兆以太网接口。

(2) 可选的广域网物理层(WAN PHY)。广域网物理层具有另一种数据传输速率,这是为了和所谓的"10Gb/s"的 SONET/SDH(即 OC-192/STM-64)相连接。我们知道,OC-192/STM-64 的数据传输速率不是精确的 10Gb/s,而是 9.95328Gb/s。在去掉帧首部的开销后,其有效载荷的数据传输速率是 9.58464Gb/s。因此,为了使 10Gb/s 的帧能够插入 OC-192/STM-64 帧的有效载荷中,就要使用可选的广域网物理层,其数据传输速率为 9.95328Gb/s。反之,SONET/SDH 的"10Gb/s"速率不可能支持万兆以太网接口,而只是能够与 SONET/SDH 相连接。

需要注意的是,万兆以太网并没有 SONET/SDH 的同步接口,而只有异步的以太网接口。因此,万兆以太网在和 SONET/SDH 连接时,出于经济上的考虑,它只是具有 SONET/

SDH的某些特性,如OC-192的链路速率、SONET/SDH的组帧格式等,但WAN PHY与SONET/SDH并不是全部兼容的,万兆以太网没有TDM的支持,没有使用分层的精确时钟,也没有完整的网络管理功能。

由于万兆以太网的出现,以太网的工作范围已经从局域网扩大到了城域网和广域网,从而实现了端到端的以太网传输。这种工作方式的好处有以下几点。

(1) 以太网是一种经过实践证明的成熟技术,无论是Internet服务提供者ISP还是端用户都很愿意使用以太网。当然对ISP来说,使用以太网还需要在更大的范围进行试验。

(2) 以太网的互操作性好,不同厂商生产的以太网都能可靠地进行互操作。

(3) 在广域网中使用以太网时,其价格大约只有SONET/SDH的五分之一和ATM的十分之一。以太网还能够适应多种传输媒体,如铜缆、双绞线及各种光缆。这就使具有不同传输媒体的用户在进行通信时不必重新布线。

(4) 端到端的以太网连接使帧格式全都是以太网帧格式,而不需要进行帧格式的转换,这就简化了操作和管理。但是,以太网和现有的其他网络,如帧中继或ATM网络,仍然需要有相应的接口才能进行互连。

回顾过去,我们看到10Mb/s以太网最终淘汰了比它快60%的16Mb/s的令牌环,100Mb/s快速以太网也使得曾经是最快的局域网/城域网FDDI变成历史。千兆以太网和万兆以太网的问世,使以太网市场占有率进一步提高,使得ATM在城域网和广域网中的地位受到更加严峻的挑战。万兆以太网是IEEE 802.3标准在速率和距离方面的自然演进。以太网从10Mb/s到10Gb/s的演进,证明了以太网是可扩展的、灵活的(多种媒体、全/半双工、共享/交换)、易于安装维护的、稳健性好的网络。

【例5-8】 IEEE 802.3ae万兆以太网标准支持的工作模式是(　　)。

A. 全双工　　B. 半双工　　C. 单工　　D. 全双工和半双工

解:万兆以太网具有全双工的工作模式:万兆以太网只在光纤上工作,并只能在全双工模式下操作,这意味着不必使用冲突探测协议,因此它本身没有距离限制。它的优点是减少了网络的复杂性,兼容现有的局域网技术并将其扩展到广域网,同时有望降低系统费用,并提供更快、更新的数据业务。

万兆以太网可继续在局域网中使用,也可用于广域网中,而这两者之间工作环境不同。不同的应用环境对于以太网各项指标的要求存在许多差异,针对这种情况,人们制定了两种不同的物理介质标准。这两种物理层的共同点是共用一个MAC层,仅支持全双工,省略了带冲突检测的载波侦听多路访问策略,采用光纤作为物理介质。答案为A。

5.6 小型案例实训

案例一:局域网组建

1. 实验目的

(1) 理解对等网的概念。

(2) 掌握集线器和交换机的工作原理。

(3) 掌握小型局域网的组建方法。

2. 实验设备和环境

(1) 交换机:1台。

(2) 集线器:1 台。

(3) PC:6 台。

(4) 网线:若干。

3. 拓扑结构

网络结构如图 5-25 所示。

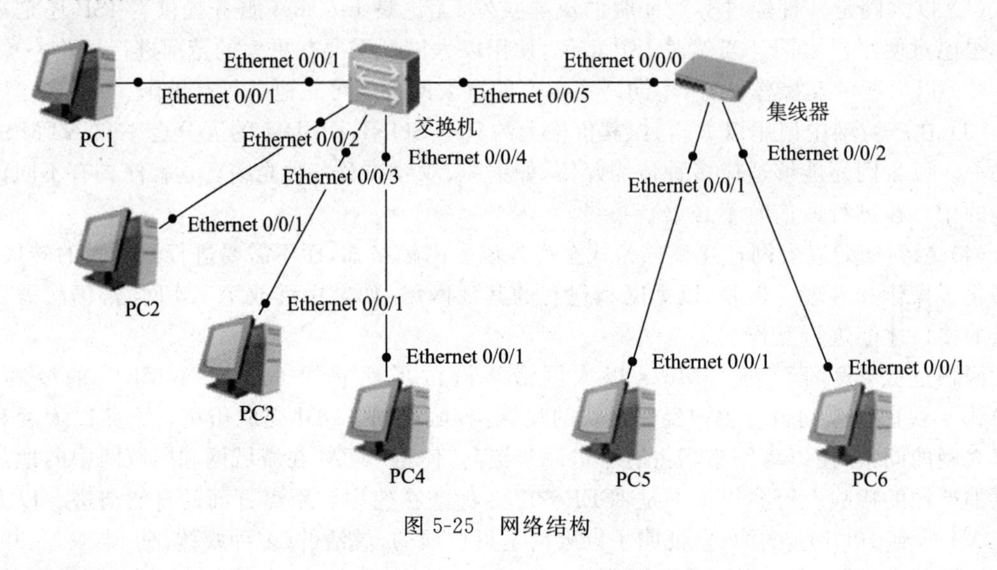

图 5-25 网络结构

4. 实验步骤

1) 组建小型局域网

(1) 利用交换机、计算机和网线,组建一个有 6 台计算机的局域网,网络结构如图 5-25 所示。

(2) 按拓扑结构组网,并完成 PC1～PC6 的 IP 地址配置。IP 地址依次为 192.168.1.1～192.168.1.6,子网掩码设为 255.255.255.0,网关设置为 192.168.1.254。

(3) 在交换机上使用 display mac-address 命令查看 MAC 地址表,显示为空。

(4) 标识计算机。在 PC1 上,依次选择“我的电脑”→“属性”→“网络标识”→“属性”,将“计算机名”设为 PC1,在“隶属于”下将“工作组”名设为 WORKGROUP,然后重启计算机。按同样的操作将其余的“计算机名”分别设为 PC2～PC6,“工作组”名全部设为 WORKGROUP,并重启计算机。

(5) 分别在交换机的 Ethernet 0/0/2、Ethernet 0/0/5 口抓包,从 PC1 ping PC2,抓到的包分别如图 5-26 和图 5-27 所示。

No.	Time	Source	Destination	Protocol	Length	Info
1025	12427.250000	HuaweiTe_5e:67:fd	Broadcast	ARP	60	Who has 192.168.10.12? Tell 192.168.10.11
1026	12427.265000	HuaweiTe_82:1f:e1	HuaweiTe_5e:67:fd	ARP	60	192.168.10.12 is at 54:89:98:82:1f:e1
1027	12427.297000	192.168.10.11	192.168.10.12	ICMP	74	Echo (ping) request id=0x36b9, seq=1/256, ttl=128 (reply in 1028)
1028	12427.312000	192.168.10.12	192.168.10.11	ICMP	74	Echo (ping) reply id=0x36b9, seq=1/256, ttl=128 (request in 1027)
1030	12428.359000	192.168.10.11	192.168.10.12	ICMP	74	Echo (ping) request id=0x37b9, seq=2/512, ttl=128 (reply in 1031)
1031	12428.359000	192.168.10.12	192.168.10.11	ICMP	74	Echo (ping) reply id=0x37b9, seq=2/512, ttl=128 (request in 1030)
1032	12429.406000	192.168.10.11	192.168.10.12	ICMP	74	Echo (ping) request id=0x38b9, seq=3/768, ttl=128 (reply in 1033)
1033	12429.422000	192.168.10.12	192.168.10.11	ICMP	74	Echo (ping) reply id=0x38b9, seq=3/768, ttl=128 (request in 1032)

图 5-26 Ethernet 0/0/2 端口抓包情况

(6)在交换机上使用 display mac-address 命令查看 MAC 地址表,如图 5-28 所示。

No.	Time	Source	Destination	Protocol	Length	Info
87	190.063000	HuaweiTe_5e:67:fd	Broadcast	ARP	60	Who has 192.168.10.12? Tell 192.168.10.11

图 5-27　Ethernet 0/0/5 端口抓包情况

```
[Huawei]dis mac-address
MAC address table of slot 0:
-------------------------------------------------------------------------------
MAC Address    VLAN/       PEVLAN CEVLAN Port            Type      LSP/LSR-ID
               VSI/SI                                              MAC-Tunnel
-------------------------------------------------------------------------------
5489-985e-67fd 1           -      -      Eth0/0/1        dynamic   0/-
5489-9882-1fe1 1           -      -      Eth0/0/2        dynamic   0/-
-------------------------------------------------------------------------------
Total matching items on slot 0 displayed = 2
```

图 5-28　交换机的 MAC 地址表

2）设置文件夹共享

（1）在 PC1 上新建文件夹 D:\share1，在该文件夹下新建一个文本文件 text. txt。

（2）右击 D:\share1，依次选择“属性”→“共享”，选中“共享该文件夹”。

3）访问共享

（1）方法 1：在另外四台计算机上，双击“网上邻居”→“邻近的计算机”→TERM01，在打开的窗口中能够看到共享的文件夹 share1。

（2）方法 2：在 PC2 上，依次选择“开始”→“运行”，在“运行”对话框中输入\\192.168.1.1\，然后按 Enter 键，在打开的窗口中能够看到共享的文件夹 share1。

（3）上面两种方法都会进入 PC1，看到文件夹 share1。进入文件夹 share1，将文件 text. txt 复制到所在计算机(PC2～PC5)的桌面上。

4）映射网络驱动器

（1）找到要映射的文件夹。在 PC2 上找到 PC1 上的文件夹 D:\share1，右击 D:\share1，选择“映射网络驱动器”，在“映射网络驱动器”对话框中设置“网络驱动器”代号，然后单击“确定”按钮。

（2）在 PC2 上，进入“我的电脑”，通过访问刚才所映射的驱动器即可访问 PC1 上的文件夹 D:\share1。

案例二：VLAN 划分方法

1. 实验目的

（1）理解 VLAN 的概念和作用。

（2）掌握在交换机上配置 VLAN 的方法。

2. 实验设备和环境

（1）PC：4 台。

（2）交换机：1 台。

（3）双绞线：若干。

3. 拓扑结构

VLAN 划分拓扑图如图 5-29 所示。

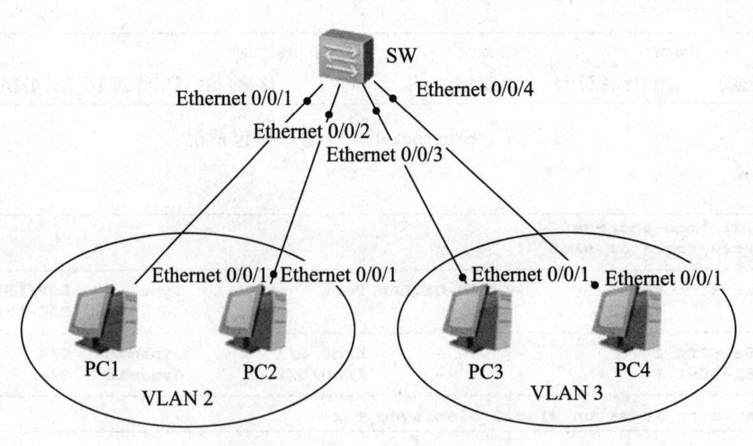

图 5-29 VLAN 划分拓扑图

4. 实验步骤

(1) 根据拓扑图连接交换机和 PC。

(2) 根据表 5-1 划分端口到指定的 VLAN 下。

表 5-1 VLAN 配置

设备名称	端口	端口类型	VLAN 参数
SW	E0/0/1	Access	PVID:2
	E0/0/2	Access	PVID:2
	E0/0/3	Access	PVID:3
	E0/0/4	Access	PVID:3

(3) 根据表 5-2 给每一台 PC 机分配 IP 地址。

表 5-2 PC 机 IP 地址配置

设 备 名 称	接 口	IP 地址
PC1	Ethernet0/0/1	192.168.10.11/24
PC2	Ethernet0/0/1	192.168.10.12/24
PC3	Ethernet0/0/1	192.168.10.13/24
PC4	Ethernet0/0/1	192.168.10.14/24

(4) 进入 SW 交换机,修改交换机名称,创建 VLAN 2、VLAN 3。

```
<Huawei>system-view
[Huawei]sysname SW
[SW]vlan batch 2 3
```

(5) 进入接口,配置接口的链路类型,然后配置 Access 类型接口加入 VLAN 2。

```
[SW]interface Ethernet 0/0/1
[SW-Ethernet0/0/1]port link-type access
```

```
[SW-Ethernet0/0/1]port default vlan 2
[SW-Ethernet0/0/1]quit
[SW]interface Ethernet 0/0/2
[SW-Ethernet0/0/2]port link-type access
[SW-Ethernet0/0/2]port default vlan 2
[SW-Ethernet0/0/2]quit
```

(6) 进入接口，配置接口的链路类型，然后配置 Access 类型接口加入 VLAN 3。

```
[SW]interface Ethernet 0/0/3
[SW-Ethernet0/0/3]port link-type access
[SW-Ethernet0/0/3]port default vlan 3
[SW-Ethernet0/0/3]quit
[SW]interface Ethernet 0/0/4
[SW-Ethernet0/0/4]port link-type access
[SW-Ethernet0/0/4]port default vlan 3
[SW-Ethernet0/0/4]quit
```

(7) 在交换机上使用 display port vlan 命令查看各端口的模式，如图 5-30 所示。

```
[SW]display port vlan
Port                    Link Type    PVID  Trunk VLAN List
-------------------------------------------------------------
Ethernet0/0/1           access       2     -
Ethernet0/0/2           access       2     -
Ethernet0/0/3           access       3     -
Ethernet0/0/4           access       3     -
```

图 5-30　VLAN 划分结果

(8) SW 交换机配置完成后，此时同一 VLAN 下的主机能互相 ping 通，不同 VLAN 下的主机不能 ping 通，如图 5-31 和图 5-32 所示。

```
PC>ping 192.168.10.14

Ping 192.168.10.14: 32 data bytes, Press Ctrl_C to break
From 192.168.10.12: Destination host unreachable
From 192.168.10.12: Destination host unreachable
From 192.168.10.12: Destination host unreachable
From 192.168.10.12: Destination host unreachable
From 192.168.10.12: Destination host unreachable

--- 192.168.10.14 ping statistics ---
  5 packet(s) transmitted
  0 packet(s) received
  100.00% packet loss
```

图 5-31　PC1 ping PC4 的结果

```
PC>ping 192.168.10.12

Ping 192.168.10.12: 32 data bytes, Press Ctrl_C to break
From 192.168.10.12: bytes=32 seq=1 ttl=128 time<1 ms
From 192.168.10.12: bytes=32 seq=2 ttl=128 time<1 ms
From 192.168.10.12: bytes=32 seq=3 ttl=128 time<1 ms
From 192.168.10.12: bytes=32 seq=4 ttl=128 time<1 ms
From 192.168.10.12: bytes=32 seq=5 ttl=128 time<1 ms

--- 192.168.10.12 ping statistics ---
  5 packet(s) transmitted
  5 packet(s) received
  0.00% packet loss
  round-trip min/avg/max = 0/0/0 ms
```

图 5-32　PC1 ping PC2 的结果

5.7 本章小结

本章主要学习和了解局域网。局域网是计算机网络的一种,它既具有一般计算机网络的特点,又具有自己的特征。通过学习掌握局域网的基本特点与工作原理,并掌握其典型代表——以太网的基本特性和工作过程。另外,还介绍了虚拟局域网 VLAN,通过了解 VLAN 的使用背景,更好地掌握 VLAN 的工作原理和配置方法。

5.8 本章习题

一、选择题

1. 下列不属于局域网拓扑结构的是(　　)。

A. 星状　　B. 环状　　C. 树状　　D. 不规则形

2. 双绞线由两根具有绝缘保护层的铜导线按一定密度互相绞在一起组成,这样可以(　　)。

A. 降低信号干扰的程度　　B. 降低成本

C. 提高传输速率　　D. 没有任何作用

3. 100BASE-FX 中多模光纤的最长传输距离为(　　)。

A. 500m　　B. 1km　　C. 2km　　D. 40km

4. 在 IEEE 802.3 的标准网络中,10BASE-TX 所采用的传输介质是(　　)。

A. 粗缆　　B. 细缆　　C. 双绞线　　D. 光纤

5. 在某办公室内铺设一个小型局域网,总共有 4 台 PC 需要通过一台集线器连接起来,采用的线缆类型为 5 类双绞线。则理论上任意两台 PC 机的最大间隔距离是(　　)。

A. 400m　　B. 100m　　C. 200m　　D. 500m

6. 在某办公室内铺设一个小型局域网,总共有 8 台 PC 机需要通过两台集线器连接起来,采用的线缆类型为 3 类双绞线。则理论上任意两台 PC 机的最大间隔距离是(　　)。

A. 300m　　B. 100m　　C. 200m　　D. 500m

7. 组建计算机局域网中不需要的设备是(　　)。

A. 网卡　　B. 服务器　　C. 传输介质　　D. 调制解调器

8. 以太局域网采用的媒体访问控制方式为(　　)。

A. CSMA　　B. CDMA　　C. CSMA/CD　　D. CSMA/CA

9. 各种局域网的 LLC 子层是(　　),MAC 子层是(　　)。

A. 相同的,不同的　　B. 相同的,相同的

C. 不同的,相同的　　D. 不同的,不同的

二、填空题

1. 以太网物理层协议 100BASE-T,表示其传输速率为________,采用________传输方式,传输介质为________。

2. 数据链路层与传输媒体有关的部分是________子层,与传输媒体无关的部分是________。

3. 从局域网媒体访问控制方法的角度,可以把局域网划分为________局域网和________局域网两大类。

4. VLAN 的全称为________。

三、简答题

1. 网络适配器的作用是什么？
2. 为什么 LLC 标准制定出来了，现在却很少使用？
3. 使用网桥可以带来哪些好处？
4. 共享型以太网有哪些缺点？交换型以太网是如何弥补这些缺点的？
5. 比较全双工以太网和半双工以太网的区别。
6. 划分 VLAN 的方法有哪些？

第6章 网络层

本章要点:

(1) 网络层概述。

(2) 网络层功能。

(3) 网络互联设备。

(4) TCP/IP 的网络层。

学习目标:

(1) 了解网络层的基本功能。

(2) 掌握网络层协议。

(3) 掌握网络互联设备的原理。

(4) 掌握路由器的基本配置方法。

(5) 掌握网络互联的原理。

6.1 网络层概述

6.1.1

6.1.1 为什么需要网络层

在学习了物理层和数据链路层之后,再来学习网络层,大家一定会有一个疑问:既然数据链路层已经能利用物理层所提供的比特流传输服务实现相邻结点之间的可靠数据传输,为什么还要在数据链路层之上有一个网络层呢?注意,问题就在于数据链路层所涉及的“相邻”两字,我们在第四章中曾说明,所谓“相邻”,是指位于同一物理网段或物理链路上的结点。也就是说,数据链路层只能将数据帧由传输介质的一端送到另一端。如图 6-1 所示,源主机 DTE1 和 DCE1 为相邻结点,而 DCE1 则分别与 DCE2、DCE3 和 DCE4 为相邻结点,数据链路层可以解决诸如这些相邻结点之间的数据传输问题。但是从图中可以看出,从源主机 DTE1 到目标主机 DTE2 要历经许多中间结点,而这些中间结点构成了多条不同的网络路径,从而必然带来路径选择问题。也就是说,当 DCE1 收到从 DTE1 传来的数据后,就马上面临着是从 DCE2 还是 DCE3 或者是 DCE4 进行数据转发的问题,而数据链路层显然没有提供这种实现源到目标数据传输所必需的路径选择功能。

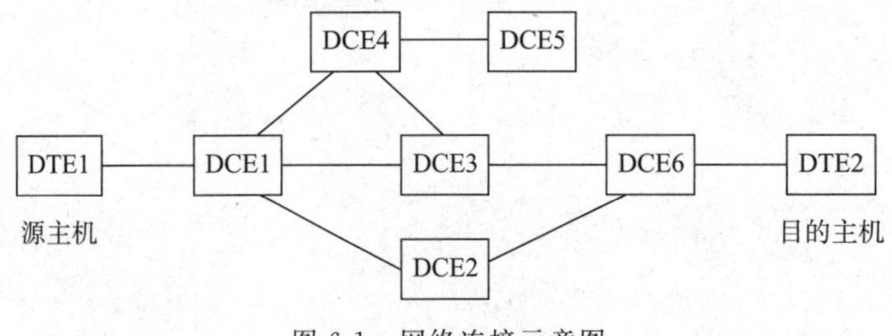

图 6-1 网络连接示意图

但是有的读者可能会提出反问，既然数据链路层能够以物理地址来标识网络中的每一个结点，那么为什么不能绕开路径选择问题而直接利用物理层地址实现主机寻址呢？我们说，当源和目标位于同一个网桥或交换机的不同端口直接相连的网段时，这种寻址方式可以非常方便地定位到目标主机。但是，若网桥或交换机的其他端口直接所连的网段没有目标主机时，则网桥和交换机就只能通过向所有其他相连的网桥或交换机进行广播的方式来间接地找到目标结点。从表面上看，这种方式似乎是可行的，但大家设想一下，如果网络规模增大时，这种"广播找人"的方法是不可想象的，甚至会因为过量的广播导致网络瘫痪。所以，通过物理地址直接寻址的方式只能适用于规模非常小的网络，在许多情况下，网络路径选择功能是必不可少的。

6.1.2　网络层的功能概述

6.1.2

网络层涉及将源主机发出的分组经由各种网络路径送达目的主机，其利用了数据链路层所提供的相邻结点之间的数据传输服务，向传输层提供了从源到目标的数据传输服务。网络层是处理端到端(end to end)数据传输的最底层，但同时又是通信子网的最高层。如图 6-2 所示，资源子网中的主机具备了 OSI 参考模型中所有七层的功能，但通信子网中的主机因为只涉及通信问题而只拥有 OSI 参考模型的下三层。所以，网络层被看成是通信子网与资源子网的接口，即通信子网的边界。

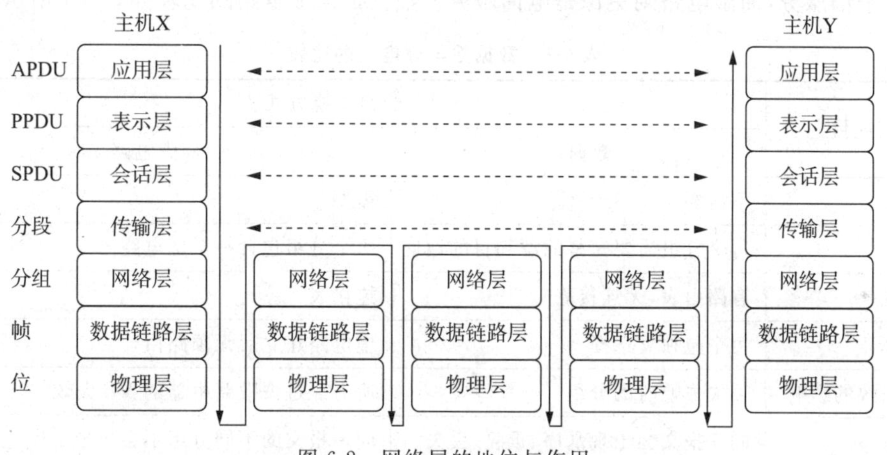

图 6-2　网络层的地位与作用

为了有效地实现源到目标的分组传输，网络层需要提供多方面的功能。首先，要了解通信子网的拓扑结构，从而能进行最佳路径的选择，最佳路径选择也被称为路由(Routing)。其次，当源主机和目标主机的网络不属于同一种类型时，网络层还要能协调好不同网络间的差异，即所谓解决异构网络互联的问题。最后，在选择路径时，还要注意既不要使某些路径或通信线路处于超负载状态，也不能让另一些路径或通信线路处于空闲状态，即所谓的拥塞控制和负载平衡；当网络带宽或通信子网中的路由设备性能不足时，都可能导致拥塞。另外，还需要规定该层协议数据单元的类型和格式，网络层的协议数据单元称为分组(packet)，和其他各层的协议数据单元类似，分组是网络层协议功能的集中体现，其中要包括实现该层功能所必需的控制信息，如收发双方的网络地址等。同时根据分层的原则，网络层在为传输层提供分组传输服务时还要做到：服务与通信子网技术无关，即通信子网的数量、拓扑结构及类型对于传输层是透明的；传输层所能获得的地址应采用统一的方式，以使其能跨越不同的 LAN 和 WAN。这也是网络层设计的基本目标。

6.1.3 网络层提供的服务

6.1.3

网络层提供给传输层的服务有面向连接和面向无连接之分。简单地说,面向连接就是指在数据传输之前双方需要为此建立一种连接,然后在该连接上实现有次序的分组传输,直到数据传送完毕连接才被释放;面向无连接则不需要为数据传输事先建立连接,其只提供简单的源和目标之间的数据发送与接收功能。

网络层服务方式的不同主要取决于通信子网的内部结构。面向无连接的服务在通信子网内通常以数据报(datagram)方式实现。在数据报服务中,每个分组都必须提供关于源和目标的完整地址信息,通信子网根据地址信息为每一个分组独立进行路径选择。数据报方式的分组传输可能会出现丢失、重复或乱序的现象。

面向连接的服务则通常采用虚电路(Virtual Circuit,VC)方式实现。虚电路是指通信子网为实现面向连接服务而在源与目标之间所建立的逻辑通信链路。虚电路服务的实现涉及三个阶段,即虚电路建立、数据传输和虚电路拆除。在建立连接时,将从源端网络到目标网络的路由作为连接建立的一部分加以保存;在数据传输过程中,在虚电路上传送的分组总是取相同的路径通过通信子网;数据传输完毕需要拆除连接。如果以生活化的实例进行类比,数据报有点类似于中国邮政的平信服务,而虚电路则更像是电话服务。数据报与虚电路的比较如表6-1所示。

表6-1 数据报与虚电路的比较

比较项目	分组交换方式	
	数据报	虚电路
连接设置	不需要	需要
地址	每个分组需要完整的源和目的地址	每个分组包含一个虚电路号
状态信息	有路由表,无连接表	连接表
路由选择	每个包独立选择	虚电路建立后无须路由
路由器失败的影响	丢失失败时的分组	所有经过失败路由器的VC失效
传输质量	同一报文会出现乱序、重复、丢失	同一报文的不同分组不会出现乱序、重复、丢失

6.2 网络层功能

6.2.1 路由选择

6.2.1

在计算机网络的通信过程中,当目标主机和源主机不在同一网络中时,数据包将被发送至源主机的默认网关,那么路由器收到该数据包后又将做什么样的处理呢?这就涉及了下面要讨论的路由与路由协议。

1. 路由与路由表

所谓路由,是指对到达目标网络所进行的最佳路径选择,通俗地讲,就是解决"何去何从"的问题,路由是网络层最重要的功能。在网络层完成路由功能的设备称为路由器,路由器是专门设计用于实现网络层功能的网络互联设备。除了路由器外,某些交换机里面也可集成带网络层功能的模块，即路由模块，带路由模块的交换机也称为三层交换机。另外，在某些操作系统软件中也可以实现网络层的路由功能，在操作系统中所实现的路由功能也称为软件路由。软件路由的前提是安装了相应操作系统的主机必须具有多宿主功能，即通过多块网卡至少连接了两个以上的不同网络。不管是软件路由、路由模块还是路由器，它们所实现的路由功能都是一致的，所以下面在提及路由设备时，将以路由器为代表。

路由器将所有有关如何到达目标网络的最佳路径信息以数据库表的形式存储起来，这种专门用于存放路由信息的表被称为路由表。路由表的不同表项可给出到达不同目标网络所需要历经的路由器接口信息，正是路由表才使基于第三层地址的路径选择最终得以实现。

图6-3所示为一个路由表信息的详细例子。

```
<Huawei>dis ip routing-table
Route Flags: R - relay, D - download to fib
------------------------------------------------------------------------------
Routing Tables: Public
         Destinations : 15       Routes : 15

Destination/Mask    Proto   Pre  Cost      Flags NextHop         Interface

        1.1.1.1/32  Direct  0    0           D   127.0.0.1       LoopBack0
        2.2.2.2/32  OSPF    10   1           D   12.1.1.2        GigabitEthernet0/0/0
        3.3.3.3/32  OSPF    10   2           D   12.1.1.2        GigabitEthernet0/0/0
       12.1.1.0/24  Direct  0    0           D   12.1.1.1        GigabitEthernet0/0/0
       12.1.1.1/32  Direct  0    0           D   127.0.0.1       GigabitEthernet0/0/0
     12.1.1.255/32  Direct  0    0           D   127.0.0.1       GigabitEthernet0/0/0
       14.1.1.0/24  Direct  0    0           D   14.1.1.1        GigabitEthernet0/0/1
       14.1.1.1/32  Direct  0    0           D   127.0.0.1       GigabitEthernet0/0/1
     14.1.1.255/32  Direct  0    0           D   127.0.0.1       GigabitEthernet0/0/1
       23.1.1.0/24  OSPF    10   2           D   12.1.1.2        GigabitEthernet0/0/0
       34.1.1.0/24  OSPF    10   3           D   12.1.1.2        GigabitEthernet0/0/0
      127.0.0.0/8   Direct  0    0           D   127.0.0.1       InLoopBack0
      127.0.0.1/32  Direct  0    0           D   127.0.0.1       InLoopBack0
127.255.255.255/32  Direct  0    0           D   127.0.0.1       InLoopBack0
255.255.255.255/32  Direct  0    0           D   127.0.0.1       InLoopBack0
```

图6-3 路由表实例

路由器的某一个接口在收到帧后，首先进行帧的拆封以便从中分离出相应的IP分组，然后利用子网掩码求"与"方法从IP分组中提取出目标网络号，并将目标网络号与路由表进行比对看能否找到一种匹配，即确定是否存在一条到达目标网络的最佳路径信息。若存在匹配，则将IP分组重新封装成出去端口所期望的帧格式并将其从路由器相应端口转发出去；若不存在匹配，则将相应的IP分组丢弃。上述查找路由表以获得最佳路径信息的过程被称为路由器的"路由"功能，而将从接收端口进来的数据在输出端口重新转发出去的功能称为路由器的"交换"功能。"路由"与"交换"是路由器的两大基本功能。

【例6-1】 在路由器的路由表中，每一条路由最主要的三个信息是________、________和________。

解：本题考查路由表的组成信息。答案：目的网络，下一跳地址，开销。

【例6-2】 在某路由器上查看路由表(部分内容)如下。

Destination/Mask	Proto	Pre	Cost	Flags	NextHop	Interface
0.0.0.0/0	Static	60	0	RD	192.168.2.2	GigabitEthernet0/0/0
192.168.1.0/24	Direct	0	0	D	192.168.1.1	GigabitEthernet0/0/1
192.168.2.0/24	Direct	0	0	D	192.168.2.1	GigabitEthernet0/0/0
192.168.3.0/24	Static	60	0	RD	192.168.2.2	GigabitEthernet0/0/0

现路由器共收到三个分组，其源地址和目的地址如下。

(1) 源地址 192.168.1.5,目的地址 192.168.1.5。

(2) 源地址 192.168.3.5,目的地址 192.168.3.5。

(3) 源地址 192.168.6.5,目的地址 192.168.6.5。

请分别说明路由器如何处理这三个分组。

解:路由器收到分组后,会首先查找路由表,找到与目的地址匹配的路由,若存在匹配路由,则按照匹配路由指定的地址或者端口转发数据;若不存在,则查找是否存在默认路由,若存在,则按照默认路由转发,若不存在,则丢弃数据分组。

(1) 第一个分组的目的地址为 192.168.1.5,与路由项"192.168.1.0/24 Direct 0 0 D 192.168.1.1 GigabitEthernet0/0/1"匹配,故会从端口 GigabitEthernet0/0/1 转发数据。

(2) 第二个分组的目的地址为 192.168.3.5,与路由项"192.168.3.0/24 Static 60 0 RD 192.168.2.2 GigabitEthernet0/0/0"匹配,故从指定的地址 192.168.2.2 转发数据。

(3) 第三个分组的目的地址为 192.168.6.5,无路由匹配项,但此处配置了默认路由,所以按照默认路由指定的地址 192.168.2.2 转发数据。

2. 静态路由和动态路由

由上面介绍可知,在路由器中维持一个能正确反映网络拓扑与状态信息的路由表,对于路由器完成路由功能是至关重要的。那么路由表中的路由信息是从何而来的呢?通常有两种方式可用于路由表信息的生成和维护,即静态路由和动态路由。

所谓静态路由,是指网络管理员根据其所掌握的网络连通信息以手工配置方式创建的路由表表项。这种方式要求网络管理员对网络的拓扑结构和网络状态有着非常清晰的了解,而且当网络连通状态发生变化时,静态路由的更新也要通过手工方式完成。静态路由通常被用于与外界网络只有唯一通道的末端网络,也可作为网络测试、网络安全或带宽管理的有效措施。

显然,当网络互联规模增大或网络中的变化因素增加时,依靠手工方式生成和维护一个路由表会变得不可想象的困难,同时静态路由也很难及时适应网络状态的变化。此时,我们希望有一种能自动适应网络状态变化而对路由表信息进行动态更新和维护的路由生成方式,这就是动态路由。动态路由是指路由协议通过自主学习而获得的路由信息,通过在路由器上运行路由协议并进行相应的路由协议配置即可保证路由器自动生成并维护正确的路由信息。使用路由协议动态构建的路由表不仅能更好地适应网络状态的变化,如网络拓扑和网络流量的变化,同时也减少了人工生成与维护路由表的工作量。但为此付出的代价则是用于运行路由协议的路由器之间为了交换和处理路由更新信息而带来的资源耗费,包括网络带宽和路由器资源的占用。

3. 路由协议

在网络层用于动态生成路由表信息的协议被称为路由协议,路由协议使网络中的路由设备能够相互交换网络状态信息,从而在内部生成关于网络连通性的映像(map)并由此计算出到达不同目标网络的最佳路径或确定相应的转发端口。

路由协议有时也被称为主动路由(routing)协议,这是与规定网络层分组格式的网络层协议(如 IP 协议)相对应而言的。IP 协议的作用是规定了包括逻辑寻址信息在内的 IP 数据报格式,其使网络上的主机有了一个唯一的逻辑标识,并为从源到目标的数据转发提供了所必需的目标网络地址信息。但 IP 数据报只能告诉路由设备数据包要往何处去(What destination or Where to go),还不能解决如何去(How to reach)的问题,而路由协议则恰恰提供了关于如何到达既定目标的路径信息。也就是说,路由协议为 IP 数据包到达目标网络提供了路径选择服务,而 IP 协议则提供了关于目标网络的逻辑标识并且是路由协议进行路径选择服务的对象,所以在此意义上又将 IP 协议这类规定网络层分组格式的网络层协议称为被动路由(routed)协议。

路由协议的核心是路由选择算法。不同的路由选择算法通常会采用不同的评价因子及权重来进行最佳路径的计算,常见的评价因子包括跳数、带宽、延时、可靠性、负载和 MTU(最大传输单元)等。在此,跳数(hop)是指所需经过的路由器数目。通常,按路由选择算法的不同,路由协议被分为距离矢量路由协议、链路状态路由协议和混合型路由协议三大类。表 6-2 所示为距离矢量路由协议与链路状态路由协议的比较。距离矢量路由协议的典型例子包括路由信息协议(Routing Information Protocol,RIP)和内部网关路由协议(Interior Gateway Routing Protocol,IGRP)等,链路状态路由协议的典型例子则是开放最短路径优先协议(Open Shortest Path First,OSPF)。混合型路由协议是综合了距离矢量路由协议和链路状态路由协议的优点而设计出来的路由协议,如 IS-IS(Intermediate System-Intermediate System)和增强型内部网关路由协议(Enhanced Interior Gateway Routing Protocol,EIGRP)就属于此类路由协议。

表 6-2　距离矢量路由协议与链路状态路由协议的比较

距离矢量路由协议	链路状态路由协议
从网络邻居的角度观察网络拓扑结构	得到整个网络的拓扑结构图
路由器转换时增加距离矢量	计算出通往其他路由器的最短路径
频繁、周期性地更新,慢速收敛	由事件触发来更新,快速收敛
把整个路由表发送到相邻路由器	只把链路状态路由选择的更新传送到其他路由器上

通过一个形象的例子就可以体会出距离矢量路由协议和链路状态路由协议在路由算法上的差异。假定有一位同学从温州出发去乌鲁木齐,显然存在多种出行方案供他选择,一是直接乘坐温州至乌鲁木齐的长途汽车;二是直接乘坐温州至乌鲁木齐的航班;三是先由温州坐火车去上海,然后从上海再坐火车抵达乌鲁木齐;四是先坐汽车由温州到杭州,再坐火车由杭州到北京,最后坐飞机由北京抵达乌鲁木齐。这么多方案,哪一个是最佳方案呢?按照典型的距离矢量路由协议 RIP 的看法,第一种和第二种方案均为最佳方案,因为 RIP 认为经过的中间结点(即跳数)最少的路径就是最佳路径,而这两种方案因为都是直接可达而具有相同的优先级。但以典型的链路状态路由协议 OSPF 看来,情况就不是那么简单了。首先,OSPF 要确定这位同学对方案的哪些方面感兴趣,诸如交通工具的速度(是否快捷)、舒适度(是否很拥挤)、安全度(是否可靠)和费用(是否便宜)等,并根据这位同学对这些指标的关注程度确定不同的重要性(即定出权重),然后利用所得到的综合评价标准对所有的可选方案进行评估,最后选择一个综合代价最小的方案作为最佳方案。显然,当这位同学对指标的关注程度发生变化时,所选出的最佳方案也就随之发生变化。

【例 6-3】 表 6-3 所示为 RX 路由器上的路由表,其中路由一列中,C 代表直连,RA 代表通过邻居 RA 学习到,RB 代表通过邻居 RB 学习到。某个时刻,邻居 RB 发来的路由表如表 6-4 所示。要求根据表 6-3 和表 6-4 写出更新后的路由表。

解:更新后的路由表如表 6-5 所示。

表 6-3 RX 路由器上的路由表

目标网络地址	掩　码	路由	开销
202.204.65.0	255.255.255.0	C	0
202.204.64.0	255.255.255.0	RA	3
202.38.70.128	255.255.255.192	RB	3
112.38.70.0	255.255.255.0	RL	4
199.0.0.0	255.0.0.0	RB	7
202.124.254.0	255.255.255.0	RB	5
176.20.0.0	255.255.0.0	RM	10

表 6-4 收到 RB 的路由表

目标网络地址	掩　码	开销
202.204.65.0	255.255.255.0	1
202.204.64.0	255.255.255.0	1
202.38.70.128	255.255.255.192	3
117.78.70.0	255.255.255.0	4
202.124.254.0	255.255.255.0	5

表 6-5 更新后的路由表

目标网络地址	掩　码	路由	开销
202.204.65.0	255.255.255.0	C	0
202.204.64.0	255.255.255.0	RB	2
202.38.70.128	255.255.255.192	RB	4
112.38.70.0	255.255.255.0	RL	4
199.0.0.0	255.0.0.0	RB	7
202.124.254.0	255.255.255.0	RB	6
176.20.0.0	255.255.0.0	RM	10

按照作用范围和目标的不同,路由协议还可被分为内部网关协议和外部网关协议。内部网关协议(Interior Gateway Protocols,IGP)是指作用于自治系统以内的路由协议;外部网关协议(Exterior Gateway Protocols,EGP)是指作用于不同自治系统之间的路由协议。所谓自治系统(Autonomous System,AS),是指网络中那些由相同机构操纵或管理,对外表现出相同路由视图的路由器所组成的系统。自治系统由一个 16 位长度的自治系统号进行标识,其由 NIC 指定并具有唯一性。图 6-4 所示内部网关协议和外部网关协议作用的简单示意。内部网关协议和外部网关协议的主要区别在于其工作目标的不同,前者关注于如何在一个自治系统内提供从源到目标的最佳路径,而后者则更多关注于能够为不同自治系统之间的通信提供多种路由策略。前面所提到的 RIP、IGRP、OSPF、EIGRP 等都属于内部网关协议,在 Internet

上广为使用的边界网关协议(Border Gateway Protocol,BGP)则是外部网关协议的典型例子。

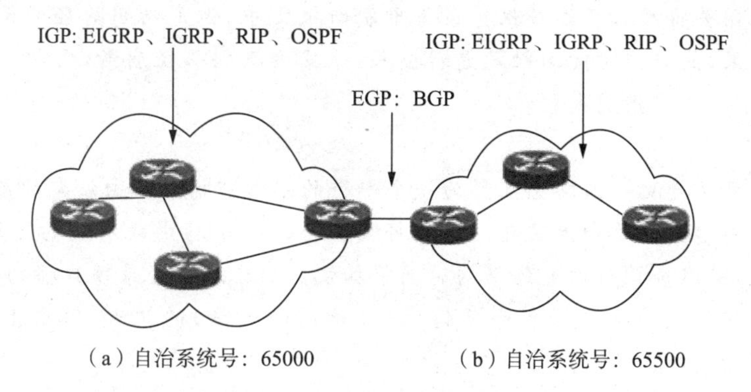

图 6-4 IGP 和 EGP 作用范围示意图

 知识链接

1. RIP

RIP 是一种动态路由选择,它基于距离向量算法(D-V),总是按最短的路由做出相同的选择。这种协议的路由器只关心自己周围的世界,只与自己相邻的路由器交换信息,范围限制在15 跳(15 度)之内,再远,它就不关心了。

RIP 是应用较早、使用较普遍的内部网关协议,适用于小型同类网络,是典型的距离向量(DistancE-Vector)协议。

RIP 通过广播 UDP 报文来交换路由信息,每 30s 发送一次路由信息更新。RIP 提供跳跃计数(hopcount)作为尺度来衡量路由距离,跳跃计数是一个包到达目标所必须经过的路由器数目。如果到相同目标有两个不等速或不同带宽的路由器,但跳跃计数相同,则 RIP 认为两个路由是等距离的。RIP 最多支持的跳数为 15,即在源和目的网间所要经过的最多路由器数目为 15,跳数 16 表示不可达。正是这一规定限制了 RIP 的使用范围,使 RIP 局限于小型的局域网点中。

对于相同开销路径的处理是采用先入为主的原则。在具体的应用中,可能会出现这种情况:去往相同网络有若干条相同距离的路径。在这种情况下,哪个网关的路径广播报文先到,就采用哪条路径,直到该路径失败或被新的更短的路径来代替。

RIP 对过时路径的处理是采用两个定时器,即超时计时器和垃圾收集计时器。所有机器对路由表中的每个项目对设置两个计时器。每增加一个新表,就相应地增加两个计时器。当新的路由被安装到路由表中时,超时计时器被初始化为 0,并开始计数。每当收到包含路由的 RIP 消息,超时计时器就被重新设置为 0。如果在 180s 内没有接收到包含该路由的 RIP 消息,该路由的度量就被设置为 16,而启动该路由的垃圾收集计时器。如果 120s 过去了,也没有收到该路由的 RIP 消息,该路由就从路由表中删除。如果在垃圾收集计时器到 120s 之前收到了包含路由的消息,计时器被清 0,而路由被安装到路由表中。

慢收敛的问题及其解决的方法。包括 RIP 在内的 V-D 算法路径刷新协议,都有一个严重的缺陷,即“慢收敛”(Slow Convergence)问题,也称为“计数到无穷”(Count To Infinity)。如果出现环路,直到路径长度达到 16,也就是说,要经过 7 番来回(至少 30×7s),路径回路才能被解除,这就是所谓的慢收敛问题。解决该问题所采用的方法有很多种,主要采用分割范围法和带触发更新的毒性逆转法。分割范围法的原理是:当网关从某个网络接口发送 RIP 路径刷新报文时,其中不能包含从该接口获得的路径信息。毒性逆转法的原理是:某路径崩溃后,最早广播此路径的网关将原路径继续保存在若干刷新报文中,但是指明路径为无限长。为了加强毒性逆转的效果,最好同时使用触发更新技术:一旦检测到路径崩溃,立即广播路径刷新报文,而不必等待下一个广播周期。

2. 路由汇聚

路由汇聚的含义是把一组路由汇聚为一个单个的路由广播。路由汇聚的最终结果和最明显的好处是缩小网络上的路由表尺寸。这样将减少与每一个路由跳有关的延迟,因为减少了路由登录项数量,所以查询路由表的平均时间将加快。由于路由登录项广播的数量减少,路由协议的开销也将显著减少。随着整个网络(以及子网的数量)的扩大,路由汇聚将变得更加重要。

除了缩小路由表的尺寸之外,路由汇聚还能通过在网络连接断开之后限制路由通信的传播来提高网络的稳定性。如果一台路由器仅向下一个下游的路由器发送汇聚的路由,那么它就不会广播与汇聚范围内包含的具体子网有关的变化。例如,如果一台路由器仅向其临近的路由器广播汇聚路由地址 172.16.0.0/16,那么,如果它检测到 172.16.10.0/24 局域网网段中的一个故障,它将不更新临近的路由器。

这个原则在网络拓扑结构发生变化之后能够显著减少任何不必要的路由更新。实际上,这将加快汇聚,使网络更加稳定。为了执行能够强制设置的路由汇聚,需要一个无类路由协议。不过,无类路由协议本身还是不够的。制定这个 IP 地址管理计划是必不可少的,这样就可以在网络的战略点实施没有冲突的路由汇聚。

这些地址范围称为连续地址段。例如,一台把一组分支办公室连接到公司总部的路由器能够把这些分支办公室使用的全部子网汇聚为一个单个的路由广播。如果所有这些子网都在 172.16.16.0/24～172.16.31.0/24 的范围内,那么,这个地址范围就可以汇聚为 172.16.16.0/20。这是一个与位边界(Bit Boundary)一致的连续地址范围,因此,可以保证这个地址范围能够汇聚为一个单一的声明。要实现路由汇聚的好处最大化,制定细致的地址管理计划是必不可少的。

6.2.2 网络互联

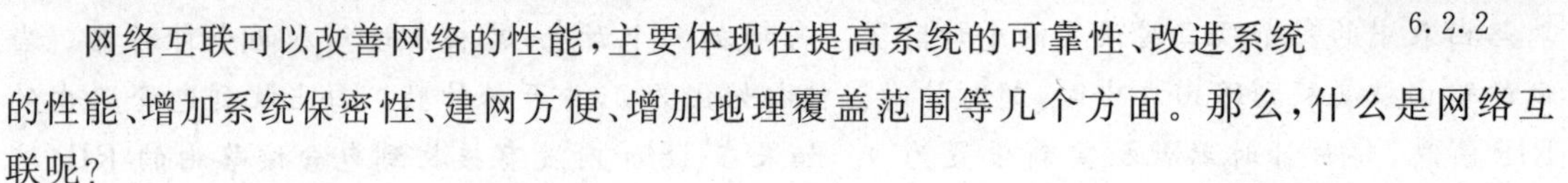

6.2.2

随着商业需求的推动,特别是 Internet 的深入人心,网络互联技术成为实现如 Internet 这样的大规模网络通信和资源共享的关键技术。

网络互联可以改善网络的性能,主要体现在提高系统的可靠性、改进系统的性能、增加系统保密性、建网方便、增加地理覆盖范围等几个方面。那么,什么是网络互联呢?

1. 网络互联的定义

网络互联是指将两个以上的计算机网络,通过一定的方法,用一种或多种通信处理设备相互连接起来,以构成更大的网络系统。

2. 网络互联的要求

(1) 在网络之间提供一条链路,至少需要一条物理和链路控制的链路。

(2) 提供不同网络结点的路由选择和数据传送。

(3) 提供网络记账服务,记录网络资源使用情况,提供各用户使用网络的记录及有关状态信息。

(4) 在提供网络互联时，应尽量避免由于互联而降低网络的通信性能。

(5) 不修改互联在一起的各网络原有的结构和协议。

3. 网络互联的类型

网络互联的形式有局域网与局域网互联、局域网与广域网互联、局域网通过广域网与远端局域网互联、广域网与广域网互联四种。

1) LAN-LAN

这种形式又分为同种 LAN 互联和异种 LAN 互联，常用设备有中继器和网桥。LAN 互联如图 6-5 所示。

2) LAN-WAN

这种形式用来连接的设备是路由器或网关，如图 6-6 所示。

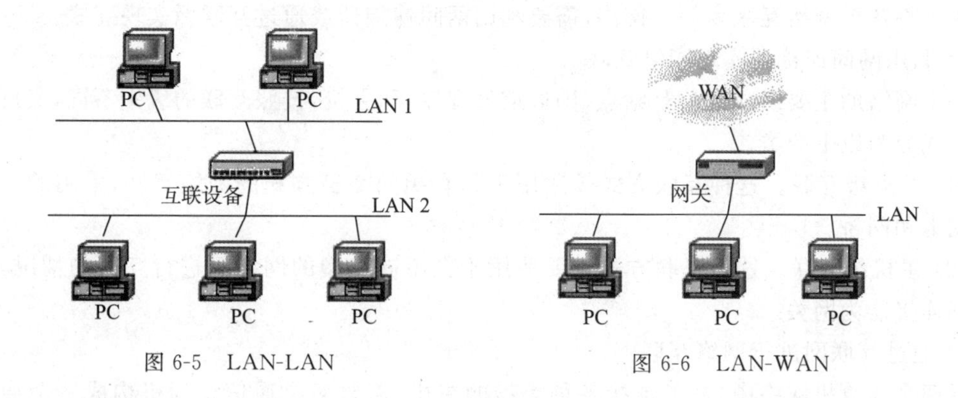

图 6-5　LAN-LAN　　　　图 6-6　LAN-WAN

3) LAN-WAN-LAN

这种形式是将两个分布在不同地理位置的 LAN 通过 WAN 实现互联，连接设备主要有路由器和网关，如图 6-7 所示。

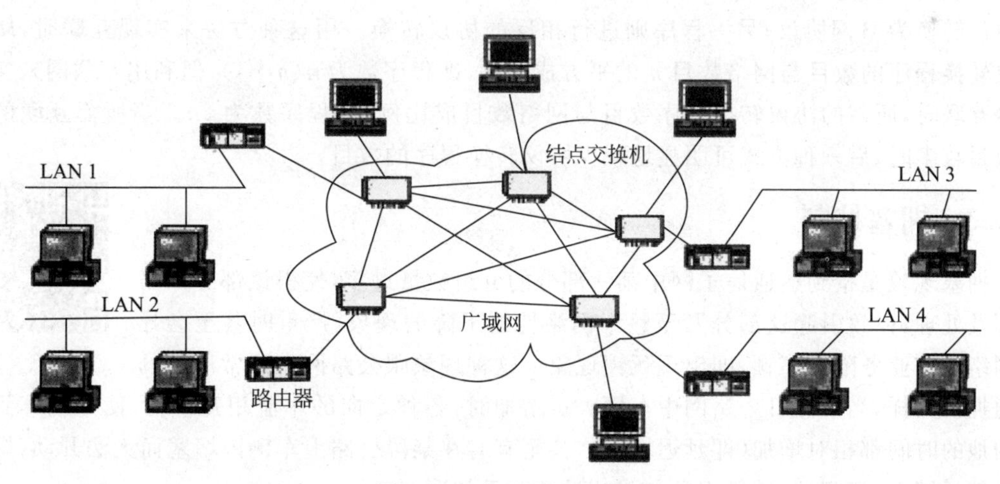

图 6-7　LAN-WAN-LAN

4) WAN-WAN

这种形式通过路由器和网关将两个或多个广域网互联起来，可以使分别连入各个广域网的主机资源实现共享，如图 6-8 所示。

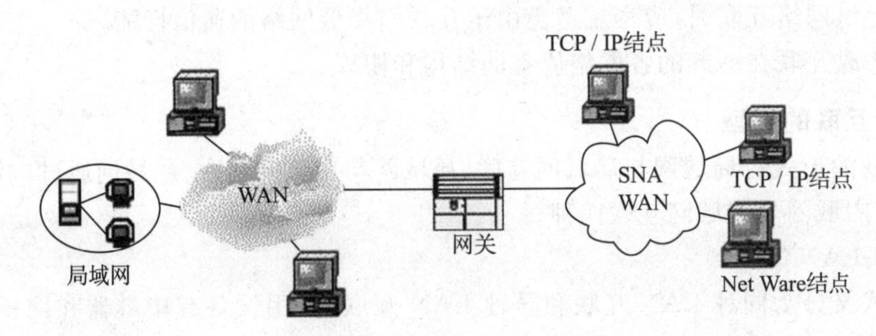

图 6-8　WAN-WAN

4. 网络互联的方式

为了将各类网络互联为一个网络,需要利用网间连接器或通过互联网实现互联。

1) 利用网间连接器实现网络互联

一个网络的主要组成部分是结点(即通信处理器)和主机,按照互联的级别不同,又可以将这种方式分为以下两类。

(1) 结点级互联。这种互联方式较适用于具有相同交换方式的网络互联,常用的连接设备有网卡和网桥。

(2) 主机级互联。这种互联方式主要适用于在不同类型的网络间进行互联的情况,常见的网间连接器为网关。

2) 通过互联网进行网络互联

在两个计算机网络中,为了连接各种类型的主机,需要多个通信处理机构成一个通信子网,然后将主机连接到子网的通信处理设备上。当要在两个网络间进行通信时,源网可将分组发送到互联网上,再由互联网把分组传送给目标网。

当利用网关把 A 和 B 两个网络进行互联时,需要两个协议转换程序,其中之一用于将 A 网协议转换为 B 网协议;另一程序则进行相反的协议转换。用这种方法来实现互联时,所需协议转换程序的数目与网络数目 n 的平方成比例,即程序数为 $n(n-1)$,但利用互联网来实现网络互联时,所需的协议转换程序数目与网络数目成比例,即程序数为 $2n$。当所需互联的网络数目较多时,后一种方式可明显地减少协议转换程序的数目。

6.2.3　拥塞控制

6.2.3

拥塞现象是指到达通信子网中某一部分的分组数量过多,使得该部分网络来不及处理,以致引起这部分乃至整个网络性能下降的现象,严重时甚至会导致网络通信业务陷入停顿,即出现死锁现象。这种现象跟公路网中经常所见的交通拥挤一样,当节假日公路网中车辆大量增加时,各种走向的车流相互干扰,使每辆车到达目的地的时间都相对增加(即延迟增加),甚至有时在某段公路上车辆因堵塞而无法开动(即发生局部死锁)。拥塞、死锁等现象与吞吐量的关系如图 6-9 所示。

1. 造成拥塞的原因

(1) 多条流入线路有分组到达,并需要同一输出线路,此时,如果路由器没有足够的内存来存放所有这些分组,那么有的分组就会丢失。

(2) 由于路由器的慢带处理器的缘故,以至于难以完成必要的处理工作,如缓冲区排队、

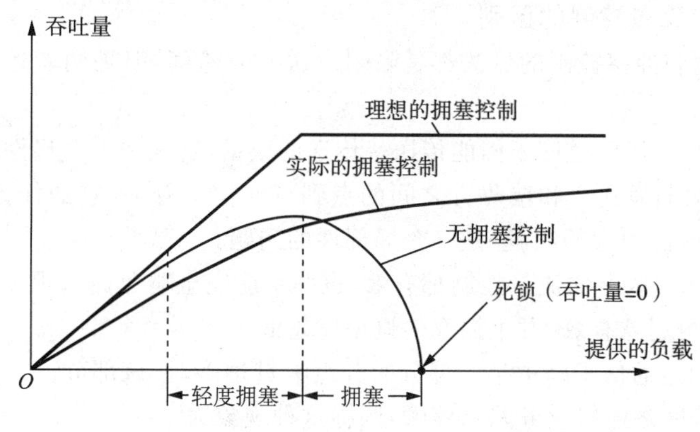

图 6-9 拥塞、死锁等现象与吞吐量的关系

更新路由表等。

2. 拥塞控制方法

(1) 缓冲区预分配法。该方法用于虚电路分组交换网中。在建立虚电路时，让呼叫请求分组途经的结点为虚电路预先分配一个或多个数据缓冲区。若某个结点缓冲器已被占满，则呼叫请求分组另择路由，或者返回一个“忙”信号给呼叫者。这样，通过途经的各结点为每条虚电路开设的永久性缓冲区(直到虚电路拆除)，就总能有空间来接纳并转送经过的分组。此时的分组交换跟电路交换很相似。当结点收到一个分组并将它转发出去之后，该结点向发送结点返回一个确认信息。该确认信息一方面表示接收结点已正确收到分组，另一方面告诉发送结点，该结点已空出缓冲区以备接收下一个分组。上面是“停止—等待”协议下的情况，若结点之间的协议允许多个未处理的分组存在，则为了完全消除拥塞的可能性，每个结点要为每条虚电路保留等价于窗口大小数量的缓冲区。这种方法不管有没有通信量，都有可观的资源(线路容量或存储空间)被某个连接占有，因此网络资源的有效利用率不高。这种控制方法主要用于要求高带宽和低延迟的场合，如传送数字化语音信息的虚电路。

(2) 分组丢弃法。该方法不必预先保留缓冲区，当缓冲区占满时，将到来的分组丢弃。若通信子网提供的是数据报服务，则用分组丢弃法来防止拥塞发生不会引起大的影响；但若通信子网提供的是虚电路服务，则必须在某处保存被丢弃分组的备份，以便拥塞解决后能重新传送。有两种解决被丢弃分组重发的方法，一种是让发送被丢弃分组的结点超时，并重新发送分组直至分组被收到；另一种是让发送被丢弃分组的结点在尝试一定次数后放弃发送，并迫使数据源结点超时而重新开始发送。但是，不加分辨地随意丢弃分组也不妥，因为一个包含确认信息的分组可以释放结点的缓冲区，若因结点元空余缓冲区来接收含确认信息的分组，这便使结点缓冲区失去了一次释放的机会。解决这个问题的方法是可以为每条输入链路永久地保留一块缓冲区，以用于接纳并检测所有进入的分组，对于捎带确认信息的分组，在利用了所捎带的确认信息释放缓冲区后，再将该分组丢弃或将该捎带好消息的分组保存在刚空出的缓冲区中。

(3) 定额控制法。这种方法在通信子网中设置适当数量的称为“许可证”的特殊信息，一部分许可证在通信子网开始工作前预先以某种策略分配给各个源结点，另一部分则在子网开始工作后在网中四处环游。当源结点要发送来自源端系统的分组时，它必须首先拥有许可证，并且每发送一个分组注销一张许可证。目的结点方则每收到一个分组并将其递交给目的端系统后，生成一张许可证。这样便可确保子网中分组数不会超过许可证的数量，从而防止拥塞的发生。

3. 拥塞控制与流量控制的区别

通常,流量控制和拥塞控制的做法都是限制发送方的速度,但是两者还是有本质区别的,主要区别如下。

(1) 拥塞控制必须保证通信子网能传送待传送的数据,这是一个全局性的问题。

(2) 流量控制只与发送方和接收方之间的点到点通信量有关,它的任务是处理发送方传送能力比接收方接收能力大的问题,是一个局部性的问题。

(3) 即使每条通信线路的流量控制都有效,也并不能完全避免拥塞现象的发生。当然,每条通信线路的流量控制越有效,发生拥塞的概率就越低。

【例 6-4】 当到达通信子网中某一部分的分组数量过多时,该部分网络来不及处理,从而使网络性能下降,若网络通信业务陷入停顿,则称这种现象为________。

解: 此题考查的是拥塞和死锁的关系。拥塞的极端后果是死锁。死锁发生时,一组结点由于没有空闲缓冲区而无法接收和转发分组,结点之间相互等待,既不能接收分组,也不能转发分组,且一直保持这一僵局,严重时甚至导致整个网络的瘫痪。答案为死锁。

6.3 网络互联设备

6.3.1

6.3.1 调制解调器

调制解调器是调制器(Modulator)与解调器(Demodulator)的简称,我国香港和台湾地区称为数据机,根据 Modem 的谐音,也称为"猫"。它是在发送端通过调制将数字信号转换为模拟信号,而在接收端通过解调再将模拟信号转换为数字信号的一种装置。

1. 调制解调器的功能

调制解调器的主要功能是调制和解调。调制就是用基带脉冲对载波波形某个参数进行控制,形成适合于线路传送的信号;解调就是当已调制信号到达接收端时,将经过调制器变换过的模拟信号去掉载波恢复成原来的基带数字信号。

采用调制解调器也可以把音频信号转换成较高频率的信号,并且把较高频率的信号转换成音频信号。所以,调制的另一目的是便于线路复用,以便提高线路利用率。

2. 调制解调器的原理

一般人的语音频率范围是 300～3400Hz,为了使语音信号在普通的电话系统中传输,在线路上给它分配一定的带宽,国际标准取 4kHz 为一个标准话路所占用的频带宽度。在这个传输过程中:语音信号以 300～3400Hz 的频率输入,发送方的电话机把这个语音信号转变成模拟信号,这个模拟信号经过一个频分多路复用器进行变化,使得线路上可以同时传输多路模拟信号,当到达接收端以后,再经过一个解频的过程把它恢复到原来频率范围的模拟信号,再由接收方电话机把模拟信号转换成语音信号。

计算机内的信息是由 0 和 1 组成的数字信号,而在电话线上传递的却只能是模拟电信号。不采取任何措施,利用模拟信道来传输数字信号必然会出现很大差错(失真),故在普通电话网上传输数据,就必须将数字信号变换到电话网原来设计时所要求的音频频谱内(即 300～3400Hz)。

3. 调制解调器的分类

目前,调制解调器主要有四类:内置式、外置式、PCMCIA 插卡式和机架式调制解调器。

(1) 内置式调制解调器其实就是一块计算机的扩展卡,插入计算机内的一个扩展槽即可使用,它无须占用计算机的串行端口。它的连线相当简单,把电话线接头插入卡上的 Line 插口,卡上的另一个接口 Phone 则与电话机相连,平时不用调制解调器时,电话机的使用一点也不受影响。

(2) 外置式调制解调器则是一个放在计算机外部的盒式装置,它需要占用计算机的一个串行端口,还需要连接单独的电源才能工作。外置式调制解调器面板上有几盏状态指示灯,可方便用户监视调制解调器的通信状态,并且外置式调制解调器安装和拆卸容易,设置和维修也很方便,还便于携带。外置式调制解调器的连接也很方便,Phone 和 Line 的接法同内置式调制解调器。但是,外置式调制解调器需要用一根串行电缆把计算机的一个串行口和调制解调器串行口连接起来,这根串行电缆一般随外置式调制解调器配送。

(3) PCMCIA 插卡式调制解调器主要用于笔记本计算机,体积纤巧。配合移动电话,可方便地实现移动办公。

(4) 机架式调制解调器相当于把一组调制解调器集中于一个箱体或外壳里,并由统一的电源进行供电。机架式调制解调器主要用于 Internet/Intranet、电信局、校园网、金融机构等网络的中心机房。

6.3.2 路由器

6.3.2

1. 路由器的功能

路由器工作在 OSI 参考模型的第三层(网络层)。由于它比网桥工作在更高一层,因此它的功能比网桥更强。它除了具有网桥的全部功能外,还具有路径选择功能,具体如下。

(1) 提供异构网络的互联。在物理上,路由器可以提供与多种网络的接口,如以太网口、令牌环网口、FDDI 口、ATM 口、串行连接口、SDH 连接口、ISDN 连接口等多种不同的接口。通过这些接口,路由器可以支持各种异构网络的互联,其典型的互联方式包括 LAN-LAN、LAN-WAN 和 WAN-WAN 等。事实上,正是路由器强大的支持异构网络互联的能力,才使其成为 Internet 中的核心设备。

(2) 选择最合理的路由,引导通信。为了实现这一功能,路由器要按照某种路由通信协议查找路由表。路由表中列出整个互联网络中包含的各个结点,以及结点间的路径情况和与它们相联系的传输费用。如果到特定的结点有一条以上路径,则基于预先确定的准则选择最优的路径。由于各种网络段和其相互连接情况可能发生变化,因此路由情况的信息需要及时更新,这是由所使用的路由信息协议规定的定时更新或者按变化情况更新来完成的。网络中的每个路由器都按照这一规则动态地更新其所保持的路由表,以便保持有效的路由信息。

(3) 路由器在转发报文的过程中,为了便于在网络间传送报文,按照预定的规则把大的数据包分解成适当大小的数据包,到达目的地后再把分解的数据包包装成原有形式。

(4) 多协议的路由器可以连接使用不同通信协议的网段,作为不同通信协议网络段通信连接的平台。

(5) 路由器的主要任务是把通信引导到目的地网络,然后到达特定的结点站地址。

2. 路由器的工作原理

当 IP 子网中的一台主机发送 IP 分组给同一 IP 子网的另一台主机时,它将直接把 IP 分组送到网络上,对方就能收到。而要送给不同 IP 子网上的主机时,它要选择一个能到达目的子网上的路由器,并把 IP 分组送给该路由器,由路由器负责把 IP 分组送到目的地。如果没有找到这样的路由器,主机就把 IP 分组送到一个称为"默认网关"的路由器上。"默认网关"是每台主机上的一个配置参数,它是接在同一个网络上的某个路由器端口的 IP 地址。

路由器转发 IP 分组时,只根据 IP 分组目的 IP 地址的网络号部分选择合适的端口,把 IP 分组送出去。同主机一样,路由器也要判定端口所接的是否是目的子网,如果是,就直接把分组通过端口送到网络上,否则,也要选择下一个路由器来传送分组。路由器也有它的默认网关,用来传送不知道往哪里送的 IP 分组。这样,通过路由器把知道如何传送的 IP 分组正确转发出去,把不知道如何传送的 IP 分组送给"默认网关"路由器,这样一级一级地传送,IP 分组最终将被送到目的地,送不到目的地的 IP 分组则被网络丢弃了。

目前,TCP/IP 网络全部是通过路由器互联起来的,Internet 就是成千上万个 IP 子网通过路由器互联起来的国际性网络,形成了以路由器为结点的"网间网"。在"网间网"中,路由器不仅负责对 IP 分组的转发,还要负责与别的路由器进行联络,共同确定"网间网"的路由选择和维护路由表。

路由器的主要工作包括两项基本内容:寻径和转发。寻径即判定到达目的地的最佳路径,由路由选择算法来实现。由于涉及不同的路由选择协议和路由选择算法,要相对复杂一些。为了判定最佳路径,路由选择算法必须启动并维护包含路由信息的路由表,其中,路由信息依赖于所用的路由选择算法而不尽相同。路由选择算法将收集到的不同信息填入路由表中,根据路由表可将目的网络与下一站(Nexthop)的关系告诉路由器。路由器间互通信息进行路由更新,更新维护路由表使之正确反映网络的拓扑变化,并由路由器根据量度来决定最佳路径。

转发即沿找好的最佳路径传送信息分组。路由器首先在路由表中查找,判明是否知道如何将分组发送到下一个站点(路由器或主机),如果路由器不知道如何发送分组,通常将该分组丢弃;否则根据路由表的相应表项将分组发送到下一个站点,如果目的网络直接与路由器相连,路由器就把分组直接送到相应的端口上。

下面通过一个例子来说明路由器的工作原理。

假如工作站 A 需要向工作站 B 传送信息,工作站 B 的 IP 地址为 100.1.1.1,它们之间需要通过多个路由器的接力传递,其网络拓扑结构如图 6-10 所示。

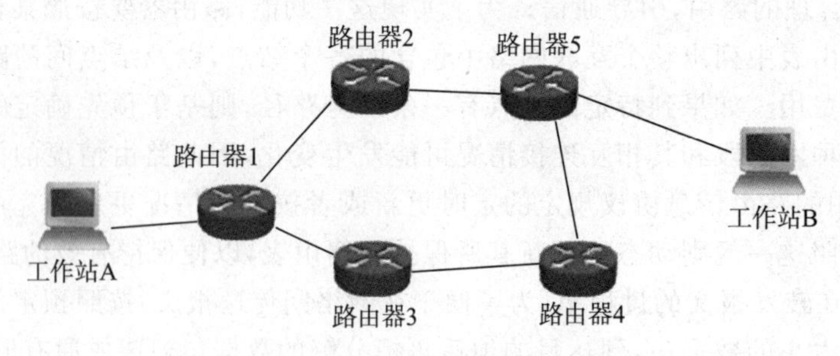

图 6-10 网络拓扑结构

其工作过程如下。

(1) 工作站 A 将工作站 B 的地址 100.1.1.1 连同数据信息以数据帧的形式发送给路由器 1。

(2) 路由器 1 收到工作站 A 的数据帧后,先从报头中取出地址 100.1.1.1,并根据路径表计算出发往工作站 B 的最佳路径:路由器 1→路由器 2→路由器 5→工作站 B;并将数据帧发往路由器 2。

(3) 路由器2重复路由器1的工作，并将数据帧转发给路由器5。

(4) 路由器5同样取出目的地址，发现100.1.1.1就在该路由器所连接的网段上，于是将该数据帧直接交给工作站B。

(5) 工作站B收到工作站A的数据帧，一次通信过程宣告结束。

3. 路由器的特性

(1) 实现各异构网(一～三层使用不同协议)间的互联。例如，连接使用不同传输介质和不同介质访问控制方法的网络。

(2) 路由器也可以作为网桥，以便处理不可"路由"的协议，如NetBEUI。

(3) 使用路由器可使互联网络保持自己的管理控制范围，保证网络的安全。

(4) 路由器可以作为防火墙使用，限制局域网内部对外网(Internet)和外网对局域网内部的访问，起到网络屏障的作用。

(5) 路由器连接网络时，所连接的网络要求在网络层以上的各层(第四～七层)采用相同或相兼容的协议。

【例6-5】 某IP网络连接如图6-11所示，在这种配置下，IP全局广播分组不能够通过的路径是(　　)。

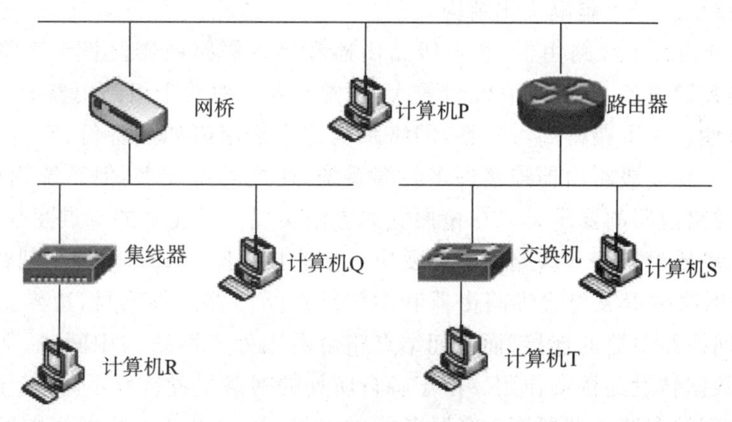

图6-11　网络连接拓扑图

A. 计算机P和计算机Q之间的路径　　　　B. 计算机P和计算机S之间的路径

C. 计算机Q和计算机R之间的路径　　　　D. 计算机S和计算机T之间的路径

解: 在主干网上，路由器的主要作用是路由选择。主干网上的路由器必须知道到达所有下层网络的路径。这需要维护庞大的路由表，并对连接状态的变化做出尽可能迅速的反应。路由器的故障将会导致严重的信息传输问题。

在局域网内部，路由器的主要作用是分隔子网。随着网络规模的不断扩大，局域网演变成由高速主干和路由器连接的多个子网所组成的园区网。其中，各个子网在逻辑上独立，而路由器就是唯一能够分隔它们的设备，它负责子网间的报文转发和广播隔离，在边界上的路由器则负责与上层网络的连接。

交换机只能缩小冲突域，而不能缩小广播域。整个交换式网络就是一个大的广播域，广播报文散到整个交换式网络。而路由器可以隔离广播域，广播报文不能通过路由器继续进行广播。计算机P和计算机S被路由器隔开，属于不同的广播域。

A选项中，计算机P和计算机Q中间有二层设备网桥，不在同一个冲突域中，但在同一个广播域中。

C选项中,计算机Q和计算机R中间只有一个一层设备集线器,既在同一个广播域中,又在同一个冲突域中。

D选项中,计算机S和计算机T中间有二层设备交换机,不在同一个冲突域中,但在同一个广播域中。

只有计算机P和计算机S之间的路径,IP全局广播分组不能够通过,因此答案为B。

4. 路由器的分类

路由器按照不同的划分标准有多种类型,常见的分类有以下几种。

(1) 按性能档次分为高、中、低档路由器。通常将吞吐量大于40Gb/s的路由器称为高档路由器,吞吐量在25～40Gb/s之间的路由器称为中档路由器,而将吞吐量小于25Gb/s的路由器称为低档路由器。当然,这只是一种宏观上的划分标准,各厂家划分并不完全一致,实际上路由器档次的划分不单是以吞吐量为依据,而是有一个综合指标的。以市场占有率最大的Cisco公司为例,12000系列路由器为高端路由器,7500以下系列路由器为中低端路由器。

(2) 按结构分为模块化路由器和非模块化路由器。模块化结构可以灵活地配置路由器,以适应企业不断增加的业务需求;非模块化结构只能提供固定的端口。通常中高端路由器为模块化结构,低端路由器为非模块化结构。

(3) 按功能分为骨干级路由器、企业级路由器和接入级路由器。骨干级路由器是实现企业级网络互联的关键设备,其数据吞吐量较大,非常重要。对骨干级路由器的基本性能要求是高速度和高可靠性。为了获得高可靠性,网络系统普遍采用诸如热备份、双电源、双数据通路等传统冗余技术。企业级路由器连接许多终端系统,连接对象较多,但系统相对简单,且数据流量较小,对这类路由器的要求是以尽量便宜的方法实现尽可能多的端点互联,同时还要求能够支持不同的服务质量。接入级路由器主要应用于连接家庭或ISP内的小型企业客户群体。

(4) 按所处网络位置分为边界路由器和中间结点路由器。很明显,边界路由器处于网络边缘,用于不同网络路由器的连接;而中间结点路由器则处于网络的中间,通常用于连接不同网络,起到一个数据转发的桥梁作用。由于各自所处的网络位置有所不同,其主要性能也就有相应的侧重。中间结点路由器要面对各种各样的网络,如何识别这些网络中的各结点呢?靠的就是这些中间结点路由器的MAC地址记忆功能。因此在选择中间结点路由器时,需要更加注重MAC地址记忆功能,即要选择缓存更大、MAC地址记忆能力更强的路由器。边界路由器可能要同时接收来自许多不同网络路由器发来的数据,因此其背板带宽要足够宽,当然这也要由边界路由器所处的网络环境而定。

(5) 按性能分为线速路由器和非线速路由器。线速路由器就是完全可以按传输介质带宽进行通畅传输,基本上没有间断和延时。通常线速路由器是高端路由器,具有非常高的端口带宽和数据转发能力,能以媒体速率转发数据包;中低端路由器是非线速路由器。但是一些新的宽带接入路由器也有线速转发能力。

6.3.3 网关

6.3.3

网关(Gateway)也称为网间连接器、协议转换器。它支持不同协议之间的转换,主要用于不同体系结构的网络连接,实现不同协议网络之间的互联。网关具有对不兼容的高层协议进行转换的能力,为了实现异构设备之间的通信,网关需要对不同的链路层、专用会话层、表示层和应用层协议进行翻译和转换。使用网关，可以将两个类型完全不同的网络连接在一起。图 6-12 所示为采用网关连接的两个网络，其中网络 A 和网络 B 采用的是不同的协议，而网关则能实现协议的转换，从而进行网络的互联。

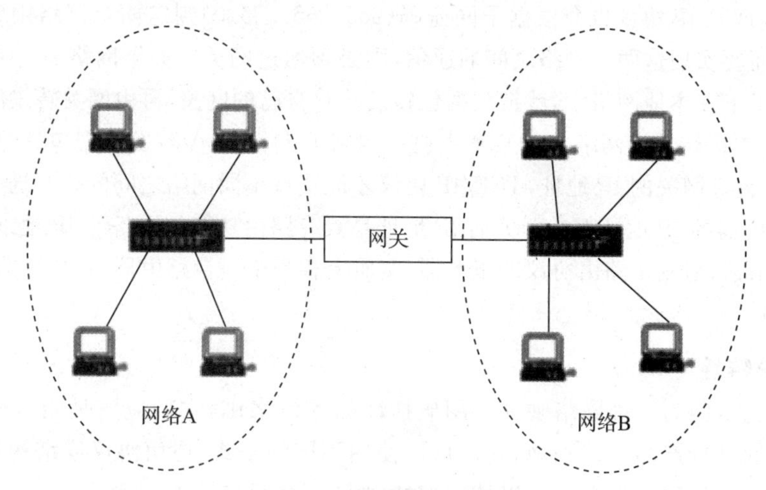

图 6-12　网关连接的两个网络

1. 网关的功能

网关是一种充当转换重任的计算机系统或设备。在使用不同的通信协议、数据格式或语言，甚至体系结构完全不同的两种系统之间，网关是一个翻译器。与网桥只是简单地传达信息不同，网关对收到的信息要重新打包，以适应目的系统的需求。同时，网关也可以提供过滤和安全功能。具体功能主要体现在以下几个方面。

(1) 具有协议转换功能。网关具有从物理层到运输层，甚至应用层各层的协议转换能力。当然用于不同场合的网关，其协议转换的能力可以不同，例如，有的只需要负责物理层到运输层的协议转换，有的则需要完成物理层到应用层的协议转换。

(2) 具有流量控制和拥塞控制的能力。对不同工作速率的网络进行互联时，需要有某种流量控制机构来控制输入到其他网络上的信息流，网关常用的流量控制方式有：源站仅在得到允许时才进行传输；强制源站减少其向网络提供的负荷；采用咨询服务，这种咨询服务告诉源站由于网络拥塞或者其他异常情况，它所发送的分组已经作废。

(3) 具有在各个网络之间可靠传送信息的能力。为了提高互联网络的可靠性，常采用以下措施：防止分组在若干个网关中无限制的循环；向源站或者其他网关发送错误报告；对分组从源站到目的站之间的路径进行跟踪；提供网间信息的重传功能。

(4) 具有路由选择功能。

(5) 具有将分组分段和组装的能力。

2. 网关的工作原理

大家都知道，从一个房间走到另一个房间，必然要经过一扇门。同样，从一个网络向另一个网络发送信息，也必须经过一道“关口”，这道关口就是网关。顾名思义，网关就是一个网络连接到另一个网络的“关口”。按照不同的分类标准，网关也有很多种。TCP/IP 协议里的网关是最常用的，这里所讲的“网关”均指 TCP/IP 协议下的网关。

那么，网关到底是什么呢？网关实质上是一个网络通向其他网络的 IP 地址。例如有网络 A

和网络B,网络A的IP地址范围为192.168.1.1～192.168.1.254,子网掩码为255.255.255.0;网络B的IP地址范围为192.168.2.1～192.168.2.254,子网掩码为255.255.255.0。在没有路由器的情况下,两个网络之间是不能进行TCP/IP通信的,即使两个网络连接在同一台交换机(或集线器)上,TCP/IP协议也会根据子网掩码(255.255.255.0)判定两个网络中的主机处在不同的网络里。而要实现这两个网络之间的通信,则必须通过网关。如果网络A中的主机发现数据包的目的主机不在本地网络中,就把数据包转发给它自己的网关,再由网关转发给网络B的网关,网络B的网关再转发给网络B的某个主机。网络B向网络A转发数据包的过程也是如此。所以说,只有设置好网关的IP地址,TCP/IP协议才能实现不同网络之间的相互通信。那么这个IP地址是哪台机器的IP地址呢?网关的IP地址是具有路由功能的设备的IP地址,具有路由功能的设备有路由器、启用了路由协议的服务器(实质上相当于一台路由器)和代理服务器(也相当于一台路由器)。

3. 网关的特性

网关不能完全归为一种网络硬件。用概括性的术语来讲,它们应该是能够连接不同网络的软件和硬件的结合产品。特别地,它们可以使用不同的格式、通信协议或结构连接起两个系统。网关实际上通过重新封装信息以使它们能被另一个系统读取。为了完成这项任务,网关必须能运行在OSI参考模型的几个层上。网关必须同应用通信,建立和管理会话,传输已经编码的数据,并解析逻辑和物理地址数据。

网关可以设在服务器、微机或大型机上。由于网关具有强大的功能并且大多数时候都和应用有关,它们比路由器的价格要贵一些。另外,由于网关的传输更复杂,其传输数据的速度要比网桥或路由器慢一些。正是由于网关速度较慢,它们有造成网络堵塞的可能。然而在某些场合,只有网关能胜任工作。

4. 网关的分类

根据网关的功能,网关可分为协议网关、应用网关和安全网关。

协议网关通常用在具有不同协议的网络间的互联,并完成协议转换。这一转换过程可以发生在OSI参考模型的第二层,第三层或二、三层之间。常用的协议网关主要有隧道网关和专用网关。隧道是通过不同网络传输数据的通用技术。数据分组被封装在可以被传输网络识别的数据帧中进行传输,当数据分组到达目的地时,目的主机解开封装,恢复原来分组。例如,在IPv4的网络传送IPv6的数据报时,就可以使用隧道网关。专用网关能够在传统的大型机系统和分布式处理系统间建立桥梁。典型的专用网关用于把基于PC的客户端连接到局域网边缘的转换器。该转换器通过X.25网络提供对大型机系统的访问。

应用网关是在使用不同数据格式的系统间进行数据翻译的系统。典型的应用网关接收一种格式的输入,将之翻译,然后以新的格式发送。例如,E-mail可以多种格式实现,提供E-mail的服务器可能需要与各种格式的邮件服务器交互,实现此功能唯一的方法是支持多个网关接口。应用网关也可用于将局域网客户机与外部数据源相连,这种网关为本地主机提供了与远程交互式应用的连接。将应用的逻辑和执行代码置于局域网中,客户端避免了低带宽、高延迟的广域网的缺点,使得客户端的响应时间更短。应用网关将请求发送给相应的计算机,获取数据。

安全网关是多种技术融合的产物,这里的安全是指防止黑客的访问,以免网络资源被泄密甚至被损害。安全网关是若干技术的组合,这些技术包括分组过滤器、电路网关和应用网关。分组过滤器是最基本的安全屏蔽形式,它是由软件对每个分组进行合法性判断,以过滤非法分组的传输。电路网关是借助一个代理服务器，它有一个唯一并公开的地址，把安全域中的计算机地址隐藏起来，外界用户只面对代理服务器，它能阻塞非法访问。

6.3.4 设备的辨别与选择

6.3.4

1. 交换机和集线器的区别

1）在 OSI 参考模型中的工作层次不同

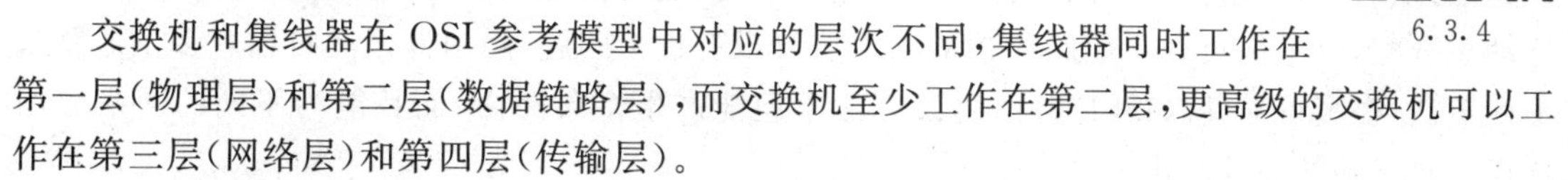

交换机和集线器在 OSI 参考模型中对应的层次不同，集线器同时工作在第一层（物理层）和第二层（数据链路层），而交换机至少工作在第二层，更高级的交换机可以工作在第三层（网络层）和第四层（传输层）。

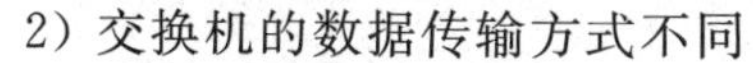

2）交换机的数据传输方式不同

集线器的数据传输方式是广播方式，而交换机的数据传输是有目的的，数据只对目的结点发送，只是在自己的 MAC 地址表中找不到的情况下第一次使用广播方式发送，然后因为交换机具有 MAC 地址学习功能，第二次以后就不再是广播发送了，又是有目的的发送。这样的好处是数据传输效率提高，不会出现广播风暴，在安全性方面也不会出现其他结点侦听的现象。

3）带宽占用方式不同

在带宽占用方面，集线器所有端口共享集线器的总带宽，而交换机的每个端口都具有自己的带宽，所以交换机每个端口的带宽比集线器端口可用带宽要高许多，即交换机的传输速度比集线器要快许多。

4）传输模式不同

集线器只能采用半双工方式进行传输，因为集线器是共享传输介质的，这样在上行通道上集线器一次只能传输一个任务，要么是接收数据，要么是发送数据。而交换机则不一样，它是采用全双工方式来传输数据的，因此在同一时刻可以同时进行数据的接收和发送，这不但令数据的传输速度大大加快，而且在整个系统的吞吐量方面，交换机比集线器至少要快一倍以上，因为它可以同时进行接收和发送，实际上还远不止一倍，因为交换机比集线器的端口带宽要宽许多倍。

总之，交换机是一种基于 MAC 地址识别，能完成封装转发数据包功能的网络设备。目前，主流的交换机厂商以国外的 CISCO（思科）、3COM、安奈特为代表，国内主要有华为、D-LINK 等。

【例 6-6】 有 10 个站连接在以太网上。试计算以下三种情况下每一个站所能得到的带宽。

（1）10 个站都连接到一个 10Mb/s 以太网集线器。

（2）10 个站都连接到一个 100Mb/s 以太网集线器。

（3）10 个站都连接到一个 10Mb/s 以太网交换机。

解：交换机和集线器的带宽占用方式不同，集线器所有端口共享集线器的总带宽，而交换机的每个端口都具有自己的带宽，据此答案如下。

（1）10 个站共享 10Mb/s。

（2）10 个站共享 100Mb/s。

（3）每个站独占 10Mb/s。

2. 交换机和路由器的区别

1）工作层次方面

最初的交换机工作在 OSI 参考模型的数据链路层，也就是第二层，而路由器一开始就设计工作在OSI参考模型的网络层。因为交换机工作在OSI参考模型的第二层(数据链路层),所以它的工作原理比较简单,而路由器工作在OSI参考模型的第三层(网络层),可以得到更多的协议信息,所以路由器可以做出更加智能的转发决策。

2) 负载均衡方面

根据交换机地址学习和MAC地址表建立算法,交换机之间不允许存在回路。一旦存在回路,必须启动生成树算法,阻塞掉产生回路的端口,使得信息集中在一条通信链路上,不能进行动态分配,以平衡负载。而路由器的路由协议没有这个问题,路由器之间可以有多条通路来平衡负载,提高可靠性,OSPF路由协议算法不但能产生多条路由,而且能为不同的网络应用选择各自不同的最佳路由。

3) 子网划分方面

交换机只能识别MAC地址。MAC地址是物理地址,而且采用平坦的地址结构,因此不能根据MAC地址来划分子网。而路由器识别IP地址,IP地址由网络管理员分配,是逻辑地址,且IP地址具有层次结构,被划分成网络号和主机号,可以非常方便地用于划分子网,路由器的主要功能就是用于连接不同的网络。

4) 广播控制方面

交换机只能缩小冲突域,而不能缩小广播域。整个交换式网络就是一个大的广播域,广播报文散到整个交换式网络。而路由器可以隔离广播域,广播报文不能通过路由器继续进行广播。

5) 网络连接功能方面

交换机作为桥接设备也能完成不同链路层和物理层之间的转换,但这种转换过程比较复杂,不适合ASIC实现,势必降低交换机的转发速度。因此,目前交换机主要完成相同或相似物理介质和链路协议的网络互联,而不会用来在物理介质和链路层协议相差甚远的网络之间进行互联。而路由器则不同,它主要用于不同网络之间互联,因此能连接不同物理介质、链路层协议和网络层协议的网络。路由器在功能上虽然占据了优势,但其价格昂贵,报文转发速度慢。

3. 网桥和路由器的区别

(1) 网络端口数量不同:网桥通常只有两个端口,超过两个端口的网桥称为交换机;而路由器最少有16个端口,最多可达48个端口。

(2) 连接的网络类型:网桥只能连接相同的网络,而路由器还可以连接不同的网络。

(3) 能否隔离广播:网桥不能隔离广播,而路由器能够隔离广播。

(4) 工作层次不同:网桥是第二层的设备,而路由器是第三层的设备。

(5) 数据转发的方式不同:网桥使用物理(或MAC)地址来做出数据转发的决定,而路由器使用第三层的寻址方案(IP)来做出数据转发的决定。

4. 三层交换机和路由器的区别

1) 主要功能不同

三层交换机仍是交换机,只不过它兼具了一些基本的路由功能,主要功能仍是数据交换。而路由器仅具有路由转发这一种主要功能。

2) 主要适用的环境不同

三层交换机的应用主要是简单的局域网连接,路由功能通常比较简单。在局域网中的主要用途是提供快速数据交换功能，满足局域网数据交换频繁的特点。而路由器的设计初衷就是为了连接不同类型的网络，它的路由功能更多地体现在不同类型网络之间的互联上。路由器最主要的功能就是路由转发，解决好各种复杂路由路径网络的连接问题就是它的最终目的。路由器的优势在于选择最佳路由、负荷分担、链路备份及与其他网络进行路由信息的交换。为了连接各种类型的网络，路由器的接口类型非常丰富，而三层交换机则一般仅具有同类型的局域网接口，比较简单。

3）性能体现不同

路由器一般由基于微处理器的软件路由引擎执行数据包交换，而三层交换机通过硬件执行数据包交换。三层交换机在对第一个数据流进行路由后，它将会产生一个 MAC 地址与 IP 地址的映射表，当同样的数据流再次通过时，将根据此表直接从二层通过而不是再次路由，从而消除了路由器进行路由选择造成的延迟，提高了数据包转发的效率。同时，三层交换机的路由查找是针对数据流的，它利用缓存技术很容易通过 ASIC 技术来实现，既可以实现快速转发，又能够大大节约制造成本。而路由器的转发采用最长匹配的方式，算法复杂，难以通过硬件直接实现，而通常使用软件完成，转发效率较低。

总而言之，从整体性能上比较，三层交换机的性能要远优于路由器，非常适用于数据交换频繁的局域网中；而路由器虽然路由功能非常强大，但数据包转发效率远低于三层交换机，更适用于数据交换不太频繁的不同类型网络的互联，如局域网与 Internet 互联。而局域网中进行多子网连接最好还选用三层交换机，特别是在不同子网数据交换频繁的环境中。

5. 网络设备的选择

当网络互联设备所关联的 OSI 层次越高，其网络互联能力就越强。物理层设备只能简单地提供物理扩展网络的能力；数据链路层设备在提供物理上扩展网络能力的同时，还能进行冲突域的逻辑划分；而网络层设备则在提供物理上扩展网络能力之外，同时提供了逻辑划分冲突域和广播域的功能。

在网络连接的过程中，往往需要选择多种设备来共同完成网络互联的任务。选择网络设备主要有以下几个依据。

(1) 中继器：工作于物理层，主要的功能是对接收信号进行再生和发送，只起到扩展传输距离的作用，对高层协议是透明的，且使用个数有限。对于结构相同的网络或只考虑扩展距离的网络互联时，可以考虑选择中继器。

(2) 集线器：也工作于物理层，可以看作是多端口中继器，可用于连接不同介质的网络，主要用于星状结构网络，作为星状结构网络的中心。

(3) 网桥：工作于数据链路层，根据帧物理地址进行网络之间的信息转发，可缓解网络通信繁忙度，提高效率。主要用于局域网与局域网的互联。

(4) 二层交换机：也工作于数据链路层，可以看作多端口网桥，主要用于局域网与局域网的互联。

(5) 调制解调器：工作于数据链路层，常用作远程网桥，主要应用于使用电话线拨号上网的环境。

(6) 路由器：工作于网络层，通过逻辑地址进行网络之间的信息转发，可完成异构网络之间的互联互通。

(7) 网关：工作于高层，是最复杂的网络互联设备，用于连接网络层以上执行不同协议的子网。

【例 6-7】 两座大厦 A 和 B 中间被一条河隔开,大厦 A 内新购买了 30 台 PC 机和一些双绞线等传输介质,大厦 B 内有 5 个独立的工作站和几台 PC 机,彼此已经联网。现在希望采用 Windows NT 系统实现大厦 A 内部局域网连接;两个大厦都可以有机器通过拨号方式接入 Internet;同时利用无线方式实现两个大厦间的联网;整个网络建设为以太网。请问需要增加什么硬件设备?

解:需要增加的设备包括:网卡、集线器、以太网路由器、无线网桥、调制解调器。

6.4 TCP/IP 的网络层

TCP/IP 的网络层被称为网络互联层或网际层(Internet Layer),其以数据报形式向传输层提供面向无连接的服务。如图 6-13 所示,该层的主要协议包括 IP、ARP、RARP、ICMP 和一系列路由协议。下面分别对其中的几个重要协议进行介绍。

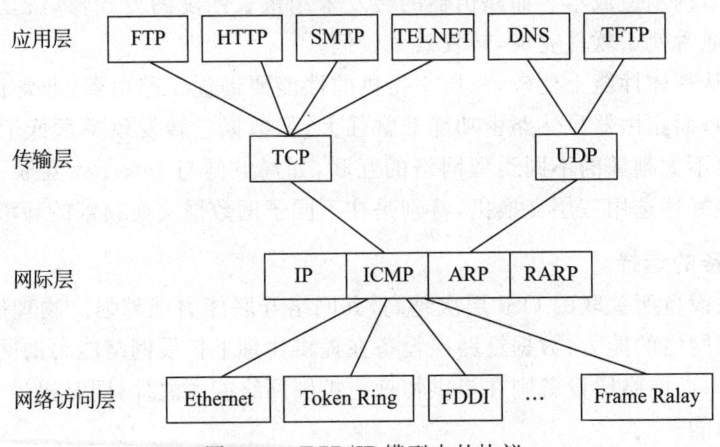

图 6-13 TCP/IP 模型中的协议

6.4.1 IP

6.4.1

IP 是 TCP/IP 网络层的核心协议,其定义了用以实现面向无连接服务的网络层分组格式,其中包括 IP 寻址方式。我们知道,不同网络技术的主要区别在数据链路层和物理层,如不同的局域网技术和广域网技术。而 IP 则能够将不同的网络技术在 TCP/IP 的网际层统一在 IP 之下,以统一的 IP 分组传输提供了对异构网络互联的支持。

1. IP 分组的格式

图 6-14 所示为 IP 分组的基本格式,由于 IP 实现的是面向无连接的数据报服务,故 IP 分组通常也被称为 IP 数据报。其中,有关字段的说明如下。

(1) 版本:数据报协议的版本。通常为 IP 的 4.0 版本。

(2) 头长:数据报报头的长度。以 32 位(相当于 4 字节)长度为单位,当报头中无可选项时,报头的基本长度为 5。

(3) 服务类型:主机要求通信子网提供的服务类型。包括一个 3 位长度的优先级、三个标志位 D、T 和 R,D、T、R 分别表示延迟(Delay)、吞吐量(Throughput)和可靠性(Reliability)。

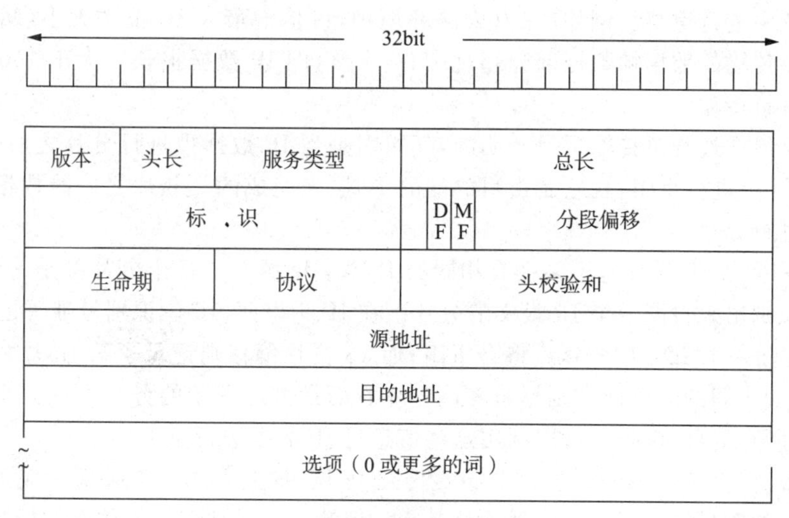

图 6-14　IP 分组的基本格式

另外 2 位未用。通常文件传输更注重可靠性，而数字、声音或图像的传输更注重延迟。

(4) 总长：数据报的总长度，包括头部和数据，以字节为单位。数据报的最大长度为 $2^{16}-1$ 字节，即 65535 字节。

(5) 标识：标识数据报。当数据报长度超出网络最大传输单元时，必须要进行分割，并且需要为分割段(Fragment)提供标识。所有属于同一数据报的分割段被赋予相同的标识值。

(6) 标志：指出该数据报是否可分段。DF 表示不可分段，例如在工作站无盘启动时，就要求从服务器端传送一个完整无缺的包含内存映像的单个数据包；MF 代表还有进一步的分段。分段的基本单位为 8 个字节。

(7) 分段偏移：若有分段时，用以指出该分段在数据报中的位置。13 位的偏移长度意味着一个长数据报至多可被分为 2^{13} 个小段。

(8) 生存时间或生命期：限定数据报生存期的计时器。推荐以 s 来计数，最长为 $2^{8}-1=255$s。生存时间每经过一个路由结点都要递减，当生存时间减到零时，分组就要被丢弃。设定生存时间是为了防止数据报在网络中无限制地漫游。

(9) 协议：指示传输层所采用的协议，如 TCP、UDP 或 ICMP 等。

(10) 头校验和：用于校验数据报头部。采用累加求补再取其结果补码的校验方法。若正确到达时，校验和应为零。

(11) 任选字段：支持各种选项，提供扩展余地。根据选项的不同，该字段是可变长的。

(12) IP 地址：32 位的源地址与目的地址分别指出源主机和目的主机的网络地址。

2. 分片与重组

IP 分片是网络上传输 IP 报文的一种技术手段。IP 在传输数据包时，将数据报文分为若干分片进行传输，并在目标系统中进行重组。这一过程称为分片(Fragmentation)。

分片是分组交换的思想体现，也是 IP 解决的两个主要问题之一。在 IP 中的分片算法主要解决不同物理网络最大传输单元(MTU)的不同造成的传输问题。但是分组在传输过程中不断地分片和重组会带来很大的工作量，还会增加一些不安全的因素。

每一种物理网络都会规定链路层数据帧的最大长度，称为链路层 MTU。IP 在传输数据包时，若 IP 数据报加上数据帧头部后长度大于 MTU，则将数据报文分为若干分片进行传输，并在目标系统中进行重组。例如，在以太网环境中，可传输最大 IP 报文大小(MTU)为 1500 字节。如果要传输的数据帧数据部分超过 1500 字节，即 IP 数据报长度大于 1500 字节，则需要分片之后进行传输。

分片和重组的过程对传输层是透明的，其原因是当 IP 数据报进行分片之后，只有当它到达目的站时，才可进行重组，且它是由目的端的 IP 层来完成的。分片之后的数据报根据需要也可以再次进行分片。

IP 分片和完整 IP 报文差不多拥有相同的 IP 头，ID 域对于每个分片都是一致的，这样才能在重组时识别出来自同一个 IP 报文的分片。在 IP 头里面，16 位识别号唯一记录了一个 IP 包的 ID，具有同一个 ID 的 IP 分片将会重组；而 13 位片偏移则记录了某 IP 片相对整个包的位置；这两个表中间的 3 位标志则标志着该分片后面是否还有新的分片。这三个标志就组成了 IP 分片的所有信息，接收方可以利用这些信息对 IP 数据进行重组。

【例 6-8】 一个 3200bit 长的 TCP 报文传到 IP 层，加上 160bit 的头部后成为数据报。下面的互联网由两个局域网通过路由器连接起来。但第二个局域网所能传送的最长数据帧中的数据部分只有 1200bit，因此数据报在路由器中必须进行分片。请问第二个局域网要向其上层传送多少比特的数据(这里的"数据"是指局域网看见的数据)?

解：第二个局域网所能传送的最长数据帧中的数据部分只有 1200bit，即每个 IP 数据片的数据部分≤1200－160(bit)，由于片偏移是以 8 字节(即 64bit)为单位的，所以 IP 数据片的数据部分最大不超过 1024bit，这样 3200bit 的报文要分 4 个数据片，所以第二个局域网向上传送的比特数等于(3200＋4×160)，共 3840bit。

6.4.2 ARP 与 RARP

6.4.2

虽然在 IP 网络中的每一个主机都具有一个唯一的 IP 地址，但 IP 地址只是一种在网际范围内标识主机的逻辑地址，不能直接利用它们在物理上发送分组。因为数据链路层的硬件是不能识别 Internet 地址的，它们只能以物理方式进行寻址，例如，以太网中的主机是以网卡方式连接到以太网链路中的，网卡只能识别 48 位的 MAC 地址而不可能识别 32 位的 IP 地址。也就是说，为了在物理上实现 IP 分组的传输，需要在网络互联层提供从主机 IP 地址到主机物理地址或 MAC 地址的映射功能。ARP 正是实现这种功能的协议，其全称为地址解析协议(Address Resolution Protocol，ARP)，该协议在 RFC865 中定义。下面以如图 6-15 所示的网络为例说明 ARP 的工作原理。

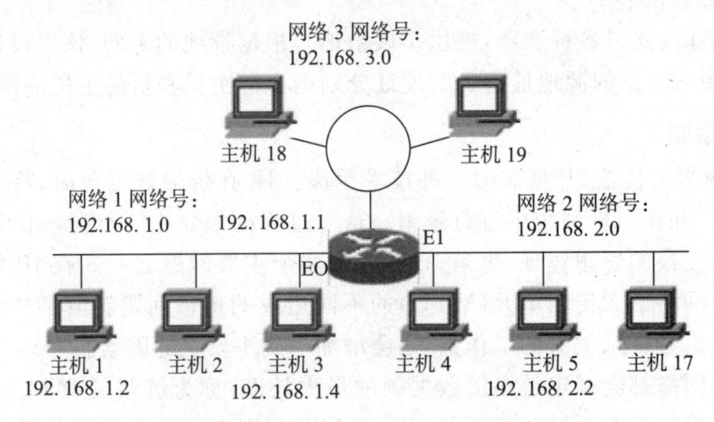

图 6-15 一个路由器互联的网络

第一种情况为源主机和目的主机在同一网络中，例如，主机1向主机3发送数据包。主机1以主机3的IP地址为目的IP地址，以自己的IP地址为源IP地址封装了一个IP数据包；在数据包发送以前，主机1通过将子网掩码和源IP地址及目的IP地址进行求"与"操作判断源和目标在同一网络中；于是主机1转向查找本地的ARP缓存，以确定在缓存中是否有关于主机3的IP地址与MAC地址的映射信息；若在缓存中存在主机3的MAC地址信息，则主机1的网卡立即以主机3的MAC地址为目的MAC地址、以自己的MAC地址为源MAC地址进行帧的封装并启动帧的发送；主机3收到该帧后，确认是给自己的帧，进行帧的拆封并取出其中的IP分组交给网络层去处理。若在缓存中不存在关于主机3的MAC地址映射信息，则主机1以广播帧形式向同一网络中的所有结点发送一个ARP请求（ARP request），在该广播帧中，48位的目的MAC地址以全1即ffffffffffff表示，并在数据部分发出关于"谁的IP地址是192.168.1.4"的询问，这里192.168.1.4代表主机3的IP地址。网络1中的所有主机都会收到该广播帧，并且所有收到该广播帧的主机都会检查一下自己的IP地址，但只有主机3会以自己的MAC地址信息为内容给主机1发出一个ARP回应（ARP reply）。主机1收到该回应后，首先将其中的MAC地址信息加入本地ARP缓存中，其次启动相应帧的封装和发送过程。

第二种情况为源主机和目的主机不在同一网络中，例如，主机1向主机4发送数据包，假定主机4的IP地址为网络192.168.2.2。这时，若继续采用ARP广播方式请求主机4的MAC地址是不会成功的，因为第二层广播（在此为以太网帧的广播）是不可能被第三层设备路由器转发的。于是需要采用一种被称为代理ARP（Proxy ARP，RARP）的方案，即所有目标主机不与源主机在同一网络中的数据包均会被发送给源主机的默认网关，由默认网关来完成下一步的数据传输工作。注意，所谓默认网关，是指与源主机位于同一网段中的某个路由器接口的IP地址，在此例中相当于路由器的以太网接口E0的IP地址，即192.168.1.1。即在该例中，主机1以默认网关的MAC地址为目的MAC地址，而以主机1的MAC地址为源MAC地址，将发往主机4的分组封装成以太网帧后发送给默认网关，然后交由路由器来进一步完成后续的数据传输。实施RARP时，需要在主机1上缓存关于默认网关的MAC地址映射信息，若不存在该信息，则同样可以采用前面所介绍的ARP广播方式获得，因为默认网关与主机1是位于同一网段中的。

ARP解决了IP地址到MAC地址的映射问题，但在计算机网络中，有时也需要反过来解决从MAC地址到IP地址的映射。例如，在网络环境中启动一台无盘工作站时，就常常会出现这类问题。无盘工作站在启动时需要从远程文件服务器上下载其操作系统启动文件的二进制映像，但首先要知道自己的IP地址。RARP就用于解决此类问题，RARP的实现采用的是一种客户机-服务器工作模式。

【例6-9】 在某以太网的局域网中，主机B的IP地址是112.118.66.6。主机A向主机B发送一个IP分组，在构造数据帧时，使用什么协议确定目的MAC地址？封装该协议请求报文的以太网帧的目的MAC地址是什么？

解：此题考查的是ARP的作用和工作原理。因此答案为ARP和ff ff ff ff ff ff。

6.4.3 ICMP

6.4.3

IP提供的是面向无连接的服务，不存在关于网络连接的建立和维护过程，也不包括流量控制与差错控制功能。但我们还是需要对网络的状态有一些了解，因此在网际层提供了因特网控制消息协议（Internet Control Message Protocol，

ICMP)来检测网络,包括路由、拥塞、服务质量等问题。这些控制消息虽然并不传输用户数据,但是对于用户数据的传递起着重要的作用。

协议中给出了多种形式的ICMP消息类型,表6-6所示为一些常见的ICMP消息类型及其作用,网络状态测试工具Ping和Tracert都是基于ICMP实现的。例如,若在主机1上输入一个ping 192.168.1.1命令,则相当于向目的主机192.168.1.1发出了一个以回声请求(Echo Request)为消息类型的ICMP包,若目的主机存在,则其会向主机1发送一个以回声应答(Echo Reply)为消息类型的ICMP包;若目的主机不存在,则主机1会得到一个以不可达目的地(Unreachable Destination)为消息类型的ICMP错误消息包。

表6-6 常见的ICMP消息类型

消息类型	描述
目的地不可达	分组不能提交
超时	生命期字段为0
参数问题	无效的头字段
源端抑制	抑制分组
重定向	告诉路由器有关地理路线
回声请求	向一个主机发出请求看是否还正常
回声应答	对回声请求的应答,表示主机正常
时间标记请求	类似于回声请求,但要加上时间标记
时间标记应答	类似于回声应答,但要加上时间标记

每个ICMP消息都被封装于IP分组中,这些分组被称为ICMP报文。ICMP报文可以分为两大类:ICMP差错报告报文和ICMP查询报文。差错报告报文主要用来向IP数据报源主机返回一个差错报告信息,这个差错报告信息产生的原因是路由器或主机不能对当前数据报进行正常的处理,例如无法将数据报递交给有效的协议上层,数据报因为生存时间TTL为0而被删除等。查询报文用于一台主机向另一台主机查询特定的信息,通常查询报文都是成对出现的,即源主机发起一个查询报文,在目的主机收到该报文后,会按照查询报文约定的格式为源主机返回一个应答报文。

注意,ICMP差错报告报文并不能纠正差错,它只是简单地报告差错,差错报告报文总是被返回给数据报的原始发出者,因为数据报中关于路由的唯一可用信息就是源IP地址和目的IP地址,路由器在不能正常处理数据报时,会产生相应的差错报告报文并返回给数据报源端。差错的纠正需要留给高层协议,当源主机网络层收到差错报告报文后,或者直接根据报文做出相应的处理,或者向更高层的协议通知这个差错信息,由上层协议选择处理。

6.5 小型案例实训

案例一:网络设备的基础配置

1. 实验目的

(1) 了解路由器、交换机的特性。

(2) 掌握路由器、交换机的基本配置方法。

2. 实验设备和环境

(1) PC机:2台。

(2) 路由器(2620):3台。

3. 拓扑结构及参数列表

网络设备基础配置拓扑结构如图6-16所示。

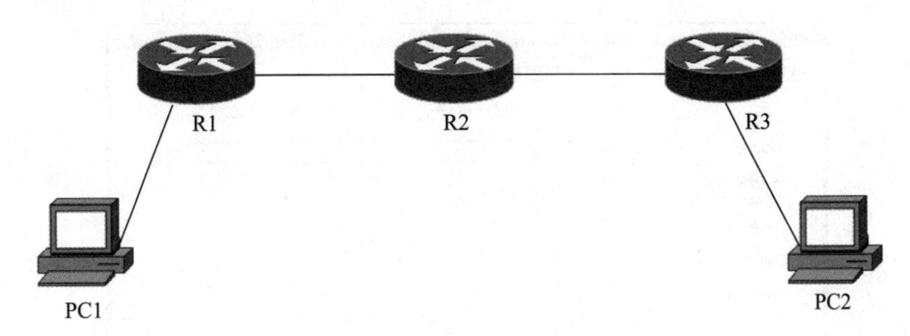

图6-16 网络设备基础配置拓扑结构

具体的IP地址参数要求如表6-7所示。

表6-7 IP地址配置参数列表

主机名称	IP地址	参　数
PC1	172.16.1.2	Mask:255.255.255.0 Gateway:172.16.1.1.
PC2	172.16.4.2	Mask:255.255.255.0 Gateway:172.16.4.1.
R1	G0/0/0:172.16.1.1 G0/0/1:172.16.2.1	Mask:255.255.255.0
R2	G0/0/0:172.16.3.2 G0/0/1:172.16.2.2.	Mask:255.255.255.0
R3	G0/0/0:172.16.3.3 G0/0/1:172.16.4.1	Mask:255.255.255.0

4. 实验步骤

(1) 按照表6-7中的安排对PC1进行IP地址配置,如图6-17所示。

(2) 按照表6-7中的安排对PC2进行IP地址配置,如图6-18所示。

(3) 对R1进行IP地址配置。

```
[R1]int g0/0/0
[R1-GigabitEthernet0/0/0]ip address 172.16.1.1 24
[R1-GigabitEthernet0/0/0]int g0/0/1
[R1-GigabitEthernet0/0/1]ip address 172.16.2.1 24
[R1-GigabitEthernet0/0/1]quit
[R1]ping 172.16.1.2              //测试R1与PC1的连通性,应该是通的
```

(4) 对R2进行IP地址配置。

```
[R2]int g0/0/0
[R2-GigabitEthernet0/0/0]ip address 172.16.3.2  24
[R2-GigabitEthernet0/0/0]int g0/0/1
[R2-GigabitEthernet0/0/1]ip address 172.16.2.2   24
[R2-GigabitEthernet0/0/1]quit
[R2]ping 172.16.2.1                //测试 R2 与 R1 的连通性,应该是通的
```

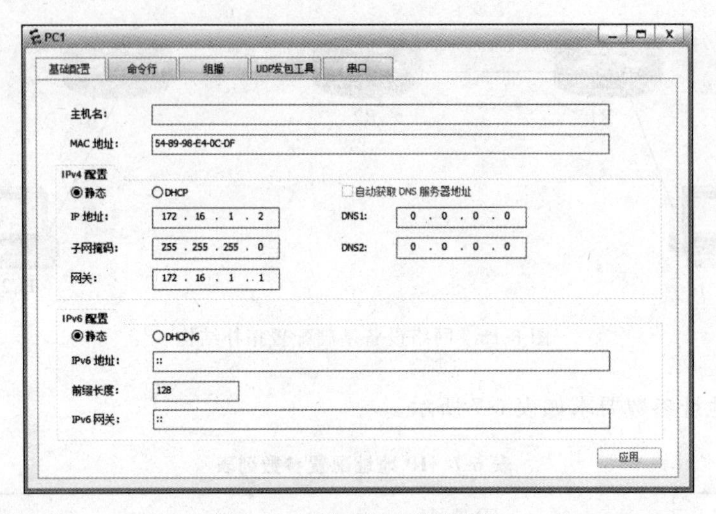

图 6-17 PC1 的 IP 地址配置

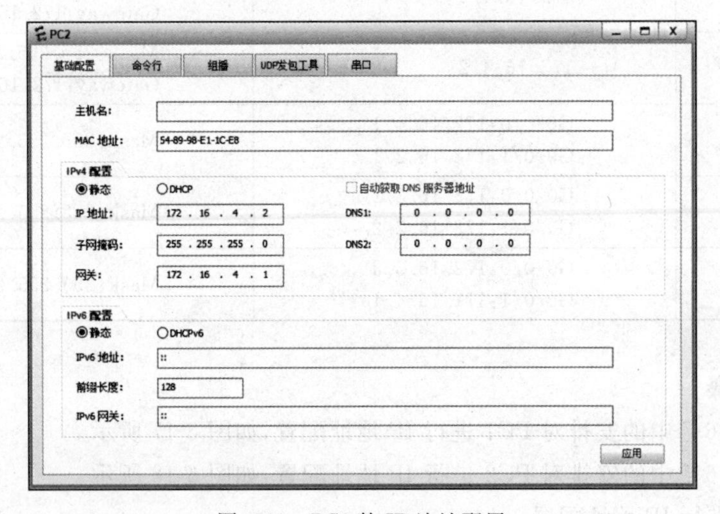

图 6-18 PC2 的 IP 地址配置

(5) 对 R3 进行 IP 地址配置。

```
[R3]int g0/0/0
[R3-GigabitEthernet0/0/0]ip address 172.16.3.3  24
[R3-GigabitEthernet0/0/0]int g0/0/1
[R3-GigabitEthernet0/0/1]ip address 172.16.4.1 24
[R3-GigabitEthernet0/0/1]quit
[R3]ping 172.16.2.1             //测试 R3 与 R2 的连通性,应该是通的
```

```
[R3]ping 172.16.4.2          //测试 R3 与 PC2 的连通性,应该是通的
```

(6) 测试 PC1 与 PC2 的连通性。

在 PC1 中输入:

```
Ping 172.16.4.2              //此时应该是不通的
```

案例二:路由器配置静态路由

1. 实验目的

(1) 熟悉路由器的基本配置情况。

(2) 掌握通过静态路由方式实现网络的连通。

2. 实验设备和环境

(1) 路由器:3 台。

(2) PC 机:2 台。

(3) 直连线或交叉线:4 条。

3. 拓扑结构

静态路由拓扑结构如图 6-19 所示。

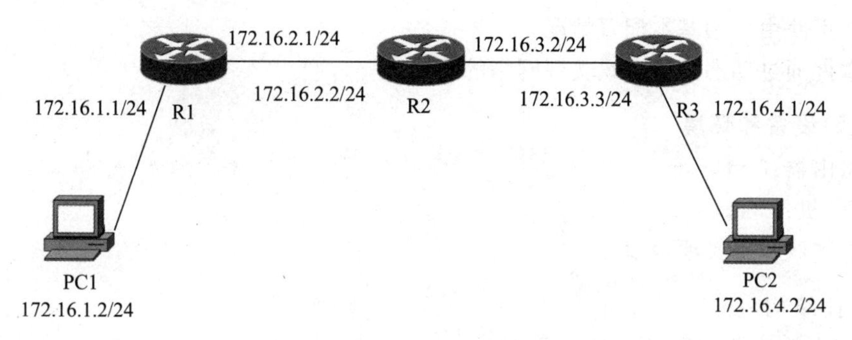

图 6-19 静态路由拓扑结构

4. 实验步骤

(1) 按照案例一中的方法配置好实验环境的 IP 地址。

(2) 测试 PC1 与 PC2 的连通性(此时应该是不通的)。

(3) 在 R1 中进行静态路由配置。

```
[R1]ip routE-static 172.16.3.0 24 172.16.2.2
[R1]ip routE-static 172.16.4.0 24 172.16.2.2
```

(4) 在 R2 中进行静态路由配置。

```
[R2]ip routE-static 172.16.1.0 24 172.16.2.1
[R2]ip routE-static 172.16.4.0 24 172.16.3.3
```

(5) 在 R3 中进行静态路由配置。

```
[R3]ip routE-static 172.16.1.0 24 172.16.3.2
[R3]ip routE-static 172.16.2.0 24 172.16.3.2
```

(6) 测试 PC1 与 PC2 的连通性,测试结果如图 6-20 所示。

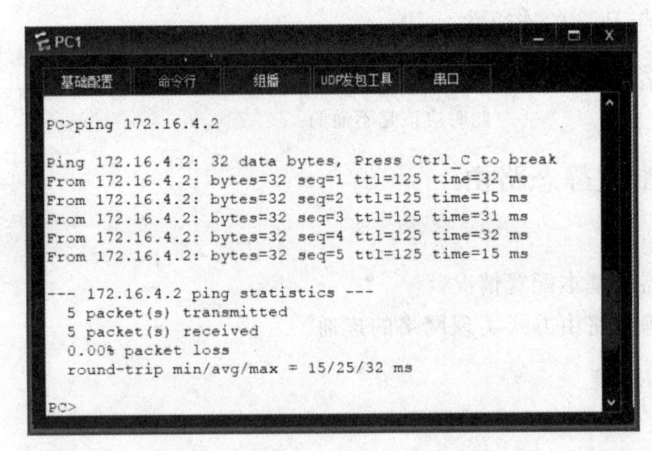

图 6-20 PC1 和 PC2 的连通性测试(1)

案例三:路由器配置动态路由

1. 实验目的

(1) 熟悉路由器的基本配置情况。

(2) 掌握通过动态路由方式实现网络的连通。

2. 实验设备和环境

(1) 路由器:3 台。

(2) PC 机:2 台。

(3) 直连线或交叉线:4 条。

3. 拓扑结构

动态路由拓扑结构如图 6-21 所示。

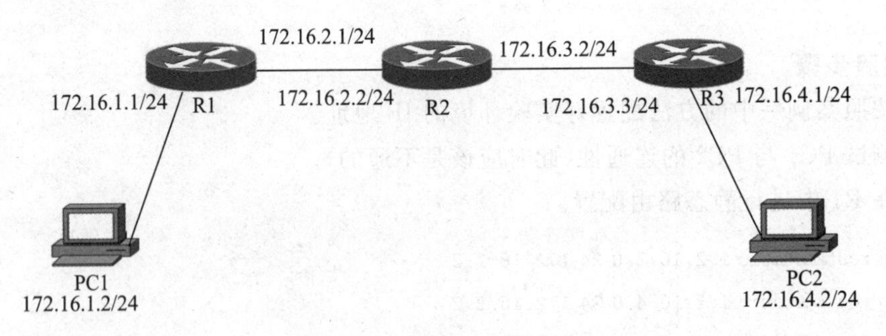

图 6-21 动态路由拓扑结构

4. 实验步骤

(1) 按照案例一中的方法配置好实验环境的 IP 地址。

(2) 测试 PC1 与 PC2 的连通性(此时应该是不通的),测试结果如图 6-22 所示。

(3) 在 R1 中进行动态路由配置。

```
[R1]ospf 1
```

```
[R1-ospf-1]area 0
[R1-ospf-1-area-0.0.0.0]network 172.16.1.0 0.0.0.255
[R1-ospf-1-area-0.0.0.0]network 172.16.2.0 0.0.0.255
```

```
PC1
基础配置  命令行  组播  UDP发包工具  串口
PC>ping 172.16.4.2

Ping 172.16.4.2: 32 data bytes, Press Ctrl_C to
break
Request timeout!
Request timeout!
Request timeout!
Request timeout!
Request timeout!

--- 172.16.4.2 ping statistics ---
  5 packet(s) transmitted
  0 packet(s) received
  100.00% packet loss

PC>
```

图 6-22　PC1 与 PC2 的连通性测试(2)

(4) 在 R2 中进行动态路由配置。

```
[R2]ospf 1
[R2-ospf-1]area 0
[R2-ospf-1-area-0.0.0.0]network 172.16.2.0 0.0.0.255
[R2-ospf-1-area-0.0.0.0]network 172.16.3.0 0.0.0.255
```

(5) 在 R3 中进行动态路由配置。

```
[R3]ospf 1
[R3-ospf-1]area 0
[R3-ospf-1-area-0.0.0.0]network 172.16.3.0 0.0.0.255
[R3-ospf-1-area-0.0.0.0]network 172.16.4.0 0.0.0.255
```

(6) 测试 PC1 与 PC2 的连通性(此时应该是通的),测试结果如图 6-23 所示。

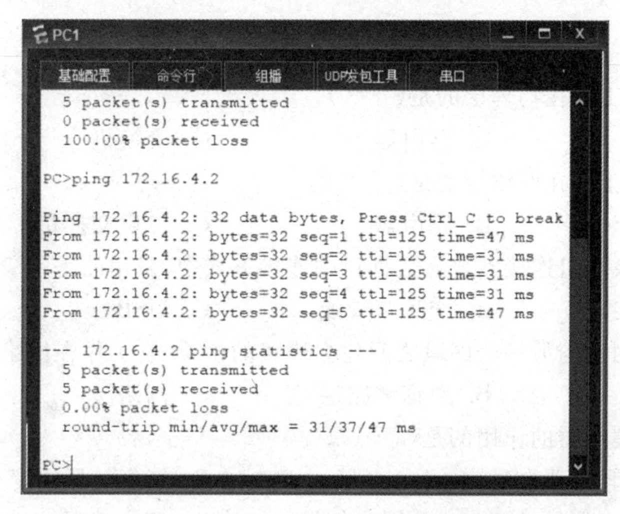

图 6-23　PC1 与 PC2 的连通性测试(3)

(7)查看 R1 的路由表,结果如图 6-24 所示。

```
AR4
[R1]display ip routing-table
Route Flags: R - relay, D - download to fib
------------------------------------------------------------------------------
Routing Tables: Public
         Destinations : 12       Routes : 12

Destination/Mask    Proto   Pre  Cost      Flags NextHop         Interface

      127.0.0.0/8   Direct  0    0           D   127.0.0.1       InLoopBack0
      127.0.0.1/32  Direct  0    0           D   127.0.0.1       InLoopBack0
127.255.255.255/32  Direct  0    0           D   127.0.0.1       InLoopBack0
     172.16.1.0/24  Direct  0    0           D   172.16.1.1      GigabitEthernet
0/0/0
     172.16.1.1/32  Direct  0    0           D   127.0.0.1       GigabitEthernet
0/0/0
   172.16.1.255/32  Direct  0    0           D   127.0.0.1       GigabitEthernet
0/0/0
     172.16.2.0/24  Direct  0    0           D   172.16.2.1      GigabitEthernet
0/0/1
     172.16.2.1/32  Direct  0    0           D   127.0.0.1       GigabitEthernet
0/0/1
   172.16.2.255/32  Direct  0    0           D   127.0.0.1       GigabitEthernet
0/0/1
     172.16.3.0/24  OSPF    10   2           D   172.16.2.2      GigabitEthernet
0/0/1
     172.16.4.0/24  OSPF    10   3           D   172.16.2.2      GigabitEthernet
0/0/1
255.255.255.255/32  Direct  0    0           D   127.0.0.1       InLoopBack0

[R1]
[R1]
```

图 6-24 R1 的路由表

6.6 本章小结

本章首先介绍了 OSI 参考模型第三层的功能和提供的服务,接着讲述了调制解调器、路由器等网络互联设备的工作原理、特性和分类,然后着重围绕 TCP/IP 的网络层展开讨论,包括 IP、ARP 与 RARP、ICMP 等内容。要求掌握网络层中源到目的分组传输的实现机理;理解网络层的主要功能,理解路径选择的作用与实现过程;了解 IP 报文的格式,了解静态路由与动态路由算法的特点及实现过程。

6.7 本章习题

一、选择题

1. 下列设备中,工作在物理层的是(　　)。

   A. 集线器　　B. 路由器　　C. 交换机　　D. 网关

2. 下列设备中,工作在网络层的是(　　)。

   A. 集线器　　B. 路由器　　C. 二层交换机　　D. 网关

3. 集线器采用级联口连接到普通数据口的连接方式中,采用的是(　　)线缆。

   A. 直通双绞线　　B. 交叉双绞线　　C. USB　　D. 光纤

4. 网桥是一个网段与另一个网段之间建立连接的桥梁,它工作在网络的(　　)。

   A. 物理层　　B. 数据链路层　　C. 网络层　　D. 应用层

5. 下列不属于集线器的作用的是(　　)。

   A. 在所有网段上强制冲突　　B. 恢复信号幅度

   C. 重构前同步信号(帧前 64 位同步信号)　　D. 路由选择

6. 下列关于网关与网桥的不同之处描述错误的是(　　)。
   A. 网关用来实现不同局域网的连接
   B. 网关建立在应用层,网桥建立在数据链路层
   C. 网桥不能实现路由选择
   D. 网桥连接的是同类型局域网
7. 下列关于源路由网桥和透明网桥的描述错误的是(　　)。
   A. 透明网桥采用的算法是逆向学习法,网桥按混杂的方式工作,故它能看见所连接的任一局域网上传送的帧
   B. 透明网桥的最大优点就是即插即用,只要接上就能工作,但是网络资源的利用不充分
   C. 源路由网桥路由选择的核心思想是假定每个帧的发送者都知道接收者是否在同一局域网上
   D. 源路由网桥工作在数据链路层的 LLC 子层,常用于连接令牌环网或 FDDI 网的网段
8. 目前流行的以太网通常采用的端口为(　　)。
   A. AUI　　B. BNC　　C. RJ-45　　D. RJ-11

二、填空题

1. 网络层的主要功能有________、________、________。
2. ICMP 的全称为________。
3. 将 IP 地址转换为 MAC 地址的协议是________。
4. IPv4 数据包的头部长度最长为________字节。

三、简答题

1. 网络层的功能有哪些?
2. 简述 ARP 的工作原理。
3. 简述 IP 分片与重组的原理。
4. 简述动态路由算法和静态路由算法的区别。

第7章 传输层

本章要点：

(1) 传输层的功能。

(2) 传输层端口。

(3) TCP。

(4) UDP。

学习目标：

(1) 了解传输层的地位。

(2) 掌握传输层的功能。

(3) 掌握 TCP。

(4) 掌握 UDP。

(5) 了解 TCP 和 UDP 的区别。

7.1 传输层概述

传输层是建立在网络层和会话层之间的一个层次，它实质上是网络体系结构中高层与低层之间衔接的一个接口层。传输层不仅是一个单独的结构层，它还是整个分层体系协议的核心，没有传输层，整个分层协议就没有意义。

7.1.1 传输层的地位与功能

7.1.1

1. 传输层的地位

从不同的角度来看传输层，则传输层既可以被划入高层，又可以被划入低层。如果从面向通信和面向信息处理的角度来看，传输层属于面向通信的低层中的最高层，即属于低层；如果从网络功能和用户功能的角度来看，传输层则属于用户功能的高层中的最低层，即属于高层。

对通信子网的用户来说，希望得到的是端到端的可靠通信服务。通过传输层的服务来弥补各通信子网提供的有差异和有缺陷的服务。通过传输层的服务，增加服务功能，使通信子网对两端的用户都变成透明的。即传输层对高层用户来说，它屏蔽了下面通信子网的细节，使高层用户看不见实现通信功能的物理链路是什么，看不见数据链路的规程是什么，看不见下层有多少个通信子网以及通信子网是如何连接起来的，传输层使高层用户感觉到的就像是在两个传输层实体之间有一条端到端的可靠的通信通路。

网络层是通信子网的一个组成部分，网络层提供的是数据报和虚电路两种服务，网络服务质量并不可靠。对于数据报服务，网络层无法保证报文无差错、无丢失、无重复，无法保证报文按顺序从发送端到接收端。虽然虚电路服务可以保证报文无差错、无重复、无丢失和按顺序发送接收报文，但在这种情况下，也并不能保证服务达到100%的可靠。因为用户无法对通信子网加以控制，所以无法采用通信处理机来解决网络服务质量低劣的问题。解决问题的唯一办法就是在网络层上增加一层协议，这就是传输层协议。

传输层服务独立于网络层服务，传输服务是一种标准服务。传输层服务适用于各种网络，因而不必担心不同的通信子网所提供的不同服务及服务质量。而网络层服务则随不同的网络可能有非常大的不同。所以，传输层是用于填补通信子网提供的服务与用户要求之间的间隙的，其反映并扩展了网络层的服务功能。对传输层来说，通信子网提供的服务越多，传输层协议越简单；反之传输层协议越复杂。

传输层的作用就是在网络层的基础上，完成端对端的差错纠正和流量控制，并实现两个终端系统间传送的分组无差错、无丢失、无重复和分组顺序无误。

2. 传输层的功能

传输层的功能包括连接管理、流量控制、差错检测、对用户请求的响应和建立通信五个方面。

1）连接管理

连接管理定义了用户建立连接的规则。通常把连接的定义和建立过程称为握手。在数据传输开始时，发送方和接收方都要通知各自的操作系统初始化一个连接，一台主机发起的连接必须被另一台主机接收才行。当所有的同步操作完成后，连接就建立成功，开始进行数据传输。在传输过程中，两台主机通过协议软件来通信以验证数据是否被正确接收。数据传输完成后，发送端发送一个标识数据传输结束的指示，接收端在数据传输完成后确认数据传输结束，连接终止。

2）流量控制

流量控制就是以网络普遍接受的速率发送数据，从而防止网络拥塞造成数据报的丢失。传输层独立于低层而运行，它定义了端到端用户之间的流量控制。

3）差错检测

数据链路层的差错检测功能提供了可靠的链路传输，但无法检测源点和目的点之间的传输错误。传输层的差错检测机制会检测到这种类型的错误。

4）对用户请求的响应

对用户请求的响应包括对发送和接收数据请求的响应，以及特定请求的响应，如用户可能要求高吞吐率、低延迟或可靠的服务。

5）建立通信

传输层建立通信过程中，可以提供面向连接的可靠认证服务和面向无连接的不可靠非认证服务。在TCP/IP网络体系结构中，集中体现该类服务的是TCP和UDP。

【例7-1】 提供端到端的通信服务的是（　　）。

A. 应用层　　B. 传输层　　C. 网络层　　D. 数据接口层

解：此题考查的是传输层的功能，即提供端到端的通信服务。答案为B。

7.1.2 传输层的服务类型与协议等级

7.1.2

1. 服务类型

传输服务的最终目标是向其用户（一般是指应用程序中的进程）提供有效、可靠且价格合理的服务。传输层的服务类型有两大类，即面向连接的服务和面向无连接的服务。面向连接的服务提供传输服务用户之间逻辑连接的建立、维持和拆除，是可靠的服务,可提供流量控制、差错控制和序列控制。面向连接的传输服务一般应具有以下特性。

(1) 发送数据前,发送端传输实体必须与接收端的对等实体建立连接。这是一个具有特殊标识符的连接,一直到数据传送完毕后才能明确地释放。

(2) 建立连接时,两个传输实体可就其服务参数、服务质量和服务开销进行协商。

(3) 通信是双向且有序的,能保证可靠的质量。

(4) 具有流量控制功能,以防止一个快速发送者以高于接收者的速率发送,从而导致数据溢出。

面向无连接的服务不要求发送方和接收方之间的会话连接。发送方只是简单地开始向目的地发送数据分组(称为数据报)。面向无连接的服务只能提供不可靠的服务。

2. 协议等级

为了使不同的网络能够进行不同类型的数据传输,OSI 定义了 0～4 类共五类运输协议。这五类协议都是面向连接的,五类协议都要用到网络层提供的服务,即建立网络连接。并且在建立网络连接时,还需要建立各有关短路的连接,在数据传输结束后,释放运输连接。

服务质量是指在运输连接点之间所出现的运输连接的特征,服务质量反映了运输质量及服务的可用性,它是用以衡量传输层性能的。服务质量的内容主要包括:建立连接延迟、建立连接失败、吞吐量、传输延迟、残留差错率、连接拆除延迟、连接拆除失败率、连接回弹率、运输失败率等。

根据用户的要求和差错的性质,网络服务按质量被划分为以下三种类型。

(1) A 型网络服务。网络连接具有可接受的低差错率(残留差错率或漏检差错率)和可接受的低故障通知率(通知传输层的网络连接释放或网络连接重建)。网络服务是一个高效的、理想的、可靠的服务。A 型网络服务条件下,网络中传输的分组不会丢失和失序。在这种情况下,传输层就不需要提供故障恢复和重新排序的服务。

(2) B 型网络服务。网络连接具有可接受的低差错率和不可接受的低故障通知率。网络服务是完美的分组传递交换,但有网络连接释放或网络连接重建问题。

(3) C 型网络服务。网络连接具有不可接受的高差错率。C 型网络服务质量最差,对于这类网络,运输协议要具有对网络进行检错和差错恢复的能力,具有对失序、重复、错误投递的分组进行检错和更正的能力。

OSI 根据传输层功能的特点按级别为传输层定义了一套功能集,这套功能集包括 0～4 类共五类协议。

(1) 0 类协议。0 类协议是面向 A 型网络服务的。其功能只是建立一个简单的端到端的运输连接,且在数据传输阶段可以将长数据报文分段传送。0 类协议没有差错恢复和将多条运输连接复用到一条网络连接上的功能。0 类协议是最简单的协议。

(2) 1 类协议。1 类协议是面向 B 型网络服务的。其功能是在 0 类协议的基础上增加了基本差错恢复功能。基本差错是指出现网络连接断开或网络连接失败,或者收到了未被认可的运输连接的数据单元。

(3) 2 类协议。2 类协议也是面向 A 型网络服务的。但 2 类协议具有复用功能,能进行对运输连接的复用,协议具有相应的流量控制功能。2 类协议中没有网络连接故障恢复功能。

(4) 3 类协议。3 类协议是面向 B 型网络服务的。3 类协议既有差错恢复功能,又有复用功能。

(5) 4 类协议。4 类协议是面向 C 型网络服务的。4 类协议具有差错检测、差错恢复、复用等功能。它可以在网络服务质量差时保证高可靠的数据传输。4 类协议是最复杂的协议。

现在通用的传输层协议是 TCP,它是 TCP/IP 协议簇中的一个重要协议。TCP/IP 协议簇是美国国防部高级计划研究局为实现 ARPA 互联网而开发的。其准确的名称应该是 Internet 协议簇。虽然 TCP 不是 OSI 标准,但已被公认为当前的工业标准。

7.1.3 传输层端口

7.1.3

在功能方面,传输层与网络层的最大区别是前者提供进程通信能力,后者不提供进程通信能力。在进程通信的意义上,网络通信的最终地址就不仅仅是主机地址了,还包括可以描述进程的某种标识符。为此,UDP 和 TCP 提出端口的概念,用于标识通信的进程。

端口是进程访问传输服务的入口点,在分时操作系统中,一台机器可运行若干个并行进程,为解决这些进程要同时访问传输服务的问题,端口机制提供了一种途径。在 TCP/IP 实现中,端口操作类似于一般的 I/O 操作,进程获取一个端口,相当于获取一个本地唯一的 I/O 文件,可以用一般的读写原语访问。

类似于文件描述符,每个端口都拥有一个称为端口号的整数标识符,用于区分不同端口。由于 TCP 和 UDP 是完全独立的两个软件模块,因此各自的端口号也相互独立。例如,UDP 有一个 266 号端口,TCP 也有一个 266 号端口,但这两个端口并不冲突。

TCP/IP 将端口分为两部分:一部分是保留端口,另一部分是自由端口。其中,保留端口占很小的数目,以全局方式进行分配。每一个标准的服务器都拥有一个全局公认的端口号,不同机器上同样的服务器,其端口号相同。自由端口占全部端口的绝大部分,以本地方式进行分配。当进程要与远程通信时,先申请一个自由端口,然后根据全局分配的公认端口号与远程服务器建立联系,才能传输数据。UDP 和 TCP 都有自己的保留端口,而且都是从 0 号端口开始按顺序向上分配。同一个保留端口在 TCP 和 UDP 中可能对应于不同类型的应用进程,也可能对应于相同类型的服务进程。

1. UDP 服务端口

对于 UDP 端口号,IANA(Internet 赋号管理局)定义了三个类别:默认端口号、注册端口号和临时端口号。且定义 TCP 与 UDP 的端口号都是用 16 位二进制表示。所以其取值可选 0～65535 之间的整数。

默认端口号也称为熟知端口号,范围为 0～1023,被统一分配使用;注册端口号范围为 1024～49151;临时端口号范围为 49152～65535,它们可被任意选用。表 7-1 所示为常见的一些著名 UDP 端口。

表 7-1 UDP 常见端口号及描述

端口号	服务关键字	描　述
53	DNS	域名解析服务
67	BOOTPS	引导协议服务器
68	BOOTPC	引导协议客户
69	TFTP	简单文件传输协议
123	NTP	网络时间协议
161	SNMP	简单网络管理协议

2. TCP服务端口

和UDP相似,TCP也采用相关的服务端口来标识服务。TCP约定0～1023为保留端口号,作为标准应用服务使用;1024以上是自由端口号,由用户应用服务使用。TCP的一些常见端口如表7-2所示。

表7-2 TCP常见端口号及协议

熟知端口号	应用程序及协议	协议
20	文件传输协议(FTP)数据	TCP
21	文件传输协议(FTP)控制	TCP
23	Telnet	TCP
25	简单邮件传输协议(SMTP)	TCP
80	超文本传输协议(HTTP)	TCP
110	邮局协议3(POP 3)	TCP
443	安全的HTTP(HTTPS)	TCP

【例7-2】 TCP数据分组头部的端口号用于在同一时间跟踪不同应用服务,对于发送给Web应用服务的分组,以下各选项中正确的是(　　)。

A. 源端口号为1055,目的端口号为21

B. 源端口号为21,目的端口号为1055

C. 源端口号为1055,目的端口号为80

D. 源端口号为80,目的端口号为1055

解:此题考查的是TCP端口应用,因为数据要发送给Web应用服务,所以目的端口应为熟知端口80。答案为C。

7.2 TCP

TCP是一种面向连接的协议,提供数据分组可靠的、顺序的提交。TCP的面向连接要求通信的TCP双方在交换数据之间必须建立连接,可靠、顺序的提交要求TCP具有流量控制、差错控制等功能。

7.2.1 TCP报文格式

7.2.1

应用层的数据在发送时要被封装在TCP报文中,这个封装过程实际上是给应用层数据加上TCP的头部,TCP的头部说明了该报文的接收进程、传送方式、流量控制和连接管理等内容,其格式如图7-1所示。

(1) 源、目的端口号字段:占16bit。TCP通过使用“端口”来标识源端和目的端的应用进程。端口号可以使用0～65535之间的任何数字。在收到服务请求时,操作系统动态地为客户端的应用程序分配端口号。在服务器端,每种服务在“众所周知的端口”(Well-Know1 Port)为用户提供服务。

(2) 顺序号字段:占32bit。用来标识从TCP源端向TCP目的端发送的数据字节流,它表

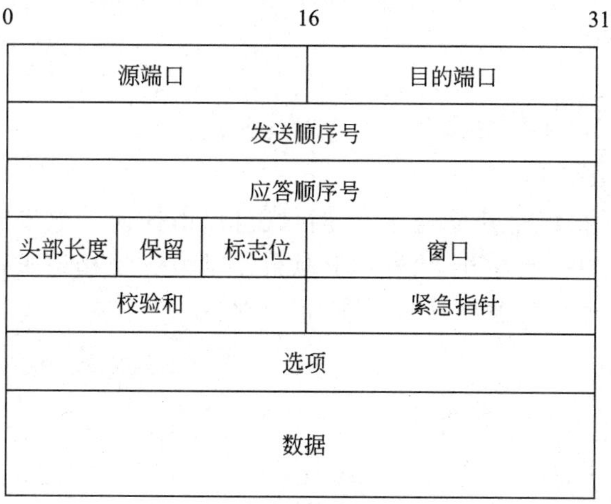

<table>
<tr><td>0</td><td></td><td></td><td>16</td><td>31</td></tr>
<tr><td colspan="3">源端口</td><td colspan="2">目的端口</td></tr>
<tr><td colspan="5">发送顺序号</td></tr>
<tr><td colspan="5">应答顺序号</td></tr>
<tr><td>头部长度</td><td>保留</td><td>标志位</td><td colspan="2">窗口</td></tr>
<tr><td colspan="3">校验和</td><td colspan="2">紧急指针</td></tr>
<tr><td colspan="5">选项</td></tr>
<tr><td colspan="5">数据</td></tr>
</table>

图 7-1 TCP 头部结构

示在这个报文段中的第一个数据字节。

(3) 确认号字段：占 32bit。只有 ACK 标志为 1 时，确认号字段才有效。它包含目的端所期望收到源端的下一个数据字节。

(4) 头部长度字段：占 4bit。给出头部占 32bit 的数目。没有任何选项字段的 TCP 头部长度为 20 字节；最多可以有 60 字节的 TCP 头部。

(5) 标志位字段(U、A、P、R、S、F)：占 6bit。其含义如下。

① URG：紧急指针(Urgent Pointer)有效。

② ACK：确认序号有效。

③ PSH：接收方应该尽快将这个报文段交给应用层。

④ RST：重建连接。

⑤ SYN：发起一个连接。

⑥ FIN：释放一个连接。

(6) 窗口大小字段：占 16bit。该字段用来进行流量控制。单位为字节数，这个值是本机期望一次接收的字节数。

(7) TCP 校验和字段：占 16bit。对整个 TCP 报文段，即 TCP 头部和 TCP 数据进行校验和计算，并由目的端进行验证。

(8) 紧急指针字段：占 16bit。它是一个偏移量，和序号字段中的值相加表示紧急数据最后一个字节的序号。

(9) 选项字段：占 32bit。可能包括“窗口扩大因子”“时间戳”等选项。

(10) 填充字段：为了使整个头部长度是 4 字节的整数倍而加入的内容。

【例 7-3】 主机甲与主机乙之间建立了一个 TCP 连接，主机甲向主机乙发送了三个连续的 TCP 段，分别包含 300 字节、400 字节和 500 字节的有效荷载，第三个段的序号为 900。若主机乙仅正确收到第一个和第三个段，则主机乙发送给主机甲的确认序号是(　　)。

A. 300　　B. 500　　C. 1200　　D. 1400

解：此题考查 TCP 的段结构。TCP 段头部中的序号字段是指本段报文段所发送的数据的第一个字节的序号。第三个段的序号为 900，则第二个段的序号为 900－400＝500。而确认号是期待收到方下一个报文段的第一个字节的序号。现在主机乙期待收到第二个段,故甲的确认号是 500。答案为 B。

7.2.2 TCP 连接管理

7.2.2

1. TCP 连接的建立过程

TCP 使用三次握手协议来建立连接。连接既可以由任何一方发起,也可以由双方同时发起。一旦一台主机上的 TCP 软件主动发起连接请求,运行在另一台主机上的 TCP 软件就被动地等待握手。图 7-2 所示为三次握手建立 TCP 连接的过程。

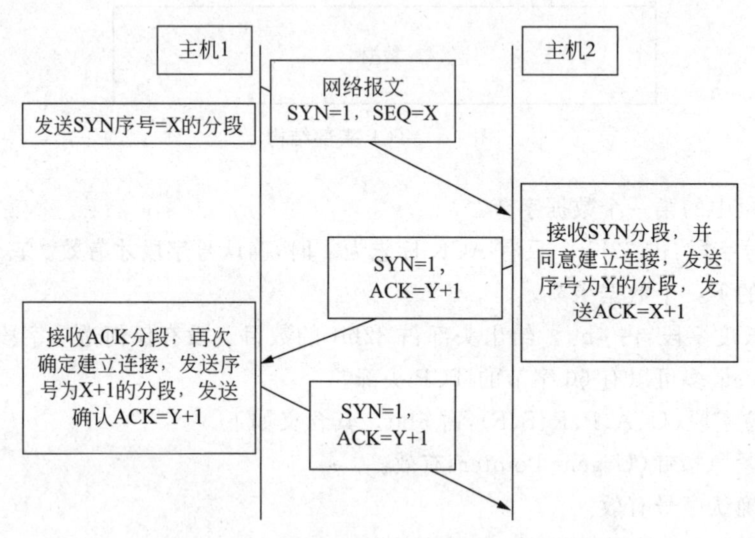

图 7-2　三次握手建立 TCP 连接的过程

主机 1 首先发起 TCP 连接请求,并在所发送的分段中将编码位字段中的 SYN 位置"1",ACK 位置"0"。主机 2 收到该分段,若同意建立连接,则发送一个连接接受的应答分段,其中编码位字段的 SYN 和 ACK 位均被置"1",指示对第一个 SYN 报文段的确认,以继续握手操作;否则,主机 2 要发送一个将 RST 位置"1"的应答分段,表示拒绝建立连接。主机 1 收到主机 2 发来的同意建立连接分段后,还有再次选择的机会,若其确认要建立这个连接,则向主机 2 发送确认分段,用来通知主机 2 双方已完成建立连接;若其不想建立该连接,则可以发送一个将 RST 位置"1"的应答分段来告知主机 2 拒绝建立连接。

不管是哪一方先发起连接请求,一旦连接建立,就可以实现全双向的数据传输。TCP 将数据流看作字节的序列,将从用户进程接收的任意长的数据分成不超过 64KB(包括 TCP 头部在内)的分段,以适应 IP 数据报的载荷能力。所以对于一次传输要交换大量报文的应用,往往需要以多个分段进行传输。

2. TCP 连接的释放过程

数据传输完成后,进行 TCP 连接的释放过程。TCP 使用修改的三次握手协议来关闭连接,以结束会话。TCP 连接是全双工的,可以视为两个不同方向的单工数据流传输。一个完整连接的拆除涉及两个单向连接的拆除。TCP 连接的释放过程如图 7-3 所示。

当主机 1 的 TCP 数据已发送完毕时,在等待确认的同时可发送一个将编码位字段的 FIN

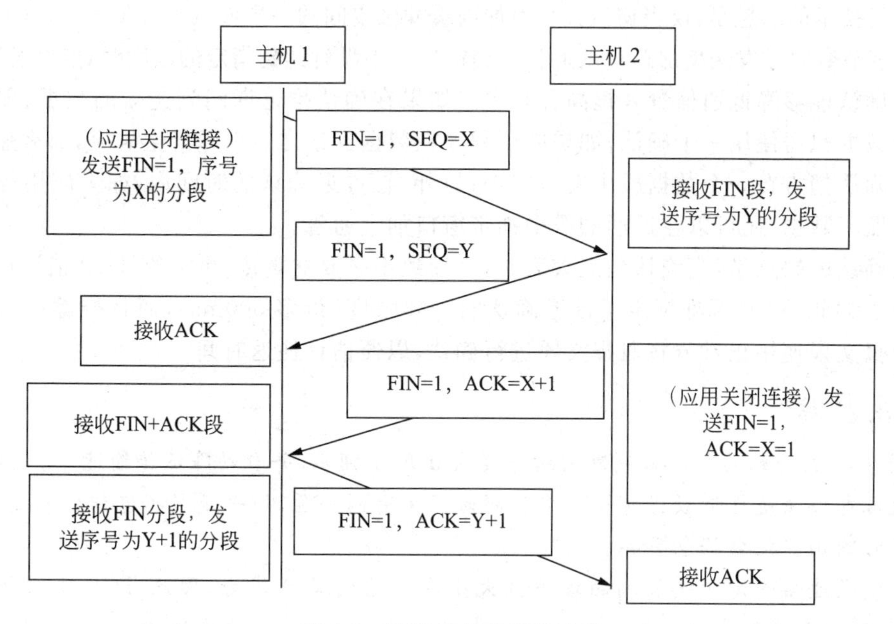

图 7-3　TCP 连接的释放过程

位置“1”的分段给主机 2，若主机 2 已正确接收主机 1 的所有分段，则会发送一个数据确认分段，同时通知本地相应的应用程序，对方要求关闭连接。接着再发送一个对主机 1 所发送的 FIN 分段进行确认的分段，否则，主机 1 就要重传那些主机 2 未能正确接收的分段。

收到主机 2 关于 FIN 确认后的主机 1 需要再次发送一个确认拆除连接的分段，主机 2 收到该确认分段意味着从主机 1 到主机 2 的单向连接已经结束。但是，此时在相反的方向上，主机 2 仍然可以向主 1 发送数据，直到主机 2 数据发送完毕并要求关闭连接。一旦两个单向连接都被关闭，则两个端结点上的 TCP 软件就要删除与这个连接的相关记录，于是原来所建立的 TCP 连接被完全释放。

7.2.3　TCP 流量控制

7.2.3

TCP 采用可变长度的滑动窗口协议进行流量控制，接收方在返回给发送方的段中报告发送窗口的大小。当窗口为 0 时，发送方停止发送。但有两种情况例外，第一种情况是可以发送紧急数据，例如终止在远端计算机上的运行进程；第二种情况是可以发送一个 1 字节的数据段，要求接收方重申窗口大小及下一个准备接收的字节序号，这是为了避免因窗口声明丢失造成死锁的问题。

早期的 TCP 设计中，没有解决不同速率的数据填充问题。当收发两端的应用程序以不同速率工作时，TCP 的发送方将接收方的缓冲区填满，当接收方应用程序从饱和的缓冲区中读取一个字节后，接收方的缓冲区具有可用空间，TCP 软件就会生成一个确认，通告一个字节的窗口；发送方得知空间可用后，会发送一个包含一个字节的段，又把空间填满。这个过程会不断重复，导致大量的带宽浪费，这个问题称为糊涂窗口综合征。

现行的 TCP 标准使用启发式方法来防止糊涂窗口综合征，发送方使用启发式技术避免传输包含少量数据段，而接收方使用启发式技术防止送出可能会引发小数据分组的、具有微小增量值的窗口通告。

启发式技术的思想是,仅当窗口大小增加到缓冲区空间的一半或者一个最大的 TCP 段中包含的数据字节数时才发送增加窗口的通告。当窗口大小没有达到指定的限度时,推迟发送确认。

推迟确认能够降低通信量并提高吞吐率。如果在确认推迟期间到达新的数据,那么对收到的所有数据只需使用一个确认;如果应用程序在数据到达之后立即产生响应,那么短暂的延迟正好把确认捎带在一个数据段中发送回来;另外,在推迟确认的时间内,如果应用程序从缓冲区中读取了数据,还可以在返回的段中捎带窗口加大通告。

推迟确认的缺点是,当确认延迟太大时,会导致不必要的重传,也会给 TCP 估计往返时间带来混乱。为此,TCP 标准规定了推迟确认的时间限度(最多 500ms),而且推荐接收方至少每隔一个报文段使用正常方式对报文段进行确认,以便估计往返时间。

知识链接

TCP 根据数据包的超时来判断网络中是否出现了拥塞,并自动降低传输速率。TCP 拥塞控制的最根本办法是降低数据传输速率。超时产生有两个原因,一是数据包传输出错被丢弃,二是拥塞的路由器把数据包丢弃。

由于发送速率受制于接收端的缓冲区大小和网络的处理能力,因此 TCP 要维护两个窗口,即接收窗口和拥塞窗口。接收窗口是接收端在 Window Size 域中通告的窗口,拥塞窗口用于在发生拥塞时将数据流量限制到小于接收缓冲区大小,由此可知,发送窗口等于接收窗口和拥塞窗口的最小值。

目前,TCP 使用慢启动和加速递减两种技术来实现拥塞控制。

加速递减策略是指一旦发现超时,立即将拥塞窗口的大小减半(最后减到最小值 1),对于保留在发送窗口中的段,将重传定时器的时限加倍(按指数规律对重传定时器进行补偿)。拥塞窗口在持续出现超时的时候按指数规律递减通信量和重传速率,从而迅速减少通信量,以便路由器获得足够的时间来清除其发送队列中已有的数据报。

拥塞结束后,TCP 恢复传输采用慢启动策略。慢启动策略是指在启动新连接的传输或在拥塞之后增加通信量时,仅以一个报文段作为拥塞窗口的初始值,每当收到一个确认之后,将拥塞窗口大小增加 1。

为了避免窗口增加过快,TCP 还附加了一个限制。当拥塞窗口达到拥塞最大窗口大小的一半时,TCP 进入拥塞避免状态,降低窗口增加的速度,仅当窗口中所有的报文段都被确认后,窗口大小增 1。因此,TCP 还必须维护第三个参数,这是一个门限值,指示拥塞窗口大小从指数增加转为线性增加的临界点。

起始时门限值设为 64KB(最大的接收窗口值),拥塞窗口为 1,使用慢启动算法发送数据。当发生超时时,将门限值设为当前拥塞窗口的一半(加速递减),并取拥塞窗口为 1,又使用慢启动算法发送数据。当拥塞窗口达到门限值时,进入拥塞避免状态,直至又超时或达到接收窗口。当拥塞窗口达到接收窗口时就不再增加。

7.3 UDP

7.3

7.3.1 UDP 的特点

用户数据报协议(User Datagram Protocol,UDP)是在 IP 的数据报服务上增加了端口和简单的差错检测功能来实现进程到进程的数据传输，它具有以下几个特点。

(1) 发送数据前不需要建立连接(当然发送数据结束时也就没有连接需要释放)，减少开销和发送数据前的时延。

(2) 没有拥塞控制和流量控制，不保证数据的可靠交付，主机不需要维持具有许多参数的、复杂的连接状态表。

(3) 只有8个字节的头部开销，比TCP的20个字节头部要短得多。

(4) 由于UDP没有拥塞控制，所以当网络出现拥塞时不会使源主机的发送速率降低。

UDP适用简单的请求——响应通信进程，要求快捷简单，而不必考虑流量控制和差错控制，适用于具有流量控制和差错控制机制的进程，例如，UDP是流式音频、视频流和IP语音(VoIP)等应用程序的首选。确认机制将降低传输速度，且在这些情况下没有必要重传。一种使用UDP的应用程序是Internet广播，它使用流式音频技术。如果消息在网络传输过程中丢失，将不会进行重传。丢失少量分组时，听众将听到轻微的声音中断。

7.3.2 UDP数据报格式

完整的UDP数据由伪头部和UDP用户数据报组成。伪头部包括源IP地址、目的IP地址、填充段、协议版本和UDP长度。UDP用户数据报由UDP头部和数据区组成。UDP头部包括源端口号、目的端口号、UDP总长度和校验和。数据区是数据的存放区域。UDP数据报格式如图7-4所示。

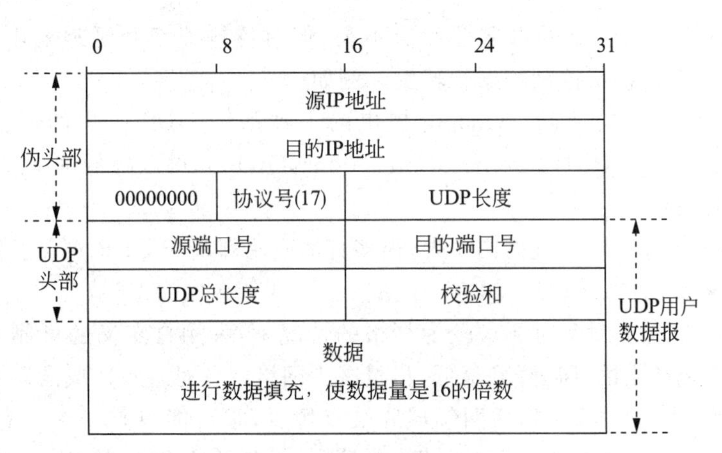

图7-4 UDP数据报格式

各个选项说明如下。

(1) 源IP地址：数据发送端的IP地址，长度为32位。

(2) 目的IP地址：数据接收端的IP地址，长度为32位。

(3) 协议版本：标识协议的版本信息。

(4) 源端口号：长度为16位，源端口是可选字段。当使用时，它表示发送程序的端口，同时它还被认为是没有其他信息的情况下需要被寻址的答复端口。如果不使用，设置值为0。

(5) 目的端口号：长度为16位，标识目的主机对应的端口。

(6) UDP总长度：长度为16位，包括协议头和数据，长度最小值为8。

(7) 校验和：长度为16位，采用校验码实现对信息的校验。

(8) 数据区：有效数据信息的存放区域，需要注意的是，必须进行数据填充，保证数据容量为16的倍数。

由UDP数据报格式可知,UDP数据报没有标识数据分段的字段,因而接收端无从知道所接收的数据报是否发生混序,是否是重复发送的数据报。为了避免这种情况发生,UDP常用于一次性传输数据量较小的网络应用,这样UDP实体就不用对数据进行分段,这种数据传送方式就是前面讨论的报文交换方式。

许多UDP应用程序的设计中,其应用程序数据被限制成512字节或更小。

7.3.3 UDP的应用

在选择UDP作为传输协议时必须要谨慎。在网络质量令人十分不满意的环境下,UDP数据包丢失会比较严重。但是由于UDP不属于连接型协议,因而具有资源消耗小、处理速度快的优点,所以通常音频、视频和普通数据在传送时使用UDP较多,因为它们即使偶尔丢失一两个数据包,也不会对接收结果产生太大影响。例如,我们聊天用的QQ使用的协议就是UDP。

在现场测控领域,面向的是分布化的控制器、监测器等,其应用场合环境比较恶劣,这样就对待传输数据提出了不同的要求,如实时性、抗干扰性、安全性等。基于此,在现场通信中,若某一应用要将一组数据传送给网络中的另一个结点,可由UDP进程将数据加上报头后传送给IP进程,UDP省去了建立连接和拆除连接的过程,取消了重发检验机制,能够达到较高的通信速率。

总之,当应用程序对传输的可靠性要求不高,但对传输速率和延迟要求较高时,可以用UDP来替代TCP在传输层控制数据的转发。例如:

(1) 网页或者App的访问。Google提出的一种基于UDP改进的通信协议——快速UDP互联网连接(Quick UDP Internet Connections,QUIC),可以降低网络通信的延迟,提供更好的用户互动体验。

(2) 流媒体的协议。现在直播比较火,很多直播应用都基于UDP实现了自己的视频传输协议。

(3) 实时游戏。游戏对实时要求较为严格的情况下,采用自定义的可靠UDP,自定义重传策略,能够把丢包产生的延迟降到最低,尽量减少网络问题对游戏造成的影响。

(4) IoT物联网。一方面,物联网领域终端资源少,很可能只是一个内存非常小的嵌入式系统,而维护TCP代价太大;另一方面,物联网对实时性要求也很高,而TCP时延大。Google旗下的Nest建立ThreadGroup,推出了物联网通信协议Thread,就是基于UDP的。

UDP作为最简单的传输协议,自1980年UDP规范发布以来,一直在主流应用中发挥着作用。在未来,UDP也将继续和TCP一起在网络世界中发挥更加重要的作用。

7.4 小型案例实训

案例:传输层协议分析

1. 实验目的

(1) 熟悉TCP、UDP的基本原理。

(2) 利用Wireshark对TCP和UDP进行协议分析。

2. 实验设备和环境

(1) PC:1台(已接入 Internet)。

(2) 操作系统:Windows。

(3) 软件:Wireshark、IE 等软件。

3. 实验步骤

(1) 启动浏览器,打开 http://gaia.cs.umass.edu/wireshark-labs/alice.txt 网页,得到 ALICE'S ADVENTURES IN WONDERLAND 文本,将该文本复制到一个名为 alice 的记事本文档中,保存到用户的主机上。

(2) 打开 http://gaia.cs.umass.edu/wireshark-labs/TCP-wireshark-file1.html 窗口,如图 7-5 所示。

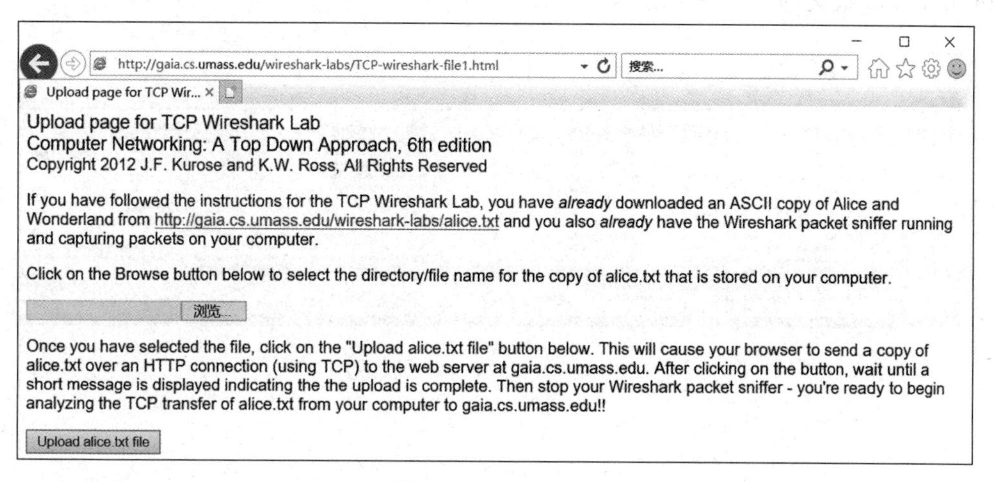

图 7-5 Upload Page

(3)单击"浏览"按钮,选择保存在用户主机上的 alice.txt 文件,此时不要单击 Upload alice.txt file 按钮。

(4) 启动 Wireshark,选择"捕获"→"开始"选项,开始分组捕获,如图 7-6 所示。

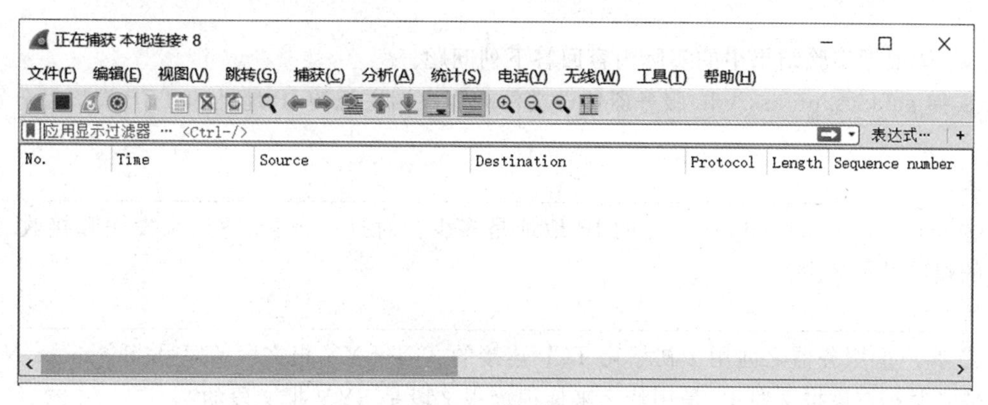

图 7-6 开始捕获

(5) 在浏览器中,单击 Upload alice.txt file 按钮,将文件上传到 gaia.cs.umass.edu 服务器。一旦文件上传完毕,一个简短的贺词信息将显示在浏览器窗口中,如图 7-7 所示。

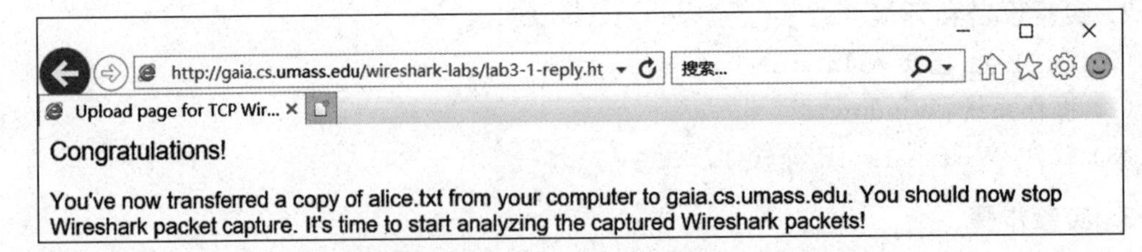

图 7-7 上传 alice. txt 文件成功

(6) 选择“捕获”→“停止”选项,以停止分组捕获,在显示筛选规则编辑框中输入 tcp,可以看到在本地主机和服务器之间传输的一系列 TCP 和 HTTP 消息,应该能看到包含 SYN Segment 的三次握手,也可以看到由主机向服务器发送的一个 HTTP POST 消息和一系列的 http continuation 报文,如图 7-8 所示。

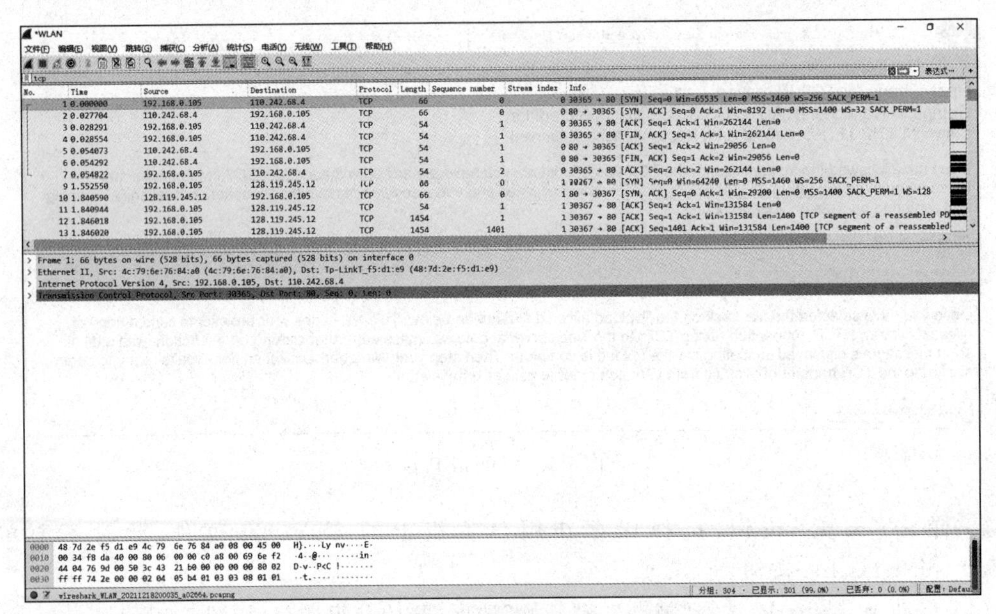

图 7-8 捕获结果

(7) 请根据实验结果中的实际内容回答下列问题。

① 向 gaia. cs. umass. edu 服务器传送文件的客户端主机的 IP 地址和 TCP 端口号分别是多少?

答:____。

② gaia. cs. umass. edu 服务器的 IP 地址是多少? 对这一连接,它用来发送和接收 TCP 报文的端口号是多少?

答:____。

③ 客户端服务器之间用于初始化 TCP 连接的 TCP SYN 报文段的序号(Sequence Number)是多少? 在该报文段中,是用什么来标识该报文段是 SYN 报文段的?

答:____。

④ 服务器向客户端发送的 SYNACK 报文段序号是多少? 在该报文段中,Acknowledgement 字段的值是多少? Gaia. cs. umass. edu 服务器是如何决定此值的? 在该报文段中,是用

什么来标识该报文段是SYNACK报文段的?

答:____。

⑤ 包含HTTP POST消息的TCP报文段的序号是多少?

答:____。

⑥ 如果将包含HTTP POST消息的TCP报文段视为TCP连接上的第一个报文段,那么该TCP连接上的第六个报文段的序号是多少(从客户端到服务器方向)?是何时发送的?该报文段所对应的ACK是何时接收的?

答:____。

⑦ 前六个TCP报文段中数据长度各是多少字节?

答:____。

7.5 本章小结

本章主要介绍了传输层的功能和协议。介于会话层和网络层之间的传输层是分层网络体系结构的重心部分。它的重要任务就是直接给运行在不同主机上的应用程序提供通信服务。传输层协议为不同主机上的应用程序进程提供逻辑通信。常见的传输层协议有TCP(传输控制协议)和UDP(用户数据报协议)两个。要求理解TCP的原理和工作过程,掌握TCP的工作机制。

7.6 本章习题

一、选择题

1. 在OSI参考模型中,提供端到端传输功能的层次是(　　)。

   A. 物理层　　B. 数据链路层　　C. 传输层　　D. 应用层

2. 应用层的各种进程通过(　　)实现与传输实体的交互。

   A. 程序　　B. 端口　　C. 进程　　D. 调用

3. 传输层上实现不可靠传输的协议是(　　)。

   A. TCP　　B. UDP　　C. IP　　D. ARP

4. 要传输一个短报文,TCP和UDP两协议,传输更快的是(　　)。

   A. TCP　　B. UDP　　C. 两个一样快　　D. 无法比较

5. 下述不属于TCP/IP模型的协议的是(　　)。

   A. TCP　　B. UDP　　C. ICMP　　D. HDLC

6. 在TCP/IP中,UDP是一种(　　)协议。

   A. 传输层　　B. 互联层　　C. 主机—网络层　　D. 应用层

7. 传输层的主要功能不包括(　　)。

   A. 按端口号寻址　　B. 按MAC寻址　　C. 差错控制　　D. 流量控制

8. TCP的含义是(　　)。

   A. 域名　　B. 网际协议

   C. 传输控制协议　　D. 超文本传输协议

9. 目前计算机网络使用的通信标准是(　　)。

A. OSI　　B. TCP/IP　　C. HTTP　　D. IP

10. TCP/IP协议簇出现的背景是(　　)。

A. 网络通信速度慢

B. 解决各网络通信设备及终端不兼容的现象

C. 主机间不能互相连接

D. 不能传输网页文件

二、填空题

1. TCP/IP的传输层定义了两个协议,一个是面向连接的协议,称为________;另一个是面向无连接的协议,称为________。

2. TCP报文的头部最小长度是________字节。

3. TCP报文段中给源端口分配了________字节的长度。

三、简答题

1. 简述传输层的功能。
2. 简述传输层的服务。
3. TCP的特点有哪些?
4. 写出TCP的段结构并指明各部分含义。
5. UDP的特点有哪些?

第8章 会话层、表示层和应用层

本章要点：

(1) 会话层工作原理。

(2) 会话层功能。

(3) 表示层功能。

(4) 表示层工作原理。

(5) 应用层功能。

(6) 应用层协议。

学习目标：

(1) 了解会话层工作原理。

(2) 了解表示层工作原理。

(3) 掌握表示层功能。

(4) 掌握应用层功能。

(5) 掌握应用层协议。

8.1 会 话 层

8.1.1

8.1.1 会话层概述

会话层(Session Layer)位于OSI参考模型的第五层，主要为两个会话层实体的会话(Session)提供对话连接的管理服务。

会话层为客户端的应用程序提供了打开、关闭和管理会话的机制，即半永久的对话。会话的实体包含了对其他程序进行会话连接的要求及回应其他程序提出的会话连接要求。在应用程序的运行环境中，会话层是这些程序用来提出远程过程调用(Remote Procedure Calls, RPC)的地方。

会话层标准为了使会话连接创建阶段能进行功能协商，也为了便于其他国际标准参考和引用，定义了12种功能单元。各个系统可根据自身情况和需要，以核心功能服务单元为基础，选配其他功能单元组成合理的会话服务子集。

会话层在OSI参考模型中负责会话检查点和恢复。它允许不同来源的信息流进行适当的合并或同步化。

例如其在网络会议中的应用，音频和视频的流串必须同步，以避免嘴唇与声音不同步的问题。楼层控制确保在屏幕上显示的是当前的发言者。

另一个应用是在电视直播节目中，音频和视频的流串从一个到另一个合并或转换时要无缝，以免出现无声通话时间或过度重叠。

会话层、表示层、应用层构成开放系统的高三层。面对应用进程提供分布处理、对话管理、信息表示、恢复最后的差错等。会话层同样要担负应用进程服务要求而传输层不能完成的那部分工作，给传输层功能差距以弥补。其主要的功能是对话管理、数据流同步和重新同步。要完成这些功能，需要由大量的服务单元功能进行组合，已经制定的功能单元已有几十种。

8.1.2 会话层工作原理

8.1.2

会话层允许不同机器上的用户之间建立会话关系。会话层循序进行类似传输层的普通数据的传送,在某些场合还提供了一些有用的增强型服务。允许用户利用一次会话在远端的分时系统上登录,或者在两台机器间传递文件。会话层提供的服务之一是管理对话控制。会话层允许信息同时双向传输,或任一时刻只能单向传输。如果属于后者,类似于物理信道上的半双工模式,会话层将记录此时该轮到哪一方。一种与对话控制有关的服务是令牌管理(Token Management)。有些协议会保证双方不能同时进行同样的操作,这一点很重要。为了管理这些活动,会话层提供了令牌,令牌可以在会话双方之间移动,只有持有令牌的一方可以执行某种关键性操作。另一种会话层服务是同步。

如果在平均每小时出现一次大故障的网络上,两台机器简要进行一次两小时的文件传输,试想会出现什么样的情况呢?每一次传输中途失败后,都不得不重新传送这个文件。当网络再次出现大故障时,可能又会半途而废。为了解决这个问题,会话层提供了一种方法,即在数据中插入同步点。每次网络出现故障后,仅仅重传最后一个同步点以后的数据即可。

8.1.3 会话层功能

8.1.3

会话层建立在传输层之上,利用传输层提供的服务,使应用建立和维持会话,并能使会话获得同步。会话层通过校验点可使通信会话在通信失效时从校验点继续恢复通信。这种能力对于传送大的文件极为重要。

1. 为会话实体间建立连接

为了给两个对等会话服务用户建立一个会话连接,应该做以下几项工作。

(1) 将会话地址映射为传输地址。

(2) 选择需要的传输服务质量参数(QoS)。

(3) 对会话参数进行协商。

(4) 识别各个会话连接。

(5) 传送有限的透明用户数据。

2. 数据传输阶段

这个阶段是在两个会话用户之间实现有组织的、同步的数据传输。用户数据单元为 SSDU,而协议数据单元为 SPDU。会话用户之间的数据传送过程是将 SSDU 转变成 SPDU 进行的。

3. 连接释放

连接释放是通过"有序释放""废弃""有限量透明用户数据传送"等功能单元来释放会话连接的。

会话层标准为了使会话连接建立阶段能进行功能协商,也为了便于其他国际标准参考和引用,定义了 12 种功能单元。各个系统可根据自身情况和需要,以核心功能服务单元为基础,选配其他功能单元组成合理的会话服务子集。

会话层的主要标准有"DIS8236:会话服务定义"和"DIS8237:会话协议规范"。

8.1.4 会话层协议

8.1.4

会话层协议因功能不同而有很多种,详细情况如表 8-1 所示。

表 8-1　会话层协议

协　议	说　明
ADSP	AppleTalk 的数据流协议
ASP	AppleTalk 的动态会话协议
H. 245	Call Control Protocol for Multimedia Communication
ISO-SP	OSI Session Layer Protocol(X. 225 ISO 8327)
ISNS	Internet Storage Name Service
L2FP	Layer 2 Forwarding Protocol
L2TP	Layer 2 Tunneling Protocol
NetBIOS	Network Basic Input Output System
PAP	Password Authentication Protocol
PPTP	Point-to-Point Tunneling Protocol
RPC	远程过程调用
RTCP	实时传输控制协议
SMPP	Short Message Peer-to-Peer
SCP	Secure Copy Protocol
SSH	Secure Shell
ZIP	Zone Information Protocol
SDP	Sockets Direct Protocol

8.2 表　示　层

8.2.1 表示层功能

8.2.1

OSI 参考模型的低五层提供透明的数据传输，应用层负责处理语义，而表示层则负责处理语法。由于各种计算机都可能有各自的数据描述方法，因此不同类型计算机之间交换的数据，一般需经过格式转换才能保证其意义不变。表示层要解决的问题是如何描述数据结构并使之与具体机器无关，其作用是对源站内部的数据结构进行编码，使之形成适合于传输的比特流，到了目的站再进行解码，转换成用户所要求的格式。

为了使各个系统间交换的信息具有相同的语义，应用层采用了相互承认的抽象语法。抽象语法是对数据一般结构的描述。表示实体实现抽象语法与传输语法间的转换，传输语法是同等表示实体之间通信时对用户信息的描述，是对抽象语法比特流进行编码得到的。抽象语法与传输语法之间的对应关系称为上下文关系。

表示层的主要功能如下。

1. 语法转换

将抽象语法转换成传输语法，并在对方实现相反的转换。涉及的内容有代码转换、字符转换、数据格式的修改，以及对数据结构操作的适应、数据压缩、加密等。

(1) 数据表示。不同厂家生产的计算机具有不同的内部数据表示。例如,BM公司的主机广泛使用EBCDIC码,而大多数其他厂商的计算机则使用ASCII码;Intel公司的80X86芯片从右到左计数字节,而Motorola公司的68020和68030芯片则从左到右计数;大多数微型机用16位或32位整数的补码运算,而CEC的Cyber机用60位的反码。由于表示方法的不同,即使所有的位模式都正确接收,也不能保证数据含义不变。人们要的是保留含义,而不是位模式。为了解决此类问题,必须进行数据表示方式的转换。可以在发送方转换,也可以在接收方转换,或者双方都向一种标准格式转换。

(2) 数据压缩。强调数据压缩的必要性是基于以下原因。首先,随着多媒体技术的发展,数字化视/音频数据的吞吐、传输和存储问题日益凸现。具有中等分辨率(640×480)的彩色(24b/像素)数字视频图像的数据量约7.37Mb/帧,若按25帧/s的动画要求,则视频数据的传输速率大约为184Mb/s。由此可见,高效实时的数据压缩对于缓解网络带宽和取得适宜的传输速率是非常必要的。其次,网络的费用依赖于传输的数据量,在传输之前对数据进行压缩可减少传输费用。

实现数据压缩的可能性是基于以下原因。首先,原始信源数据(视/音频)存在着很大的冗余度,例如电视图像帧内邻近像素之间的空域相关性及前后帧之间的时域相关性都很大,信息有冗余。其次,有可能利用人的视觉对于边缘急剧变化不敏感(视觉掩盖效应)和眼睛对图像的亮度信息敏感、对颜色分辨力弱的特点以及听觉的生理特性实现高压缩比,而使由压缩数据恢复的图像及声音数据仍有满意的主观质量。最后,利用数据本身的特征也可实现压缩。

(3) 网络安全和保密。随着计算机网络应用的普及,计算机网络的安全和保密问题就变得越来越重要了。为保护网络的安全,最常用的方法是采用加密措施。

从理论上讲,加密可以在任何一层上实现,但实际应用中常常在物理层、传输层和表示层实现加密。在物理层加密的方案称为链路加密,其特点是可以对整个报文进行加密;在传输层实现加密可以提高有效性,因为表示层可以对数据事先进行压缩处理;而在表示层可以有选择地对数据实现加密。

2. 语法协商

语法协商是指根据应用层的要求协商选用合适的上下文,即确定传输语法并传送。

3. 连接管理

连接管理包括利用会话层服务建立表示连接,管理在这个连接之上的数据传输和同步控制,以及正常或异常得终止这个连接。

8.2.2 表示层工作原理

8.2.2

在表示层,数据将按照网络能理解的方案进行格式化;这种格式化也因所使用网络的类型不同而不同。表示层管理数据的解密与加密,如系统口令的处理,如果在Internet上查询你的银行账户,使用的就是一种安全连接。你的账户数据在发送前被加密,在网络的另一端,表示层将对接收到的数据进行解密。除此之外,表示层协议还对图片和文件格式信息进行解码和编码。

加密分为链路加密和端到端的加密。对于表示层,参与的加密属于端到端的加密,即信息由发送端自动加密,并进入TCP/IP数据包封装,然后作为不可阅读和不可识别的数据进入互联网;到达目的地后,再自动重组解密,成为可读数据。端到端加密面向网络高层主体,不对下层协议进行信息加密，协议信息以明文进行传送，用户数据在中央结点不需要解密。

8.2.3　抽象语法标记 ASN.1

8.2.3

表示、编码、传输和解码数据结构的关键，是要有一种足够灵活的、适应各种类型应用的标准数据结构描写方法。为此，OSI 中提出了一种标记法，称为抽象语法标记 1，简称 ASN.1。发送时将 ASN.1 数据结构编码成位流，这种位流的格式称为抽象语法。

在 ASN.1 中为每个应用所需的所有数据结构类型下了定义，并将它们组成库。当一个应用想发送一个数据结构时，可以将数据结构与其对应的 ASN.1 标识一起传给表示层。以 ASN.1 定义作为索引，表示层便知道数据结构的域的类型及大小，从而对它们进行编码、传输；在另一端，接收表示层查看此数据结构的 ASN.1 标识，从而了解数据结构的域的类型及大小。这样，表示层就可以实现从通信线路上所用的外部数据格式到接收计算机所用的内部数据格式的转换。

数据类型的 ASN.1 描述称为抽象语法，同等表示实体之间通信时对用户信息的描述称为传输语法。为抽象语法指定一种编码规则，便构成一种传输语法。在表示层中，可用这种方法定义多种传输语法。传输语法与抽象语法之间是多—多对应关系，即一种传输语法可用于多种抽象语法的数据传输，而一种抽象语法的数据值也可用多种传输语法来传输。每个应用层协议中的抽象语法与一个能对其进行编码的传输语法的组合，就构成一个表示上下文(Presentation Context)。表示上下文可以在表示连接建立时协商确定，也可以在通信过程中重新定义。表示层提供定义表示上下文的设施。

8.3　应　用　层

8.3.1

8.3.1　应用层概述

应用层(Application Layer)是 OSI 参考模型的第七层。应用层直接和应用程序接触并提供常见的网络应用服务。应用层也向表示层发出请求。

应用层是开放系统的最高层，是直接为应用进程提供服务的。其作用是在实现多个系统应用进程相互通信的同时，完成一系列业务处理所需的服务。其服务元素分为两类：公共应用服务元素 CASE 和特定应用服务元素 SASE。

CASE 提供最基本的服务，它成为应用层中任何用户和任何服务元素的用户，主要为应用进程通信、分布系统实现提供基本的控制机制；SASE 则要满足一些特定服务，如文件传送、访问管理、作业传送、银行事务、订单输入等，这些将涉及虚拟终端、作业传送与操作、文卷传送及访问管理、远程数据库访问、图形核心系统、开放系统互连管理等。

8.3.2　应用层功能

8.3.2

应用层的概念和协议发展得很快，使用面又很广泛，这给应用功能的标准化带来了复杂性和困难性。与其他层相比，应用层需要的标准最多，但也是最不成熟的一层。随着应用层的发展，各种特定应用服务的增多，针对应用服务的标准化开展了许多研究工作，ISO 已制定了一些国际标准(IS)和国际标准草案(DIS)。因此,通过介绍一些具有通用性的协议标准,来描述应用层的主要功能及其特点(主要是提供网络任意端上应用程序之间的接口)。

1. 传输访问和管理

文件传输与远程访问是计算机网络最常用的两种应用。文件传输与远程访问所使用的技术是类似的,都可以假定文件位于文件服务器机器上,而用户是在顾客机器上并想读、写而整个或部分地传输这些文件,支持大多数现代文件服务器的关键技术是虚拟文件存储器,这是一个抽象的文件服务器。虚拟文件存储器给顾客提供一个标准化的接口和一套可执行的标准化操作,隐去了实际文件服务器的不同内部接口,使顾客只看到虚拟文件存储器的标准接口,访问和传输远程文件的应用程序,有可能不必知道各种各样不兼容的文件服务器的所有细节。

2. 电子邮件

计算机网络上电子邮件的实现开启了人们通信方式的一场革命。电子邮件的吸引力在于其速度快,不要求双方都同时在场,而且留下可供处理或多处投递的书写文电复制。

虽然电子邮件被认为只是文件传输的一个特例,但它有一些不为所有文件传输所共有的特殊性质。因为,电子邮件系统首先需要考虑一个完善的人机界面,如写作、编辑和读取电子邮件的接口;其次要提供一个传输邮件所需的邮政管理功能,如管理邮件表和递交通知等。此外,电子邮件与通用文件传输的另一个差别是,邮件文电是高度结构化的文本。在许多系统中,每个文电除了它的内容外,还有大量的附加信息域,这些信息域包括发送方名称和地址、接收方名称和地址、投寄的日期和时刻、接收复写副本的人员表、失效日期、重要性等级、安全许可性以及其他许多附加信息。

1984 年,CCITT 制定了称为 MHS(文电处理系统)的 X.400 建议的一系列协议。ISO 试图把它们收进 OSI 的应用层,并称为 MOTIS(面向文电的正交换系统)。由于 X.400 结构的缺少,这种吸收不是很简单。1988 年又修改了 X.400,力争与 MOTIS 会聚。

3. 虚拟终端

由于种种原因,可以说终端标准化的工作已完全失败了。解决这一问题的 OSI 方法是定义一种虚拟终端,它实际上只是带有实际终端的抽象状态的一种抽象数据结构。这种抽象数据结构可由键盘和计算机两者操作,并把数据结构的当前状态反映在显示器上。计算机能够查询此抽象数据结构,并能改变此抽象数据结构以使得屏幕上出现输出。

4. 其他功能

其他应用已经标准化或正在标准化。此处要介绍的是目录服务、远程作业录入、图形和信息通信。

(1) 目录服务:它类似于电子电话本,提供了在网络上找人或查询可用服务地址的方法。

(2) 远程作业录入:允许在一台计算机上工作的用户把作业提交到另一台计算机上去执行。

(3) 图形:具有发送如工程图在远地显示和标绘的功能。

(4) 信息通信:用于家庭或办公室的公用信息服务,如智能用户电报、电视图文等。

8.3.3 应用层协议

8.3.3

1. DNS

DNS 是域名系统(Domain Name System)的缩写,该系统用于命名组织到域层次结构中的计算机和网络服务。域名是由圆点分开一串单词或缩写组成的，每一个域名都对应一个唯一的 IP 地址，在 Internet 上域名与 IP 地址之间是一一对应的，DNS 就是进行域名解析的服务器。DNS 命名用于 Internet 等 TCP/IP 网络中，通过用户友好的名称查找计算机和服务。DNS 是 Internet 的一项核心服务，它是作为可以将域名和 IP 地址相互映射的一个分布式数据库。

DNS 最早于 1983 年由保罗·莫卡派乔斯（Paul Mockapetris）发明；原始的技术规范在 882 号 Internet 标准草案（RFC 882）中发布。1987 年发布的第 1034 号和第 1035 号草案修正了 DNS 技术规范，并废除了之前的第 882 号和第 883 号草案。在此之后对 Internet 标准草案的修改基本上没有涉及 DNS 技术规范部分的改动。

早期的域名必须以英文句号“.”结尾，这样 DNS 才能够进行域名解析。如今 DNS 服务器已经可以自动补上结尾的句号。

域名空间是树状结构，每个结点和资源集相对应（这个资源集可能为空），域名系统不区别树内结点和叶子结点，统称为结点。每个结点有一个标记，这个标记的长度为 0～63 个字节。不同的结点可以使用相同的标记。0 长度的标记（空标记）为根记录保留。结点的域名是由结点到根的标记组成的。这些标记对大小写不敏感，也就是说，A 和 a 对域名是等效的。但在收到域名时最好保留它的大小写状态，以便以后的服务扩展使用。

当前，对于域名长度的限制是 63 个字符，包括 www. 和. com 或者其他的扩展名。域名同时也仅限于 ASCII 码字符的一个子集，这使得很多其他语言无法正确表示他们的名字和单词。基于 Punycode 码的 IDNA 系统可以将 Unicode 码字符串映射为有效的 DNS 字符集，这已经通过了验证并被一些注册机构作为一种变通的方法所采纳。

2. HTTP

HTTP 的发展是万维网协会（World Wide Web Consortium）和 Internet 工作小组（Internet Engineering Task Force）合作的结果，他们最终发布了一系列的 RFC，其中最著名的就是 RFC 2616。RFC 2616 定义了 HTTP 协议中一个现今被广泛使用的版本——HTTP 1.1。

HTTP 是一个客户端和服务器端请求和应答的标准（TCP）。客户端是终端用户，服务器端是网站。通过使用 Web 浏览器、网络爬虫或者其他的工具，客户端发起一个到服务器上指定端口（默认端口为 80）的 HTTP 请求，我们称这个客户端为用户代理。应答的服务器上存储着一些资源，如 HTML 文件和图像，我们称这个应答服务器为源服务器（Origin Server）。在用户代理和源服务器中间可能存在多个中间层，如代理、网关或者隧道（tunnel）。尽管 TCP/IP 是互联网上最流行的应用，但 HTTP 并没有规定必须使用它和基于它支持的层。事实上，HTTP 可以在任何其他互联网协议上，或者在其他网络上实现。HTTP 只假定其下层协议提供可靠的传输，任何能够提供这种保证的协议都可以被其使用。

通常，由 HTTP 客户端发起一个请求，建立一个到服务器指定端口（默认端口为 80）的 TCP 连接。HTTP 服务器则在那个端口监听客户端发送过来的请求。一旦收到请求，服务器（向客户端）发回一个状态行（如 HTTP/1.1 200 OK）和（响应的）消息，消息的消息体可能是请求的文件、错误消息或者其他一些信息。

HTTP 使用 TCP 而不是 UDP 的原因在于一个网页必须传送很多数据，而 TCP 提供传输控制，按顺序组织数据和错误纠正。通过 HTTP 或者 HTTPS 请求的资源由统一资源定位器（Uniform Resource Identifiers，URI）来标识。

3. FTP

FTP 服务一般运行在 20 号和 21 号两个端口。端口 20 用于在客户端和服务器之间传输数据流,而端口 21 用于传输控制流,并且是命令通向 FTP 服务器的进口。当数据通过数据流传输时,控制流处于空闲状态。而当控制流空闲很长时间后,客户端的防火墙会将其会话置为超时,这样当大量数据通过防火墙时,会产生一些问题。此时,虽然文件可以成功地传输,但因为控制会话会被防火墙断开,传输会产生一些错误。那么,FTP 实现了哪些目标呢?

(1) 促进文件的共享,鼓励间接或者隐式地使用远程计算机,向用户屏蔽不同主机中各种文件存储系统(File System)的细节,可靠和高效地传输数据。

(2) 密码和文件内容都使用明文传输,可能产生不希望发生的窃听。因为必须开放一个随机的端口以建立连接,当防火墙存在时,客户端很难过滤处于主动模式下的 FTP 流量。这个问题通过使用被动模式的 FTP 得到了很大解决。服务器可能会被告知连接一个第三方计算机的保留端口。此方式在需要传输文件数量很多的小文件时效能不好,FTP 虽然可以被终端用户直接使用,但它设计成被 FTP 客户端程序所控制。

(3) 运行 FTP 服务的许多站点都开放匿名服务,在这种设置下,用户不需要账号就可以登录服务器,默认情况下,匿名用户的用户名是 anonymous。这个账号不需要密码,虽然通常要求输入用户的邮件地址作为认证密码,但这只是一些细节或者此邮件地址根本不被确定,而是依赖于 FTP 服务器的配置情况。

【例 8-1】 以下采用对等方式提供服务的是(　　)。

A. DNS　　B. FTP　　C. 电子邮件　　D. 文件共享

解:此题考查的是应用层各种服务的网络模式。DNS、FTP 和电子邮件均采用 C/S 模式。答案为 D。

【例 8-2】 以下采用 UDP 连接的协议是(　　)。

A. DNS　　B. FTP　　C. Telnet　　D. HTTP

解:此题考查的是应用层各种服务采用的连接方式。FTP、TELNET 和 HTTP 采用 TCP 连接。答案为 A。

8.4 小型案例实训

案例一:常用网络命令实训

1. 实验目的

(1) 理解 IP 参数的含义。

(2) 掌握 IP 网络基本测试方法。

(3) 掌握常用网络命令的含义和应用。

2. 实验设备和环境

(1) PC:2 台。

(2) 交叉线:1 根。

3. 实验步骤

(1) 将两台计算机按图 8-1 所示连接起来。

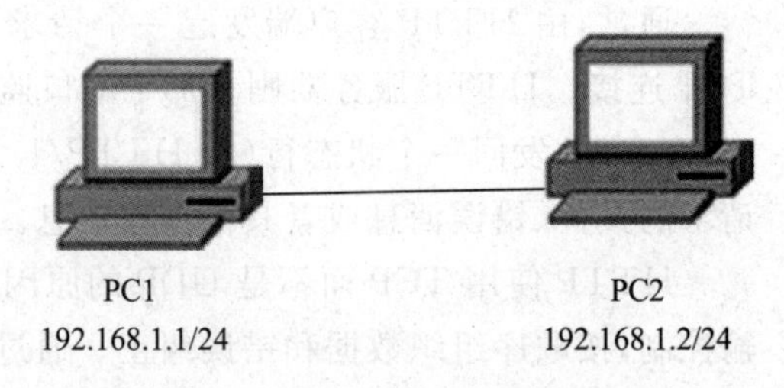

图 8-1 "网络命令"实验环境

(2) IPCONFIG 命令练习。

① 在 PC1 上,选择"开始"→"运行",输入 CMD,然后按 Enter 键。

② 在 DOS 命令提示符下,输入 IPCONFIG,然后按 Enter 键,查看显示结果。

③ 在 DOS 命令提示符下,输入 IPCONFIG/ALL,然后按 Enter 键,查看显示结果。

④ 在 PC2 上重复执行步骤①～步骤③。

(3) PING 命令练习。

① 在 PC1 上,在 DOS 命令提示符下,输入 PING 127.0.0.1,然后按 Enter 键,查看显示结果。

② 在 PC1 上,在 DOS 命令提示符下,输入 PING 192.168.1.1,然后按 Enter 键,查看显示结果。

③ 在 PC1 上,在 DOS 命令提示符下,输入 PING 192.168.1.2,然后按 Enter 键,查看显示结果。

④ 在 PC1 上,在 DOS 命令提示符下,输入 PING 192.168.1.2 -n 2,然后按 Enter 键,查看显示结果。

(4) ARP 命令练习。

① 在 PC1 上,在 DOS 命令提示符下,输入 ARP -a,然后按 Enter 键,查看显示结果。

② 在 PC1 上,在 DOS 命令提示符下,输入 PING 192.168.1.2,然后按 Enter 键,再输入 ARP -a,按 Enter 键,查看显示结果。

③ 在 PC1 上,在 DOS 命令提示符下,输入 ARP -d 192.168.1.2,然后按 Enter 键,再输入 ARP -a,按 Enter 键,查看显示结果。

(5) NETSTA 命令练习。

① 在 PC1 上,在 DOS 命令提示符下,输入 NETSTA -a,然后按 Enter 键,查看显示结果。

② 在 DOS 命令提示符下,输入 NETSTA -s,按 Enter 键,查看显示结果。

③ 在 DOS 命令提示符下,输入 NETSTA -e,按 Enter 键,查看显示结果。

④ 在 DOS 命令提示符下,输入 PING 192.168.1.2,然后按 Enter 键,并重复执行步骤②和步骤③,查看显示结果。

案例二:访问 FTP 服务器

1. 实验目的

(1) 理解 FTP 的工作过程。

(2) 掌握访问 FTP 服务器的方法。

2. 实验设备和环境

(1) FTP 服务器:1 台(运行 Windows Server 2003 系统)。

(2) PC 机:若干台(运行 Windows XP 操作系统)。

(3) 交换机:1 台。

(4) 服务器环境参数如下。

① IP 地址:192.168.1.1。

② 子网掩码:255.255.255.0。

③ FTP 站点:1 个。

④ 端口号:21。

⑤ FTP 账户:test。

⑥ FTP 账户密码:1234。

⑦ 连接限制:1000 个。

⑧ 连接超时 120s。

⑨ 主目录为 D:\ ftpserver,内有 FTP 客户端软件,允许用户上传和下载文件访问。

网络拓扑结构如图 8-2 所示。

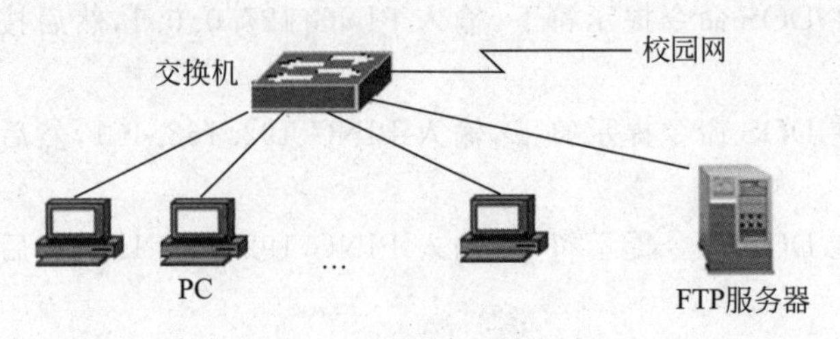

图 8-2 网络拓扑结构图

3. 实验步骤

(1) 用地址栏访问 FTP 服务器。

① 打开"资源管理器",在地址栏中输入要连接的 FTP 站点的 Internet 地址或域名,这里输入 192.168.1.1,如图 8-3 所示。

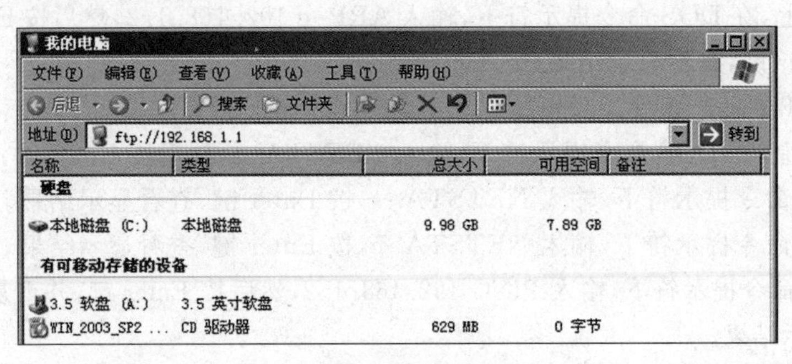

图 8-3 资源管理器

② 输入用户名和密码,用户名为 test,密码为 1234。此时,将在浏览器中显示该 FTP 站点主目录中所有的文件夹和文件,如图 8-4 所示。

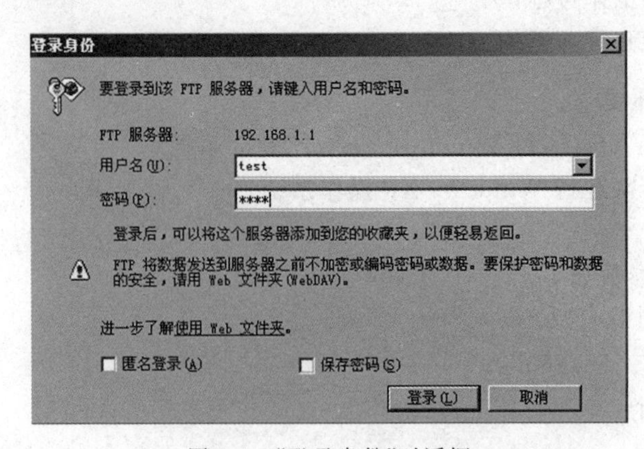

图 8-4 "登录身份"对话框

③ 浏览和下载。

当该 FTP 站点只被授予“读取”权限时，则只能浏览和下载该站点中的文件夹和文件。

a. 浏览的方式非常简单，只需双击即可打开相应的文件夹和文件。

b. 若要下载，只需单击鼠标右键，并在弹出的快捷菜单中选择“复制”，而后打开 Windows 资源管理器，将该文件或文件夹粘贴到要保存的位置即可。

④ 重命名、删除、新建文件夹和文件上传。

当该 FTP 站点被授予“读取”和“写入”权限时，则不仅能够浏览和下载该站点中的文件夹和文件，而且可以直接在 Web 浏览器中实现新文件的建立以及对文件夹和文件的重命名、删除和文件的上传。

a. 在 Web 浏览器中重命名和删除 FTP 站点中文件夹和文件的方式与在 Windows 资源管理器中相同。

b. 在目的文件夹的空白处单击鼠标右键，在弹出的快捷菜单中选择“新建文件夹”命令，即可在当前文件夹下建立一个新文件夹。

c. 先打开 Windows 资源管理器，选中并复制要上传的文件夹和文件，然后在 FTP 窗口中浏览并找到目的文件夹，而后在浏览器的空白处右击，在弹出的快捷菜单中选择“粘贴”命令即可。

(2) 利用 FTP 客户端访问 FTP 站点。

FTP 服务借助于 FTP 客户端有时比 Web 浏览器更方便，下面以 CuteFTP 为例简要介绍一下如何实现对 FTP 站点的访问。

① 运行 CuteFTP，打开图 8-5 所示的窗口。

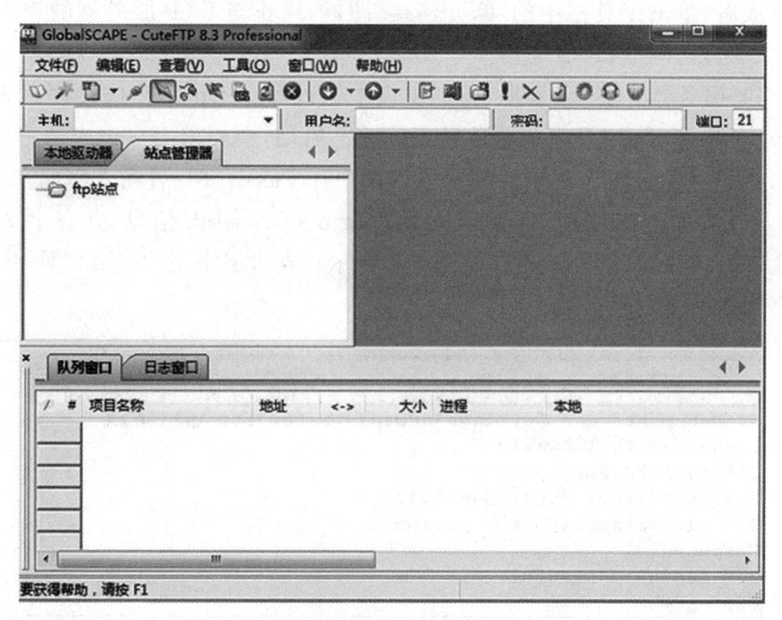

图 8-5 CuteFTP 主界面

② 在图 8-6 所示的窗口中依次输入相关信息，如主机(FTP 站点 IP 地址或域名)、用户名(匿名登录时可以为空)、密码(匿名登录时可以为空)等，单击“连接”按钮，尝试实现与 FTP 站点的连接。

③ 登录成功后的界面如图 8-6 所示。其中,左侧栏为本地硬盘中的文件夹列表,右侧栏为 FTP 站点中根目录下的文件列表。若上传文件,则只需先调整 FTP 站点的当前文件夹,然后右击左侧栏中要上传的文件,在弹出的快捷菜单中选择"上传",即可完成上传。若要下载文件,则只需先选中本地硬盘的当前文件夹,然后右击右侧栏中要下载的文件,在弹出的快捷菜单中选择"下载",即可完成下载。

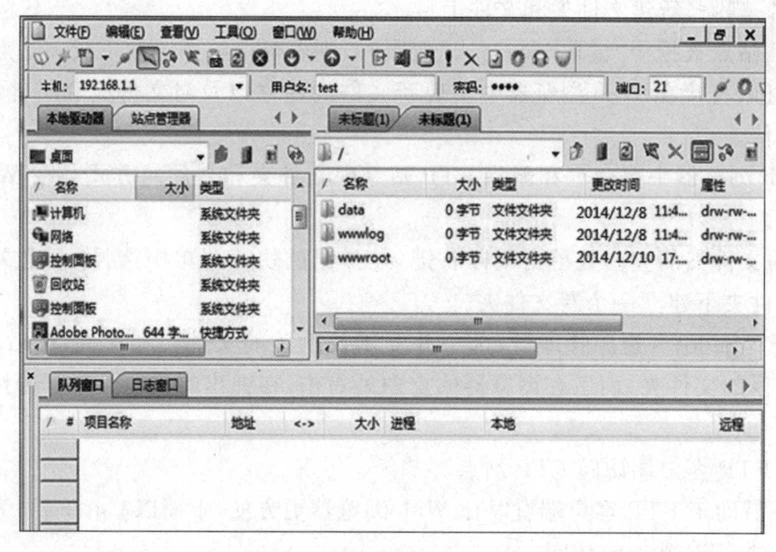

图 8-6　CuteFTP 连接成功界面

④ 操作完成后,单击工具栏中的"断开连接"图标,终止与 FTP 服务器的连接。

(3) 使用命令行访问 FTP 服务器。

① 登录 FTP 服务器。在"命令提示符"窗口中输入命令 ftp 192.168.1.1,表示链接地址为 192.168.1.1 的服务器,如果服务器地址正确并已启动,会要求用户输入用户名。用户输入 test 的名称后,会显示要求输入密码的提示语。用户在 Password:后输入密码 1234,此时输入的字符不会显示在界面上,如果正确,则会显示 Login successful. 信息,并显示 ftp 提示符,表示成功登录到 1921.68.1.1 的服务器,如图 8-7 所示。在此连接之下,可以使用 FTP 各种命令对 FTP 服务器的内容进行操作。

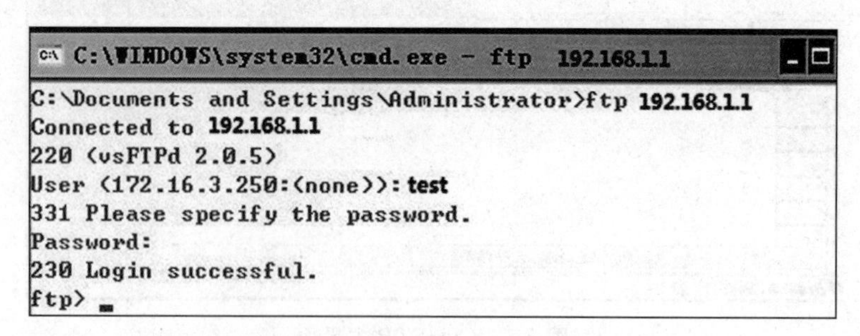

图 8-7　FTP 服务器地址命令

② DIR 命令。用于查看当前目录的信息,如图 8-8 所示。

③ CD 目录名称。改变服务器的当前工作目录为指定名称的目录,如图 8-9 所示。

④ LCD 目录名称。显示客户端的工作目录,如图 8-10 所示。

```
C:\WINDOWS\system32\cmd.exe - ftp 192.168.1.1
ftp> dir
200 PORT Command successful.
150 Opening ASCII mode data connection for /bin/ls.
drw-rw-rw-   1 user     group            0 Jun 20  2011 .
drw-rw-rw-   1 user     group            0 Jun 20  2011 ..
drw-rw-rw-   1 user     group            0 Feb 19 19:42 课件区
drw-rw-rw-   1 user     group            0 Feb 28 16:14 作业上传
226 Transfer complete.
ftp: 收到 245 字节, 用时 0.00Seconds 245000.00Kbytes/sec.
ftp>
```

图 8-8　DIR 命令

```
ftp> cd 课件区
250 Directory changed to /课件区
ftp> dir
200 PORT Command successful.
150 Opening ASCII mode data connection for /bin/ls.
drw-rw-rw-  1 user     group            0 Feb 28 22:49 .
drw-rw-rw-  1 user     group            0 Feb 28 22:49 ..
drw-rw-rw-  1 user     group            0 Feb 28 22:50 黑客攻防技术与实践
drw-rw-rw-  1 user     group            0 Feb 19 19:45 计算机网络安全教程
drw-rw-rw-  1 user     group            0 Feb 28 16:14 计算机网络基础
drw-rw-rw-  1 user     group            0 Feb 19 19:43 计算机网络设计
drw-rw-rw-  1 user     group            0 Nov 14 09:21 计算机网络实验
226 Transfer complete.
ftp: 收到 480 字节, 用时 0.00Seconds 480000.00Kbytes/sec.
ftp>
```

图 8-9　CD 命令

```
ftp> lcd
Local directory now C:\Documents and Settings\Administrator.
ftp> lcd d:\client
Local directory now D:\client.
ftp>
```

图 8-10　LCD 命令

在图 8-10 中，第一次执行 LCD 命令时，显示客户端当前的工作目录是 C:\Documents and Settings\Administrator；使用 LCD D:\client 命令后将当前目录修改为 D:\client。

⑤ PWD 命令。用于显示服务器端的工作目录，如图 8-11 所示。

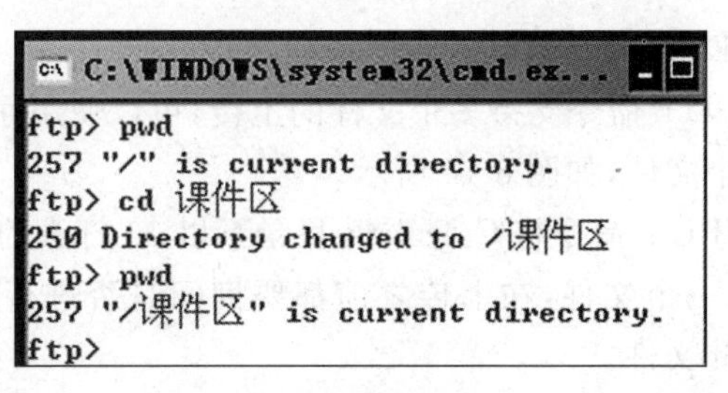

图 8-11　PWD 命令

在图 8-11 中，第一次执行 PWD 命令时，显示当前服务器端的工作目录是根目录；当使用“CD 课件区”命令改变当前目录后再次执行 PWD 命令时，显示当前服务器端的工作目录已是“/课件区”。

⑥ CD.. 命令。用于返回上一层目录，如图 8-12 所示。

```
C:\WINDOWS\system32\cmd.exe - ftp 172.16.3.240
ftp> cd ..
250 Directory changed to /
ftp> dir
200 PORT Command successful.
150 Opening ASCII mode data connection for /bin/ls.
drw-rw-rw-   1 user     group            0 Feb 29 20:38 .
drw-rw-rw-   1 user     group            0 Feb 29 20:38 ..
drw-rw-rw-   1 user     group            0 Feb 28 23:33 课件区
drw-rw-rw-   1 user     group            0 Feb 28 16:14 作业上传
226 Transfer complete.
ftp: 收到 308 字节, 用时 0.00Seconds 308000.00Kbytes/sec.
ftp> _
```

图 8-12　CD .. 命令

当前服务器端的工作目录是"/课件区",当使用 CD.. 命令后,从当前目录回到上一层的根目录,再使用 DIR 命令查看当前目录下的信息,已变为根目录下的信息。

⑦ PUT 命令。用于将指定文件上传到服务器端的当前目录。如果所指定文件没有给出其路径,则表示上传的文件默认存在于客户端的当前目录,如图 8-13 所示。

```
ftp> cd server
250 Directory changed to /server
ftp> put c:\client\test.txt
200 PORT Command successful.
150 Opening ASCII mode data connection for test.txt.
226 Transfer complete.
ftp: 发送 1 字节, 用时 0.00Seconds 1000.00Kbytes/sec.
ftp> dir
200 PORT Command successful.
150 Opening ASCII mode data connection for /bin/ls.
drw-rw-rw-   1 user     group            0 Feb 29 20:42 .
drw-rw-rw-   1 user     group            0 Feb 29 20:42 ..
-rw-rw-rw-   1 user     group            1 Feb 29 20:42 test.txt
226 Transfer complete.
ftp: 收到 182 字节, 用时 0.01Seconds 12.13Kbytes/sec.
ftp> _
```

图 8-13　PUT 命令

在图 8-13 中,首先进入服务器端 server 子目录,然后将位于客户端 C:\client 下的 test.txt 文件上传到服务器端的当前目录中。传输完毕后,通过 DIR 命令查看到在 server 目录下已存在刚上传的文件 test.txt。

除了 PUT 命令外,SEND 命令也具有相同功能。

⑧ MPUT 命令。MPUT 命令支持多个文件的上传,可以使用通配符 * 代表"任意一个任意字符"的方式来选择多个文件,如图 8-14 所示。

在图 8-14 中,使用 MPUT 命令将 C:\client 目录下以 00 打头的 txt 文件同时上传到服务器的当前目录中。对于每一个文件,在上传之前都要询问是否进行上传操作,输入 y 表示肯定,输入 n 则表示不上传此文件。

如果要避免每个文件上传时的询问,可以通过 PROMPT OFF 命令关闭这种交互方式,如图 8-15 所示。

当交互方式处于 OFF 状态时,进行的批量操作将不再逐一询问。如果要开启此项设置,再次执行 PROMPT OFF 命令即可。

⑨ GET 命令。用于将服务器端指定文件下载至客户端的当前目录中。如果所指定文件

没有给出其路径，则表示下载的文件默认存在于服务器端的当前目录，如图8-16所示。

```
ftp> mput c:\client\00*.txt
mput c:\client\001.txt? y
200 PORT Command successful.
150 Opening ASCII mode data connection for 001.txt.
226 Transfer complete.
ftp: 发送 1 字节，用时 0.00Seconds 1000.00Kbytes/sec.
mput c:\client\002.txt? y
200 PORT Command successful.
150 Opening ASCII mode data connection for 002.txt.
226 Transfer complete.
ftp: 发送 1 字节，用时 0.00Seconds 1000.00Kbytes/sec.
mput c:\client\003.txt? y
200 PORT Command successful.
150 Opening ASCII mode data connection for 003.txt.
226 Transfer complete.
ftp: 发送 1 字节，用时 0.00Seconds 1000.00Kbytes/sec.
ftp> dir
200 PORT Command successful.
150 Opening ASCII mode data connection for /bin/ls.
drw-rw-rw-   1 user     group           0 Feb 29 20:43 .
drw-rw-rw-   1 user     group           0 Feb 29 20:43 ..
-rw-rw-rw-   1 user     group           1 Feb 29 20:43 001.txt
-rw-rw-rw-   1 user     group           1 Feb 29 20:43 002.txt
-rw-rw-rw-   1 user     group           1 Feb 29 20:43 003.txt
-rw-rw-rw-   1 user     group           1 Feb 29 20:42 test.txt
226 Transfer complete.
ftp: 收到 374 字节，用时 0.02Seconds 23.38Kbytes/sec.
ftp>
```

图8-14 MPUT命令

```
ftp> prompt off
Interactive mode Off .
ftp> mput c:\client\00*.txt
200 PORT Command successful.
150 Opening ASCII mode data connection for 001.txt.
226 Transfer complete.
ftp: 发送 1 字节，用时 0.00Seconds 1000.00Kbytes/sec.
200 PORT Command successful.
150 Opening ASCII mode data connection for 002.txt.
226 Transfer complete.
ftp: 发送 1 字节，用时 0.00Seconds 1000.00Kbytes/sec.
200 PORT Command successful.
150 Opening ASCII mode data connection for 003.txt.
226 Transfer complete.
ftp: 发送 1 字节，用时 0.00Seconds 1000.00Kbytes/sec.
ftp>
```

图8-15 关闭提示的MPUT命令执行效果

```
ftp> lcd d:\client
Local directory now D:\client.
ftp> get test.txt
200 PORT Command successful.
150 Opening ASCII mode data connection for test.txt (1 Bytes).
226 Transfer complete.
ftp: 收到 1 字节，用时 0.00Seconds 1000.00Kbytes/sec.
ftp>
```

图8-16 GET命令

在图 8-16 中,首先将客户端当前目录改为 D:\client,将位于服务器端当前目录下的 test.txt 文件下载到客户端默认的当前目录 D:\client 之中。

除了 GET 命令外,RECV 命令也具有相同功能。

⑩ MGET 命令。MGET 命令支持多个文件的下载,与 MPUT 命令类似,也可以使用通配符 * 代表“任意一个任意字符”的方式来选择多个文件,如图 8-17 所示。

```
ftp> mget 00*.txt
200 Type set to A.
200 PORT Command successful.
150 Opening ASCII mode data connection for 001.txt (1 Bytes).
226 Transfer complete.
ftp: 收到 1 字节, 用时 0.00Seconds 1000.00Kbytes/sec.
200 PORT Command successful.
150 Opening ASCII mode data connection for 002.txt (1 Bytes).
226 Transfer complete.
ftp: 收到 1 字节, 用时 0.00Seconds 1000.00Kbytes/sec.
200 PORT Command successful.
150 Opening ASCII mode data connection for 003.txt (1 Bytes).
226 Transfer complete.
ftp: 收到 1 字节, 用时 0.00Seconds 1000.00Kbytes/sec.
ftp> _
```

图 8-17 MGET 命令

⑪ CLOSE FTP 服务器地址。用于关闭与当前 FTP 服务器的连接。

⑫ BYE 命令。用于退出 FTP 程序,与 BYE 命令具有相同功能的还有 QUIT 命令。

⑬ HELP 命令。单独使用 HELP 命令会显示客户端的 FTP 命令说明;使用“HELP 命令”的格式则显示指定命令的简单说明,另外,? 与 HELP 具有相同的功能,如图 8-18 所示。

```
ftp> help
Commands may be abbreviated.  Commands are:

!               delete          literal         prompt          send
?               debug           ls              put             status
append          dir             mdelete         pwd             trace
ascii           disconnect      mdir            quit            type
bell            get             mget            quote           user
binary          glob            mkdir           recv            verbose
bye             hash            mls             remotehelp
cd              help            mput            rename
close           lcd             open            rmdir
ftp> help delete
delete          Delete remote file
ftp>
```

图 8-18 HELP 命令

8.5 本章小结

本章主要介绍了会话层、表示层和应用层。通过学习,应对计算机网络高层的功能、协议有较深入的了解;要求掌握会话层、表示层的功能以及应用层的工作原理和协议。

8.6 本章习题

一、选择题

1. 以下对超文本和超媒体的描述正确的是(　　)。

A. 超文本就是超媒体　　B. 超文本是超媒体的一个子集
C. 超媒体是超文本的一个子集　　D. 超文本和超媒体没有关系

2. WWW 的工作模式是(　　)。
A. 客户机/客户机　B. 客户机/服务器　C. 服务器/服务器　D. 分布式

3. 在 WWW 服务器和浏览器之间传输数据主要遵循的协议是(　　)。
A. HTTP　B. TCP　C. IP　D. FTP

4. 下面的协议中,与 FTP 相关的是(　　)。
A. DLC　B. SNMP　C. RIP　D. TCP

5. 下列文件中,(　　)可以不使用二进制模式传输。
A. 可执行程序　　B. 文本文件
C. 压缩文件　　D. 声音和图像等多媒体文件

二、填空题

1. 表示层的功能有________、________和________。
2. FTP 的全称为________________。
3. 应用层的服务元素分为________和________两类。

三、简答题

1. 简述会话层的工作原理。
2. 会话层的功能有哪些?
3. 表示层的功能有哪些?
4. 应用层的功能有哪些?
5. 应用层的协议有哪些?

第9章 Internet 概述

本章要点：

(1) Internet 的发展历史。
(2) Internet 的接入技术。
(3) Internet 的地址。
(4) 域名系统 DNS。
(5) Internet 提供的服务。
(6) Internet 的组织管理机构。

学习目标：

(1) 了解 Internet 的发展历史。
(2) 掌握 Internet 的服务原理。
(3) 掌握 Internet 各种服务的使用方法。
(4) 掌握 Internet 的接入技术。
(5) 熟练掌握 IP 地址和 DNS。
(6) 了解 IP 地址和域名的关系。

9.1 Internet 的发展历史

9.1

Internet 最早来源于美国国防部高级研究计划局 DARPA(Defense Advanced Research Projects Agency)的前身 ARPA 建立的 ARPANET，该网于 1969 年投入使用。从 20 世纪 60 年代开始，ARPA 就开始向美国国内大学的计算机系和一些公司提供经费，以促进基于分组交换技术的计算机网络的研究。1968 年，ARPA 为 ARPANET 网络项目立项，该项目基于这样一种主导思想：网络必须能够经受住故障的考验而维持正常工作，一旦发生战争，当网络的某一部分因遭受攻击而失去工作能力时，网络的其他部分应当能够维持正常通信。最初，ARPANET 主要用于军事研究目的，它有以下五大特点。

(1) 支持资源共享。
(2) 采用分布式控制技术。
(3) 采用分组交换技术。
(4) 使用通信控制处理机。
(5) 采用分层的网络通信协议。

1969 年 6 月，其完成第一阶段的工作，组成了四个结点的试验性网络，称为 ARPANET。ARPANET 采用称为接口报文处理器(IMP)的小型机作为网络的结点机，为了保证网络的可靠性，每个 IMP 至少和其他两个 IMP 通过专线连接，主机则通过 IMP 接入 ARPANET。IMP 之间的信息传输采用分组交换技术，并向用户提供电子邮件、文件传送和远程登录等服务。ARPANET 被公认为世界上第一个采用分组交换技术组建的网络。

1972 年，ARPANET 在首届计算机后台通信国际会议上首次与公众见面，并验证了分组交换技术的可行性，由此，ARPANET 成为现代计算机网络诞生的标志。

1973 年，美国国防部高级研究计划局 DARPA 正式启动并实施了一个研究项目，称为 The Interneting Project。该项目着眼于互联各种基于分组交换技术的计算机网络，并设计出一类通信协议，以便于在网络计算机中透明地交互。由该项目构建的网络可视为现在 Internet 的前身，其所研发的通信协议最终发展成为著名的 TCP/IP 协议族。

1980 年，ARPA 投资把 TCP/IP 加进 UNIX(BSD4.1 版本)的内核中，在 BSD4.2 版本以后，TCP/IP 即成为 UNIX 操作系统的标准通信模块，这其中美国国防部的作用功不可没。

1982 年，Internet 由 ARPANET、MILNET 等几个计算机网络合并而成，作为 Internet 的早期骨干网，ARPANET 试验并奠定了 Internet 存在和发展的基础，较好地解决了异种机网络互联的一系列理论和技术问题。

1983 年，ARPANET 分裂为两部分：ARPANET 和纯军事用的 MILNET。该年 1 月，ARPA 把 TCP/IP 作为 ARPANET 的标准协议。其后，人们称呼这个以 ARPANET 为主干网的网际互联网为 Internet，TCP/IP 协议簇便在 Internet 中进行研究、试验，并改进成为使用方便、效率极好的协议簇。

1986 年，美国国家科学基金会(National Science Foundation，NSF)建立了六大超级计算机中心，为了使全国的科学家、工程师能够共享这些超级计算机设施，NSF 建立了自己的基于 TCP/IP 协议族的计算机网络 NSFNET。NSF 在全国建立了按地区划分的计算机广域网，并将这些地区网络和超级计算中心相连，最后将各超级计算中心互联起来。地区网一般是由一批在地理上局限于某一地域，在管理上隶属于某一机构或在经济上有共同利益的用户的计算机互联而成。连接各地区网络中主通信结点计算机的高速数据专线构成了 NSFNET 的主干网，这样，当一个用户的计算机与某一地区相连以后，它除了可以使用任意一个超级计算中心的设施，可以同网上任一用户通信外，还可以获得网络提供的大量信息和数据。这一成功使得 NSFNET 于 1990 年 6 月彻底取代了 ARPANET 而成为 Internet 的主干网。

到了 20 世纪 90 年代，美国政府意识到仅靠政府资助难以适应应用的发展需求，所以鼓励商业部门介入。MCI、IBM 和 MERIT 公司联合组建 ANS(高级网络和服务公司)，建立覆盖全美的、T3(44.746M)的 ANSNET，连接 ARPANET 和 NSFNET。随后，DARPA 和 NSF 撤销对 ARPANET、NSFNET 的资助，Internet 开始商用。由于商业机构的介入，出现了大量的 ISP 和 ICP，丰富了 Internet 的服务和内容。美国政府通过 Internet 发布世界各国的经济、贸易信息。

Internet 的发展时间表如图 9-1 所示，图中给出了在 Internet 发展过程中所涉及的重大事件。

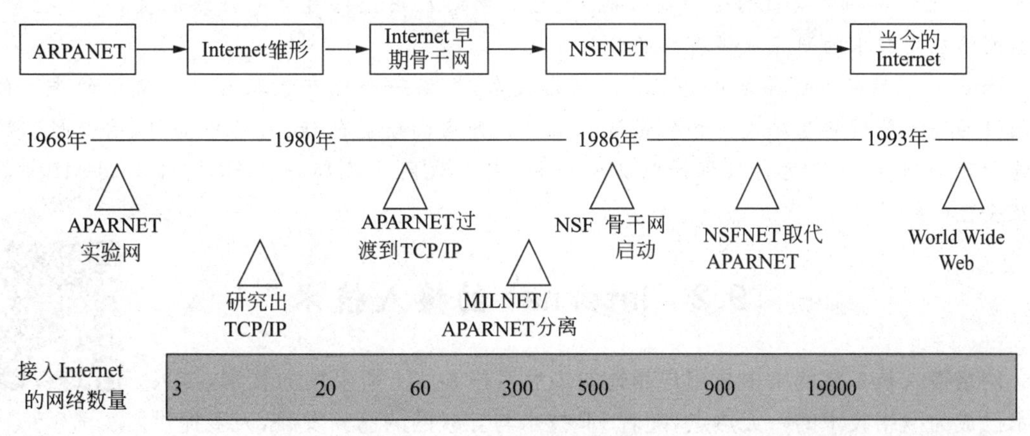

图 9-1　Internet 的发展时间表

从目前的情况来看,Internet 市场仍具有巨大的发展潜力,未来其应用将涵盖从办公室共享信息到市场营销、服务等广泛领域。另外,Internet 带来的电子贸易正改变着现今商业活动的传统模式,其提供的方便而广泛的互联必将对未来社会生活的各个方面带来影响。

然而,Internet 也有其固有的缺点,如接入网络缺乏整体规划和设计,网络拓扑结构不清晰以及容错和可靠性能的缺乏,而这些对于商业领域的不少应用是至关重要的。安全性问题是困扰 Internet 用户发展的另一个主要因素。虽然现在已有不少的方案和协议来确保 Internet 网上的联机商业交易的可靠进行,但真正适用并将主宰市场的技术和产品目前尚不明确。另外,Internet 是一个中心的网络。所有这些问题都在一定程度上阻碍了 Internet 的发展,只有解决了这些问题,Internet 才能更好地发展。

随着世界各国信息高速公路计划的实施,Internet 主干网的通信速度将大幅提高;有线、无线等多种通信方式将更加广泛、有效地融为一体;Internet 的商业化应用将大量增加,商业应用的范围也将不断扩大;Internet 的覆盖范围、用户入网数以令人难以置信的速度发展;Internet 的管理与技术将进一步规范化,其使用规范和相应的法律规范正逐步健全和完善;网络技术不断发展,用户界面更加友好;各种令人耳目一新的使用方法不断推出,最新的发展包括实时图像和话音的传输;网络资源急剧膨胀。总之,人类社会必将更加依赖 Internet,人们的生活方式将因此而发生根本的改变。

知识链接

Internet2 成立于 1996 年,是由美国教育和科研团体组成的先进网络技术联盟,这个组织的主要目的是开发先进的网络应用,并且研究和开发未来的网络创新技术。

Internet2 有 330 多个正式会员,会员按照不同的性质分成四类,包括:高等教育机构、地区教育和科研网、从事教育和科研的非营利组织(附属会员)和企业。

Internet2 的会员中包括的 200 多所大学,按照“卡内基高等教育基金会”的分类标准,基本都属于“研究能力非常强”和“研究能力强”的大学。此外,会员中还包括 34 个州教育科研网,为各州的大学、研究机构等提供连接到 Internet2 主干网的服务。这其中 20 个州教育科研网作为主干网的连接点(Connector)为其他会员提供连接到主干网的服务。

Internet2 拥有先进的主干网,主干网带宽达到 $N \times 10$Gb/s,正在逐步升级到 100Gb/s。Internet2 主干网连接了 60000 多个科研机构,并且和超过 50 个国家的学术网互联。Internet2 主干网的主要目的是为高性能、先进的网络应用提供可靠的网络服务,同时也为创新型网络应用技术的研究提供有力的试验平台。

Internet2 的核心任务是开发先进的网络技术,提供一个现有互联网无法提供的先进的、全国性的高性能网络基础设施和研究试验平台。开展的研究包括:网络中间件、安全性、网络性能管理和测量、网络运行数据的收集和分析、新一代网络及部署(GENI、Hybrid-MLN 等)以及全光网络等。

9.2 Internet 的接入技术

9.2

网络接入技术是网络中与用户相连的最后一段线路上所采用的技术,接入技术已成为网络技术的一大热点,随着 IT 技术与互联网的蓬勃发展,为了提供端到端的宽带连接,宽带接入是必须要解决的一个问题。目前,ISP 提供多种接入方式,这里介绍可以采用的八种接入方式。

提到接入网，首先要涉及一个带宽问题，随着互联网技术的不断发展和完善，接入网的带宽被人们分为窄带和宽带，业内专家普遍认为宽带接入是未来的发展方向。

宽带运营商网络结构如图 9-2 所示。整个城市网络由核心层、汇聚层、边缘汇聚层和接入层组成。社区端到末端用户接入部分就是通常所说的最后 1km，它在整个网络中所处的位置如图 9-2 所示。

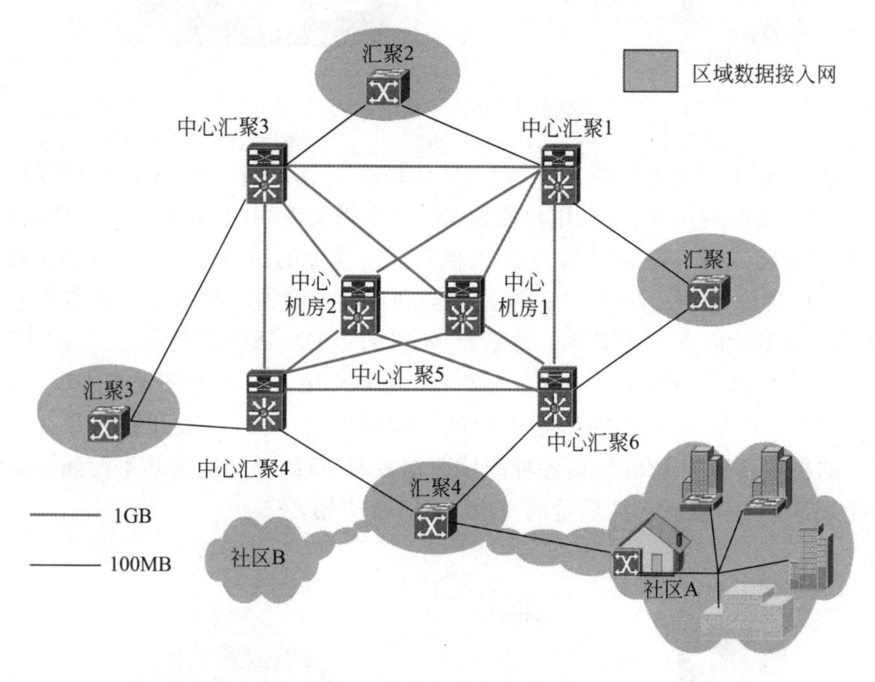

图 9-2 宽带运营商网络结构

在接入网中，目前可供选择的接入方式主要有 PSTN、ISDN、DDN、ADSL、Cable-Modem、PON、VDSL 和 LAN 八种，它们各有各的优缺点，下面逐一进行介绍。

1. PSTN 接入方式

公用电话交换网(Published Switched Telephone Network，PSTN)技术是利用 PSTN 通过调制解调器拨号实现用户接入的方式。这种接入方式是大家非常熟悉的一种接入方式，目前最高的速率为 56kb/s，已经达到仙农定理确定的信道容量极限，这种速率远远不能够满足宽带多媒体信息的传输需求；但由于电话网非常普及，用户终端设备调制解调器很便宜，在 100～500 元，而且不用申请就可开户，只要家里有计算机，把电话线接入调制解调器就可以直接上网。因此，PSTN 接入方式比较经济，至今仍是网络接入的主要手段。PSTN 接入方式如图 9-3 所示，随着宽带的发展和普及，这种接入方式将被淘汰。

2. ISDN 接入方式

综合业务数字网(Integrated Service Digital Network，ISDN)接入技术俗称“一线通”，它采用数字传输和数字交换技术，将电话、传真、数据、图像等多种业务综合在一个统一的数字网络中进行传输和处理。用户利用一条 ISDN 用户线路，可以在上网的同时拨打电话、收发传真，就像两条电话线一样。ISDN 基本速率接口有两条 64kb/s 的信息通路和一条 16kb/s 的

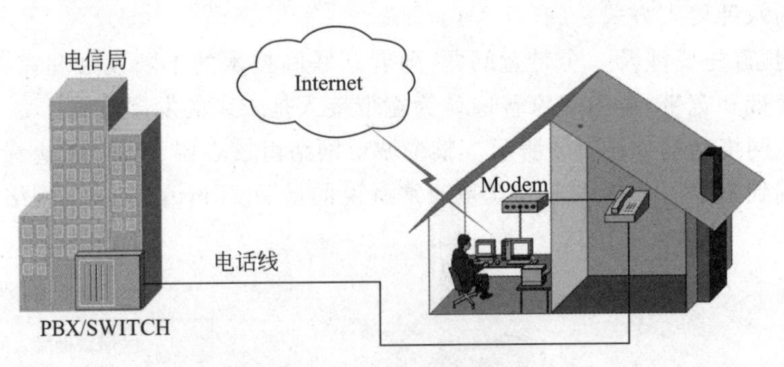

图 9-3 PSTN 接入方式

信令通路,简称 2B+D,当有电话拨入时,它会自动释放一个 B 信道来进行电话接听。就像普通拨号上网要使用调制解调器一样,用户使用 ISDN 也需要专用的终端设备,主要由网络终端 NT1 和 ISDN 适配器组成。网络终端 NT1 就像有线电视上的用户接入盒一样必不可少,它为 ISDN 适配器提供接口和接入方式。ISDN 适配器和调制解调器一样又分为内置和外置两类,内置的一般称为 ISDN 内置卡或 ISDN 适配卡;外置的 ISDN 适配器则称为 TA。ISDN 内置卡价格在 300～400 元,而 TA 则在 1000 元左右。ISDN 接入方式如图 9-4 所示。用户采用 ISDN 接入方式需要申请开户,初装费根据地区不同而有所不同,一般开销在几百至 1000 元不等。ISDN 的极限带宽为 128kb/s,各种测试数据表明,双线上网速度并不能翻倍,从发展趋势来看,窄带 ISDN 也不能满足高质量的 VOD 等宽带应用。

图 9-4 ISDN 接入方式

3. DDN 专线接入方式

DDN 是英文 Digital Data Network 的缩写,这是随着数据通信业务发展而迅速发展起来的一种新型网络。DDN 的主干网传输媒介有光纤、数字微波、卫星信道等,用户端多使用普通电缆和双绞线。DDN 将数字通信技术、计算机技术、光纤通信技术以及数字交叉连接技术有机地结合在一起,提供了高速度、高质量的通信环境,可以向用户提供点对点、点对多点透明传输的数据专线出租电路,为用户传输数据、图像、声音等信息。DDN 的通信速率可根据用户需要在 $N\times64$kb/s($N=1\sim32$)之间进行选择,当然速度越快租用费用也越高。

用户租用 DDN 业务需要申请开户。DDN 的收费一般可以采用包月制和计流量制,这与一般用户拨号上网的按时计费方式不同。DDN 的租用费较贵,普通个人用户负担不起,DDN 主要面向集团公司等需要综合运用的单位。DDN 按照不同的速率带宽收费也不相同,例如在中国电信申请一条 128kb/s 的区内 DDN 专线,月租费大约为 1000 元。因此它不适合社区住户的接入，只对社区商业用户有吸引力。

4. ADSL 接入方式

非对称数字用户环路(Asymmetrical Digital Subscriber Line，ADSL)是一种能够通过普通电话线提供宽带数据业务的技术，也是目前极具发展前景的一种接入技术。ADSL 素有"网络快车"的美誉，因其下行速率高、频带宽、性能优、安装方便、不需要交纳电话费等特点而深受广大用户喜爱，成为继调制解调器、ISDN 之后的又一种全新的高效接入方式。

ADSL 接入方式如图 9-5 所示。ADSL 方案的最大特点是不需要改造信号传输线路，完全可以利用普通铜质电话线作为传输介质，配上专用的调制解调器即可实现数据高速传输。ADSL 支持上行速率 640kb/s～1Mb/s，下行速率 1～8Mb/s，其有效的传输距离为 3～5km。在 ADSL 接入方案中，每个用户都有单独的一条线路与 ADSL 局端相连，它的结构可以视为星形结构，数据传输带宽是由每一个用户独享的。

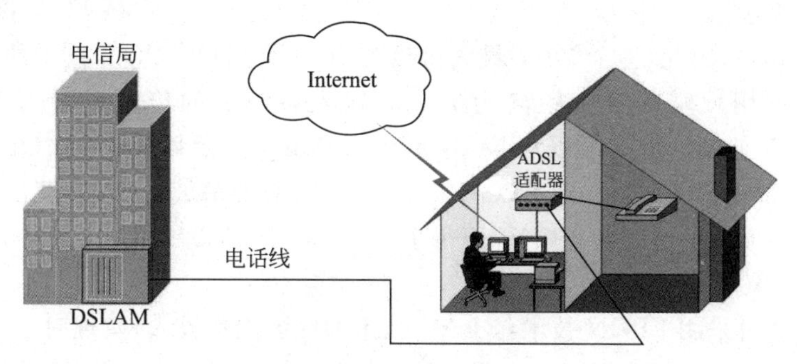

图 9-5　ADSL 接入方式

5. Cable-Modem 接入方式

线缆调制解调器(Cable-Modem)是近两年开始试用的一种超高速调制解调器，它利用现成的有线电视(CATV)网进行数据传输，已是比较成熟的一种技术。随着有线电视网的发展壮大和人们生活质量的不断提高，通过 Cable-Modem 利用有线电视网访问 Internet 已成为越来越受业界关注的一种高速接入方式。

由于有线电视网采用的是模拟传输协议，因此网络需要用一个调制解调器来协助完成数字数据的转化。Cable-Modem 与以往的调制解调器在原理上都是将数据进行调制后在电缆(Cable)的一个频率范围内传输，接收时进行解调，传输机理与普通调制解调器相同，不同之处在于它是通过有线电视的某个传输频带进行调制解调的。

Cable-Modem 连接方式可分为两种，即对称速率型和非对称速率型。前者的数据上传(Data Upload)速率和数据下载(Data Download)速率相同，都在 500kb/s～2Mb/s；后者的数据上传速率在 500kb/s～10Mb/s，数据下载速率为 2～40Mb/s。

采用 Cable-Modem 上网的缺点如下：由于 Cable-Modem 模式采用的是相对落后的总线型网络结构，这就意味着网络用户共同分享有限带宽；另外，购买 Cable-Modem 和初装费也都不算很便宜。

以上原因阻碍了 Cable-Modem 接入方式在国内的普及。但是，它的市场潜力是很大的，毕竟中国有线电视网已成为世界第一大有线电视网，其用户已达到 8000 多万。

另外，Cable-Modem 技术主要是在广电部门原有线电视线路上进行改造时采用，此种方案与新兴宽带运营商的社区建设进行成本比较没有意义。

6. PON 接入方式

无源光网络(PON)技术是一种点对多点的光纤传输和接入技术,下行采用广播方式,上行采用时分多址方式,可以灵活地组成树状、星状、总线型等拓扑结构,在光分支点不需要结点设备,只需要安装一个简单的光分支器即可,具有节省光缆资源、带宽资源共享、节省机房投资、设备安全性高、建网速度快、综合建网成本低等优点。

PON 包括 ATM-PON(APON,即基于 ATM 的无源光网络)和 Ethernet-PON(EPON,即基于以太网的无源光网络)两种。APON 技术发展得比较早,它还具有综合业务接入、QoS 服务质量保证等独有的特点,ITU-T 的 G.983 建议规范了 APON 的网络结构、基本组成和物理层接口,我国信息产业部也已制定了完善的 APON 技术标准。

PON 接入设备主要由 OLT、ONT、ONU 组成,由无源光分路器件将 OLT 的光信号分到树状网络的各个 ONU。一个 OLT 可接 32 个 ONT 或 ONU,一个 ONT 可接 8 个用户,而 ONU 可接 32 个用户,因此,一个 OLT 最大可负载 1024 个用户。PON 技术的传输介质采用单芯光纤,局端到用户端的最大距离为 20km,接入系统总的传输容量为上行和下行各 155Mb/s,每个用户使用的带宽可以从 64kb/s 到 155Mb/s 灵活划分,一个 OLT 上所接的用户共享 155Mb/s 带宽。例如富士通 EPON 产品 OLT 设备有 A550,ONT 设备有 A501,A550 最大有 12 个 PON 口,每个 PON 中下行至每个 A501 是 100Mb/s 带宽;而每个 PON 口上所接的 A501 上行带宽是共享的。

我们分别测算过采用 EPON 技术与 LAN 技术的社区成本投入,发现对于一个 1000 户的社区,如果上网率为 8%,采用 EPON 方案相比 LAN 方案(室内布线进行了优化)在成本上没有优势,但在以后的维护上会节省维护费用。而室内布线采用优化和没有采用优化的两种 LAN 方案在建设成本上差距较大。出现这种差距的原因是:优化方案节省了室内布线的材料,相对施工费也降低了,另外,由于采用集中管理方式,交换机的端口利用率大大增加,从而减少了楼道交换机的数量,相应也就降低了在设备上的投资。

7. VDSL 接入方式

在 VDSL 接入方式中,一个基站可以覆盖直径为 20km 的区域,每个基站可以负载 2.4 万用户,每个终端用户的带宽可达到 25Mb/s。但是,它的带宽总容量为 600Mb/s,每个基站下的用户共享带宽,因此一个基站如果负载用户较多,那么每个用户所分到的带宽就很小了。故这种技术对于社区用户的接入是不合适的,但它的用户端设备可以捆绑在一起,可用于宽带运营商的城域网互联。其具体做法是:在汇聚点机房中建一个基站,而汇聚机房周边的社区机房可作为基站的用户端,社区机房如果捆绑四个用户端,汇聚机房与社区机房的带宽就可以达到 100Mb/s。

采用这种方案的好处是可以使已建好的宽带社区迅速开通运营,缩短建设周期。但是目前采用这种技术的产品在中国还没有形成商品市场,无法进行成本评估。

8. LAN 接入方式

LAN 接入方式是利用以太网技术,采用光缆+双绞线的方式对社区进行综合布线。具体实施方案是:从社区机房敷设光缆至住户单元楼,楼内布线采用五类双绞线敷设至用户家里,双绞线总长度一般不超过 100m,用户家里的计算机通过五类跳线接入墙上的五类模块就可以实现上网。社区机房的出口通过光缆或其他介质接入城域网。LAN 接入方式如图 9-6 所示。

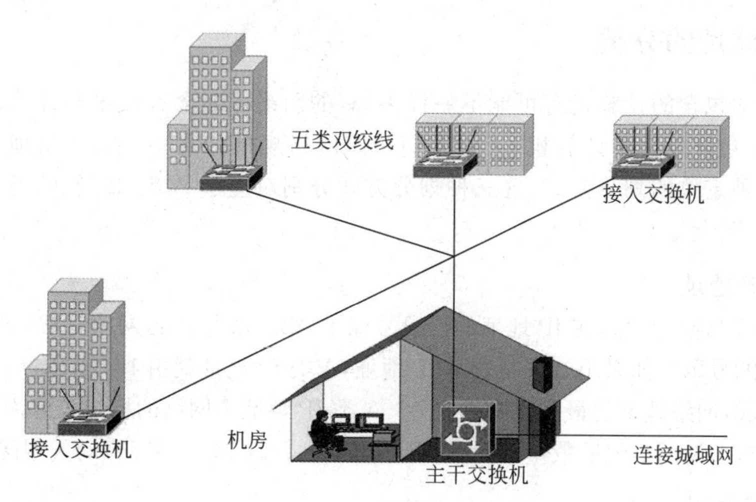

图 9-6 LAN 接入方式示意

9.3 Internet 的地址

9.3.1

9.3.1 IP 地址的结构

Internet 是全世界范围内的计算机联为一体而构成的通信网络的总称。联在某个网络上的两台计算机之间在相互通信时，在它们所传送的数据包里都会含有某些附加信息，这些附加信息就是发送数据的计算机的地址和接收数据的计算机的地址。这样，人们为了通信的方便给每一台计算机都事先分配一个类似我们日常生活中的电话号码一样的标识地址，该标识地址就是下面所要介绍的 IP 地址。根据 TCP/IP 规定，IP 地址由 32 位二进制数组成，而且在 Internet 范围内是唯一的。例如，某台联在 Internet 上的计算机的 IP 地址为：11010010 01001001 10001100 00000111。

很明显，这些数字对于人来说不太好记忆。人们为了方便记忆，就将组成计算机的 IP 地址的 32 位二进制数分成四段，每段 8 位，中间用小数点隔开，然后将每 8 位二进制数转换成十进制数，这样上述计算机的 IP 地址就变成了 210.73.140.7，我们将这种表示方法称为点分十进制。

Internet 是把全世界的无数个网络连接起来的一个庞大的网间网，每个网络中的计算机通过其自身的 IP 地址而被唯一标识，据此我们也可以设想，在 Internet 这个庞大的网间网中，每个网络也有自己的标识符。我们把计算机的 IP 地址也分成两部分，分别为网络标识和主机标识。同一个物理网络上的所有主机都用同一个网络标识，网络上的每个主机（包括网络上的工作站、服务器和路由器等）都有一个主机标识与其对应，这样 IP 地址的 4 个字节划分为两个部分，一部分用以标明具体的网络段，即网络标识；另一部分用以标明具体的结点，即主机标识，也就是某个网络中的特定的计算机号码。例如，A 城市信息网络中心的服务器的 IP 地址为 210.73.140.7，对于该 IP 地址，我们可以把它分成网络标识和主机标识两部分，这样上述的 IP 地址如下。

(1) 网络标识：210.73.140.0。

(2) 主机标识：7。

(3) 合起来写成：210.73.140.7。

9.3.2 IP地址的分类

9.3.2

由于网络中包含的计算机有可能不一样多,有的网络可能含有较多的计算机,也有的网络包含较少的计算机,于是人们按照网络规模的大小,把32位地址信息设成三种定位的划分方式,这三种划分方式分别对应于A类、B类、C类IP地址。

1. A类IP地址

一个A类IP地址是指,在IP地址的四段号码中,第一段号码为网络号码,剩下的三段号码为本地计算机的号码。如果用二进制表示IP地址,A类IP地址就由1字节的网络地址和3字节的主机地址组成,网络地址的最高位必须是0。A类IP地址中网络的标识长度为7位,主机标识的长度为24位,A类网络地址数量较少,可以用于主机数达1600多万台的大型网络。

2. B类IP地址

一个B类IP地址是指,在IP地址的四段号码中,前两段号码为网络号码,剩下的两段号码为本地计算机的号码。如果用二进制表示IP地址,B类IP地址就由2字节的网络地址和2字节的主机地址组成,网络地址的最高位必须是10。B类IP地址中网络的标识长度为14位,主机标识的长度为16位,B类网络地址适用于中等规模的网络,每个网络所能容纳的计算机数为6万多台。

3. C类IP地址

一个C类IP地址是指,在IP地址的四段号码中,前三段号码为网络号码,剩下的一段号码为本地计算机的号码。如果用二进制表示IP地址,C类IP地址就由3字节的网络地址和1字节的主机地址组成,网络地址的最高位必须是110。C类IP地址中网络的标识长度为21位,主机标识的长度为8位,C类网络地址数量较多,适用于小规模的局域网络,每个网络最多只能包含254台计算机。

4. D类IP地址

D类IP地址在历史上被称为多播地址(Multicast Address),即组播地址。在以太网中,多播地址命名了一组应该在这个网络中应用接收到一个分组的站点。多播地址的最高位必须是1110,范围为224.0.0.0～239.255.255.255。

5. E类IP地址

范围为240～254,以11110开始,为将来使用保留。

在日常网络环境中,基本都在使用B、C两大类地址,而A、D、E这三类地址都不太可能被使用到。

【例9-1】 以下IP地址分别属于A、B、C、D中的哪一类?

(1) 10.92.56.7。

(2) 131.90.7.60。

(3) 110.70.75.58。

(4) 205.7.88.21。

(5) 224.9.8.29。

解:根据上述分类中提到的地址范围来判断即可。答案为:A类、B类、A类、C类、D类。

9.3.3　特殊的 IP 地址

9.3.3

在 IP 地址空间中，有的 IP 地址不能为设备分配，有的 IP 地址不能用在公网，有的 IP 地址只能在本机使用，诸如此类的特殊 IP 地址众多，下面列举了一些比较常见的特殊 IP 地址。

1. 受限广播地址

广播通信是一对所有的通信方式。若一个 IP 地址的二进制数全为 1，即 255.255.255.255，则这个地址用于定义整个互联网。如果设备想使 IP 数据报被整个 Internet 所接收，就发送这个目的地址全为 1 的广播包，但这样会给整个互联网带来灾难性的负担。因此，网络上的所有路由器都阻止具有这种类型的分组被转发出去，使这样的广播仅限于本地网段。

2. 直接广播地址

一个网络中的最后一个地址为直接广播地址，也就是 Host ID 全为 1 的地址。主机使用这种地址把一个 IP 数据报发送到本地网段的所有设备上，路由器会转发这种数据报到特定网络上的所有主机。这个地址在 IP 数据报中只能作为目的地址。另外，直接广播地址使一个网段中可分配给设备的地址数减少了 1 个。

3. 全 0 地址

若 IP 地址全为 0，即 0.0.0.0，则这个 IP 地址在 IP 数据报中只能用作源 IP 地址，这发生在设备启动时但又不知道自己的 IP 地址的情况下。在使用 DHCP 分配 IP 地址的网络环境中，这样的地址是很常见的。用户主机为了获得一个可用的 IP 地址，就给 DHCP 服务器发送 IP 分组，并用这样的地址作为源地址，目的地址为 255.255.255.255(因为主机这时还不知道 DHCP 服务器的 IP 地址)。

4. 环回地址

127 网段的所有地址都称为环回地址，主要用来测试网络协议是否工作正常。例如，使用 PING 127.1.1.1 就可以测试本地 TCP/IP 是否已正确安装。另外一个用途是客户进程用环回地址发送报文给位于同一台机器上的服务器进程，如在浏览器里输入 127.1.2.3，这样可以在排除网络路由的情况下用来测试 IIS 是否正常启动。

5. 私有地址

在 IP 地址空间中，有一些 IP 地址被定义为专用地址，这样的地址不能为 Internet 的设备分配，只能在企业内部使用，因此也称为私有地址。若要在 Internet 上使用这样的地址，必须使用网络地址转换或者端口映射技术。这些专有地址是：10/8 地址范围，10.0.0.0～10.255.255.255 共有 2^{24} 个地址；172.16/12 地址范围，172.16.0.0～172.31.255.255 共有 2^{20} 个地址；192.168/16 地址范围，192.168.0.0～192.168.255.255 共有 2^{16} 个地址。

6. 多播地址

多播地址用在一对多的通信中。多播通信就是从单个源地址把分组发送到一组目的设备。多播地址属于分类编址中的 D 类地址，一个地址串就代表一个 Group ID，Internet 上的设备可以有一个或多个 Group ID。D 类地址只能用作目的地址，而不能作为分组中的源地址。

7. 169.254.*.*

如果设备获得了类似 169.254.*.* 这样的 IP 地址，说明 DHCP 有问题。在 Windows

系统中,如果 DHCP 客户端无法联系到 DHCP 服务器,客户端会根据自身的注册表把自己的 IP 设置为 169.254.*.*这样的地址。

9.3.4 子网掩码

9.3.4

子网掩码(Subnet Mask)也称为网络掩码、地址掩码,它是一种用来指明一个 IP 地址的哪些位标识的是主机所在的子网以及哪些位标识的是主机的位掩码。子网掩码不能单独存在,它必须结合 IP 地址一起使用。与 IP 地址相同,子网掩码的长度也是 32 位,也可以使用十进制的形式。例如,二进制形式的子网掩码 1111 1111.1111 1111.1111 1111.0000 0000,采用十进制的形式为 255.255.255.0。

1. 子网掩码的作用

子网掩码的主要作用有两个,一是用于屏蔽 IP 地址的一部分以区别网络标识和主机标识,并说明该 IP 地址是在局域网上还是在远程网上,通过 IP 地址的二进制与子网掩码的二进制进行与运算,确定某个设备的网络地址和主机号,即通过子网掩码分辨一个网络的网络部分和主机部分。子网掩码一旦设置,网络地址和主机地址就固定了。二是用于将一个大的 IP 网络划分为若干个小的子网络。使用子网是为了减少 IP 的浪费。因为随着互联网的发展,越来越多的网络产生,有的网络多则几百台计算机,有的只有区区几台计算机,这样就浪费了很多 IP 地址,所以要划分子网。使用子网可以提高网络应用的效率。

通过计算机的子网掩码判断两台计算机是否属于同一网段的方法是,将计算机十进制的 IP 地址和子网掩码转换为二进制的形式,然后进行二进制"与"(AND)计算(全 1 则得 1,不全 1 则得 0),如果得出的结果是相同的,那么这两台计算机就属于同一网段。

【例 9-2】 根据子网掩码的长度,计算以下 IP 地址的网络地址:

(1) 136.52.121.9/8

(2) 136.52.121.9/11

(3) 136.52.121.9/16

(4) 136.52.121.9/19

(5) 136.52.121.9/24

解:子网掩码与 IP 地址做"与"运算得到该 IP 地址的网络地址。

(1) 136.52.121.9/8　　136.0.0.0

(2) 136.52.121.9/11　　136.32.0.0

(3) 136.52.121.9/16　　136.52.0.0

(4) 136.52.121.9/19　　136.52.96.0

(5) 136.52.121.9/24　　136.52.121.0

2. 子网掩码的分类

子网掩码分为两类,一类是默认(自动生成)子网掩码,另一类是自定义子网掩码。默认子网掩码即未划分子网,对应的网络号的位都置 1,主机号都置 0。

(1) A 类网络默认子网掩码:255.0.0.0。

(2) B 类网络默认子网掩码:255.255.0.0。

(3) C 类网络默认子网掩码:255.255.255.0。

自定义子网掩码是将一个网络划分为几个子网,需要每一段使用不同的网络号或子网号,实际上可以认为是将主机 ID 分为子网号和子网主机号两个部分，形式如下：

（1）未做子网划分的 IP 地址：网络号＋主机号。

（2）做子网划分后的 IP 地址：网络号＋子网号＋子网主机号。

也就是说，IP 地址在划分子网后，以前的主机 ID 位置的一部分给了子网号，余下的是子网主机号。子网掩码是 32 位二进制数，它的子网主机标识用部分为全 0。利用子网掩码可以判断两台主机是否在同一子网中。若两台主机的 IP 地址分别与它们的子网掩码相“与”后的结果相同，则说明这两台主机在同一子网中。

3. 子网掩码的计算

用于子网掩码的位数决定于可能的子网数目和每个子网的主机数目。在定义子网掩码前，必须弄清楚使用的子网数和主机数目。

定义子网掩码的步骤如下。

（1）确定哪些组地址可以使用。例如申请到的网络号为 190.73.a.b，该网络地址为 B 类 IP 地址，网络标识为 190.73，主机标识为 a.b。

（2）根据现在所需的子网数以及将来可能扩充到的子网数，用宿主机的一些位来定义子网掩码。例如现在需要 12 个子网，将来可能需要 16 个。用第三个字节的前四位确定子网掩码。前四位都置为 1，即第三个字节为 11110000。

（3）把对应初始网络的各个位都置为 1，即前两个字节都置为 1，第四个字节都置为 0，则子网掩码的间断二进制形式为 11111111.11111111.11110000.00000000。

（4）把这个数转化为间断十进制形式，即 255.255.240.0，这个数为该网络的子网掩码。

【例 9-3】 假定一个网络上需要连接最多 1000 台计算机设备。

（1）若分配一个有类型的 IP 网络地址，则 A、B、C 哪一类最合适？简要说明理由。地址空间的使用效率（%）是多少？

（2）若对其分配可变长子网掩码的 IP 地址，则子网掩码最长可达多少？简要说明计算过程。地址空间的使用效率（%）是多少？

解：

（1）B 类最合适，因为一个 B 类网络的地址空间大小能够用且最接近 1000。地址空间使用效率＝1000/65534＝1.5%。

（2）设 k 位主机号，由 $2^{k-1}-2<1000<2^k-2$ 得 $k=10$，故子网掩码需要 $32-k=22$ 位。地址空间使用效率＝$1000/(2^{10}-2)=97.85\%$。

【例 9-4】 一个企业网有 8 个子网，每个子网上的主机数量相同，并且尽可能多。若要求所有的 IP 地址都有形式 117.100.x.y，试写出各个子网的网络地址（即 NetID）、最短子网掩码长度，并简要说明计算方法。

解：由于有 8 个子网，因此需要至少 3 位扩展网络号部分，这里没有给定子网大小，每个子网主机数量尽可能多，则剩下 13 位主机号；因此每个子网掩码最短需要 19 位，剩余 13 位作为主机号。由此，子网掩码为 255.255.224.0，8 个子网的网络地址分别如下。

（1）117.100.0.0/19

（2）117.100.32.0/19

（3）117.100.64.0/19

（4）117.100.96.0/19

（5）117.100.128.0/19

(6) 117.100.160.0/19

(7) 117.100.192.0/19

(8) 117.100.224.0/19

9.4 域名系统 DNS

9.4

域名系统(Domain Name System,DNS)帮助用户在互联网上寻找路径。大家都知道,当我们在上网的时候,通常输入的是如 www.sina.com.cn 这样的网址,其实这就是一个域名,而计算机网络上的计算机彼此之间只能用 IP 地址才能相互识别。例如,我们去一个 Web 服务器中请求一个 Web 页面,可以在浏览器中输入网址或者是相应的 IP 地址,如上新浪网,我们可以在 IE 的地址栏中输入 www.sina.com.cn,也可以输入 IP 地址 218.30.66.101,但是 IP 地址我们很难记住,所以有了域名的说法,这样的域名易让人记住。

域名虽然便于人们记忆,但网络中的计算机之间只能认识 IP 地址,它们之间的转换工作称为域名解析(如上面的 www.sina.com.cn 与 218.30.66.101 之间的转换),域名解析需要由专门的域名解析服务器来完成,DNS 就是进行域名解析的服务器。

根据 DNS 服务器的作用,将其分为以下三类。

(1) 根域名服务器:简称根服务器,主要用来管理互联网的主目录,全世界只有 13 台根服务器,名字分别为 A～M,1 个为主根服务器,放置在美国;其余 12 个均为辅根服务器,其中 9 个放置在美国,欧洲 2 个,位于英国和瑞典,亚洲 1 个,位于日本。所有的根服务器均由美国政府授权的互联网域名与号码分配机构 ICANN 统一管理,负责全球互联网域名根服务器、域名体系和 IP 地址等的管理。

(2) 授权域名服务器:每一个主机都必须在授权域名服务器处注册登记。通常,一个主机的授权域名服务器就是它的本地 ISP 的一个域名服务器。许多域名服务器同时充当本地域名服务器和授权域名服务器。授权域名服务器总是能够将其管辖的主机名转换为该主机的 IP 地址。

(3) 本地域名服务器:也称为默认域名服务器,当一个主机发出 DNS 查询报文时,这个报文就首先被送往该主机的本地域名服务器。在用户的计算机中设置网卡的“Internet 协议(TCP/IP)属性”对话框中设置的首选 DNS 服务器即为本地域名服务器。

9.4.1 域名结构

9.4.1

通常 Internet 主机域名的结构为层次结构,如图 9-7 所示,其一般结构表示为:主机名.三级域名.二级域名.顶级域名,如 www.sina.com.cn。每一级的域名都由英文字母和数字组成(不超过 63 个字符,并且不区分大小写子母),级别最低的域名写在最左边,而级别最高的顶级域名则写在最右边。完整的域名不超过 255 个字符。

Internet 的顶级域名由 Internet 网络协会域名注册查询负责网络地址分配的委员会进行登记和管理,它还为 Internet 的每一台主机分配唯一的 IP 地址。全世界现有三个大的网络信息中心:位于美国的 Inter-NIC,负责美国及其他地区;位于荷兰的 RIPE-NIC,负责欧洲地区;位于日本的 APNIC,负责亚太地区。

根据现行域名管理规则,顶级域名代码主要有两类。一类为国家和地区域名代码,分别对

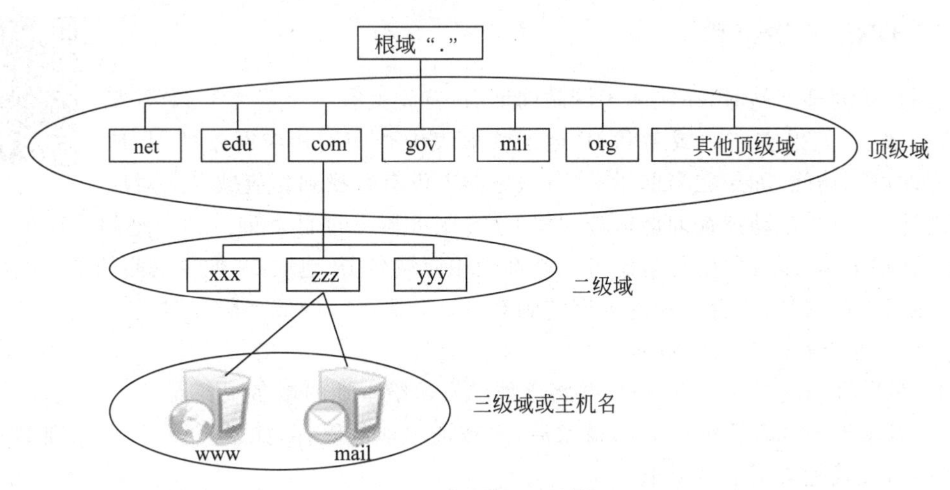

图 9-7 域名的层次结构

应各个国家或地区，如中国为 cn，美国为 us，中国香港地区为 hk 等；另一类为类别顶级域名代码，具体分为 com（商业实体）、net（网络服务实体）、org（非营利组织）、mil（军事机构）、edu（教育机构）、gov（政府机构）等。在类别顶级域名代码下注册的域名通常为两级域名代码结构，而在国别顶级域名代码下注册的域名通常为三级或四级域名代码结构。

根据《中国互联网络域名注册暂行管理办法》，在中国的国别顶级域名代码下，对应有 6 个二级类别域名代码和 34 个二级行政区域域名代码，前者分别为 ac（科研机构）、com（工商、金融企业）、edu（教育机构）、gov（政府部门）、net（互联网、接入网络的信息中心和运营中心）及 org（非营利组织），后者则分别对应着 34 个省级行政区域单位，如 bj（北京）、sh（上海）、mo（澳门）等。

9.4.2 DNS 查询方式

9.4.2

按照查询过程不同分为两种类型的查询：递归查询和迭代查询。

递归查询是最常见的查询方式，域名服务器将代替提出请求的客户机（下级 DNS 服务器）进行域名查询，若域名服务器不能直接回答，则域名服务器会在域各树中的各分支的上下进行递归查询，最终将返回查询结果给客户机，在域名服务器查询期间，客户机将完全处于等待状态。

迭代查询也称为重指引，当服务器使用迭代查询时，能够使其他服务器返回一个最佳的查询点提示或主机地址，若此最佳的查询点中包含需要查询的主机地址，则返回主机地址信息，若此时服务器不能够直接查询到主机地址，则按照提示的指引依次查询，直到服务器给出的提示中包含所需要查询的主机地址为止，一般情况下，每次指引都会更靠近根服务器（向上），查寻到根域名服务器后，则会再次根据提示向下查找。

【例 9-5】 如果本地域名服务无缓存，当采用递归方法解析另一网络某主机域名时，用户主机、本地域名服务器发送的域名请求条数分别为（　　）。

A. 1 条，1 条　　B. 1 条，多条　　C. 多条，1 条　　D. 多条，多条

解：这里考查的是递归查询和迭代查询的区别，用户主机和本地域名服务器之间采用递归查询，所以只发送 1 条请求；而本地域名服务器与根域名服务器以及其他域名服务器之间采用迭代查询，所以发送多条请求。答案为 B。

9.4.3 DNS工作过程

9.4.3

当用户访问某网站时,在输入了网站网址后,首先就有一台首选子 DNS 服务器进行解析,如果在它的域名和 IP 地址映射表中查询到相应网站的 IP 地址,则立即可以访问,如果在当前子 DNS 服务器上没有查找到相应域名所对应的 IP 地址,它就会自动把查询请求转到根 DNS 服务器上进行查询。如果是相应域名服务商的域名,在根 DNS 服务器中是肯定可以查询到相应域名 IP 地址的,如果访问的不是相应域名服务商域名下的网站,则会把相应查询转到对应域名服务商的域名服务器上。

DNS 服务器解析的过程如下。

(1) 客户机提出域名解析请求,并将该请求发送给本地的域名服务器。

(2) 当本地的域名服务器收到请求后,先查询本地的缓存,如果有该记录项,则本地的域名服务器就直接把查询的结果返回。

(3) 如果本地的缓存中没有该记录,则本地域名服务器就直接把请求发给根域名服务器,然后根域名服务器返回给本地域名服务器一个所查询域(根的子域)的主域名服务器的地址。

(4) 本地服务器再向上一步返回的域名服务器发送请求,然后接收请求的服务器查询自己的缓存,如果没有该记录,则返回相关的下级域名服务器的地址。

(5) 重复步骤(4),直到找到正确的记录。

(6) 本地域名服务器把返回的结果保存到缓存,以备下一次使用,同时将结果返回给客户机。

【例 9-6】 假设客户机想要访问站点 www. sdjn. com,本地域名服务器是 dns. company. com,一个根域名服务器是 NS. INTER. NET,所要访问的网站域名服务器是 dns. sdjn. com,简述域名解析的过程。

解:

(1) 客户机发出请求解析域名 www. sdjn. com 的报文。

(2) 本地的域名服务器收到请求后,查询本地缓存,假设没有该记录,则本地域名服务器 dns. company. com 向根域名服务器 NS. INTER. NET 发出请求解析域名 www. sdjn. com 的报文。

(3) 根域名服务器 NS. INTER. NET 收到请求后查询本地记录,得到如下结果:sdjn. com NS dns. sdjn. com(表示 sdjn. com 域中的域名服务器为 dns. sdjn. com),同时给出 dns. sdjn. com 的地址,并将结果返回给域名服务器 dns. company. com。

(4) 域名服务器 dns. company. com 收到回应后,再发出请求解析域名 www. sdjn. com 的报文。

(5) 域名服务器 dns. sdjn. com 收到请求后,开始查询本地的记录,找到如下一条记录:www. sdjn. com A 211. 120. 3. 12(表示 sdjn. com 域中域名服务器 dns. sdjn. com 的 IP 地址为 211. 120. 3. 12),并将结果返回给本地域名服务器 dns. company. com。

(6) 本地域名服务器将返回的结果保存到本地缓存,同时将结果返回给客户机。

这样就完成了一次域名解析过程。

9.5 Internet 提供的服务

9.5.1

9.5.1 WWW服务

全球信息网(World Wide Web,WWW)也被人们称为 3W、万维网等,是

Internet上最受欢迎、最为流行的信息检索工具。Internet中的客户使用浏览器只要简单地单击鼠标，即可访问分布在全世界范围内Web服务器上的文本文件，以及与之相配套的图像、声音和动画等，进行信息浏览或信息发布。

1. WWW的起源与发展

1989年，瑞士日内瓦CERN(欧洲粒子物理实验室)的科学家Tim Berners Lee首次提出了WWW的概念，采用超文本技术设计分布式信息系统。到1990年11月，第一个WWW软件在计算机上实现。一年后，CERN就向全世界宣布WWW的诞生。1994年，Internet上传送的WWW数据量首次超过FTP数据量，成为访问Internet资源的最流行的方法。近年来，随着WWW的兴起，在Internet上大大小小的Web站点纷纷建立，势不可挡。当今的WWW成了全球关注的焦点，为网络上流动的庞大资料找到了一条可行的统一通道。

WWW之所以受到人们的欢迎，是由其特点所决定的。WWW服务的特点在于高度的集成性，它把各种类型的信息(如文本、声音、动画、录像等)和服务(如News、FTP、Telnet、Gopher、Mail等)无缝链接，提供了丰富多彩的图形界面。WWW的特点可归纳如下。

(1) 客户可在全世界范围内查询、浏览最新信息。

(2) 信息服务支持超文本和超媒体。

(3) 用户界面统一使用浏览器，直观方便。

(4) 由资源地址域名和Web网点(站点)组成。

(5) Web站点可以相互链接，以提供信息查找和漫游访问。

(6) 用户与信息发布者或其他用户相互交流信息。

由于WWW具有上述突出特点，它在许多领域中得到广泛应用。大学研究机构，政府机关，甚至商业公司都纷纷出现在Internet上，高等院校通过自己的Web站点介绍学院概况、师资队伍、科研和图书资料以及招生招聘信息等。政府机关通过Web站点为公众提供服务、接受社会监督并发布政府信息。生产厂商通过Web页面用图文并茂的方式宣传自己的产品，提供优良的售后服务。

2. 相关概念

超链接是WWW上的一种链接技巧，它是内嵌在文本或图像中的。通过已定义好的关键字和图形，只要单击某个图标或某段文字，就可以自动连上相对应的其他文件。文本超链接在浏览器中通常带下画线，而图像超链接是看不到的；但如果用户的鼠标碰到它，鼠标的指标通常会变成手指状(文本超链接也是如此)。

超文本是把一些信息根据需要连接起来的信息管理技术，人们可以通过一个文本的链接指针打开另一个相关的文本。只要用鼠标单击文本中通常带下画线的条目，便可获得相关的信息。网页的出色之处在于能够把超链接嵌入网页中，使用户能够从一个网页站点方便地转移到另一个相关的网页站点。HTTP使用GET命令向Web服务器传输参数，获取服务器上的数据。类似的命令还有POST命令。

URL是Uniform Resource Location的缩写，译为“统一资源定位符”。通俗地说，URL是Internet上用来描述信息资源的字符串，主要用在各种WWW客户程序和服务器程序上，特别是著名的Mosaic。采用URL可以用一种统一的格式来描述各种信息资源，包括文件、服务器的地址和目录等。

基本URL包含协议、服务器名称(或IP地址)、路径和文件名，协议告诉浏览器如何处理将要打开的文件。最常用的是超文本传输协议(Hypertext Transfer Protocol,HTTP),这个协议可以用来访问网络。其他协议如下。

(1) HTTPS——用安全套接字层传送的超文本传输协议。

(2) FTP——文件传输协议。

(3) MAILTO——电子邮件地址。

(4) LDAP——轻型目录访问协议搜索。

(5) FILE——当地计算机或网上分享的文件。

(6) NEWS——Usenet 新闻组。

(7) GOPHER——Gopher 协议。

(8) TELNET——Telnet 协议。

服务器的名称或 IP 地址后面有时还跟一个冒号和一个端口号。它也可以包含接触服务器必需的用户名称和密码。路径部分包含等级结构的路径定义,一般来说,不同部分之间以斜线"/"分隔。有时候,URL 以斜线"/"结尾,而没有给出文件名,在这种情况下,URL 引用路径中最后一个目录中的默认文件(通常对应于主页),这个文件常常被称为 index. html 或 default. htm。

【例 9-7】 如果 sam. exe 文件存储在一个名为 network. com. cn 的 FTP 服务器上,那么下载该文件使用的 URL 为(   )。

A. http://network. com. cn/sam. exe　　B. ftp://network. com. cn/sam. exe

C. rtsp://network. com. cn/sam. exe　　D. mns://network. com. cn/sam. exe

解:此题考查的是 URL 的正确格式,这里的协议类型是 FTP,后面指定 FTP 服务器的主机名和路径及文件名(要下载的文件名),就可以通过浏览器访问 FTP 服务器上的特定资源了。答案为 B。

超级文本标记语言是标准通用标记语言下的一个应用,也是一种规范、一种标准,它通过标记符号来标记要显示的网页中的各个部分。网页文件本身是一种文本文件,通过在文本文件中添加标记符,可以告诉浏览器如何显示其中的内容(如文字如何处理、画面如何安排、图片如何显示等)。浏览器按顺序阅读网页文件,然后根据标记符的解释和显示其标记的内容,对书写出错的标记将不指出其错误,且不停止其解释执行过程,编制者只能通过显示效果来分析出错原因和出错部位。但需要注意的是,对于不同的浏览器,对同一标记符可能会有不完全相同的解释,因而可能会有不同的显示效果。

超级文本标记语言文档的制作不是很复杂,但功能强大,支持不同数据格式的文件镶入,这也是 WWW 盛行的原因之一,其主要特点如下。

(1) 简易性:超级文本标记语言版本升级后,更加灵活方便。

(2) 可扩展性:超级文本标记语言的广泛应用带来了加强功能、增加标识符等要求,超级文本标记语言采取子类元素的方式,为系统扩展带来保证。

(3) 平台无关性:虽然个人计算机大行其道,但使用 MAC 等其他机器的大有人在,超级文本标记语言可以使用在广泛的平台上,这也是 WWW 盛行的另一个原因。

(4) 通用性:HTML 是网络的通用语言,一种简单、通用的全置标记语言。它允许网页制作人建立文本与图片相结合的复杂页面,这些页面可以被网上任何其他人浏览到,无论使用的是什么类型的计算机或浏览器。

一个 HTML 文档是由一系列的元素和标签组成的,元素名不区分大小写 HTML 用标签来规定元素的属性和它在文件中的位置，HTML 超文本文档分为文档头和文档体两部分，在文档头里，对这个文档进行了一些必要的定义，文档体中才是要显示的各种文档信息。下面是一个最基本的 HTML 文档的代码：

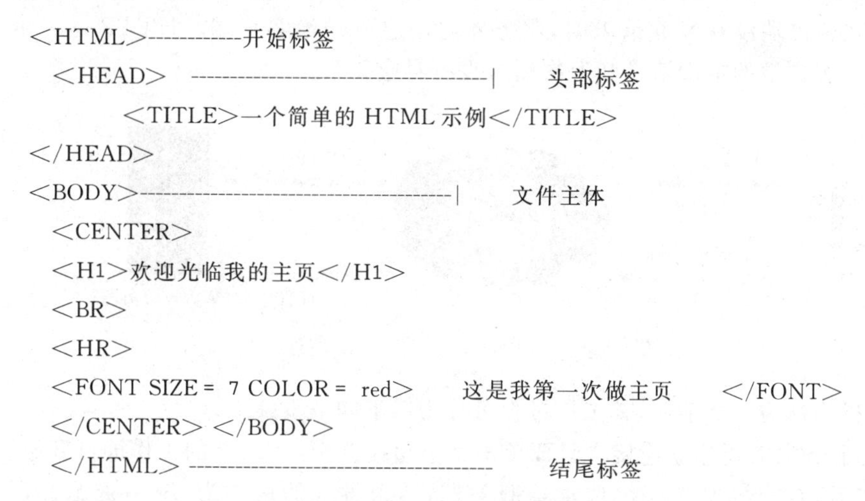

```
<HTML>-----------开始标签
  <HEAD>  -----------------------------------|    头部标签
        <TITLE>一个简单的 HTML 示例</TITLE>
</HEAD>
<BODY>-------------------------------------|    文件主体
  <CENTER>
  <H1>欢迎光临我的主页</H1>
  <BR>
  <HR>
  <FONT SIZE = 7 COLOR = red>    这是我第一次做主页    </FONT>
  </CENTER> </BODY>
  </HTML> -----------------------------------    结尾标签
```

<HTML></HTML>在文档的最外层，文档中的所有文本和 HTML 标签都包含在其中，它表示该文档是以超文本标识语言（HTML）编写的。事实上，现在常用的 Web 浏览器都可以自动识别 HTML 文档，并不要求有<HTML>标签，也不对该标签进行任何操作，但是为了使 HTML 文档能够适应不断变化的 Web 浏览器，还是应该养成不省略这对标签的良好习惯。

<HEAD></HEAD>是 HTML 文档的头部标签，在浏览器窗口中，头部信息是不被显示在正文中的，在此标签中可以插入其他标记，用于说明文件的标题和整个文件的一些公共属性。若不需要头部信息，则可省略此标记，良好的习惯是不省略。

<TITLE>和</TITLE>是嵌套在<HEAD>头部标签中的，标签之间的文本是文档标题，它被显示在浏览器窗口的标题栏。

<BODY> </BODY>标记一般不省略，标签之间的文本是正文，是在浏览器中显示的页面内容。上面的这几对标签在文档中都是唯一的，HEAD 标签和 BODY 标签是嵌套在 HTML 标签中的。

HTTP 是用于从 WWW 服务器传输超文本到本地浏览器的传送协议。它可以使浏览器更加高效，使网络传输减少。它不仅能保证计算机正确快速地传输超文本文档，还能确定传输文档中的哪一部分，以及哪部分内容首先显示（如文本先于图形）等。

HTTP 的主要特点可概括如下。

（1）支持客户/服务器模式。

（2）简单快速：客户向服务器请求服务时，只需传送请求方法和路径。常用的请求方法有 GET、HEAD、POST。每种方法规定了客户与服务器联系的类型不同。由于 HTTP 简单，使得 HTTP 服务器的程序规模小，因而通信速度很快。

（3）灵活：HTTP 允许传输任意类型的数据对象。正在传输的类型由 Content-Type 加以标记。

（4）无连接：无连接的含义是限制每次连接只处理一个请求。服务器处理完客户的请求，并收到客户的应答后，即断开连接。采用这种方式可以节省传输时间。

（5）无状态：HTTP 是无状态协议。无状态是指协议对于事务处理没有记忆能力。缺少状态意味着如果后续处理需要前面的信息,则它必须重传,这样可能导致每次连接传送的数据量增大。另外,在服务器不需要先前信息时,它的应答就较快。

HTTP永远都是客户端发起请求,服务器回送响应,如图9-8所示,这样就限制了使用HTTP,无法实现在客户端没有发起请求时,服务器将消息推送给客户端。HTTP是一个无状态的协议,同一个客户端的本次请求和上次请求没有对应关系。

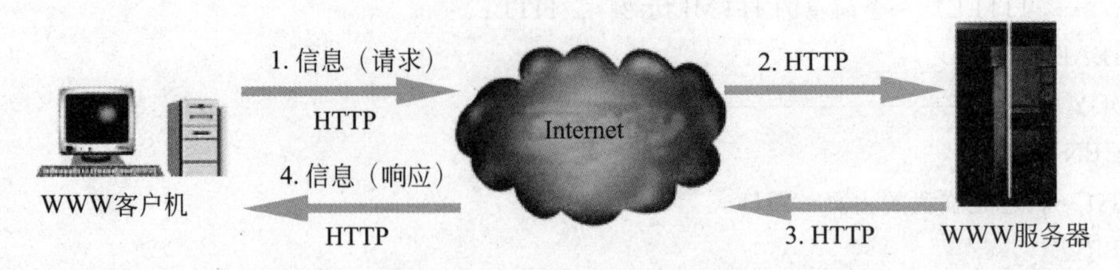

图9-8 HTTP的工作过程

一次HTTP操作称为一个事务,其工作过程可分为以下四个步骤。

(1) 客户机与服务器需要建立连接。只要单击某个超级链接,HTTP的工作即可开始。

(2) 建立连接后,客户机发送一个请求给服务器,请求方式的格式为:统一资源标识符(URL)、协议版本号,后边是MIME信息,包括请求修饰符、客户机信息和可能的内容。

(3) 服务器接到请求后,给予相应的响应信息,其格式为一个状态行,包括信息的协议版本号、一个成功或错误的代码,后边是MIME信息,包括服务器信息、实体信息和可能的内容。

(4) 客户端接收服务器所返回的信息并通过浏览器显示在用户的显示屏上,然后客户机与服务器断开连接。

如果在以上过程中的某一步出现错误,那么产生错误的信息将返回到客户端,由显示屏输出。对于用户来说,这些过程是由HTTP自己完成的,用户只要单击鼠标,等待信息显示就可以了。

3. WWW的工作过程和原理

WWW是基于客户机/服务器的工作模式,客户机安装WWW浏览器,WWW服务器被称为Web服务器,浏览器和服务器之间通过HTTP相互通信,Web服务器根据客户提出的需求(HTTP请求),为用户提供信息浏览、数据查询、安全验证等方面的服务。

当用户想访问WWW上的一个网页或者其他网络资源时,通常要先在浏览器上输入想访问网页的URL,或者通过超链接方式链接到那个网页或网络资源。之后URL的服务器名部分被名为域名系统的分布于全球的Internet数据库解析,并根据解析结果决定使用哪一个IP地址(IP Address)。

接下来向在那个IP地址工作的服务器发送一个HTTP请求。通常情况下,HTML文本、图片和构成该网页的一切其他文件很快会被逐一请求并发送回用户。

网络浏览器接下来的工作是把HTML、CSS和其他接收到的文件所描述的内容,加上图像、链接和其他必需的资源显示给用户。这些就构成了用户所看到的“网页”。

WWW采用客户机/服务器的工作模式,具体如下。

(1) 用户使用浏览器或其他程序建立客户机与服务器的连接,并发送浏览请求。

(2) Web服务器接收到请求后,返回信息到客户机。

(3) 通信完成,关闭连接。

9.5.2 电子邮件服务

9.5.2

电子邮件服务(E-mail 服务)是目前最常见、应用最广泛的一种互联网服务。通过电子邮件,可以与 Internet 上的任何人交换信息。电子邮件因其快速、高效、方便及价廉的特点而得到了广泛的应用。目前,全球平均每天有几千万份电子邮件在网上传输。

1. 电子邮件的特点

电子邮件与传统邮件相比,有发送速度快、内容和形式多样、使用方便、费用低、安全性好等特点,具体表现如下。

1) 发送速度快

电子邮件通常在数秒钟内即可送达全球任意位置的收件人信箱中,其速度比电话通信更为高效快捷。如果接收者在收到电子邮件后的短时间内做出回复,往往发送者仍在计算机旁工作时就可以收到回复的电子邮件,接收双方交换一系列简短的电子邮件就像一次次简短的会话。

2) 信息多样化

电子邮件发送的信件内容除普通文字内容外,还可以是软件、数据,甚至是录音、动画、电视或各类多媒体信息。

3) 收发方便

与电话通信或邮政信件发送不同,电子邮件采取的是异步工作方式,它在高速传输的同时允许收件人自由决定在什么时候、什么地点接收和回复,发送电子邮件时不会因“占线”或接收方不在而耽误时间,收件人无须固定守候在线路另一端,可以在用户方便的任意时间、任意地点,甚至是在旅途中收取电子邮件,从而跨越了时间和空间的限制。

4) 成本低廉

电子邮件最大的优点在于其低廉的通信价格,用户花费极少的市内电话费用即可将重要的信息发送到远在地球另一端的用户手中。

5) 广泛的交流对象

同一个信件可以通过网络极快地发送给网上指定的一个或多个成员,甚至召开网上会议进行互相讨论,这些成员可以分布在世界各地,但发送速度与地域无关。与任何一种其他的 Internet 服务相比,使用电子邮件可以与更多的人进行通信。

6) 安全

电子邮件软件是高效可靠的,如果目的地的计算机正好关机或暂时从 Internet 断开,电子邮件软件会每隔一段时间自动重发;如果电子邮件在一段时间之内无法递交,电子邮件会自动通知发件人。作为一种高质量的服务,电子邮件是安全可靠的高速信件递送机制,Internet 用户一般只通过电子邮件方式发送信件。

2. 电子邮件的工作过程

电子邮件的工作过程遵循客户—服务器模式。每份电子邮件的发送都要涉及发送方与接收方,发送方构成客户端,而接收方构成服务器,服务器含有众多用户的电子信箱。发送方通过邮件客户程序,将编辑好的电子邮件向邮局服务器(SMTP 服务器)发送。邮局服务器识别接收者的地址,并向管理该地址的邮件服务器(POP3 服务器)发送消息。邮件服务器将消息存放在接收者的电子信箱内,并告知接收者有新邮件到来。接收者通过邮件客户程序连接到服务器后,就会看到服务器的通知,进而打开自己的电子信箱来查收邮件。

通常 Internet 上的个人用户不能直接接收电子邮件,而是通过申请 ISP 主机的一个电子信箱,由 ISP 主机负责电子邮件的接收。一旦有用户的电子邮件到来,ISP 主机就将邮件移到用户的电子信箱内,并通知用户有新邮件。因此,当发送一个电子邮件给另一个客户时,电子邮件首先从用户计算机发送到 ISP 主机,然后到 Internet,再到收件人的 ISP 主机,最后到收件人的个人计算机。

ISP 主机起着"邮局"的作用,管理着众多用户的电子信箱。每个用户的电子信箱实际上就是用户所申请的账号名。每个用户的电子信箱都要占用 ISP 主机一定容量的硬盘空间,由于这一空间是有限的,因此用户要定期查收和阅读电子信箱中的邮件,以便腾出空间来接收新的邮件。

电子邮件在发送与接收过程中都要遵循 SMTP、POP3 等协议,这些协议确保了电子邮件在各种不同系统之间的传输。其中,SMTP 负责电子邮件的发送,而 POP3 则用于接收 Internet 上的电子邮件。

设置好一个电子邮件服务器以后,该服务器将具有一个或若干个域名,这时电子邮件服务器将监听 25 号端口,等待远程的发送邮件的请求。网络上其他的邮件服务器或者请求发送邮件的 MUA(Mail User Agent),如 Outlook Express、Foxmail 等会连接电子邮件服务器的 25 号端口,请求发送邮件,SMTP 会话过程一般是从远程标识自己的身份开始,过程如下。

```
HELO remote. system. domainname
250 qmailserver. domain
MAIL FROM:    user@somewhere. net
250 OK
RCPT TO:      user1@elsewhere. net
```

邮件的接收者 user1@elsewhere. net 中的域名并不一定是本地域名,这时候本地系统可能有两种回答,接收它:

```
250 OK
```

或者拒绝接收它:

```
553 sorry,that domain is not in my domain list of allowed recphosts
```

第一种情况下,本地电子邮件服务器是允许 relay 的,它接收并同意传递一个目的地址不属于本地域名的邮件;第二种情况则不接收非本地邮件。

电子邮件一般都有一个配置文件,其决定了是否接收一个邮件。只有当一个 RCPT TO 命令中的接收者地址的域名存在于该文件中时,才接收该邮件,否则就拒绝该邮件。若该文件不存在,则所有的邮件都将被接收。当一个邮件服务器不管邮件发送者和邮件接收者是谁,而是对所有邮件进行转发(Relay)时,则该邮件服务器被称为是开放转发(Open Relay)的。当电子邮件服务器没有设置转发限制时,其是开放转发的。

近日来,随着众多免费邮件提供商纷纷加入邮件收费的潮流,电子邮件系统又一次成为人们关注的对象。事实上,电子邮件系统作为互联网的主流应用之一,从最早的免费邮件系统到目前的企业邮件系统,一直以来都是众多的技术焦点之一。因此,本书试图从整体上给出这个系统涉及的一些标准、技术和软件,并讨论如何具体建立、管理和开发一个完整的邮件系统。

3. 电子邮件的基本结构

电子邮件系统基于存储转发的机制,整个系统可以分为不同的功能模块,以达到易于实现、灵活性、可扩展性等目标。邮件系统的基本结构包括邮件用户代理(MUA)、邮件传输、邮件分发、邮件存储等。

MUA 是用户和邮件系统的接口部分,用户使用它来创作、阅读、管理自己的邮件。MUA 可以使用不同的方法来实现,例如,OutLook、Foxmail 是运行于 Windows 系统的 MUA,Pine、Kmail 是运行于 UNIX 上的 MUA,而 Hotmail、Yahoo 提供的免费邮件则提供 Web 方式的 MUA,甚至一些邮件短消息、通知等,也可以看作是 MUA 的辅助功能。

当 MUA 将邮件交给邮件系统时,邮件系统就需要将它们发送给正确的接收主机,这个任务是由邮件传输代理(MTA)来完成的。邮件系统的设计与具体的网络结构无关,无论是互联网还是 UUCP 网络,原则上只要具备理解相应网络协议的 MTA,邮件系统就可以通过 MTA,将邮件从一个主机发送到另一个主机。

当邮件达到目的主机时,邮件系统就需要通过邮件分发代理(MDA),将邮件发送给具体的用户。

1) MUA

一个完整的邮件系统必须提供 MUA 支持。最常见的做法是支持标准的用户端软件,这样邮件系统的开发者就不需要关心用户端软件的开发和管理。为了支持标准的用户端软件,邮件系统需要支持 POP3 或 IMAP4 协议。

由于 POP3 协议较为简单,因此得到了更广泛的支持,Unix 上的 POP3 实现多种多样,这些软件通常是开放源代码的产品。相对而言,IMAP4 协议更复杂一些。

此外,邮件系统也可以自己提供 MUA 来访问邮件,这种情况最常见的就是 Web Mail。使用 Web 界面作为 MUA 的实现形式有着自己的优点,因为这使得对用户的管理更为集中,用户操作更为简单。

同样,还有一些开放源代码的 Web Mail 软件,比较有名的有使用 PHP 开发的 IMP、TWIG 和使用 C 语言开发的 sqWebMail。

2) 邮件传输

虽然邮件系统理论上的设计与网络类型无关,但具体的 MTA 要根据具体的网络类型来实现,而对于互联网来讲,它使用的是 SMTP 及其增强版本 ESMTP。

MTA 是邮件系统的核心,通常采用存储转发机制。MTA 设计的基本原则就是尽可能将邮件发送到目的地址,而不丢失任何一封邮件。

由于 MTA 需要长时间运行在服务器端,一旦出现问题就影响整个系统的正常运行,因此对它的稳定性有特别的要求。

3) 邮件分发

邮件分发代理(MDA)用于将邮件保存到用户的邮箱中,是直接和用户邮箱打交道的部分之一。最著名的邮件是 UNIX 系统中的 mail 程序,UNIX 使用它来分发邮件。

在邮件分发中,有时需要系统能完成一些自动操作。例如,当用户有一段时间出门度假,在 UNIX 上的 vacation 程序就可自动帮助用户回复邮件,把自己的情况告诉发送方。

现在,还有一些更为复杂的 MDA 实现,能够实现一定的智能化操作,如 procmail、maildrop 等。它们可以根据邮件信封上的地址和信件中的具体内容,实现对邮件的自动处理,如拒收、自动回复、自动转发等。

但是,这些复杂的 MDA 都存在一个问题,就是配置比较复杂,至少需要一定的编程基础才能完成对它们的配置,而这样不适合普通用户,因此就需要开发功能更简单一些的

MDA,使配置更直接、更易于理解。另一种解决方案是,针对 procmail 或者 maildrop 这些复杂的 MDA,编写易于理解的管理界面,通过增加一些限制或减少一些功能,适应普通用户的应用。

4) 邮件存储

在整个邮件系统中,存储系统是不可缺少的部分,它将邮件保存到邮箱,从信箱中提取信件交给 MUA。因此,用户的信箱格式非常重要,这关系到整个邮件系统的具体实现。

邮件存储格式的最早形式是 MBOX 格式,这种格式就是在一个文件中保存一个完整的邮件文件夹,这种格式非常适合一次将所有文件都下载的情况,绝大多数 Windows 下的 MUA 通过 POP3 协议,基本上都是将所有邮件一次下载。或者将一个邮件放置到一个文件中,使用目录来表示邮件夹。其中最基本的方式是 MH 格式,它主要用于一种 MUA 软件 mh。

最有用的方式是 Maildir 存储格式,它在文件夹目录下使用了 cur、new、tmp 子目录来保存不同的邮件。

除了这些公开标准的通用格式之外,还有一些专用格式。cyrus 使用的内部存储格式就是一例,其实它就是单文件保存格式的扩展方式。

4. 电子邮件的使用方法

用户想通过 Internet 发送与接收电子邮件,必须先向提供电子邮件服务的网站申请一个属于自己的电子邮箱。电子邮箱包括用户名和密码两个部分,在同一个邮件服务器中,用户名必须唯一。一旦用户拥有了电子邮箱,邮件服务器就会为该邮箱开辟一个存储邮件的空间,用户通过密码方式进入自己的电子邮箱,进行邮件的收发和相关管理。

Internet 上有许多提供电子邮件服务的网站,如新浪网、网易、搜狐、雅虎等。一般来说,通常提供两类邮箱:免费邮箱和收费邮箱。用户只要通过简单的注册,就可以获得一个不错的免费邮箱。如果想获得质量更高、更安全,容量更大的邮箱服务,可以选择收费邮箱。

网页方式电子邮件系统的用户邮件是保存在网站的邮件服务器中的。通过电子邮件客户端软件进行邮件管理操作,可以将保存在邮件服务器中的邮件取回到本机保存。

9.5.3 FTP 服务

9.5.3

1. FTP 服务简介

FTP 是文件传输协议。它可以使文件通过网络从一台主机传送到另一台主机上,而不受计算机类型和操作系统类型的限制。无论是 PC、服务器、大型机,还是 DOS 操作系统、Windows 操作系统、Linux 操作系统,只要双方都支持 FTP,就可以方便地传送文件。

2. FTP 的工作模式

根据数据连接的建立方式,FTP 服务的数据传输可分为主动(Port)模式和被动(Passive)模式。

(1) 主动模式是 FTP 服务器向 FTP 客户端传输数据的默认模式。当 FTP 客户端请求以主动模式传输数据时,由客户端向服务端发送准备接收数据的 IP 地址和端口 Y,该端口号是大于 1024 的非特权端口。服务端主动发起并建立连接到指定的 IP 地址和端口 20 号,所以称为“主动”模式。

在主动模式中,FTP 客户端随机开启一个大于 1024 的端口 X 向服务器的 21 号端口发起控制连接请求,然后开放 $X+1$ 号端口进行监听;FTP 服务器接受请求并建立控制连接会话。

如果客户端在控制会话中发送数据连接请求，那么服务器在接收到命令后，会用其本地的FTP 数据端口(通常是 20 号)来连接客户端指定的端口 $X+1$ 进行数据传输，如图 9-9 所示。

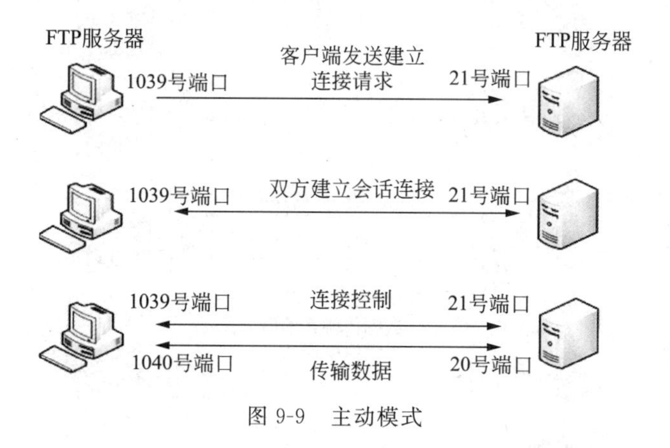

图 9-9　主动模式

(2) 在被动模式下，客户端通过 PASV 命令获得服务端 IP 地址和数据端口，然后向服务端发起连接请求，从而建立数据连接。因此，服务器端只是被动地监听在指定端口上的请求，所以称为“被动”模式。

被动模式的控制连接和数据连接都是由 FTP 客户端发起的。

首先，FTP 客户端随机开启一个大于 1024 号的端口 X 向服务器的 21 号端口发起连接，同时会开启 $X+1$ 端口。然后向服务器发送 PASV 命令，通知服务器自己处于被动模式。服务器收到命令后，会开放一个端口 Y(20 号)进行监听，然后用 PORT Y 命令通知客户端，自己的数据端口是 Y。客户端收到命令后，会通过 $X+1$ 号端口连接服务器的端口 Y，然后在两个端口之间进行数据传输。这样就能使防火墙知道用于数据连接的端口号，而使数据连接得以建立，如图 9-10 所示。

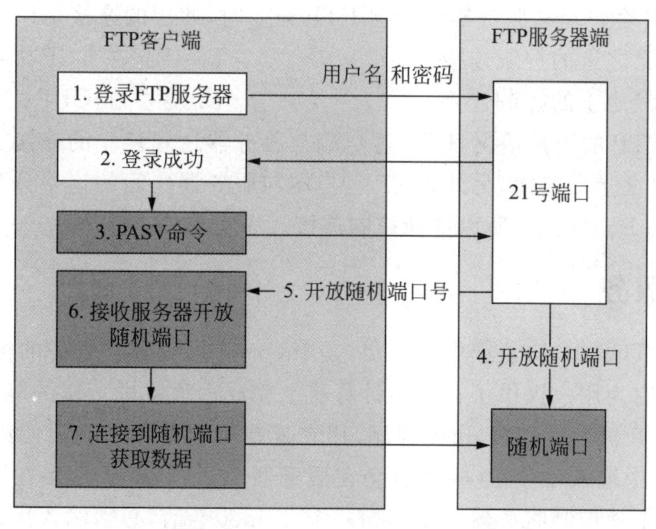

图 9-10　被动模式

3. FTP 的工作原理

FTP 的具体工作过程如图 9-11 所示(主动模式)。

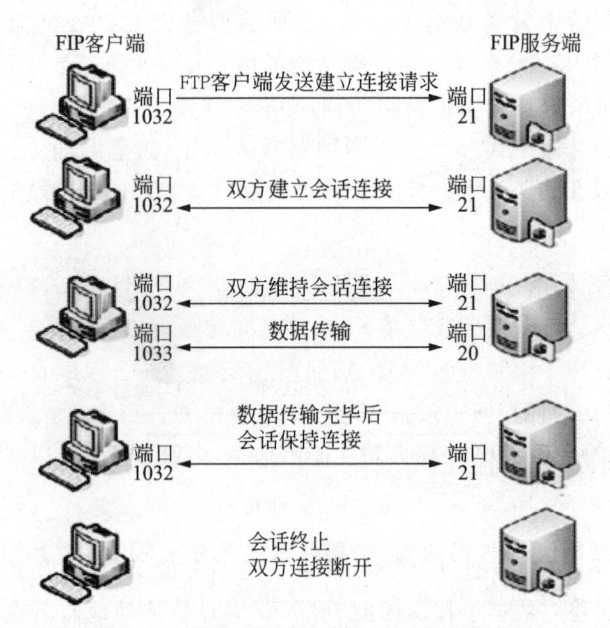

图 9-11 FTP的具体工作过程(主动模式)

(1) 当FTP客户端发出请求时,系统将动态分配一个端口(如1032)。

(2) 若FTP服务器在端口21侦听到该请求,则在FTP客户端的端口1032和FTP服务器的端口21之间建立起一个FTP会话连接。

(3) 当需要传输数据时,FTP客户端再动态打开一个连接到FTP服务器的端口20的第2个端口(如1033),这样就可以在这两个端口之间进行数据的传输。当数据传输完毕后,这两个端口会自动关闭。

(4) 当FTP客户端断开与FTP服务器的连接时,客户端上动态分配的端口将自动释放掉。

【例9-8】 FTP客户端和服务器间传递FTP命令时,使用的连接是(　　)。

A. 建立在TCP之上的控制连接　　B. 建立在TCP之上的数据连接

C. 建立在UDP之上的控制连接　　D. 建立在UDP之上的数据连接

解:这里考查FTP的连接情况,FTP客户端与服务器之间建立的连接是TCP连接,所以应选择建立在TCP之上的连接,另外,FTP客户端与服务器之间的连接分为控制连接和数据连接,这里传递的是FTP命令,所以选择控制连接。答案为A。

9.5.4 Telnet服务

9.5.4

Telnet协议是TCP/IP协议簇中的一员,是Internet远程登录服务的标准协议和主要方式。它为用户提供了在本地计算机上完成远程主机工作的能力。在终端使用者的计算机上使用Telnet程序,用它连接到服务器。终端使用者可以在Telnet程序中输入命令,这些命令会在服务器上运行,就像直接在服务器的控制台上输入一样。可以在本地控制服务器。要开始一个Telnet会话,必须输入用户名和密码来登录服务器。Telnet是常用的远程控制Web服务器的方法。

它最初是由ARPANET开发的,但现在它主要用于Internet会话。它的基本功能是允许用户登录进入远程主机系统。起初,它只是让用户的本地计算机与远程计算机连接,从而成为远程主机的一个终端。它的一些较新的版本在本地执行更多的处理,于是可以提供更好的响应,并且减少了通过链路发送到远程主机的信息数量。

Telnet 的应用不仅方便了我们进行远程登录,也给黑客们提供了又一种入侵手段和后门。

使用 Telnet 协议进行远程登录时需要满足以下条件:在本地计算机上必须装有包含 Telnet 协议的客户程序;必须知道远程主机的 IP 地址或域名;必须知道登录标识与口令。

Telnet 远程登录服务分为以下四个过程。

(1) 本地与远程主机建立连接。该过程实际上是建立一个 TCP 连接,用户必须知道远程主机的 IP 地址或域名。

(2) 将本地终端上输入的用户名和口令及以后输入的任何命令或字符以 NVT(Net Virtual Terminal)格式传送到远程主机。该过程实际上是从本地主机向远程主机发送一个 IP 数据包。

(3) 将远程主机输出的 NVT 格式的数据转化为本地所接受的格式送回本地终端,包括输入命令回显和命令执行结果。

(4) 本地终端对远程主机进行撤销连接。该过程是撤销一个 TCP 连接。

9.5.5 BBS 服务

9.5.5

BBS 是英文 Bulletin Board System 的缩写,翻译成中文为"电子布告栏系统"或"电子公告牌系统"。BBS 是一种电子信息服务系统。它向用户提供了一块公共电子白板,每个用户都可以在上面发布信息或提出看法,早期的 BBS 由教育机构或研究机构管理,现在多数网站上都建立了自己的 BBS 系统,供用户通过网络来结交更多的朋友,表达更多的想法。

早期的 BBS 都是一些计算机爱好者在自己的家里通过一台计算机、一个调制解调器、一部或两部电话连接起来的,同时只能接收一两个人访问,内容也没有什么严格的规定,以讨论计算机或游戏问题为多,一座单线 BBS 每天最多能够接收 200 人的访问。后来 BBS 逐渐进入 Internet,出现了以 Internet 为基础的 BBS,政府机构、商业公司、计算机公司也逐渐建立自己的 BBS,使 BBS 迅速成为全世界计算机用户交流信息的园地。

BBS 之所以受到广大网友的欢迎,与它独特的形式、强大的功能是分不开的,利用 BBS 可以实现许多独特的功能。

BBS 原先是"电子布告栏"的意思,但由于用户的需求不断增加,BBS 已不仅仅是电子布告栏而已了,它大致包括信件讨论区、文件交流区、信息布告区和交互讨论区这几部分。

1. 信件讨论区

这是 BBS 最主要的功能之一。包括各类的学术专题讨论区,疑难问题解答区和闲聊区等。在这些信区中,上站的用户留下自己想要与别人交流的信件,如在各种软件硬件的使用、天文、医学、体育、游戏等方面的心得和经验。

目前,国内业余 BBS 已联网开通了用户闲聊区、软件讨论区、硬件讨论区、HAM 无线电、Internet 技术探讨、Windows 操作系统探讨、音乐音响讨论、计算机游戏讨论、球迷世界、军事天地和笑话等数十个各具特色的信区。

2. 文件交流区

这是 BBS 的一个令用户们心动的功能。一般的 BBS 站台中,大多设有交流用的文件区,里面依照不同的主题分区存放了为数不少的软件,有的 BBS 站还设有 CD-ROM 光碟区,使得计算机玩家们对这个眼前的宝库都趋之若鹜。众多的共享软件和免费软件都可以通过BBS获取,这不仅使用户得到合适的软件,也使软件开发者的心血由于公众的使用而得到肯定。

BBS对国内Shareware(共享软件)的发展将起到不可替代的推动作用。国内BBS提供的文件服务区主要有BBS建站、通信程序、网络工具、Internet程序、加解密工具、多媒体程序、计算机游戏、病毒防治、图像、创作发表和用户上传等。

3. 信息布告区

这是BBS最基本的功能。一些有心的站长会在自己的站台上摆出为数众多的信息,如怎样使用BBS、国内BBS台站介绍、某些热门软件的介绍、BBS用户统计资料等;用户在生日时甚至会收到站长的一封热情洋溢的"贺电",令用户感受到BBS大家庭的温暖;BBS上还提供在线游戏功能,用户闲聊时可以玩玩游戏,BBS会自动统计出排行榜。

4. 交互讨论区

多线的BBS可以与其他同时上站的用户做到即时的联机交谈。这种功能也有许多变化,如ICQ、Chat、NetMeeting等。有的只能进行文字交谈,有的甚至可以直接进行声音对话。

在这近20年的发展过程中,BBS也出现了许多新的形式,例如BBS与Usenet之间的区别越来越小,离线BBS与Usenet的使用方式几乎完全相同。ICQ、Chat、NetMeeting、Internet Phone等网络上的新形式可以使网络用户进行直接谈话。

9.6 Internet的组织管理机构

9.6

随着Internet变得越来越大,以及采用新技术来加强Internet的功能,读者可能认为管理Internet的组织一直非常忙碌,这只说对了一部分。实际上,没有一个组织对Internet负责,没有首席执行官或领导,甚至没有主席。事实是Internet沿袭了20世纪60年代形成时的多元化模式。不过,还是有几个组织帮着展望新的Internet技术、管理注册过程以及处理其他与运行主要网络相关的事情。

1. Internet协会

Internet协会(ISOC)是一个专业性的会员组织,由来自100多个国家的150个组织以及6000名个人成员组成,这些组织和个人展望影响Internet现在和未来的技术。ISOC由几个负责Internet结构标准的组织组成,包括Internet体系结构组(IAB)和Internet工程任务组(IETF)。ISOC的主Web站点是http://www.ISOC.org/。

2. Internet体系结构组

Internet体系结构组(IAB)以前称为Internet行动组,是Internet协会技术顾问,这个小组定期会晤、考查由Internet工程任务组和Internet工程指导组提出的新思想和建议,并给IETF带来一些新的想法和建议。IAB的Web站点是http://www.IAB.org/。

3. Internet工程任务组

Internet工程任务组(IETF)是由网络设计者、制造商和致力于网络发展的研究人员组成的一个开放性组织。IETF一年会晤三次,主要的工作通过电子邮件组来完成,IETF被分成多个工作组,每个组有特定的主题。IESG工作组包括超文本传输协议(HTTP)和Internet打印协议(IPP)工作组。

IETF对任何人都是开放的，其站点是 http://www.IETF.org。

4. Internet工程指导组

Internet工程指导组(IESG)负责IETF活动和Internet标准化过程的技术性管理，IESG也保证ISOC的规定和规程能顺利进行。IESG给出关于Internet标准规范采纳前的最后建议。通过访问 http://www.IETF.org/iesg.html 可获得更多关于IESG的信息。

5. Internet编号管理局

Internet编号管理局(IANA)负责分配IP地址和管理域名空间，IANA还控制IP协议端口号和其他参数，IANA在ICANN下运作。IANA的站点是 http://www.iana.org/。

6. Internet名字和编号分配组织(ICANN)

ICANN是为国际化管理名字和编号而形成的组织。其目标是帮助Internet域名和IP地址管理从政府向民间机构转换。当前，ICANN参与共享式注册系统(Shared Registry System，SRS)，通过SRS，Internet域的注册过程是开放式公平竞争的。关于ICANN的更多信息可通过访问 http://www.icann.org/获得。

7. Internet网络信息中心和其他注册组织

Internet网络信息中心(Internet Network Information Center，InterNIC)从1993年起由Network Solutions公司运作，负责最高级域名的注册(.com，.org，.net，.edu)，InterNIC由美国国家电信和信息管理机构(NTIA)监督，这是商业部的一个分组。InterNIC把一些责任委派给其他官方组织(如国防部NIC和亚太地区NIC)。最近有一些建议想把InterNIC分成更多的组，其中一个建议是已知共享式注册系统(SRS)，SRS在域注册过程中努力引入公平和开放的竞争。当前，有60多家公司进行注册管理。

8. Internet服务提供商

Internet服务提供商(Internet Service Provider，ISP)能提供拨号上网、网上浏览、下载文件、收发电子邮件等服务，是网络最终用户进入Internet的入口和桥梁。20世纪90年代Internet商业化之后，大量的ISP正"焦急"地等待着帮助成千上万的家庭和商业用户接入Internet。ISP是商业机构，他们在办公室或计算机房内设有服务器，这些服务器配置了调制解调器，使用点到点协议(PPP)或串行线路接口协议(SLIP)。这些协议允许远程用户使用拨号把个人计算机和Internet相连。为了获取费用，ISP提供远程用户至Internet的接入支持。大多数ISP在服务器上也提供电子邮件账号，甚至提供UNIX Shell账号。更大的ISP能够提供商业机构及其他ISP的Internet接入服务。这些ISP具有更快速的网络(如ISDN、分时T-1线路甚至更高)。

9.7　小型案例实训

案例一：Web站点的建立

1. 实验目的

(1) 掌握WWW服务器的安装方法。

(2) 掌握WWW服务器的配置与管理。

(3) 掌握WWW的工作原理。

2. 实验设备和环境

(1) PC:1 台。

(2) 操作系统:Windows Server 2012。

3. 实验步骤

(1) 在 Windows Server 2012 R2 服务器上选择“开始”菜单中的“服务器管理器”命令,打开如图 9-12 所示窗口。

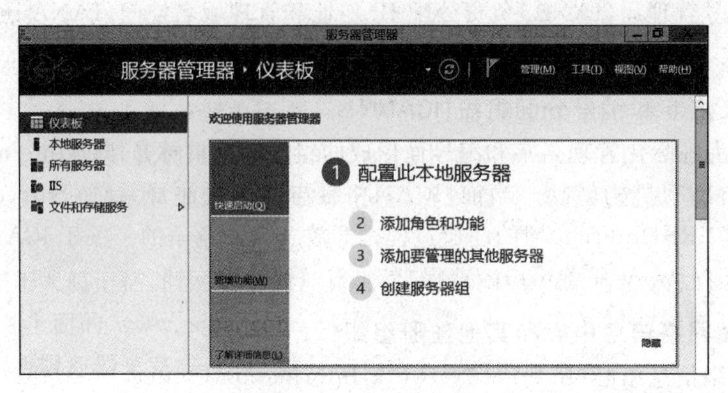

图 9-12 服务器管理器

(2) 单击“2 添加角色和功能”选项,打开“添加角色和功能向导”窗口。保持默认设置,连续单击三次“下一步”按钮,进入“选择服务器角色”界面,在窗口右侧的“角色”列表框中勾选“Web 服务器(IIS)”复选框,如图 9-13 所示。

(3) 系统会弹出“添加 Web 服务器(IIS)所需的功能?”对话框,如图 9-14 所示,在该对话框中单击“添加功能”按钮,再单击“下一步”按钮。

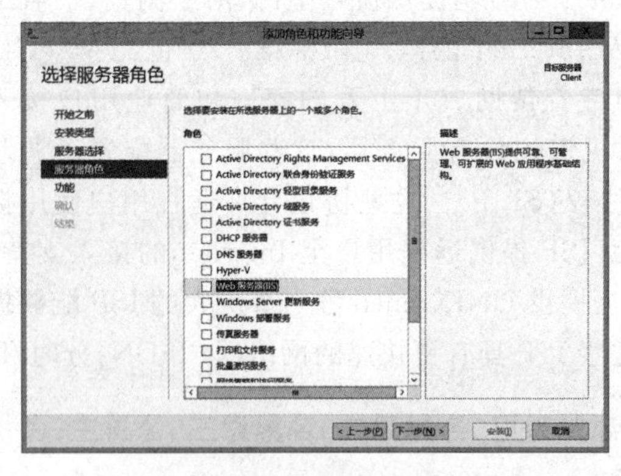

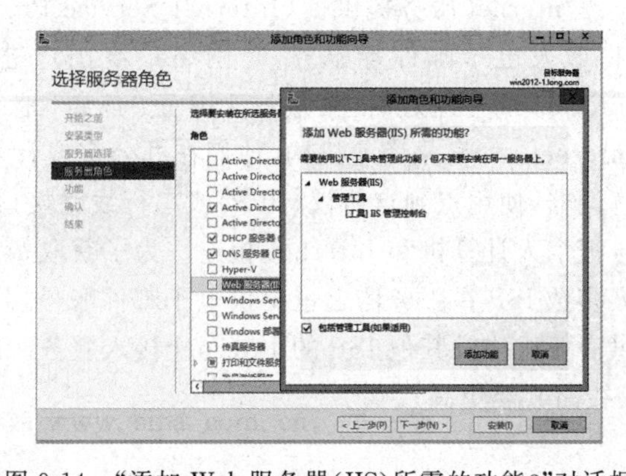

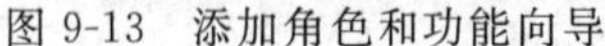

图 9-13 添加角色和功能向导　　图 9-14 “添加 Web 服务器(IIS)所需的功能?”对话框

(4) 连续单击“下一步”按钮,在界面中选择需要的选项,此处要往下拖动滚动条,勾选“FTP 服务器”及“管理工具”,如图 9-15 所示,然后单击“下一步”按钮。

(5) 进入“确认安装所选内容”窗口,如图 9-16 所示,确认所选内容无误后,单击“安装”按钮开始安装 IIS。

(6) IIS 安装结束后,在打开的操作界面中单击“关闭”按钮即可。如果 IIS 安装成功,则会在 IE 浏览器中显示图 9-17 所示的网页;如果没有显示出该网页,则检查 IIS 是否出现问题或重新启动IIS服务,也可以删除IIS重新安装。

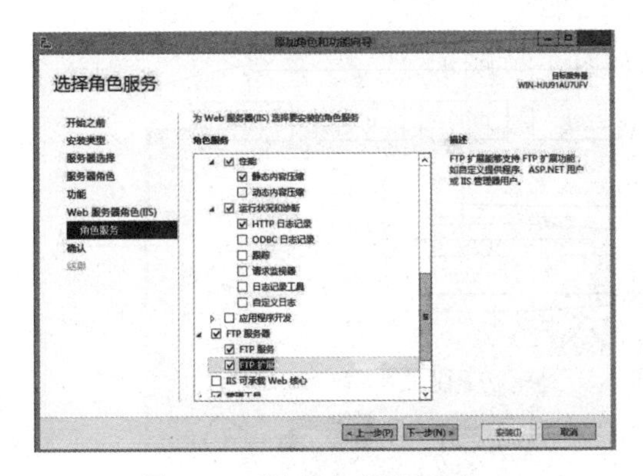

图9-15 “选择角色服务”窗口

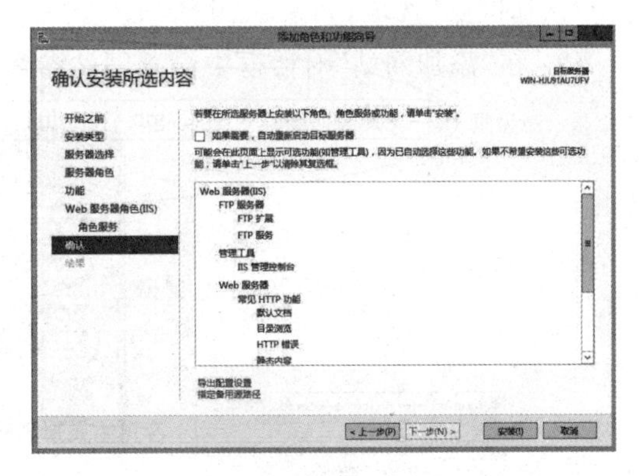

图9-16 “确认安装所选内容”窗口

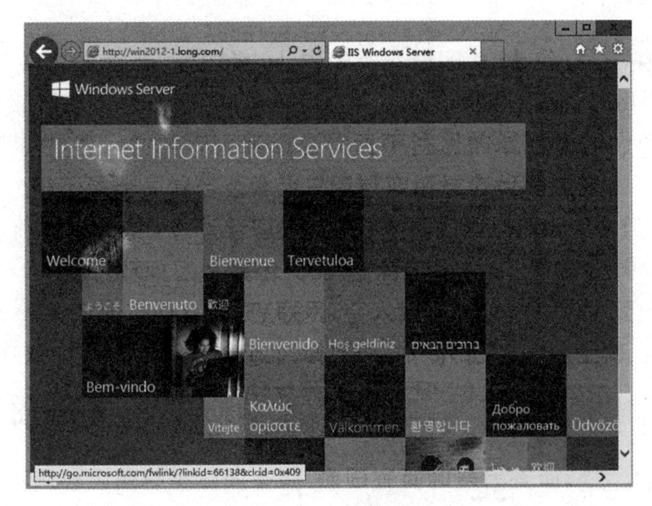

图9-17 IIS安装成功

(7) 在服务器管理器主界面选择“工具”→“Internet信息服务(IIS)管理器”选项,即可打开IIS管理器,如图9-18所示。

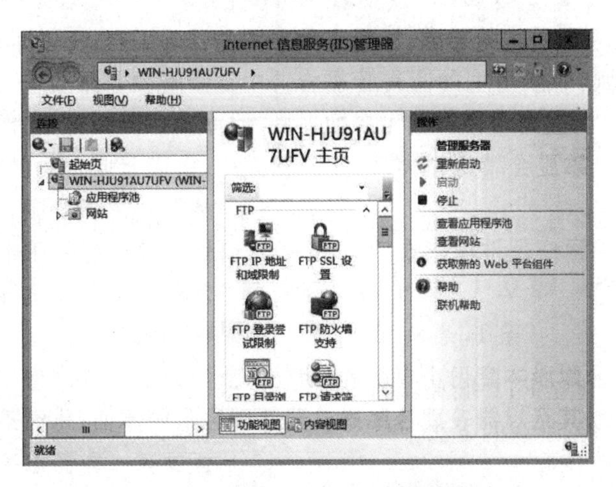

图9-18 “Internet信息服务(IIS)管理器”窗口(1)

(8) 在“Internet 信息服务(IIS)管理器”中右击左侧窗格的“网站”选项,在展开的列表中单击“添加网站”选项,如图 9-19 所示。

(9) 在“添加网站”对话框中设置网站参数,如图 9-20 所示。

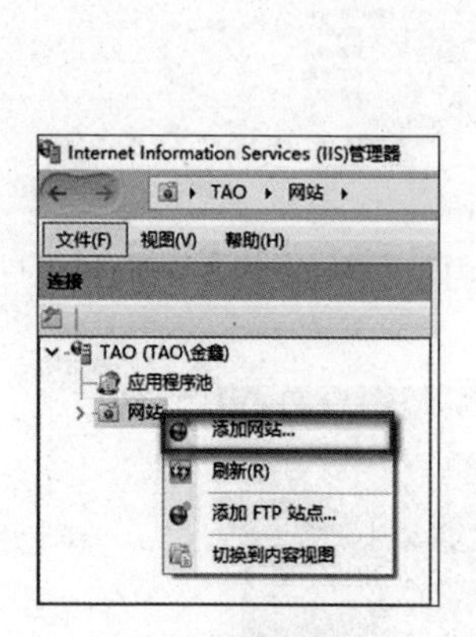

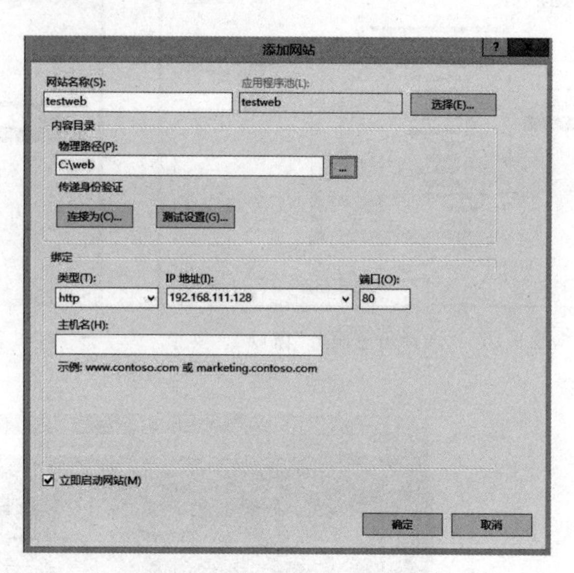

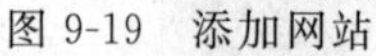

图 9-19　添加网站　　　　图 9-20　“添加网站”对话框

(10) 添加 testweb 网站完成后,如图 9-21 所示。

(11) 将建好的网页复制到“内容目录”中(这里是 C:\web 目录),然后单击窗口右侧的“浏览 192.168.111.128:80(http)”,即可在浏览器中查看发布的网站,如图 9-22 所示。

图 9-21　“Internet 信息服务(IIS)管理器”窗口(2)

图 9-22　浏览主页

当然,也可以自己打开浏览器,在地址栏中输入 http://192.168.1.128,访问网站的内容。

案例二:使用 Serv-U 建立 FTP 站点

1. 实验目的

(1) 掌握 Serv-U 建立 FTP 服务器的方法。

(2) 掌握 FTP 上传、下载的方法。

2. 实验设备和环境

(1) PC:1 台。

(2) 交叉线:1 根。

(3) 软件环境:Serv-U。

3. 实验步骤

1) 新建域(test)

(1) 在 PC1 上,打开 Serv-U 软件,根据向导单击新建域,开始域的创建,如图 9-23 所示,输入域名 test 和备注“我的第一个 FTP 服务器”,单击“下一步”按钮。

(2) 配置相应参数。在弹出的对话框中修改相应的参数,如图 9-24 所示,这里的参数可以保持默认值不修改,如果对安全方面要求较高,可以将 FTP 端口改为其他不冲突的端口,单击“下一步”按钮。

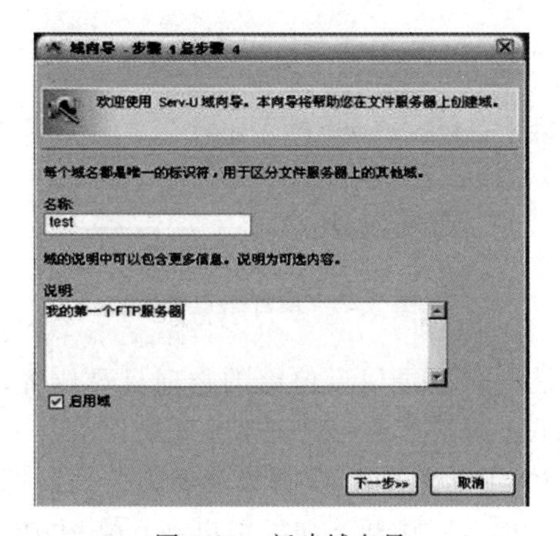

图 9-23　新建域向导

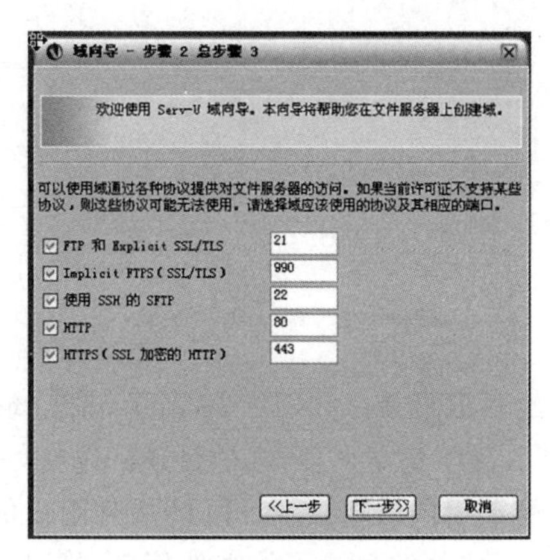

图 9-24　设置域参数

(3) 配置 IP 地址。由于是本地测试,这里的 IP 地址可以选择局域网内的地址 192.168.1.1,如图 9-25 所示,单击“下一步”按钮。

(4) 配置加密手段。加密手段可视具体情况而定,这里保持默认值不变,如图 9-26 所示,单击“完成”按钮,完成域的创建过程。

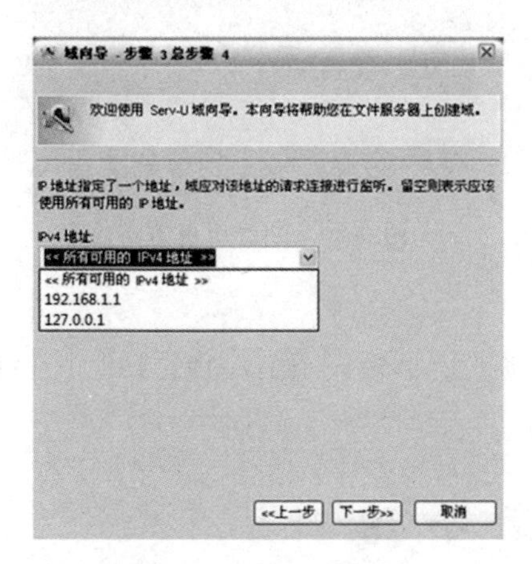

图 9-25　配置 IP 地址

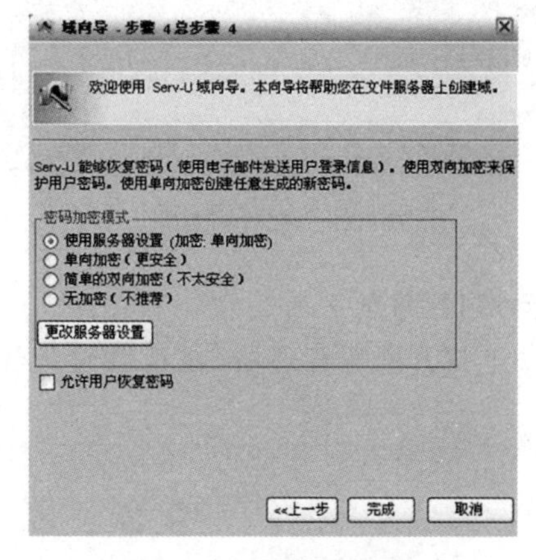

图 9-26　配置加密手段

2) 新建用户

完成了域的创建,接下来需要创建用户。下面介绍使用“向导”创建用户。

(1) 配置用户名称。这里的用户名是作为访问 FTP 用户身份的访问者所持有,域管理员有修改的权限,可以对其权限进行修改和限制,这里输入 test,全名和电子邮件地址两项可暂时不填写,如图 9-27 所示,单击“下一步”按钮。

(2) 配置用户密码。Serv-U 会为用户提供一个默认密码,如图 9-28 所示,但是默认密码为一串随机密码,不方便记忆,所以在实际应用中一般都是根据实际情况自行修改,这里以 test 为例。需要注意的是,在实际应用中不应该出现类似 test 的账号和密码,因为安全性能极低。输入完毕后,单击“下一步”按钮。

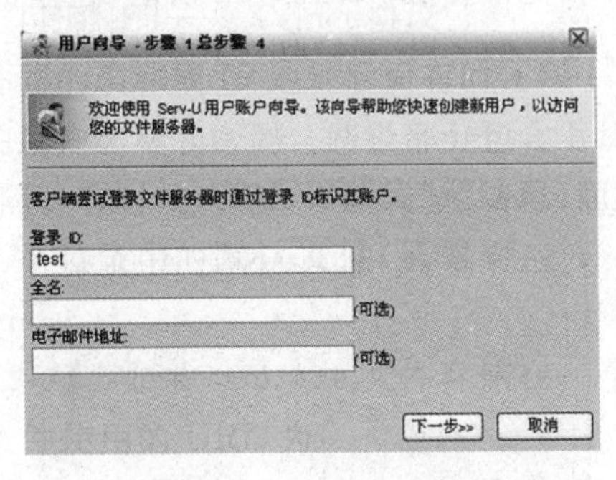

图 9-27 配置用户名称

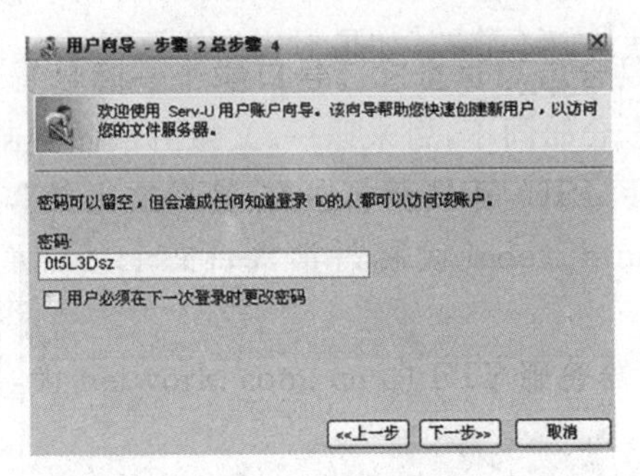

图 9-28 配置用户密码

(3) 配置根目录。如图 9-29 所示,根目录是用户登录以后停留的物理目录位置,这里需要事先在 C 盘下建立 FTP 这个目录。选择好目录,单击“下一步”按钮。

(4) 配置用户访问权限。这里是对用户的访问权限的设定,有只读和完全访问两种。只读时,用户不能修改目录下的文件信息,将以只读的方式访问。如果用户要下载、上传、修改目录下的文件,就将其权限设置为完全访问,如图 9-30 所示,单击“完成”按钮,完成用户的创建。

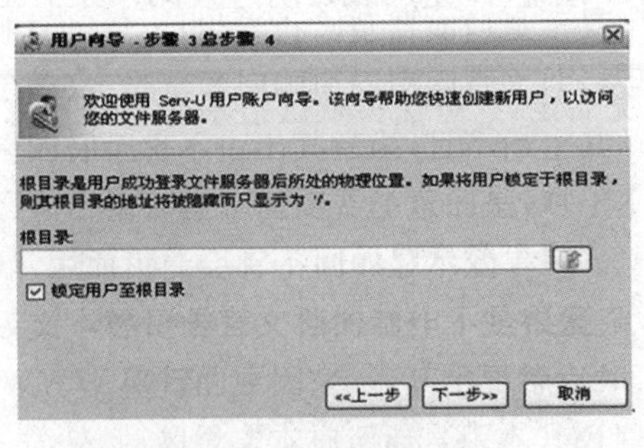

图 9-29 配置根目录

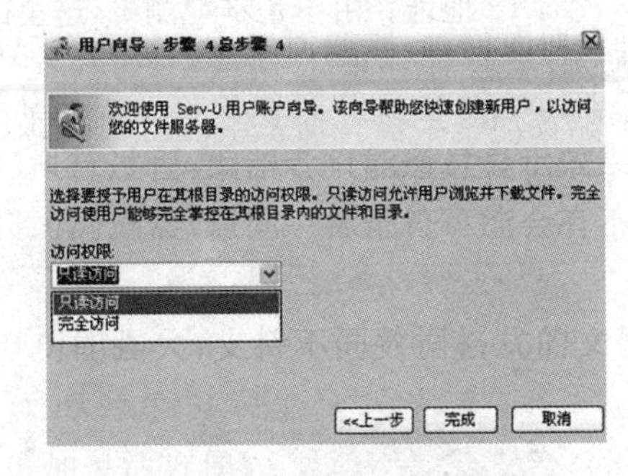

图 9-30 配置用户访问权限

3) 访问 FTP 站点

到 PC2 上打开资源管理器,在资源管理器地址栏中输入 ftp://192.168.1.1,即可访问 FTP 站点。

9.8 本章小结

本章主要介绍了 Internet 的发展历程、Internet 的技术、服务和管理机构等内容。在

Internet 的发展过程中，Internet 形成了自己的特点，提供的服务也越来越多元化，Internet 提供的主要服务包括：WWW 服务、电子邮件服务、文件传输服务、远程登录服务。越来越多的人希望自己可以很方便地就能获得 Internet 服务，于是 Internet 开始走入千家万户。其接入方式也在不停地发展，从 PSTN 接入方式逐渐发展到光纤接入，随着大数据时代的到来，网络提速不可避免地成为一种趋势，在不久的将来，光纤接入、无线接入将成为主流的接入方式。

9.9　本章习题

一、选择题

1. 如果想要连接到一个 WWW 站点，应当以（　　）开头来书写统一资源定位器。

A. shttp://　　B. http:s//　　C. http://　　D. ftp://

2. 目前在 Internet 上提供的主要应用有电子邮件、WWW 浏览、远程登录和（　　）。

A. 文件传输　　B. 协议转换　　C. 关盘检索　　D. 电子图书馆

3. 万维网的简称是（　　）。

A. WWW　　B. HTTP　　C. Web　　D. Internet

4. 如果要将自己使用的计算机上的文件传送到远处的服务器上，称为（　　）。

A. 复制　　B. 上传　　C. 下载　　D. 粘贴

5. 在 Internet 的基本服务功能中，远程登录所使用的命令是（　　）。

A. FTP　　B. Telnet　　C. Mail　　D. Open

6. 下面的 IP 地址中，属于 C 类地址的是（　　）。

A. 61.6.151.11　　B. 128.67.205.71

C. 202.203.208.35　　D. 255.255.255.192

二、填空题

1. FTP 是________________的缩写。

2. Hype Text Markup Language 的正式名称是超文本标记语言，简称________。

3. “统一资源定位”简称________，表示超媒体之间的链接。

4. 匿名 FTP 服务器的用户名是________。

5. IP 地址是一串很难记忆的数字，于是人们发明了________，给主机赋予一个用字母代表的名字，并进行 IP 地址与名字之间的转换工作。

三、简答题

1. 简述 Internet 的发展历程。

2. 简述 Internet 的接入方式。

3. 简述 DNS 的解析过程。

4. 简述 IP 地址的分类。

5. 简述 FTP 服务的工作原理。

第10章 无线网络技术

本章要点：

(1) 无线网络基本概念。

(2) 无线通信技术。

(3) 无线局域网。

(4) 无线广域网。

学习目标：

(1) 了解无线网络的特点。

(2) 了解无线通信技术。

(3) 掌握无线局域网的原理。

(4) 掌握无线局域网连接方案。

(5) 了解无线广域网技术。

10.1 无线网络概述

现代企业随着业务规模的不断扩大和对工作效率提高的要求，越来越渴望灵活的无线网络技术能帮他们解决问题，甚至更多人考虑到建设传统网络的烦琐和成本问题，也希望可以通过无线网络技术实现他们的目的。

所谓无线网络，就是利用无线电波作为信息传输的媒介，摆脱了网线的束缚，就应用层面来讲，它与有线网络的用途完全相似，两者最大的不同是传输数据的媒介不同。除此之外，因为它是无线，所以无论是在硬件架设或灵便性方面均比有线网络要有更大的优势。

无线网络的初步应用，可以追溯到第二次世界大战期间，当时美国陆军采用无线电信号进行资料的传输。他们研发出了一套无线电传输科技，并且采用相当高强度的加密技术，得到美军和盟军的广泛使用。他们也许没有想到，这项技术会在七十年后的今天改变我们的生活。

10.1.1 无线网络分类

10.1.1

无线网络是对于用无线电技术传输数据网络的总称。根据网络覆盖范围不同、网络应用场合不同和网络架构不同等，可以将无线网络划分为不同的类别。下面将从以上三个角度来具体阐述无线网络的分类情况。

根据网络覆盖范围的不同，可以将无线网络划分为无线广域网(Wireless Wide Area Network，WWAN)、无线局域网(Wireless Local Area Network，WLAN)、无线城域网(Wireless Metropolitan Area Network，WMAN)和无线个人局域网(Wireless Personal Area Network，WPAN)。无线广域网是基于移动通信基础设施，由网络运营商，例如，中国移动、中国联通、Softbank等运营商所经营，其负责一个城市所有区域甚至一个国家所有区域的通信服务。无线局域网则是一个负责在短距离范围之内无线通信接入功能的网络，它的网络连接能力非常强大。目前而言，无线局域网络是以IEEE学术组织的IEEE 802.11技术标准为基础，这也就是所谓的WiFi网络。无线广域网和无线局域网并不是完全互相独立的，它们可以结合起来并提供更加强大的无线网络服务,无线局域网可以让接入用户共享到局域之内的信息,而通过无线广域网就可以让接入用户共享到局域之外的信息。无线城域网则是可以让接入用户访问到固定场所的无线网络,其将一个城市或者地区的多个固定场所进行连接起来。无线个人局域网则是用户个人将所拥有的便携式设备通过通信设备进行短距离无线连接的无线网络。

根据网络应用场合的不同,可以将无线网络划分为无线传感器网络(WSN. Wireless Sensor Network)、无线 Mesh 网络,也称为多跳网络(Multi-hopNetwork)、可穿戴式无线网络和无线体域网络(WBAN:Wireless Body AreaNetwork)等。

根据无线网络拓扑结构的不同,无线网络又可以划分为不同的类型。众所周知,在有线网络中,有五大网络拓扑结构,分别是总线(Bus)、环型(Ring)、星型(Star)、树型(Tree)和网状(Mesh)。但是,不同于有线网络,在无线网络中,只有星型和网状两种拓扑结构。在星型架构中,主要由一台中心计算机来负责各客户机之间的通信,每两个客户机之间通信都要经过这台中心计算机。网状拓扑架构不同于星型架构,其没有负责各客户机之间通信的中心计算机,而是每个客户机与其通信范围内的客户机进行直接通信。

10.1.2 无线网络特点

10.1.2

1. 优点

1) 可移动性强,能突破时空的限制

无线网络是通过发射无线电波来传递网络信号的,只要处于发射的范围之内,人们就可以利用相应的接受设备来实现对相应网络的连接。这极大地摆脱了空间和时间方面的限制,是传统网络所无法做到的。

2) 网络扩展性能相对较强

与有线网络不一样的是,无线网络突破了有线网络的限制,人们可以随时通过无线信号进行接入互联网,其网络扩展性能相对较强,可以更加便捷地实现网络配置与扩展,用户在访问信息时也会变得更加高效和便捷。无线网络不仅扩展了使用网络的空间范围,而且提升了网络的使用效率。

3) 设备安装简易、成本低廉

通常来说,安装有线网络的过程是较为复杂烦琐的,有线网络除了要布置大量的网线和网线接头外,其后期的维护费用也非常高。而无线网络则无须布设大量的网线,安装一个无线网络发射设备即可,同时这也为后期网络维护创造了非常便利的条件,极大地降低了网络前期安装和后期维护的成本费用。

与有线网络相比,无线网络的主要特点是完全消除了有线网络的局限性,实现了信息的无线传输,使人们更自由地使用网络。同时,网络运营商操作也非常方便,首先,线路建设成本降低,运行时间缩短,成本回报和利润生产相对较快。这些优势包括改进了管理员的无线信息传输管理,并为网络中没有空间限制的用户提供了更大的灵活性。

2. 缺点

对于无线网络来说,安全可以说是一个最大的问题,除了存在有线网络存在的网络间黑客攻击和病毒侵袭以外,无线网络还存在着未授权用户的非法共享问题。AP 发射出来的信号既然你能接收到,那么你的邻居用他的笔记本电脑同样也可以接收到,实际上他也成为你家的无线网络用户。对这个问题可以通过对 WEP 密码和 IP 访问控制等相关的 AP 设置选项进行设定来防范。

另外一个问题就是信号的接收问题,虽然无线网络免去了布线的烦恼,但是它同样也给用户出了一个难题,那就是AP究竟该放在哪里才能保证接收的信号更稳定。我建议大家尽可能地将AP放置在房间之间的过廊上,如果有条件,最好是将AP吊在天花板上,这样可以在一定程度上保证每个房间都能被信号覆盖。另外尽量选择质量好的AP和无线网卡,这也是良好信号的保证。

10.2 无线通信技术

在无线网络里主要的无线通信技术如下。

1. 无线电波通信

无线电波作为传输介质,既可以用于无线电和广播电视,也可以用于计算机网络与计算机网络之间数据信号的传输。网络通信设备之间通过天线来发送和接收无线电波实现数据传输,我们称为射频传输。

2. 微波通信

微波使用高于广播与电视所用的电磁波频率,微波通信由于其频带宽、容量大,既可以用于各种电信业务的传送,如电话、电报、传真,也可以用于数据通信传输。

我国微波通信广泛应用L、S、C、X诸频段,K频段的应用尚在开发之中。由于微波的频率极高,波长又很短,其在空中的传播特性与光波相近,也就是直线前进,遇到阻挡就被反射或被阻断,因此微波通信的主要方式是视距通信,视距的距离为50公里左右,超过视距以后需要设置中继站将电波放大转发。这种通信方式,也称为微波中继通信或微波接力通信。长距离微波通信干线可以经过几十次中继而传至数千公里仍可保持很高的通信质量。

微波通信具有良好的抗灾性能,遇到水灾、风灾以及地震等自然灾害,微波通信一般都不受影响。但微波经空中传送,易受干扰,在同一微波电路上不能使用相同频率作用于同一方向,因此微波电路必须在无线电管理部门的严格管理之下进行建设。此外由于微波直线传播的特性,在电波波束方向上不能有高楼阻挡,因此城市规划部门要考虑城市空间微波通道的规划,使之不受高楼的阻隔而影响通信。

3. 红外通信

红外通信是指利用红外线作为传输手段的信号传输。红外线是电磁波的一个部分,它的波长比可见光略短,但是携带的信息量较大。红外传输一般由红外发射系统和接收系统两部分组成。红外发射系统对一个红外辐射源进行调制后发射红外信号,而接收系统用光学装置和红外探测器进行接收,就构成红外通信系统。红外传输是无线网络中一种十分常用的方法。

所有的红外传输工作都与有线局域网传输很相似,只是没有承载信号的网线。红外传输是在空气中传输数据而不是在一根铜导线或光纤中。这些传输工作是由调制器将局域网数据编码调制后送到远端。为保证通信的准确顺利,必须使发射器的激光与对应接收器保持成一直线,如图10-1所示。

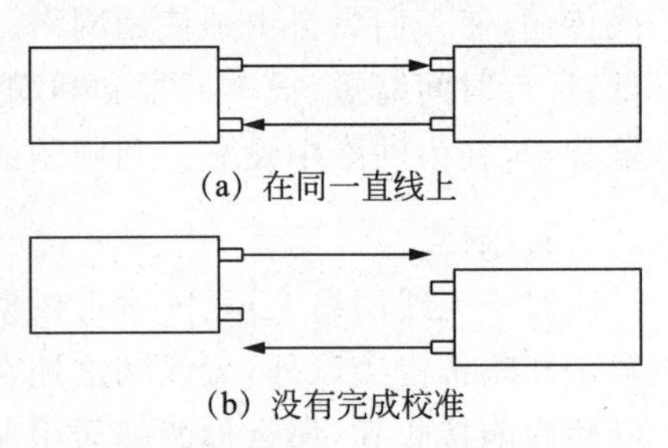

图10-1 红外通信中发射器与接收器的校准

红外通信系统中红外的传输方式主要有两种:一是点

对点方式，二是广播。

1）点对点方式

红外传输最常用的形式是点对点传输。点对点红外传输是指使用高度聚集的红外线光束发送信息或控制远距离信息的红外传输方式。局域网或广域网都可以使用点对点的传输方式在短距离和远距离上传输数据。点对点红外传输使用在局域网中，用来将距离较近的建筑连接起来。使用点对点红外介质可以减少衰减，使偷听更困难。实施时，注意保持发射器和接收器处于同一直线，如图10-2所示。

2）广播

红外广播系统向一个广大的区域传送信号，并且允许多个接收器同时接收信号。它的一个主要的优点是可移动性；相比点对点红外传输，计算机工作站和其他的设备可以更容易地移动，如图10-3所示。

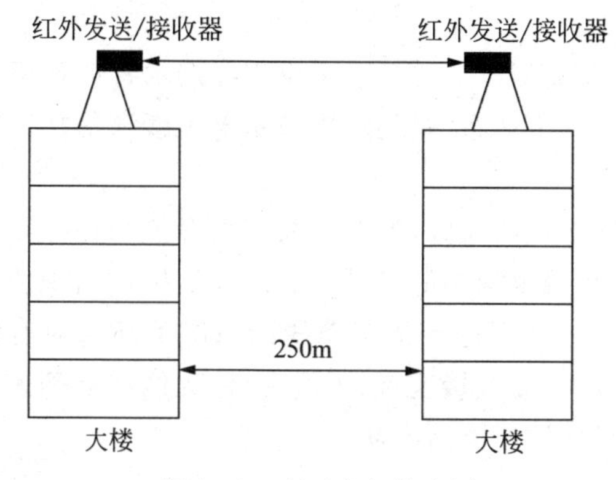

图10-2　点对点红外应用

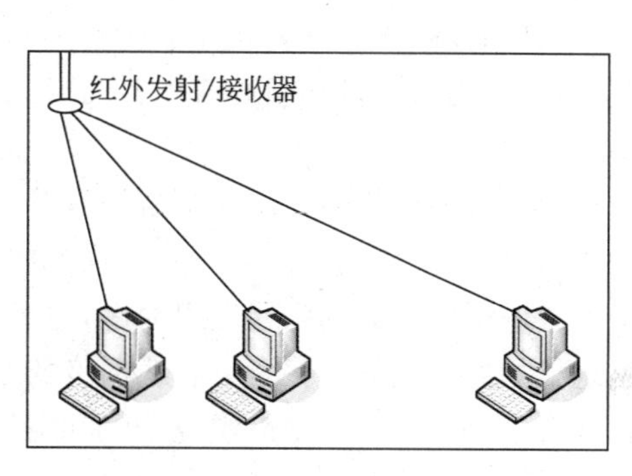

图10-3　广播式红外传输系统

4. 激光通信

激光是一种方向性极好的单色相干光。利用激光来有效地传送信息，叫作激光通信。

激光通信系统包括发送和接收两个部分。发送部分主要有激光器、光调制器和光学发射天线。接收部分主要包括光学接收天线、光学滤波器、光探测器。要传送的信息送到与激光器相连的光调制器中，光调制器将信息调制在激光上，通过光学发射天线发送出去。在接收端，光学接收天线将激光信号接收下来，送至光探测器，光探测器将激光信号变为电信号，经放大、解调后变为原来的信息。激光通信的优点如下。

（1）通信容量大。在理论上，激光通信可同时传送1000万路电视节目和100亿路电话。

（2）保密性强。激光不仅方向性特强，而且可采用不可见光，因而不易被敌方所截获，保密性能好。

（3）结构轻便，设备经济。由于激光束发散角小，方向性好，激光通信所需的发射天线和接收天线都可做得很小，一般天线直径为几十厘米，重量不过几公斤，而功能类似的微波天线，重量则以几吨、十几吨计。

激光通信的一些弱点如下。

（1）大气衰减严重。激光在传播过程中，受大气和气候的影响比较严重，云雾、雨雪、尘埃等会妨碍光波传播，这就严重地影响了通信的距离。

（2）瞄准困难。激光束有极高的方向性，这给发射和接收点之间的瞄准带来不少困难。

为保证发射和接收点之间瞄准,不仅对设备的稳定性和精度提出很高的要求,而且操作也很复杂。

激光通信的应用主要有以下几个方面。

(1) 地面间短距离通信。

(2) 短距离内传送传真和电视。

(3) 由于激光通信容量大,可作导弹靶场的数据传输和地面间的多路通信。

(4) 通过卫星全反射的全球通信和星际通信,以及水下潜艇间的通信。

10.3 无线局域网

10.3.1 无线局域网概述

1. 无线局域网定义

无线局域网(Wireless Local Area Networks,WLAN)是指应用无线通信技术将计算机设备互联起来,构成可以互相通信和实现资源共享的网络体系,是局域网技术与无线通信技术结合的产物。

一般局域网的传输介质大多采用双绞线、同轴电缆或光纤,这些有线传输介质往往存在敷设费用高、施工周期长、改动不方便、维护成本高、覆盖范围小等问题。无线局域网的出现使得原来有线网络所遇到的问题迎刃而解,它可以使用户在不进行传统布线的情况下任意对有线网络进行扩展和延伸。只要在有线网络的基础上通过无线接入点、无线网桥、无线网卡等无线设备就可以使无线通信得以实现,并能够提供有线局域网的所有功能。

2. 无线局域网的特点

相对于有线局域网,WLAN 体现出以下几点优势。

1) 可移动性

在无线局域网中,由于没有线缆的限制,只要是在无线网络的信号覆盖范围内,用户可以在不同的地方移动工作,而在有线网络中则做不到这点,只有在离信息插座很近的位置并且通过线缆的连接,计算机等设备才能接入网络。

2) 安装便捷

一般在网络建设中,施工周期最长、对周边环境影响最大的就是网络布线工程。而 WLAN 最大的优势就是免去或减少了网络布线的工作量,一般只需要合理地布放接入点位置与数量,就可建立覆盖整个建筑或地区的局域网络。

3) 组网灵活

无线局域网可以组成多种拓扑结构,可以十分容易地从少数用户的点对点模式扩展到上千用户的基础架构网络。

4) 成本优势

由于有线网络缺少灵活性,这就要求网络规划者要尽可能地考虑未来发展的需要,因此往往导致预设大量利用率较低的信息点。一旦网络的发展超出了设计规划,则又要花费较多的费用进行网络改造。而无线局域网则可以尽量避免这种情况的发生。

WLAN 与有线局域网比较起来也有很多不足之处,比如,无线通信受外界环境影响较大,传输速率不高,并且在通信安全上也劣于有线网络。所以在大部分的局域网建设中还是以有线通信方式为主干，无线通信是作为有线通信的一种补充，而不是一种替代。

10.3.2　无线局域网的分类

1. 按网络结构分类

在无线局域网中，按照网络结构分类主要有两种：一种就是类似于对等网的 Ad-Hoc 结构，另一种则是类似于有线局域网中星形结构的基础(Infrastructure)结构。

1) Ad-Hoc 结构

点对点 Ad-Hoc 对等结构就相当于有线网络中的多机直接通过网卡互联，中间没有集中接入设备，信号是直接在两个通信端点对点传输的。在有线网络中，因为每个连接都需要专门的传输介质，所以在多机互连中，每台计算机可能都要安装多块网卡。而在 WLAN 中，没有物理传输介质，信号不是通过固定的信道传输的，而是以电磁波的形式发散传播的，所以在 WLAN 的对等连接模式中，各用户无须安装多块 WLAN 网卡，相比有线网络来说，组网方式要简单许多。

Ad-Hoc 对等结构网络通信中因为没有信号交换设备，网络通信效率较低，所以仅适用于较少数量的计算机无线互连，如图 10-4 所示为计算机通过 Ad-Hoc 结构互联。

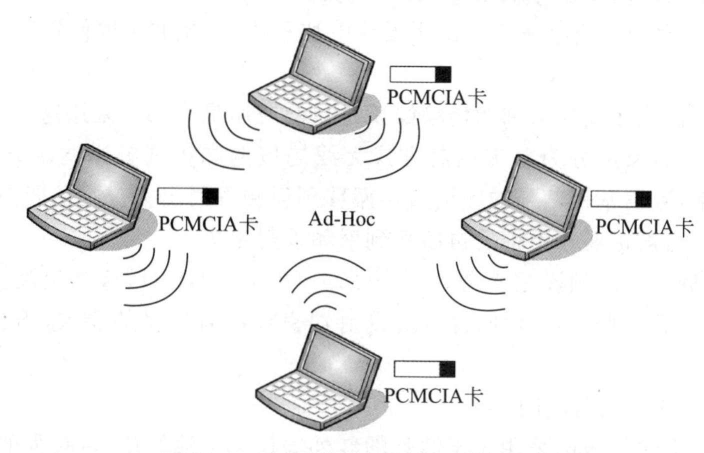

图 10-4　计算机通过 Ad-Hoc 结构互联

同时由于这一模式没有中心管理单元，所以这种网络在可管理性和扩展性方面受到一定的限制，连接性能也不是很好。而且各无线节点之间只能单点通信，不能实现交换连接，就像有线网络中的对等网一样。这种无线网络模式通常只适用于临时的无线应用环境，如小型会议室、SOHO 家庭无线网络等。

2) 基础结构

基于无线接入点 AP(Access Point)的基础结构模式其实与有线网络中的星形交换模式相似，也属于集中式结构类型，其中的无线 AP 相当于有线网络中的交换机，起着集中连接和数据交换的作用。在这种无线网络结构中，除了需要像 Ad-Hoc 对等结构中在每台主机上安装无线网卡外，还需要一个 AP 接入设备。这个 AP 设备就是用于集中连接所有无线节点，并进行集中管理的。当然一般的无线 AP 还提供了一个有线以太网接口，用于与有线网络、工作站和路由设备的连接，如图 10-5 所示为基于无线 AP 的基础结构模式。

基础结构的无线局域网不仅可以应用于独立的无线局域网中，如小型办公室无线网络、SOHO 家庭无线网络，也可以以它为基本网络结构单元组建成庞大的无线局域网系统，如在

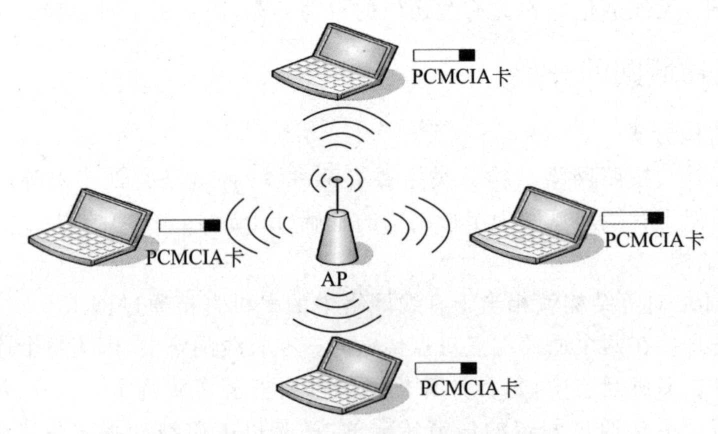

图 10-5 基于无线 AP 的基础结构模式

会议室、宾馆、酒店、机场为用户提供的无线网络接入等。

2. 按传输介质分类

无线局域网按网络的传输介质来分类，可以分为基于无线电的 WLAN 和基于红外线的 WLAN 两种方式。射频无线电波主要使用无线电波和微波，光波主要使用红外线。

1）基于无线电的无线局域网

采用无线电波作为无线局域网的传输媒质是目前应用最多的。采用这种方式的无线局域网按照调制方式不同，又可分为窄带调制方式无线局域网和扩展频谱调制方式无线局域网。在窄带调制方式中，数据基带信号的频谱直接搬移到射频发射出去。在扩展频谱调制方式中，数据基带信号的频谱被扩展几十倍后再搬移到射频发射出去。

另外，无线局域使用的频段主要是 S 频段(2.4～2.4835GHz)，这个频段也称为工业科学医疗(ISM)频段，属于工业自由辐射频段，对发射功率控制有严格的要求，不会对人体健康造成伤害。

2）基于红外线的无线局域网

基于红外线的无线局域网采用小于波长的红外线作为传输媒质，有较强的方向性，由于它采用低于可见光的部分频谱作为传输媒质，使用不受无线电管理部门的限制。红外信号要求视距传输，并且窃听困难，对邻近区域的类似系统也不会产生干扰。

在实际应用中，由于红外线具有很高的背景噪声，受日光、环境照明等影响较大，一般要求的发射功率较高，红外无线局域网是目前“100 Mb/s 以上、性价比高的网络”唯一可行的选择。

【例 10-1】 建立一个家庭无线局域网，使得计算机不但能够连接因特网，而且 WLAN 内部还可以直接通信，正确的组网方案是(　　)。

A. AP＋无线网卡　　B. 无线天线＋无线 MODEM

C. 无线路由器＋无线网卡　　D. AP＋无线路由器

此题考查的是无线网络的组网方案，答案为 C。A 答案不正确，因为计算机要连接因特网。

10.3.3 无线局域网标准

IEEE 802.11 是美国电气和电子工程师协议 IEEE 在 1997 年 6 月颁布的无线网络标准。IEEE 802.11 是第一代无线局域网标准之一。该标准定义了物理层和媒体访问控制协议的规范，其物理层标准主要有 IEEE 802.11b、IEEE 802.11a 和 IEEE 802.11g。IEEE 802.11 系列标准对比如表10-1所示。

表10-1 IEEE 802.11系列标准对比表

标准	802.11	802.11b	802.11b+	802.11a	802.11g
频率/GHz	2.4	2.4	5	2.4	2.4
带宽/Mb/s	1～2	11	22	54	54
距离/m	100	100～400	100～400	20～50	100～400
业务	数据	数据、图像	数据、图像	语音数据、图像	语音数据、图像

1. IEEE 802.11b 协议

IEEE 802.11b无线局域网的带宽最高可达11Mbps，比之前的IEEE 802.11标准快5倍，扩大了无线局域网的应用领域。另外，也可根据实际情况采用5.5Mbps、2Mbps和1Mbps带宽，实际的工作速度在5Mb/s左右，与普通的10BASE-T规格有线局域网几乎是处于同一水平。IEEE 802.11b使用的是开放的2.4GB频段，不需要申请就可使用。既可作为对有线网络的补充，也可独立组网，从而使网络用户摆脱网线的束缚，实现真正意义上的移动应用。

IEEE 802.11b无线局域网与我们熟悉的IEEE 802.3以太网的原理很类似，都是采用载波侦听的方式来控制网络中信息的传送。不同之处是以太网采用的是CSMA/CD(载波侦听/冲突检测)技术，网络上所有工作站都侦听网络中有无信息发送，当发现网络空闲时即发出自己的信息，如同抢答一样，只能有一台工作站抢到发言权，而其余工作站需要继续等待。如果一旦有两台以上的工作站同时发出信息，则网络中会发生冲突，冲突后这些冲突信息都会丢失，各工作站则将继续抢夺发言权。而802.11b无线局域网则引进了冲突避免技术，从而避免了网络中冲突的发生，可以大幅度提高网络效率。

2. IEEE 802.11b+ 协议

IEEE 802.11b+是一个非正式的标准，称为增强型802.11b。802.11b+与802.11b完全兼容，只是采用了PBCC数据调制技术，所以能够实现高达22Mbps的传输速率。

3. IEEE 802.11a 协议

802.11a标准是继在办公室、家庭、宾馆、机场等众多场合得到广泛应用的802.11b的后续标准。它工作在5GHzU-NII频带，物理层速率可达54Mbps，传输层可达25Mbps。可提供25Mbps的无线ATM接口和10Mbps的以太网无线帧结构接口，以及TDD/TDMA的空中接口并支持语音、数据、图像等业务。一个扇区可接入多个用户，每个用户可带多个用户终端。但是由于802.11a运用5.2GHz射频频谱，因此它与802.11b或最初的802.11标准均不能进行互操作。

4. IEEE 802.11g 协议

由于802.11a和802.11b所使用的频带不同，因此互不兼容。虽然有部分厂商也推出了同时配备11a和11b功能的产品，但只能通过切换分网使用，而不能同时使用。为了提高无线网络的传输速率，又要考虑与802.11、802.11a的兼容性，IEEE于2003年发布了IEEE 802.11g技术标准。IEEE 802.11g可以看作是IEEE 802.11b的高速版，但为了提高传输速度，802.11g采用了与802.11b不同的正交频分复用(Orthogonal Frequency Division Multiplexing，OFDM)调制方式，使得传输速率提高至54Mbps。

5. IEEE 802.11n 协议

IEEE 5802.11n 标准是IEEE 推出的最新标准。802.11n 通过采用智能天线技术,可以将WLAN 的传输速率提高到300Mbps 甚至是600Mbps。使得 WLAN 的传输速率大幅提高得益于将多入多出技术(MultiplE-Input MultiplE-Out-put,MIMO)与 OFDM(正交频分复用)技术相结合而应用。这项技术不但极大地提升了传输速率,也提高了无线传输质量。

另外,802.11n 还采用了一种软件无线电技术,它是一个完全可编程的硬件平台,使得不同系统的基站和终端都可以通过这一平台的不同软件实现互通和兼容,这使得 WLAN 的兼容性得到极大改善。这意味着 WLAN 将不但能实现 802.11n 向前后兼容,而且可以实现WLAN 与无线广域网络的结合。

【例 10-2】 关于无线局域网,下面叙述中正确的是(　　)。

A. 802.11a 和 802.11b 都可以在 2.4GHz 频段工作

B. 802.11b 和 802.11g 都可以在 2.4GHz 频段工作

C. 802.11a 和 802.11b 都可以在 5GHz 频段工作

D. 802.11b 和 802.11g 都可以在 5GHz 频段工作

无线局域网标准的制定始于 1987 年,当初是在 802.4L 组作为令牌总线的一部分来研究的,其主要目的是用作工厂设备的通信和控制设施。1990 年,IEEE 802.11 小组正式独立出来,专门从事制定 WLAN 的物理层和 MAC 层标准。1997 年颁布的 IEEE 802.11 标准运行在 2.4GHz 的 ISM(Industrial Scientific and Medical)频段,采用扩频通信技术,支持 1Mb/s和 2Mb/s 数据速率。随后又出现了两个新的标准,1998 年推出的 IEEE 802.11b 标准也是运行在 ISM 频段,采用 CCK(Complementary Code Keying)技术,支持 11Mbps 的数据速率。1999 年推出的 IEEE 802.11 a 标准运行在 5GHz 的 U-NII(Unlicensed National Information Infrastructure)频段,采用 OFDM(Orthogonal Frequency Division Multiplexing)调制技术,支持最高达 54Mb/s 的数据速率。详细情况参见表 10-1。因此答案为 B。

10.3.4 无线局域网的组网设备

无线局域网的组网设备主要包括 4 种:无线网卡、无线 AP、无线路由器和无线天线。并不是所有的无线网络都需要这 4 种设备。事实上,只需几块无线网卡,就可以组建一个小型的对等式无线网络。当需要扩大网络规模时,或者需要将无线网络与传统的局域网连接在一起时,才需要使用无线 AP。只有当实现 Internet 接入时,才需要无线路由。而无线天线主要用于放大信号,以接收更远距离的无线信号,从而扩大无线网络的覆盖范围。

1. 无线网卡

无线网卡是集微波收发、信号调制与网络控制于一体的网络适配器,除了具有有线网卡的网络功能外,还具有天线接口、信号的收发及处理、扩频调制等功能。它由一块包含专用的组件和大规模集成电路的电路板构成。网络控制器用来实现 CSMA/CA 媒质访问控制、分组传输、地址过滤、差错控制及数据缓存功能。通信收发接口可以视需要连接平板式室内天线或连接多种全向或定向的室内天线。当使用室内天线时,最远两设备的无线通信距离为 250m。当使用室外全向天线时,最远两设备的无线通信距离可达 10km;当使用室外定向天线时,最远的两设备间的无线通信距离可达 50km。

无线局域网网卡一般由射频单元、中频单元、基带处理单元和网络接口控制单元等部分组成，如图10-6所示。

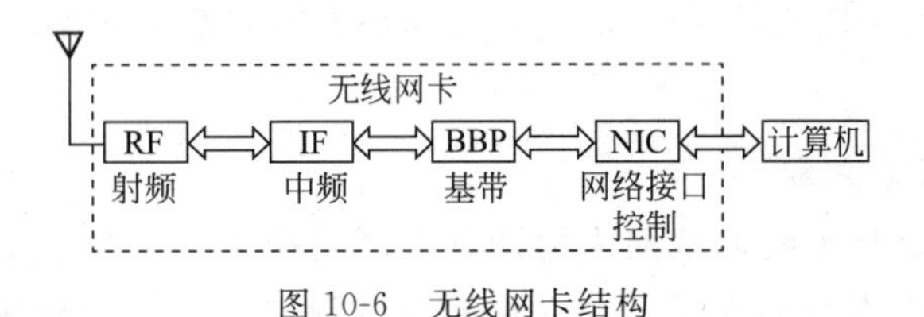

图10-6　无线网卡结构

其中，NIC为网络接口控制单元；BBP是基带处理单元；IF是中频调制解调器；RF是射频单元。NIC可以实现IICEE 802.11的协议规范的MAC层功能，主要负责接收数据的控制。BBP的作用是在发送数据时对数据进行调制。IF处理器把基带数据调制到中频载波上，再由RF单元进行上变频，把中频信号变换到射频上发射。

2. 无线接入点AP

无线接入点AP，其作用类似于以太网中的集线器。当网络中增加一个无线AP，就可成倍地扩展网络覆盖直径，也可使网络中容纳更多的网络设备。

无线接入点AP一般由无线收发部分、有线收发部分、管理与软件部分和天线组成。AP上有两个端口：一个是无线端口，所连接的是无线小区中的移动终端；另一个是有线端口，连接的是有线网络，如图10-7所示。

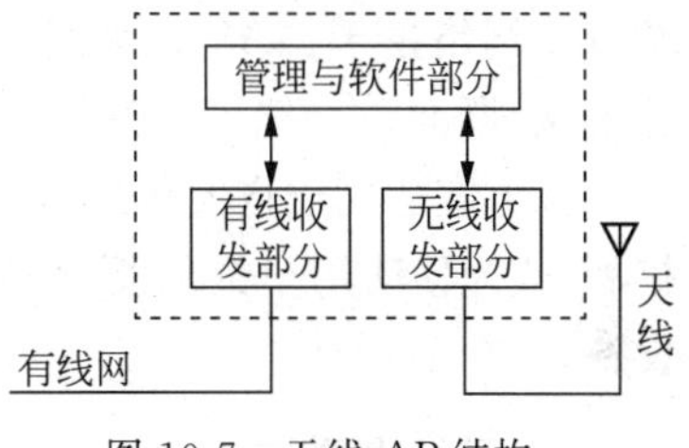

图10-7　无线AP结构

安装于室外的无线AP通常称为无线网桥，主要用于实现室外的无线漫游、无线网络的空中接力，或用于搭建点对点、一点对多点的无线连接。

3. 无线路由器

无线路由器是无线AP与宽带路由器的结合。借助于无线路由器，可实现无线网络中的Internet连接共享，实现ADSL、Cable Modem和小区宽带的无线共享接入。适用于家庭用户或小规模的无线局域网使用。

4. 无线天线

当计算机与无线AP或其他计算机连接且相距较远时，随着信号的减弱，传输速率会明显下降，此时就必须借助于无线天线对所接收或发送的信号进行增益。增益天线按照辐射和接收在水平面上的方向性，可分为定向天线与全向天线两种。定向天线具有较大的信号强度、较高的增益、较强的抗干扰能力，通常用在点对点的环境中。全向天线具有较大的覆盖区域、较低的增益，常用于一点对多点、较远距离传输的环境中。还有一种界于定向天线与全向天线之间的扇面天线，它具有能量定向聚焦功能，可在水平180°、120°、90°的范围内进行有效覆盖。

10.3.5　典型的无线局域网连接方案

1. 对等无线局域网方案

对等无线局域网方案利用了我们在前面讲述的Ad-Hoc结构。由于这种方式无须使用集线设备，因此，仅仅在每台计算机上插上无线网卡，即可以实现计算机之间的连接，构建成最简单的无线局域网。其中一台计算机可以兼作文件服务器、打印服务器和代理服务器，并通过Modem接入Internet。这样，不用使用任何电缆，就可以实现计算机之间共享资源和Internet

的接入。但由于该方案中所有的计算机之间都共享连接带宽,并且在室内的有效传输距离仅为30米。所以,只适用于用户数量较少,对传输速率没有较高要求的小型网络或临时的无线网络工作组。

2. 独立无线局域网方案

独立无线局域网是指无线局域网内的计算机之间构成一个独立的网络,并且可以实现与其他无线局域网及以太网的连接。独立无线局域网与对等无线局域网的区别在于:独立无线局域网方案中加入无线访问点AP,可以对网络信号进行放大处理,一个工作站到另外一个工作站的信号都可以经该AP放大并进行中继。因此,拥有AP的独立无线局域网的网络直径将是无线局域网有效传输距离的一倍,在室内通常为60m左右。但该方案仍然属于共享式接入,也就是说,虽然传输距离比对等无线局域网增加了一倍,但所有计算机之间的通信仍然共享无线局域网带宽。由于带宽有限,因此,该无线局域网方案仍然只能适用小型的无线网络。

3. 无线局域网接入以太网方案

当无线局域网用户足够多时,应当在有线网络中接入无线接入点,从而将无线局域网连接至有线网络主干。AP在无线工作站和有线主干之间起网桥的作用,实现了无线与有线的无缝连接,既允许无线工作站访问网络资源,同时又为有线网络增加了可用资源。

该方案适用于将大量的移动用户连接至有线网络,从而以低廉的价格实现网络直径的迅速扩展,或为移动用户提供更灵活的接入方式,也适合在原有局域网上增加相应的无线局域网设备。

4. 无线漫游方案

要扩大总的无线覆盖区域,可以建立包含多个基站设备的无线局域网。要建立多单元网络,基站设备必须通过有线基站连接。基站设备可以为在网络范围内各个位置之间漫游的移动式无线客户机工作站设备服务。多基站配置中的漫游无线工作站具有以下功能。

(1) 在需要时自动在基站设备之间切换,从而保持与网络的无线连接。

(2) 只要在网络中的基站设备的无线范围内,就可以与基础架构进行通信。

(3) 要增大无线局域网的带宽,可以将基站设备配置为使用其他子频道。多基站网络中的任何无线客户机工作站漫游都将根据需要自动更改使用的无线电频率。

(4) 在网络跨度很大的网络环境中,可以在网络中设置多个AP,移动终端实现如手机般的漫游功能。

当用户在不同AP覆盖范围内移动时,虽然在移动设备和网络资源之间传输的数据的路径是变化的,但他们却感觉不到这一点,这就是所谓的无缝漫游,在移动的同时保持连接。原因很简单,AP除具有网桥功能外,还具有传递功能。这种传递功能可以将移动的工作站从一个AP传递给下一个AP,已保证在移动工作站和有线主干之间总能保持稳定的连接,从而实现漫游功能。需要注意的是,实现漫游功能的AP,是通过有线网络连接起来的。

【例10-3】 某单位有两栋楼,A楼是办公楼,有网络机房,并接入互联网;B楼是新建的职工宿舍楼,共四层,楼层结构是中间有楼道,两边分别有6间房间,每层有12间,每间房屋有1个无线网络用户。现要将A楼的网络信号接入B楼,并对B楼实行无线网络覆盖。A楼与B楼相距2公里,中间没有建筑阻隔。因不方便架设光纤等有线网络,现决定用无线网络来解决,具体要求如下。

(1) 架设的无线网络保障 A 楼到 B 楼之间的带宽达到 20Mbps 以上。

(2) 要求 B 楼每个房间都有无线网络信号,且要求有 54Mbps 的网络带宽。

请问:

(1) A 楼与 B 楼要用什么设备来做无线连接?应该采用什么标准的无线网络设备?

(2) 用无线网络设备怎么覆盖 B 楼?

解:

(1)采用无线网桥,应该采用 802.11g 或 802.11a 标准的无线网络设备。

(2) 两种方案:一种是在楼内分布 AP,在每层的楼道内放置 1~2 台 AP,用交换机将每个 AP 连接起来。另一种是在楼的两面用室外 AP 照射覆盖,有两台设备就可覆盖整栋大楼。

10.4 移动通信技术

移动通信是进行无线通信的现代化技术,这种技术是电子计算机与移动互联网发展的重要成果之一。移动通信技术经过第一代、第二代、第三代、第四代技术的发展,目前,已经迈入了第五代发展的时代(5G 移动通信技术),这也是目前改变世界的几种主要技术之一。

在过去的半个世纪中,移动通信的发展对人们的生活、生产、工作、娱乐乃至政治、经济和文化都产生了深刻的影响,30 年前幻想中的无人机、智能家居、网络视频、网上购物等均已实现。移动通信技术经历了模拟传输、数字语音传输、互联网通信、个人通信、新一代无线移动通信 5 个发展阶段。

10.4.1 第一代移动通信技术

第一代移动通信技术(1G)是指最初的模拟、仅限语音的蜂窝电话标准。20 世纪 70 年代末,美国 AT&T 公司研制了第一套蜂窝移动电话系统。第一代无线网络技术的一大成就就在于它去掉了将电话连接到网络的用户线,用户第一次能够在移动的状态下拨打电话。

第一代移动通信主要采用的是模拟技术和频分多址(FDMA)技术。由于受到传输带宽的限制,不能进行移动通信的长途漫游,只能是一种区域性的移动通信系统。第一代移动通信有多种制式,我国主要采用的是 TACS。第一代移动通信有很多不足之处,如容量有限、制式太多、互不兼容、保密性差、通话质量不高、不能提供数据业务和不能提供自动漫游等。

由于采用的是模拟技术,1G 系统的容量十分有限。此外,安全性和干扰也存在较大的问题。1G 系统的先天不足,使得它无法真正大规模普及和应用,价格更是非常昂贵,成为当时的一种奢侈品和财富的象征。与此同时,不同国家的各自为政也使得 1G 的技术标准各不相同,即只有"国家标准",没有"国际标准",国际漫游成为一个突出的问题。这些缺点都随着第二代移动通信系统的到来得到了很大的改善。

10.4.2 第二代移动通信技术

第二代移动通信系统 2G(2nd Generation)已经完成了数字化进程。GSM/CDMA 在全球取得了巨大的成功,在多个国家,包括中国在内,移动电话用户数已经一半超越了固定电话装机量。而原有的通过 Modem 拨号、模拟方式传输数据的技术显然已经无法满足用户访问网络资源的需要。于是在 2G 移动通信网基础上发展出专门用于网络数据通信的传输技术。由于只是在 2G 网络基础上的改进,仍从属于 2G,故称为 2.5 代技术。其中,GSM 网络的 2.5G

技术称为GPRS,而CDMA网络的2.5G技术称为CDMA1x,此外,俗称“小灵通”“无线市话”的个人手提电话系统PHS(personal handy-phone system)也是一种2G移动通信系统。

1. GPRS

通用分组无线业务GPRS(general packet radio services)是在GSM网络中增加分组交换功能,在GSM平台上实现基于X.25和TCP/IP协议的分组交换数据通信。作为2.5代技术的代表GPRS具有以下几个特点。

(1) GPRS能充分利用频谱资源,蜂窝小区内所有数据用户共享相同频谱资源,用户只有在实际传送数据时才占用频谱资源,多个用户的数据可以分享一个信道,信道利用率高,充分利用频谱资源。

(2) GPRS采用多时隙技术,为一次数据通信分配多个时隙,并丢掉一些信道编码,传输速率可提高到115Kbps,甚至更高。

(3) GPRS适用于突发性业务,呼叫建立时间短、支持点对点、点对多点、上下行链路费对称传送。从有效地利用网络资源和降低用户费用方面考虑,GPRS非常适合于互联网业务等突发性、面向大众的业务。

(4) 作为GSM技术的发展,EDGE(enhanced data rates for GSM evolution)将采用新的调制技术,高效利用200kHz的载波,使数据速率最高达到384Kbps(8个时隙捆绑在一起)。

2. CDMA1x

CDMA1x在CDMA网络基础上开发,有较好的技术成熟性,是迄今为止速率最高的移动通信数据传输技术标准。用户可以使用CDMA1x移动终端在2G与3G的网络间无缝漫游。

利用现有频率,CDMA1x能通过标准1.25MHz信道提供数据通信功能。CDMA1x技术允许用户通过手机进行动态游戏、多媒体聊天等,享受各种网络信息服务。CDMA1x手机上网的传输速率可达144Kbps,作为向3G网络的过渡,CDMA1x扮演了重要角色。

10.4.3 第三代移动通信技术

第三代移动通信系统3G(3rd Generation)是移动通信网络和Internet网络的无缝耦合。3G网络能够支持多媒体数据通信,具备不同的数据传输速率,在室内、室外和行车的环境中能够分别支持至少2Mbps、384Kbps以及144Kbps的吞吐能力。3G网络有三个主要的也是相互竞争的标准:WCDMA、CDMA2000和TD-SCDMA。

1. WCDMA

宽带码分多址(Wideband Code Division Multiple Access,WCDMA)标准主要由国际电信联盟ITU制定。WCDMA系统能够架设在现有的GSM网络上,对于系统提供商而言可以较容易地过渡。目前,欧洲、北美、中国等地区的许多运营商都已经选择了WCDMA系统,使得WCDM标准成为应用范围最广的3G标准。

2. CDMA2000

码分多址CDMA2000(Code Division Multiple Access 2000)标准由第三代合作伙伴2 3GPP2负责制定,最早由美国高通北美公司为主导提出。CDMA2000是从窄频CDMA One数字标准衍生出来的,可以从原来的CDMA One结构直接升级到3G,建设成本较为低廉。但目前使用CDMA的地区只有日、韩和北美。

3. TD-SCDMA

时分同步码分多址(Time Division-Synchronous Code Division Multiple Access,TD-SCDMA)是中国具有自主知识产权的标准。1999年6月29日,中国原邮电部电信科学技术研究院向ITU提出,交由3GPP制定为国际标准。该标准将智能无线、同步CDMA和软件无线电等当今国际领先技术融于其中,在频谱利用率、对业务支持的灵活性、频率适应性及成本控制等方面具备独特优势。另外,由于中国移动通信的庞大市场,使该标准受到全球各大电信设备厂商的重视,大多数设备厂商已经宣布支持TD-SCDMA标准。

10.4.4　第四代移动通信技术

1. 概念

4G通信技术是第四代的移动信息系统,是在3G技术上的一次更好的改良,其相较于3G通信技术来说一个更大的优势,是将WLAN技术和3G通信技术进行了很好地结合,使图像的传输速度更快,让传输图像的质量和图像看起来更加清晰。在智能通信设备中应用4G通信技术让用户的上网速度更加迅速,速度可以高达100Mbps。

4G通常被用来描述相对于3G的下一代通信网络,但很少有人明确4G的含义,实际上,4G在开始阶段也是由众多自主技术提供商和电信运营商合力推出的,技术和效果也参差不齐。后来,国际电信联盟(ITU)重新定义了4G的标准——符合100M传输数据的速度。达到这个标准的通信技术,理论上都可以称为4G。

4G技术支持100～150Mbps的下行网络带宽,也就是4G意味着用户可以体验到最大12.5～18.75MB/s的下行速度。这是当前国内主流中国移动3G(TD-SCDMA)2.8Mbps的35倍,中国联通3G(WCDMA)7.2Mbps的14倍。

4G通信技术并没有脱离以前的通信技术,而是以传统通信技术为基础,并利用了一些新的通信技术,来不断提高无线通信的网络效率和功能的。如果说3G能为人们提供一个高速传输的无线通信环境的话,那么4G通信会是一种超高速无线网络,一种不需要电缆的信息超级高速公路,这种新网络可使电话用户以无线及三维空间虚拟实境连线。

与传统的通信技术相比,4G通信技术最明显的优势在于通话质量及数据通信速度。然而,在通话品质方面,移动电话消费者还是能接受的。随着技术的发展与应用,现有移动电话网中手机的通话质量还在进一步提高。

4G通信技术是继第三代以后的又一次无线通信技术演进,其开发更加具有明确的目标性:提高移动装置无线访问互联网的速度——据3G市场分三个阶段走的发展计划,3G的多媒体服务在10年后进入第三个发展阶段。在发达国家,3G服务的普及率更超过60%,那么就需要有更新一代的系统来进一步提升服务质量。

2. 特点

1) 通信速度快

由于人们研究4G通信的最初目的就是提高蜂窝电话和其他移动装置无线访问Internet的速率,因此4G通信给人印象最深刻的特征莫过于它具有更快的无线通信速度。

从移动通信系统数据传输速率作比较,第一代模拟式仅提供语音服务;第二代数位式移动通信系统传输速率也只有9.6Kbps,最高可达32Kbps,如PHS;第三代移动通信系统数据传输速率可达到2Mbps;而第四代移动通信系统传输速率可达到20Mbps,甚至最高可以达到高达 100Mbps,这种速度会相当于 2009 年最新手机的传输速度的 1 万倍左右,第三代手机传输速度的 50 倍。

2) 网络频谱宽

要想使 4G 通信达到 100Mbps 的传输,通信营运商必须在 3G 通信网络的基础上,进行大幅度的改造和研究,以便使 4G 网络在通信带宽上比 3G 网络的蜂窝系统的带宽高出许多。据研究 4G 通信的 AT&T 的执行官们说,估计每个 4G 信道会占有 100MHz 的频谱,相当于 W-CDMA 的 3G 网络的 20 倍。

3) 通信灵活

从严格意义上说,4G 手机的功能,已不能简单划归"电话机"的范畴,毕竟语音资料的传输只是 4G 移动电话的功能之一而已,因此未来 4G 手机更应该算得上是一只小型计算机了,而且 4G 手机从外观和式样上,会有更惊人的突破,人们可以想象的是,眼镜、手表、化妆盒、旅游鞋,以方便和个性为前提,任何一件能看到的物品都有可能成为 4G 终端,只是人们还不知应该怎么称呼它。

4G 通信使人们不仅可以随时随地通信,而且可以双向下载传递资料、图画、影像,当然更可以和从未谋面的陌生人网上联线对打游戏。也许有被网上定位系统永远锁定无处遁形的苦恼,但是与它据此提供的地图带来的便利和安全相比,这简直可以忽略不计。

4) 智能性能高

第四代移动通信的智能性更高,不仅表现于 4G 通信的终端设备的设计和操作具有智能化,例如对菜单和滚动操作的依赖程度会大大降低,更重要的 4G 手机可以实现许多难以想象的功能。

例如 4G 手机能根据环境、时间以及其他设定的因素来适时地提醒手机的主人此时该做什么事,或者不该做什么事,4G 手机可以把电影院票房资料,直接下载到 PDA 之上,这些资料能够把售票情况、座位情况显示得清清楚楚,大家可以根据这些信息来进行在线购买自己满意的电影票;4G 手机可以被看作是一台手提电视,用来看体育比赛之类的各种现场直播。

5) 兼容性好

要使 4G 通信尽快地被人们接受,不但考虑它的功能强大外,还应该考虑到现有通信的基础,以便让更多的现有通信用户在投资最少的情况下就能很轻易地过渡到 4G 通信。

因此,从这个角度来看,未来的第四代移动通信系统应当具备全球漫游,接口开放,能跟多种网络互联,终端多样化以及能从第二代平稳过渡等特点。

6) 提供增值服务

4G 通信并不是从 3G 通信的基础上经过简单的升级而演变过来的,它们的核心建设技术根本就是不同的,3G 移动通信系统主要是以 CDMA 为核心技术,而 4G 移动通信系统技术则以正交多任务分频技术(OFDM)最受瞩目,利用这种技术人们可以实现例如无线区域环路(WLL)、数字音讯广播(DAB)等方面的无线通信增值服务;不过考虑到与 3G 通信的过渡性,第四代移动通信系统不会仅仅只采用 OFDM 一种技术,CDMA 技术也在第四代移动通信系统中,与 OFDM 技术相互配合以便发挥出更大的作用。

7) 高质量通信

尽管第三代移动通信系统也能实现各种多媒体通信,为此第四代移动通信系统也称为"多媒体移动通信"。

第四代移动通信不仅仅是为了应付用户数的增加,更重要的是,必须要应付多媒体的传输需求，当然还包括通信品质的要求。总结来说，首先必须可以容纳市场庞大的用户数、改善现有通信品质不良，以及达到高速数据传输的要求。

8）频率效率高

相比第三代移动通信技术来说，第四代移动通信技术在开发研制过程中使用和引入许多功能强大的突破性技术，例如一些光纤通信产品公司为了进一步提高无线因特网的主干带宽宽度，引入了交换层级技术，这种技术能同时涵盖不同类型的通信接口，也就是说，第四代主要是运用路由技术(Routing)为主的网络架构。由于利用了几项不同的技术，所以无线频率的使用比第二代和第三代系统有效得多。

9）费用便宜

由于4G通信不仅解决了与3G通信的兼容性问题，让更多的现有通信用户能轻易地升级到4G通信，而且4G通信引入了许多尖端的通信技术，这些技术保证了4G通信能提供一种灵活性非常高的系统操作方式，因此相对其他技术来说，4G通信部署起来就容易、迅速得多；同时在建设4G通信网络系统时，通信营运商们会考虑直接在3G通信网络的基础设施之上，采用逐步引入的方法，这样就能够有效地降低运行者和用户的费用。据研究人员宣称，4G通信的无线即时连接等某些服务费用会比3G通信更加便宜。

对于人们来说，未来的4G通信的确显得很神秘，不少人都认为第四代无线通信网络系统是人类有史以来发明的最复杂的技术系统。的确，第四代无线通信网络在具体实施的过程中出现大量令人头痛的技术问题，大概一点也不会使人们感到意外和奇怪。第四代无线通信网络存在的技术问题多和互联网有关，并且需要花费好几年的时间才能解决。

3. 标准

1）LTE

长期演进(Long Term Evolution，LTE)项目是3G的演进，它改进并增强了3G的空中接入技术，采用OFDM和MIMO作为其无线网络演进的唯一标准。根据4G牌照发布的规定，国内三家运营商中国移动、中国电信和中国联通，都拿到了TD-LTE制式的4G牌照。

主要特点是在20MHz频谱带宽下能够提供下行100Mbit/s与上行50Mbit/s的峰值速率，相对于3G网络大大地提高了小区的容量，同时将网络延迟大大降低：内部单向传输时延低于5ms，控制平面从睡眠状态到激活状态迁移时间低于50ms，从驻留状态到激活状态的迁移时间小于100ms。

由于WCDMA网络的升级版HSPA和HSPA＋均能够演化到FDD-LTE这一状态，所以这一4G标准获得了最大的支持。TD-LTE与TD-SCDMA实际上没有关系不能直接向TD-LTE演进。该网络提供媲美固定宽带的网速和移动网络的切换速度，网络浏览速度大大提升。

2）LTE-Advanced

LTE-Advanced：从字面上看，LTE-Advanced就是LTE技术的升级版，那么为何两种标准都能够成为4G标准呢？LTE-Advanced的正式名称为Further Advancements for E-UTRA，它满足ITU-R的IMT-Advanced技术征集的需求，是3GPP形成欧洲IMT-Advanced技术提案的一个重要来源。LTE-Advanced是一个后向兼容的技术，完全兼容LTE，是演进而不是革命，相当于HSPA和WCDMA这样的关系。

如果严格地讲，LTE作为3.9G移动互联网技术，那么LTE-Advanced作为4G标准更加确切一些。LTE-Advanced的入围，包含TDD和FDD两种制式，其中TD-SCDMA将能够进化到 TDD 制式,而 WCDMA 网络能够进化到 FDD 制式。移动主导的 TD-SCDMA 网络期望能够直接绕过 HSPA+网络而直接进入 LTE。

3) WiMax

WiMax(Worldwide Interoperability for Microwave Access),即全球微波互联接入,WiMAX 的另一个名字是 IEEE 802.16。WiMAX 的技术起点较高,WiMax 所能提供的最高接入速度是 70M,这个速度是 3G 所能提供的宽带速度的 30 倍。

对无线网络来说,这的确是一个惊人的进步。WiMAX 逐步实现宽带业务的移动化,而 3G 则实现移动业务的宽带化,两种网络的融合程度会越来越高,这也是未来移动世界和固定网络的融合趋势。

802.16 工作的频段采用的是无须授权频段,范围在 2~66GHz,而 802.16a 则是一种采用 2~11GHz 无须授权频段的宽带无线接入系统,其频道带宽可根据需求在1.5~20MHz 范围进行调整,具有更好高速移动下无缝切换的 IEEE 802.16m 的技术正在研发。因此,802.16 所使用的频谱可能比其他任何无线技术更丰富。

不过 WiMax 网络在网络覆盖面积和网络的带宽上优势巨大,但是其移动性却有着先天的缺陷,无法满足高速(≥50km/h)下的网络的无缝链接,从这个意义上讲,WiMax 还无法达到 3G 网络的水平,严格地说并不能算作移动通信技术,而仅仅是无线局域网的技术。

但是 WiMax 的希望在于 IEEE 802.11m 技术上,将能够有效地解决这些问题,也正是因为有中国移动、英特尔、Sprint 各大厂商的积极参与,WiMax 成为呼声仅次于 LTE 的 4G 网络手机。

4) Wireless MAN

Wireless MAN-Advanced:Wireless MAN-Advanced 事实上就是 WiMax 的升级版,即 IEEE 802.16m 标准,802.16 系列标准在 IEEE 正式称为 Wireless MAN,而 Wireless MAN-Advanced 即为 IEEE 802.16m。其中,802.16m 最高可以提供 1Gbps 无线传输速率,还将兼容未来的 4G 无线网络。802.16m 可在“漫游”模式或高效率/强信号模式下提供 1Gbps 的下行速率。该标准还支持“高移动”模式,能够提供 1Gbps 速率。其优势如下。

① 提高网络覆盖,改建链路预算。

② 提高频谱效率。

③ 提高数据和 VOIP 容量。

④ 低时延 &QoS 增强。

⑤ 功耗节省。

Wireless MAN-Advanced 有 5 种网络数据规格,其中极低速率为 16Kbps,低数率数据及低速多媒体为 144Kbps,中速多媒体为 2Mbps,高速多媒体为 30Mbps 超高速多媒体则达到了 30Mbps~1Gbps。

但是该标准可能会被率先被军方所采用,IEEE 方面表示军方的介入将能够促使 Wireless MAN-Advanced 更快地成熟和完善,而且军方的今天就是民用的明天。无论怎样,Wireless MAN-Advanced 得到 ITU 的认可并成为 4G 标准的可能性极大。

5) 国际标准

2012 年 1 月 18 日下午 5 时,国际电信联盟在 2012 年无线电通信全会全体会议上,正式审议通过将 LTE-Advanced 和 Wireless MAN-Advanced(802.16m)技术规范确立为 IMT-Advanced(俗称“4G”)国际标准,中国主导制定的 TD-LTE-Advanced 和 FDD-LTE-Advance

同时并列成为4G国际标准。

4G国际标准工作历时三年。从2009年年初开始,ITU在全世界范围内征集IMT-Advanced候选技术。2009年10月,ITU共计征集到了六个候选技术,分别来自北美标准化组织IEEE的802.16m、日本3GPP的FDD-LTE-Advance、韩国(基于802.16m)和中国(TD-LTE-Advanced)、欧洲标准化组织3GPP(FDD-LTE-Advance)。

4G国际标准公布有两项标准分别是LTE-Advance和IEEE,一类是LTE-Advance的FDD部分和中国提交的TD-LTE-Advanced的TDD部分,总基于3GPP的LTE-Advance。另一类是基于IEEE 802.16m的技术。

ITU在收到候选技术以后,组织世界各国和国际组织进行了技术评估。在2010年10月在中国重庆,ITU-R下属的WP5D工作组最终确定了IMT-Advanced的两大关键技术,即LTE-Advanced和802.16m。中国提交的候选技术作为LTE-Advanced的一个组成部分,也包含在其中。在确定了关键技术以后,WP5D工作组继续完成了电联建议的编写工作,以及各个标准化组织的确认工作。此后WP5D将文件提交上一级机构审核,SG5审核通过以后,再提交给全会讨论通过。

在此次会议上,TD-LTE正式被确定为4G国际标准,也标志着中国在移动通信标准制定领域再次走到了世界前列,为TD-LTE产业的后续发展及国际化提供了重要基础。

10.4.5 第五代移动通信技术

第五代移动通信技术(5th Generation Mobile Communication Technology)简称5G,是具有高速率、低时延和连接量大等特点的新一代宽带移动通信技术,与之前的四代移动网络相比较而言,5G网络在实际应用过程中表现出更加强化的功能,并且理论上其传输速度每秒钟能够达到数十GB,这种速度是4G移动网络的几百倍。对于5G网络而言,其在实际应用过程中表现出更加明显的优势及更加强大的功能。5G通信设施是实现人机物互联的网络基础设施。

国际电信联盟(ITU)定义了5G的三大类应用场景,即增强移动宽带(eMBB)、超高可靠低时延通信(uRLLC)和海量机器类通信(mMTC)。增强移动宽带(eMBB)主要面向移动互联网流量爆炸式增长,为移动互联网用户提供更加极致的应用体验;超高可靠低时延通信(uRLLC)主要面向工业控制、远程医疗、自动驾驶等对时延和可靠性具有极高要求的垂直行业应用需求;海量机器类通信(mMTC)主要面向智慧城市、智能家居、环境监测等以传感和数据采集为目标的应用需求。

1. 优点

1) 传输速度快

5G网络通信技术是当前世界上最先进的一种网络通信技术之一。相比于被普遍应用的4G网络通信技术来讲,5G网络通信技术在传输速度上有着非常明显的优势,在传输速度上的提高在实际应用中十分具有优势,传输速度的提高是一个高度的体现,是一个进步的体现。5G网络通信技术应用在文件的传输过程中,传输速度的提高会大大缩短传输过程所需要的时间,对于工作效率的提高具有非常重要的作用。所以5G网络通信技术应用在当今的社会发展中会大大提高社会进步发展的速度,有助于人类社会的快速发展。

2) 传输稳定性高

5G网络通信技术不仅做到了在传输速度上的提高,在传输的稳定性上也有突出的进步。5G网络通信技术应用在不同的场景中都能进行很稳定的传输,能够适应多种复杂的场景。所以5G网络通信技术在实际的应用过程中非常实用,传输稳定性的提高使工作的难度降低,工作人员在使用5G网络通信技术进行工作时,由于5G网络通信技术的传输能力具有较高的稳定性,因此不会因为工作环境的场景复杂而造成传输时间过长或者传输不稳定的情况,会大大提高工作人员的工作效率。

3)具有高频传输技术

高频传输技术是5G网络通信技术的核心技术,高频传输技术正在被多个国家同时进行研究。低频传输的资源越来越紧张,而5G网络通信技术的运行使用需要更大地频率带宽,低频传输技术已经满足不了5G网络通信技术的工作需求,所以要更加积极主动的去探索去开发。高频传输技术在5G网络通信技术的应用中起到了不可忽视的作用。

2. 应用

1)工业领域

以5G为代表的新一代信息通信技术与工业经济深度融合,为工业乃至产业数字化、网络化、智能化发展提供了新的实现途径。5G在工业领域的应用涵盖研发设计、生产制造、运营管理及产品服务4个大的工业环节,包括众多应用场景,如AR/VR研发实验协同、AR/VR远程协同设计、远程控制、AR辅助装配、机器视觉、AGV物流、自动驾驶、超高清视频、设备感知、物料信息采集、环境信息采集、AR产品需求导入、远程售后、产品状态监测、设备预测性维护、AR/VR远程培训等。当前,机器视觉、AGV物流、超高清视频等场景已取得了规模化复制的效果,实现"机器换人",大幅降低了人工成本,有效提高产品检测准确率,达到了生产效率提升的目的。未来,远程控制、设备预测性维护等场景预计将会产生较高的商业价值。

5G在工业领域丰富的融合应用场景将为工业体系变革带来极大潜力,使能工业智能化、绿色化发展。"5G+工业互联网"512工程实施以来,行业应用水平不断提升,从生产外围环节逐步延伸至研发设计、生产制造、质量检测、故障运维等核心环节,助力企业降本提质和安全生产。

2)车联网与自动驾驶

5G车联网助力汽车、交通应用服务的智能化升级。5G网络的大带宽、低时延等特性,支持实现车载VR视频通话、实景导航等实时业务。借助于车联网C-V2X(包含直连通信和5G网络通信)的低时延、高可靠和广播传输特性,车辆可实时对外广播自身定位、运行状态等基本安全消息,交通灯或电子标志标识等可广播交通管理与指示信息,支持实现路口碰撞预警、红绿灯诱导通行等应用,显著提升车辆行驶安全和出行效率,后续还将支持实现更高等级、复杂场景的自动驾驶服务,如远程遥控驾驶、车辆编队行驶等。5G网络可支持港口岸桥区的自动远程控制、装卸区的自动码货以及港区的车辆无人驾驶应用,显著降低自动导引运输车控制信号的时延以保障无线通信质量与作业可靠性,可使智能理货数据传输系统实现全天候全流程的实时在线监控。

3)能源领域

在电力领域,能源电力生产包括发电、输电、变电、配电、用电五个环节,目前5G在电力领域的应用主要面向输电、变电、配电、用电四个环节开展,应用场景主要涵盖了采集监控类业务及实时控制类业务,包括:输电线无人机巡检、变电站机器人巡检、电能质量监测、配电自动化、配网差动保护、分布式能源控制、高级计量、精准负荷控制、电力充电桩等。当前,基于5G大带宽特性的移动巡检业务较为成熟,可实现应用复制推广,通过无人机巡检、机器人巡检等新型运维业务的应用,促进监控、作业、安防向智能化、可视化、高清化升级,大幅提升输电线路与变电站的巡检效率;配网差动保护、配电自动化等控制类业务现处于探索验证阶段,未来随着网络安全架构、终端模组等问题的逐渐成熟，控制类业务将会进入高速发展期，提升配电环节故障定位精准度和处理效率。

4）教育领域

5G在教育领域的应用主要围绕智慧课堂及智慧校园两方面开展。“5G＋智慧课堂”凭借5G低时延、高速率特性，结合VR/AR/全息影像等技术，可实现实时传输影像信息，为两地提供全息、互动的教学服务，提升教学体验；5G智能终端可通过5G网络收集教学过程中的全场景数据，结合大数据及人工智能技术，可构建学生的学情画像，为教学等提供全面、客观的数据分析，提升教育教学精准度。“5G＋智慧校园”，基于超高清视频的安防监控可为校园提供远程巡考、校园人员管理、学生作息管理、门禁管理等应用，解决校园陌生人进校、危险探测不及时等安全问题，提高校园管理效率和水平；基于AI图像分析、GIS（地理信息系统）等技术，可对学生出行、活动、饮食安全等环节提供全面的安全保障服务，让家长及时了解学生的在校位置及表现，打造安全的学习环境。

2022年2月，工业和信息化部、教育部公布2021年“5G＋智慧教育”应用试点项目入围名单，一批5G与教育教学融合创新的典型应用亮相。据悉，下一步，有关部门将及时总结经验、做法、成效，努力推动“5G＋智慧教育”应用从小范围探索走向大规模落地。

5）医疗领域

5G通过赋能现有智慧医疗服务体系，提升远程医疗、应急救护等服务能力和管理效率，并催生5G＋远程超声检查、重症监护等新型应用场景。

5G＋超高清远程会诊、远程影像诊断、移动医护等应用，在现有智慧医疗服务体系上，叠加5G网络能力，极大提升远程会诊、医学影像、电子病历等数据传输速度和服务保障能力。

5G＋应急救护等应用，在急救人员、救护车、应急指挥中心、医院之间快速构建5G应急救援网络，在救护车接到患者的第一时间，将病患体征数据、病情图像、急症病情记录等以毫秒级速度、无损实时传输到医院，帮助院内医生做出正确指导并提前制订抢救方案，实现患者“上车即入院”的愿景。

6）智慧城市领域

5G助力智慧城市在安防、巡检、救援等方面提升管理与服务水平。在城市安防监控方面，结合大数据及人工智能技术，5G＋超高清视频监控可实现对人脸、行为、特殊物品、车等精确识别，形成对潜在危险的预判能力和紧急事件的快速响应能力；在城市安全巡检方面，5G结合无人机、无人车、机器人等安防巡检终端，可实现城市立体化智能巡检，提高城市日常巡查的效率；在城市应急救援方面，5G通信保障车与卫星回传技术可实现建立救援区域海陆空一体化的5G网络覆盖；5G＋VR/AR可帮助应急调度指挥人员能够直观、及时了解现场情况，更快速、更科学地制订应急救援方案，提高应急救援效率。目前公共安全和社区治安成为城市治理的热点领域，以远程巡检应用为代表的环境监测也将成为城市发展的关注重点。未来，城市全域感知和精细管理成为必然发展趋势，仍需长期持续探索。

7）信息消费领域

5G给垂直行业带来变革与创新的同时，也孕育新兴信息产品和服务，改变人们的生活方式。在5G＋云游戏方面，5G可实现将云端服务器上渲染压缩后的视频和音频传送至用户终端，解决了云端算力下发与本地计算力不足的问题，解除了游戏优质内容对终端硬件的束缚和依赖，对于消费端成本控制和产业链降本增效起到了积极的推动作用。在5G＋4K/8K VR直播方面，5G技术可解决网线组网烦琐、传统无线网络带宽不足、专线开通成本高等问题，可满足大型活动现场海量终端的连接需求,并带给观众超高清、沉浸式的视听体验;5G+多视角视频,可实现同时向用户推送多个独立的视角画面,用户可自行选择视角观看,带来更自由的观看体验。在智慧商业综合体领域,5G+AI 智慧导航、5G+AR 数字景观、5G+VR 电竞娱乐空间、5G+VR/AR 全景直播、5G+VR/AR 导购及互动营销等应用已开始在商圈及购物中心落地应用,并逐步规模化推广。未来随着 5G 网络的全面覆盖以及网络能力的提升,5G+沉浸式云 XR、5G+数字孪生等应用场景也将实现,让购物消费更具活力。

5G 作为一种新型移动通信网络,不仅要解决人与人通信,为用户提供增强现实、虚拟现实、超高清(3D)视频等更加身临其境的极致业务体验,更要解决人与物、物与物通信问题,满足移动医疗、车联网、智能家居、工业控制、环境监测等物联网应用需求。最终,5G 将渗透到经济社会的各行业各领域,成为支撑经济社会数字化、网络化、智能化转型的关键新型基础设施。

10.5 小型案例实训

案例:无线局域网搭建

1. 实验目的

(1) 了解无线局域网常用的设备。

(2) 掌握无线 AP 的设置。

(3) 掌握组建无线局域网的方法。

2. 实验设备和环境

(1) 无线 AP/无线路由:1 台。

(2) 无线网卡:2 块。

(3) PC 机:2 台。

3. 实验步骤

1) 安放无线 AP

(1) 安放 AP 在合适的位置。一般放在地理位置相对较高处,也可放在连入有线网络较方便的地方。

(2) 接通电源,AP 将自行启动。

2) 安装无线网卡

(1) 将无线网卡装入计算机中,如图 10-8 所示。

(2) 按照无线网卡的安装向导完成安装。

(3) 网卡安装好后,在桌面的右下角会出现网络连接图标,查看其连通的状态和连通的速率,并做好记录。

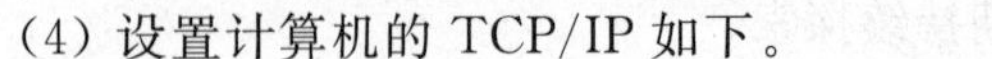

图 10-8 组成无线局域网示意图

(4) 设置计算机的 TCP/IP 如下。

① IP 地址:192.168.1.*(*范围为 2~254,注意不要与原网络中的 IP 地址相重复)。

② 子网掩码:255.255.255.0。

③ 默认网关:192.168.1.1。

无线 AP 的默认 IP 是 192.168.1.1,默认子网掩码为 255.255.255.0,这些值可以根据需要而改变,我们先按照默认值设置。

(5) 测试计算机与无线 AP 之间是否连通。执行 Ping 命令:Ping 192.168.1.1。如果屏幕显示结果能 Ping 通，则说明计算机已与无线 AP 成功连接，如果屏幕显示行出现“Request timed out.”则说明设备还未安装好，可以检查如下两项排除故障。

① 无线 AP 上的 Power 灯以及 WLAN 状态灯(Act)是否已亮起(这两个灯必须亮)。

② 计算机中的无线网卡是否已装好，TCP/IP 设置是否正确。

3) 设置无线 AP(本实训中无线 AP 以 TP-LINK 54M 宽带路由器为例进行设置)

(1) 在浏览器的地址栏输入无线 AP 的 IP 地址，通常是 http://192.168.1.1/，连接建立起来后将会出现一个登录页面，输入用户名和密码(查看说明书之后获知该产品的用户名和密码的出厂设置均为 admin)，如图 10-9 所示。

(2) 进入无线 AP 设置页面，如图 10-10 所示。

图 10-9 输入用户名和密码

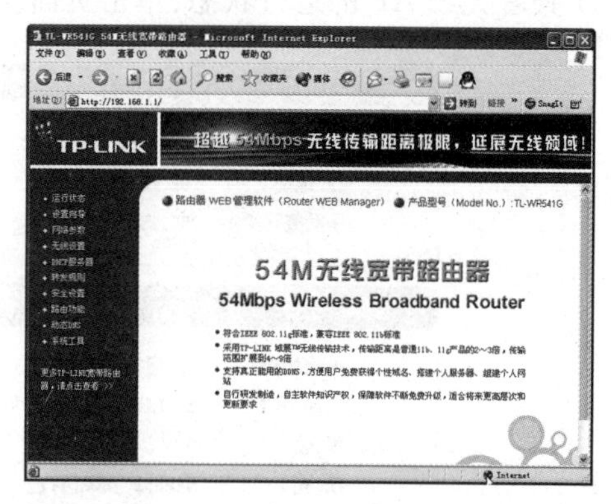

图 10-10 无线 AP 设置主页面

(3) 单击该页面中左边的“设置向导”，进入上网方式页面，可以根据实际情况进行选择，在这里选择“以太网宽带，自动从网络服务商获取 IP 地址(动态 IP)”，如图 10-11 所示。

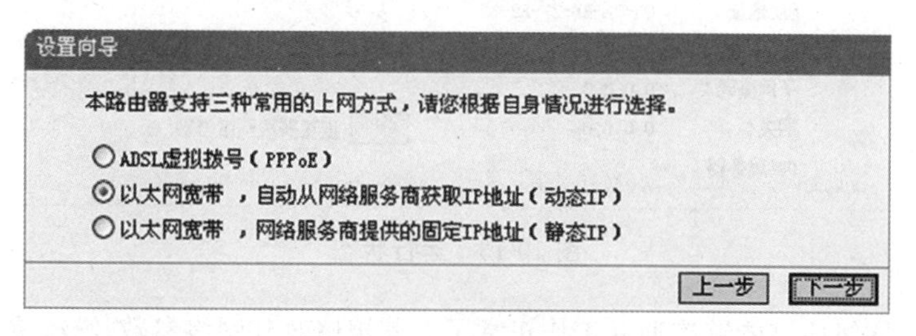

图 10-11 选择上网方式

(4) 选择“下一步”按钮，进入无线设置页面，如图 10-12 所示。

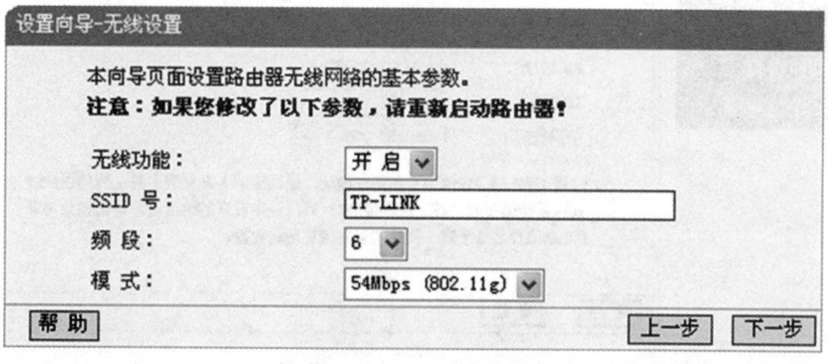

图 10-12 无线设置

参数说明如下。

① 无线功能:如果启用此功能,则接入本无线网络的计算机将可以访问有线网络。

② SSID 号:无线局域网用于身份验证的登录名,只有通过身份验证的用户才可以访问本无线网络。

③ 频段:用于确定本无线路由器使用的无线频率段,选择范围从 1～13。若一个网络中有多个无线 AP,为了防止干扰,每个 AP 要设为不同的频段。

④ 模式:可以选择 11Mbps 带宽的 802.11b 模式、54Mbps 带宽的 802.11g 模式(兼容 802.11b 模式)。

设置完上网所需的各项网络参数后,可以看到设置向导完成页面。

(5) 查看无线 AP 的运行状态:单击页面左边的"运行状态",出现如图 10-13 所示的页面。

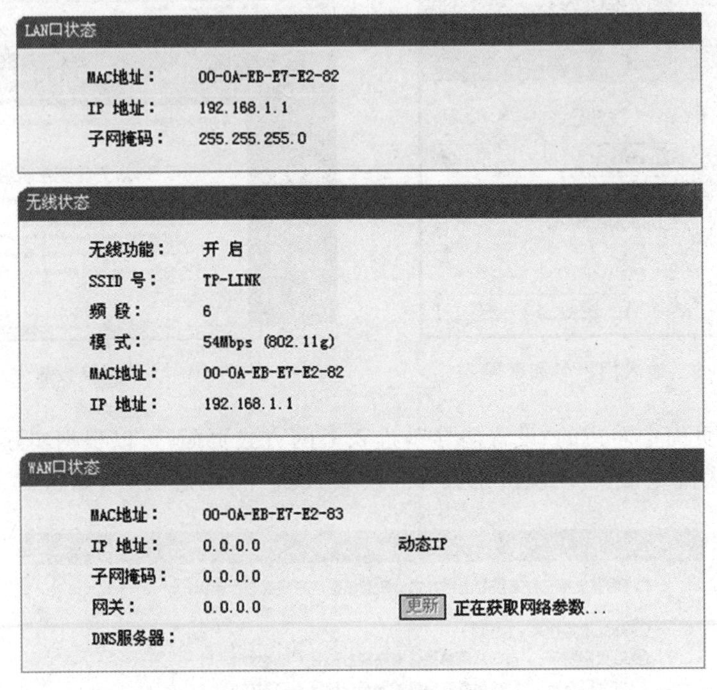

图 10-13 运行状态

至此,此无线网络应该能够连通并工作正常了。若想修改其网络参数,继续按下面的步骤进行。

(6) 网络参数设置:单击页面左边的"网络参数",进行 LAN 口设置,如图 10-14 所示。

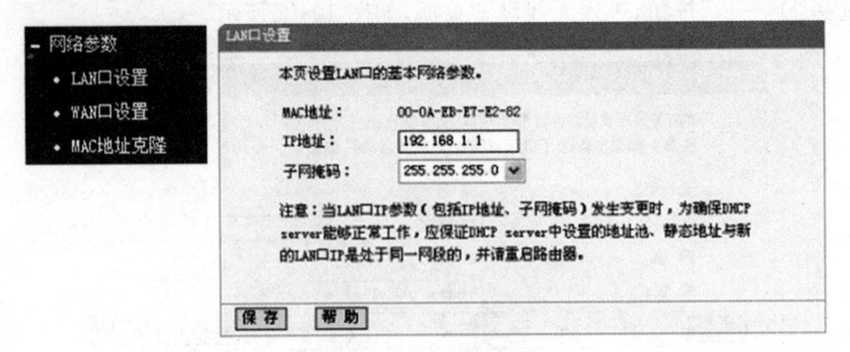

图 10-14 LAN 口设置

参数说明如下。

① MAC 地址:该路由器对局域的 MAC 地址,此值不可更改。

② IP 地址:该路由器对局域网的 IP 地址,默认值为 192.168.1.1,可根据需要改变它。若改变了该 IP 地址,必须用新的 IP 地址才能登录路由器进行 Web 页面管理。

③ 子网掩码:也可改变,但网络中的计算机的子网掩码必须与此处相同。

此外“WAN 口设置”和“MAC 地址克隆”暂可不设,按默认值进行。

4) 安全设置

当在无线“基本设置”里面“安全认证类型”选择“自动选择”“开放系统”“共享密钥”这三项时,使用的就是 WEP 加密技术,“自动选择”是无线 AP 可以和客户端自动协商成“开放系统”或者“共享密钥”。

单击页面左边的“无线设置”,进行基本设置,如图 10-15 所示。

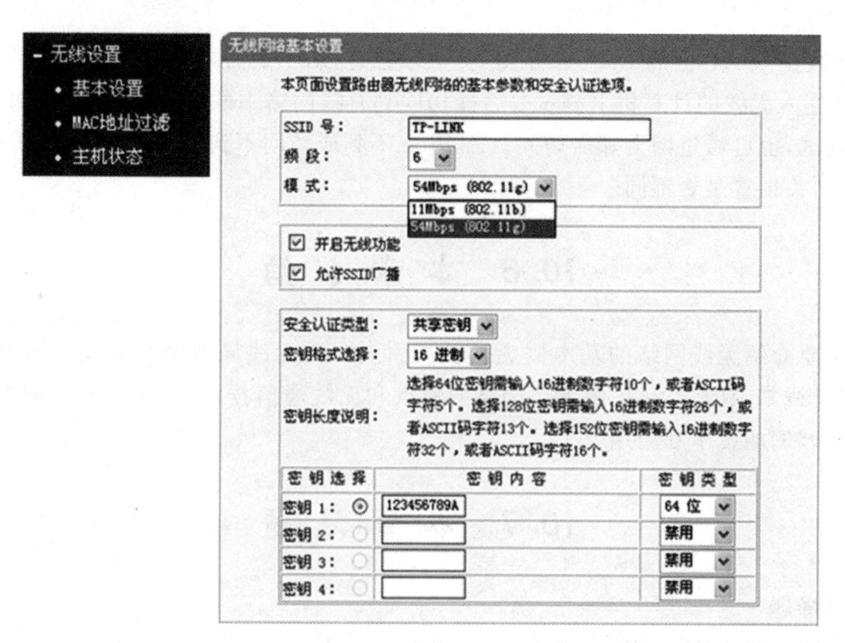

图 10-15　安全设置

除了设置向导中已进行的无线设置外,其他设置项目说明如下。

(1) 无线功能:如果选中,接入此无线网络的计算机将可以访问有线网络。

(2) 允许 SSID 广播:如果选中,路由器将向所有的无线联网计算机广播自己的 SSID 号。

(3) 安全认证类型:可以选择允许任何访问的开放系统模式,基于 WEP 加密机制的共享密钥模式,以及自动选择方式。

(4) 密钥选择:只能选择一条生效的密钥,但最多可以保存四条密钥。

(5) 密钥内容:在此输入密钥,注意长度和有效字符范围。

(6) 密钥类型:可以选择 64 位或 128 位,选择“禁用”将禁用该密钥。

此外,无线设置中的“MAC 地址过滤”可以设置具有某些 MAC 地址的计算机无法访问此无线网络,又可以指定只有具有某些 MAC 地址的计算机才可以访问此无线网络,大大增强了无线的安全性。

5）将无线网络接入有线网络

(1) 用一根网线将无线 AP(LAN)端口，连接到局域网中交换机(或集线器)的一个端口，连接示意图如图 10-16 所示。

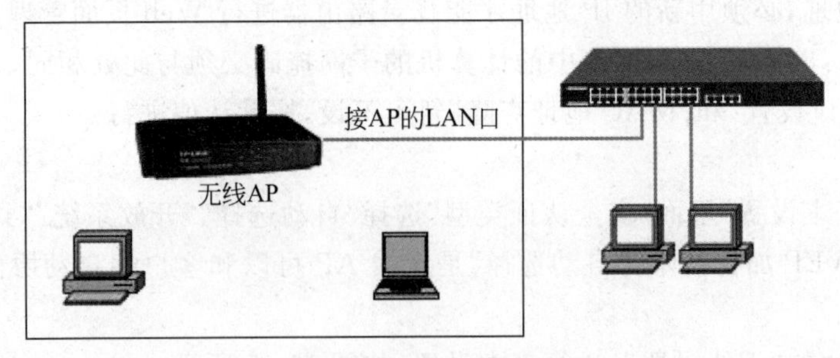

图 10-16　无线局域网连入有线网络示意图

(2) 观察无线 AP 上的 LAN 指示灯，亮表示已连接，不亮需检查网线等。

(3) 从连入无线的计算机上测试是否能访问到有线网络中的计算机：既可通过 Ping 命令进行连通测试，也可通过网上邻居访问。若 Ping 不到或访问不到，需检查网络中的 IP 地址是否有冲突，网关设置是否不同。

10.6　本章小结

本章主要介绍无线网络的基本概念、无线通信技术，无线局域网和无线广域网的相关知识，通过对无线知识的学习，了解无线网络的特点和无线通信技术的原理，并且熟悉无线局域网和无线广域网的技术和应用。

10.7　本章习题

一、选择题

1. 无线网局域网使用的标准是(　　)。

A. 802.11　　B. 802.15　　C. 802.16　　D. 802.20

2. 以下标准支持最大传输速率最低的是(　　)。

A. 802.11a　　B. 802.11b　　C. 802.11g　　D. 802.11n

3. 无线局域网中 WEP 加密服务不支持的方式是(　　)。

A. 128 位　　B. 64 位　　C. 40 位　　D. 32 位

4. 802.11g 在以最大传输速率数据时使用的调制方式是(　　)。

A. DSS　　B. CCK　　C. PBCC　　D. OFDM

5. WLAN 技术使用的介质是(　　)。

A. 无线电波　　B. 双绞线　　C. 光波　　D. 沙浪

6. 天线主要工作在 OSI 参考模型的(　　)。

A. 第 1 层　　B. 第 2 层　　C. 第 3 层　　D. 第 4 层

7. 下列不属于无线网卡的接口类型的是(　　)。

A. PCI　　B. PCMCIA　　C. IEEE 1394　　D. USB

二、填空题

1. 在无线网络里主要的无线通信技术有：________、________、________、________4种。
2. 无线局域网的特点有：________、________、________和________。
3. 无线局域网的组网设备主要包括________、________、________和________。

三、简答题

1. 无线局域网具有的特点是什么？
2. 在无线局域网中，主要的网络结构可以分为哪两种，特点分别是什么？
3. 常用的无线局域网标准有哪些？
4. 无线局域网典型连接方案可以分为哪几种？
5. 在无线局域网漫游方案中工作站应具有哪些功能？
6. GPRS技术具有哪些特点？
7. 第三代通信技术可以分为哪三种？

第11章

网络管理和网络安全

本章要点：

(1) 网络管理的概念。
(2) 网络管理的功能。
(3) 网络管理协议。
(4) 数据加密技术。
(5) 防火墙技术。
(6) 虚拟专用网。
(7) 网络防病毒技术。

学习目标：

(1) 掌握网络管理的概念和功能。
(2) 了解网络协议 SNMP。
(3) 了解数据加密技术。
(4) 掌握防火墙技术。
(5) 掌握虚拟专用网的工作原理。
(6) 了解网络防病毒技术。

11.1 网络管理

随着网络规模的扩大和网络复杂性的增加，人们对网络管理功能的要求越来越高。如何进行有效的管理，保证网络的良好运行已成为一个迫切需要解决的问题。

11.1.1 网络管理的基本概念

1. 网络管理的定义

网络管理就是为保证网络系统能够持续、稳定、安全、可靠和高效地运行，对网络系统实施的一系列方法和措施。网络管理的任务就是收集、监控网络中各种设备和设施的工作参数、工作状态信息，将结果显示给管理员并进行处理，从而控制网络中的设备、设施，工作参数和工作状态，以实现对网络的管理。

通过网络管理，管理者可记录网络资源的使用情况和检测网络运行状态，监控用户对网络系统的操作和对网络资源的使用，分析网络数据流量和网络性能，监测对网络的非法入侵或对非法地址的访问，从而加强对网络的管理，提高设备利用率，减少运行费用。

2. 网络管理的内容

1）网络通信中的流量控制

计算机网络传输容量是有限的，当在网络中传输的数据量超过容量时，网络会发生拥塞，严重时会导致网络系统的瘫痪，所以，流量控制是网络管理需要首先解决的问题。

2）网络路由选择策略

网络中的路由选择方法不仅应该正确、稳定、公平、最佳，还应能够适应网络规模、网络拓扑和网络中数据流量的变化。路由选择方法决定着数据分组在网络系统中通过哪条路径传输，它直接关系到网络传输开销和数据分组的传输质量。网络管理必须有一套对路由管理的机制。

3）网络安全防护

计算机网络实现了资源共享，使人们能够方便迅速地获得所需资源。共享资源开放程度越大，资源的安全性就越小，从而出现了系统资源的共享与保护之间的矛盾。为了解决这个矛盾，网络管理中必须引入安全机制，以保护网络用户资源不受非法侵犯。

4）网络故障诊断

计算机网络系统在运行过程中不可避免地会发生故障。网络管理应该能够准确及时地确定故障的位置、产生原因，以便及时发现系统隐患，保证系统正常运行。

在公共数据网中，网络管理应该能够根据用户对网络的使用情况核算费用并提供费用清单。数据网中的费用计算方法通常要涉及几个互联的多个网络之间的核算和分配费用的问题。网络费用的计算是网络管理中的一项重要内容。

3. 网络管理系统的基本模型

网络管理系统是用于全面有效管理网络、实现网络管理目标的系统。在一个网络的运营管理中，网络管理人员是通过网络管理系统对整个网络进行管理的。网络管理系统一般由以下四个部分组成。

1）一个或多个被管设备

在网络的重要设备（如路由器、交换机、集线器和工作站等）中，每个设备都有一个相应的管理进程代理（Agent）来控制其运行。代理是一些管理应用程序的集合，它维护着设备的管理信息库，完成网络的基本功能，对管理者（Manager）的请求做出应答或以非请求方式向管理者提供信息。

2）网络管理信息库

网络管理信息库（Management Information Base，MIB）是一些变量的集合，既可以通过读取和设置这些变量的值来监视和控制网络设备的运行状态，还可以通过改变变量值来更新设备的工作。网络中管理对象的各种状态参数值被存储在 MIB 中。例如，状态类对象的状态代码、参数类管理对象的参数值等。通过网络协议来保证管理信息中的数据与网络设备中的实际状态和参数保持一致，达到能够真实、全面地反映网络设备或设施情况的目的。

MIB 在网络管理中起着重要作用。通过 MIB 管理过程对管理对象的管理，就简化成为对管理对象 MIB 的内容的查看和设置。对不同的网络设备，只要它们有相应的代理和统一的 MIB，管理进程就可以对它们进行统一管理。同时，管理进程对网络设备的控制也可以通过 MIB 而转变为对 MIB 中变量值的设置，新的控制功能也可以通过在 MIB 内增加相应的新变量来实现。MIB 的内容一般包括系统预警设备的状态信息、运行的数据统计和配置参数等。MIB 可以用简单的文件系统，也可用基于 SQL 的通用数据库构造。

3）一个或多个管理者工作站

管理者工作站负责发出管理操作的命令，并接收来自代理的信息，在管理者工作站上驻留有许多管理应用程序，通过访问代理的管理信息库来实现对网络设备的监视和控制。应用程序是管理系统的核心，系统越复杂，则包含的应用程序也越复杂。管理者工作站一般提供一个用户接口，使网络管理者能控制和观察网络管理进程。

4）网络管理协议

网络管理协议（Management Protocol）用于管理进程和管理对象之间交换信息，这种交换是通过管理协议来实现的。管理协议负责在管理系统和管理对象之间传递操作命令、解释管理操作命令等。

管理进程一般都位于网络系统的主干位置,负责发出管理操作的指令,接收来自代理的信息。代理接收管理进程的命令或信息,将这些命令和信息转换成本设备特有的指令,完成管理进程的指示,同时反馈管理过程所需要的各种设备参数。代理也可以自动把发生在自身系统的事件通知给管理进程。

一个管理进程可以和多个代理进行信息交互;同时一个代理也可以接受来自多个管理进程的管理操作,但代理需要处理来自多个管理进程的多个操作之间的协调问题。

网络管理系统的基本模型如图 11-1 所示。

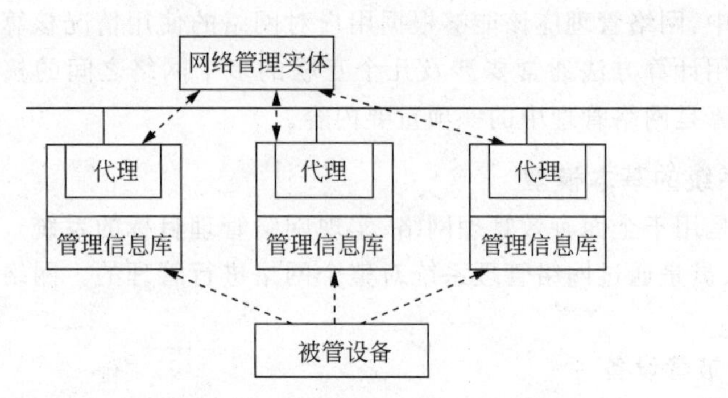

图 11-1 网络管理系统的基本模型

11.1.2 网络管理的功能

为了实现不同网络管理系统之间的互操作,支持各种网络互联管理的要求,国际标准化组织 ISO 和国际电报电话咨询委员会 CCITT 为开放的网络管理系统制定了一整套网络管理标准体系。这个网络管理标准体系是一种开放的网络管理系统,它是由体系结构标准、管理信息的通信标准、管理信息的结构标准和系统管理的功能等组成的。

在 ISO 网络管理标准体系中,把开放系统管理功能划分成五个功能域,它们分别完成不同的网络管理功能。被定义的五个功能域只是网络管理最基本的功能,它们都需要通过与其他开放系统交换管理信息来实现。在实际应用中,网络管理可能还包括一些其他的管理功能,如网络规划、网络操作人员的管理等。

ISO 网络管理标准的五个基本功能域包括:配置管理、性能管理、故障管理、安全管理和计费管理。

1. 配置管理

配置管理(Configuration Management)的目标是监视网络和系统配置信息,以便跟踪和管理对不同的软、硬件单元进行的网络操作结果。配置管理是网络管理员掌握网络拓扑结构的动态变化及网络工作情况的基础,也是实施网络管理的基础。

一个计算机网络包含多种多样的计算机设备和网络通信设备,这些设备组成连接网络的各种物理结构和逻辑结构。每个设备和结构都有自己的名字、技术数据、状态等重要的信息。这些设备和结构在网络系统中的位置和相互关系有时可能会改变,所以必须有一个面向全网的设备配置管理系统,用来统一和科学地管理各个设备和结构的静态信息或动态变化情况。这种对网络系统中各物理资源与逻辑资源的信息以及它们之间关系的管理,实际上是管理一个表格或一个数据库,内容可能是一台计算机或网络设备的名字及其在网络系统中的物理位置、设备的技术参数、维护联系人及电话号码等。

配置管理需要监视和控制的主要内容如下。

(1) 资源与其名字对应。

(2) 收集和传播系统当前资源的状况及其状态。

(3) 对系统日常操作的参数进行设置和控制。

(4) 修改系统属性。

(5) 更改系统配置,初始化或关闭某些资源。

(6) 管理各个管理对象间的关系。

(7) 管理配置信息库。

(8) 删除管理对象。

网络配置指的是网络中每台设备的功能、相互间的连接关系和工作参数等,反映的是网络的状态。网络管理必须提供足够的手段来支持系统配置的改变。

配置管理主要包括网络结点地址分配管理、结点接入与撤出的自动管理、网络中远程加载与转储管理以及虚拟网络结点配置管理等。

(1) 网络结点地址分配管理。地址管理保证给每一网络设备分配一个能在网络中唯一标识的结点地址。正是依靠这个唯一标识的结点地址,才能使网络中成千上万的报文正确地送达各自的目的地。

(2) 网络结点的接入与撤出管理。由于一方面有新网络设备的加入或者旧网络设备的退出,另一方面联网结点动态的联网与退网,使得计算机网络的结点在不断地变化。对网络结点接入和撤出的自动管理,使管理系统能实时掌握网络实际运行结点的基本情况,这是网络管理的重要基础,也是绘制网络动态拓扑结构图的基础。

(3) 网络系统中自动加载和转储管理。某些网络专用设备(如网络计算机、网络打印服务器)可能没有硬盘、没有操作系统、没有网络软件,所有这些系统软件都由网络指定设备在需要时过程加载,而这些被加载设备上需要永久存储的数据,则可以通过网络通信转储到其他的永久性存储设备中。

2. 性能管理

性能管理(Performance Management)的目标是衡量和呈现网络性能的各个方面,使用户在一个可接受的网络性能上使用网络服务,通常性能指标包括网络吞吐量、用户响应时间、线路利用率等。

网络性能管理能够通过监测系统资源的状态、响应时间、瞬间或阶段流量及流向、误码率、部件或设备的时延、资源利用率,提供有关系统资源运行性能(动态或静态的)等信息,为进行系统性能分析、流量调节和优化提供参考依据,对性能下降问题进行跟踪和控制,避免产生拥塞。

网络性能管理主要是持续评测网络运行过程中的主要性能指标,以验证网络服务是否达到预期的水平,找出已经发生或潜在的瓶颈,预测网络性能的变化趋势,为管理机构提供决策依据。

网络性能管理可分为两大部分:网络监测和网络控制。网络监测是指网络工作状态的收集与整理;网络控制则是指为改善网络设备的性能而采取的动作和措施。

性能管理包括一系列的管理功能。这些管理功能以网络性能为准则收集、分析和调整管理对象的状态,目的是保证网络可以提供可靠的、连续的通信能力并占用最少的网络资源和最小的系统开销。网络性能管理的功能包括以下几个。

(1) 收集管理对象中与性能相关的数据。

(2) 分析、统计与性能相关的数据,产生、记录和维护与性能相关的历史数据。

(3) 根据统计数据判断网络性能、监测性能故障、产生性能警告、报告性能事件。

(4) 将网络当前性能数据与历史数据进行比较,以预测网络性能变化趋势。

(5) 确定调整网络性能评价标准和性能阀值,调整性能监测模型。

(6) 根据性能分析结果调整网络拓扑结构,优化网络设备的配置,改进管理操作模式,以保证网络性能达到预期的水平。

3. 故障管理

故障管理(Fault Management)的目标是自动检测、记录网络故障并通知用户,以便能使网络有效地运行。通过故障管理能及时发现故障,找出故障原因,实现对系统异常操作的检测、诊断、跟踪、隔离、控制和纠正等,因此,故障管理是ISO网络管理单元中最为广泛实现的一种管理。

计算机网络系统的故障主要包括组成网络的各计算机结点的故障和通信信道故障。引起网络系统故障的环境因素主要有电磁干扰、湿度、尘埃、电源电压波动、化学污染、自然灾害等。

故障管理包含以下几个功能。

(1) 判断故障症状。

(2) 隔离该故障。

(3) 修复该故障。

(4) 对所有重要的子系统的故障进行修复。

(5) 记录故障的检测及其结果。

4. 安全管理

安全管理(Security Management)的目标是按照本地制定的规则来控制对网络资源的访问,以保证网络不被侵害,并保证重要的信息不被未授权的用户访问。例如,管理子系统可以监视用户对网络资源的登录,而对那些具有非法的用户加以拒绝。

网络中的不安全因素包括网络"黑客"入侵和恶意攻击、IP地址盗用、主机假冒、用户口令窃取、对网络和系统的非法访问、病毒感染,以及系统管理员或用户的疏忽大意造成的文件破坏等。

安全管理活动能够利用各种层次的安全防卫机制,减少非法入侵事件的发生,能够快速检测到非法入侵活动,查出入侵点并对非法活动进行审查与追踪;对非法入侵活动采取相应的措施,例如给入侵者以警告,取消其使用网络的权力等;收集有关数据进行分析、记录和存档,建立、维护安全日志等。系统安全日志是安全管理的重要工作内容和进行管理的依据。所有与系统安全有关的事件都要被记录在安全日志中,包括用户的登录与退出、重要资源的使用、被拒绝的登录请求、访问控制定义事项的变更、网络设备的启动、关闭和重启动、对网络资源的毁坏与威胁等。

网络安全管理必须采取相应的技术,包括防病毒技术、防火墙技术、数字签名认证技术、数据加密技术及网络访问控制技术等,从而防范各种外来的攻击行为,保护网络信息的安全。

安全管理系统主要执行以下几种功能。

(1) 标识重要的网络资源。

(2) 确定重要的网络资源和用户集之间的映射关系。

（3）监视对重要网络资源的访问。

（4）记录对重要网络资源的非法访问。

5. 计费管理

计费管理(Accounting Management)的目标是衡量网络的利用率，以便使一个或一组网络用户可以更有规则地、更合理地利用网络资源，这样的规则使网络故障率降低到最小，也可以使所有用户对网络的访问更加公平。

计费管理记录网络资源的使用情况和监测网络运行状态，监控每个用户或用户群对网络系统的操作和对网络资源的使用。通过分析网络数据流量、流向和网络性能，可监测对网络的非法访问，为分析系统运行瓶颈和安全漏洞提供基本数据，从而及时调整资源分配，允许或禁止某些用户对特定资源的访问，保证网络系统整体服务质量。

计费管理是记录网络用户对网络资源的使用情况并核算用户费用的管理。计费管理是网络管理中唯一只有约束和控制一般网络用户网络行为的管理功能，它根据管理机构制定的计费政策，统计用户使用的网络资源，并量化为网络费用。

网络服务计费信息主要涉及用户对以下 4 类网络资源的使用情况。

（1）硬件资源：通信线路、计算机等。

（2）软件和系统资源：网络数据库、各种网络应用软件等。

（3）网络服务：电子邮件服务、语言邮件服务等。

（4）其他网络设施开销。

对于大多数的企业内部网，用户使用网络资源不需要交费。但计费管理功能可以用来记录、统计用户的使用时间、网络利用率、各种网络资源的使用情况等。

网络计费管理一般包括以下功能。

（1）有关网络资源使用的数据采集，如网络流量等。

（2）确定计费标准。

（3）根据用户基本信息和计费标准计算用户账单。

（4）财务数据的维护，如计算用户费用结余、欠款等。

（5）提供计费信息查询。

【例 11-1】 在网络管理功能中，用于保证各种业务的服务质量，提高网络资源利用率的是（　　）。

A. 配置管理　　B. 故障管理　　C. 性能管理　　D. 安全管理

解：此题考查的是网络管理的功能，在网络管理的五项功能中，性能管理和配置管理是最难区分的，配置管理的目标是监视网络和系统配置信息，以便跟踪和管理对不同的软、硬件单元进行的网络操作结果。配置管理是网络管理员掌握网络拓扑结构的动态变化及网络工作情况的基础，也是实施网络管理的基础。性能管理的目标是衡量和呈现网络性能的各个方面，使用户在一个可接受的网络性能上使用网络服务，通常性能指标包括网络吞吐量、用户响应时间、线路利用率等。答案为 C。

11.1.3　简单网络管理协议 SNMP

11.1.3

1. 网络管理协议简介

简单网络管理协议(Simple Network Management Protocol，SNMP)最初是为符合 TCP/IP 的网络管理而开发的一个应用层协议，其主导思想是尽可能简洁、清晰。SNMP 建立在 TCP/IP 传输层的 UDP 之上,提供的是不可靠的无连接服务,以保证信息的快速传递和减少网络带宽的消耗。利用 SNMP,网络管理员能够方便地管理网络的性能,发现并解决网络故障。

SNMP 是一种简单的、SNMP 管理进程和 SNMP 代理进程之间的请求—应答协议。MIB 定义了所有代理进程所包含的、能够被管理进程查询和设置的变量。所有这些变量都用对象标识符来标识,这些对象标识符构成了一个层次命名结构,由一个数字串组成,但通常缩写为人们阅读方便的简单名字。

SNMP 分为两个版本:SNMP 1.0 版本是初始版本,SNMP 2.0 版本增加了安全方面的功能,并在操作性和管理体系结构方面做了较大改进。

2. SNMP 配置

图 11-2 所示为使用 SNMP 的典型配置。整个系统必须有一个管理站(Management Station),它实际上是网控中心。在每个被管对象中一定要有代理进程,管理进程和代理进程利用 SNMP 报文进行通信,而 SNMP 报文又使用 UDP 来传送。图 11-2 中有两个主机和一个路由器。这些协议栈中带有阴影的部分是原来这些主机和路由器所具有的,而没有阴影的部分是为实现网络管理而增加的。

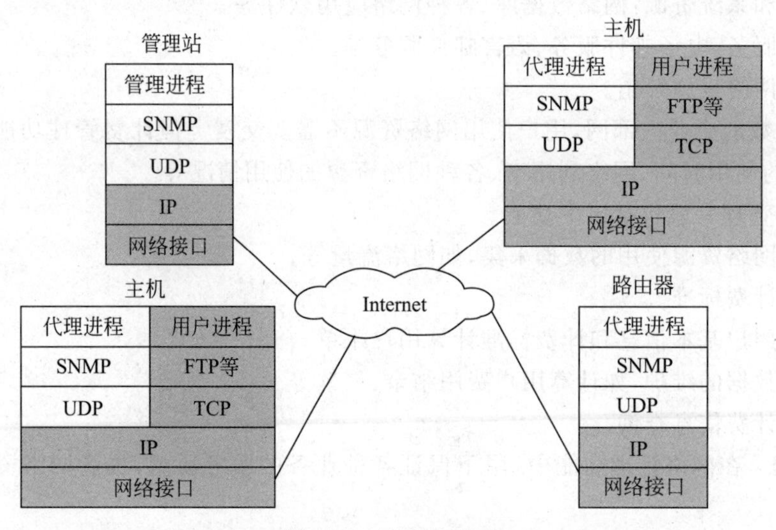

图 11-2 SNMP 配置

有时网络管理协议无法控制某些网络元素,例如该网络元素使用的是另一种网络管理协议,这时可使用委托代理(Proxy Agent)。委托代理能提供如协议转换和过滤操作的汇集功能,然后委托代理来对管理对象进行管理。图 11-3 所示为委托管理的配置情况。

3. SNMP 的协议数据单元

SNMP 规定了五种协议数据单元 PDU(即 SNMP 报文),用来在管理进程和代理之间的交换。

(1) get-request 操作:从代理进程处提取一个或多个参数值。

(2) get-next-request 操作:从代理进程处提取紧跟当前参数值的下一个参数值。

(3) set-request 操作:设置代理进程的一个或多个参数值。

(4) get-response 操作:返回的一个或多个参数值。这个操作是由代理进程发出的,它是

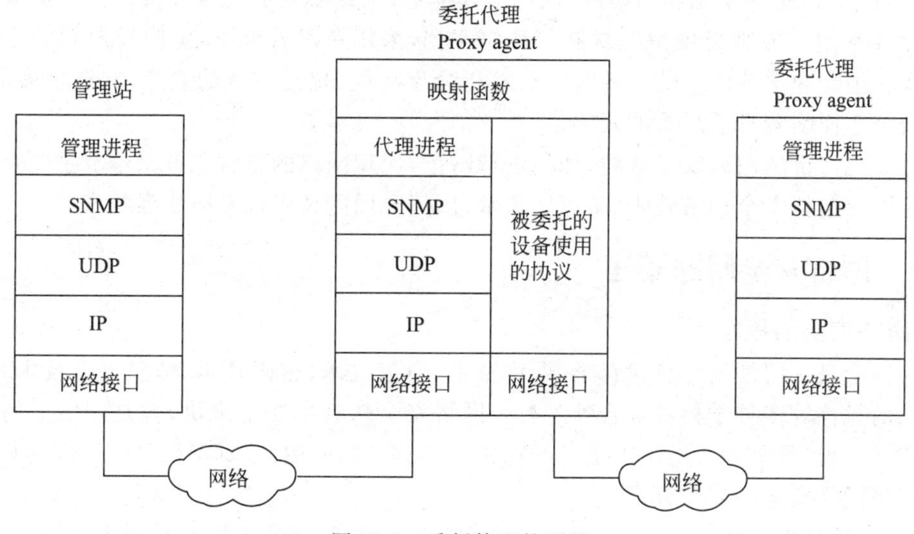

图 11-3　委托管理的配置

前面三种操作的响应操作。

(5) trap 操作:代理进程主动发出的报文,通知管理进程有某些事情发生。

前面的三种操作是由管理进程向代理进程发出的,后面的两个操作是代理进程发给管理进程的,为了简化起见,前面三个操作称为 get、get-next 和 set 操作。图 11-4 所示为 SNMP 的五种报文操作。请注意,在代理进程端是用端口 161 来接收 get 或 set 报文,而在管理进程端是用端口 162 来接收 trap 报文。

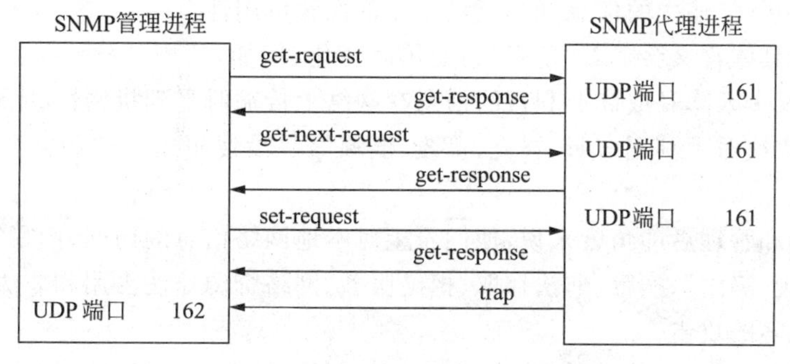

图 11-4　SNMP 的五种报文操作

11.2 网络安全

计算机网络技术的发展使得计算机应用日益广泛与深入,同时也使得计算机系统的安全问题日益复杂和突出。一方面,网络提供了资源的共享性,提高了系统的可靠性,通过分散工作提高了工作效率,并且具有可扩充性。这些特点使得计算机网络深入经济、教育、科技、军事等各个领域。另一方面,也正是这些特点,增加了网络安全的脆弱性和复杂性,资源共享和分布增加了网络受威胁和攻击的可能性。随着网络覆盖范围的扩大,以各种非法手段企图渗透计算机网络的黑客迅速增加,使得国内外屡屡发生严重的黑客入侵事件。

2020年2月,正当中国新冠防疫进行时,印度APT组织对我国医疗机构发起持续性威胁攻击。黑客利用新冠肺炎疫情题材制作诱饵文档,采用鱼叉式攻击,定向投放到医疗机构领域。此次攻击是为了获取最前沿的医疗技术和医疗数据、扰乱中国的稳定,制造更多的恐怖,网络的安全正面临着日益严重的威胁。

面对如此严重的网络安全威胁,如何进行防范,保障网络的正常服务是本节主要介绍的内容。这些内容包括安全加密技术、防火墙技术、虚拟专用网技术以及防病毒技术。

11.2.1 网络安全问题概述

1. 网络安全的概念

网络安全是一门涉及计算机科学、网络技术、通信技术、密码技术、信息安全技术、应用数学、数论、信息论等多种学科的综合性学科。网络安全从其本质上来讲,就是网络上的信息安全。从广义上说,凡是涉及网络上信息的保密性、完整性、可用性、真实性和可控性的相关技术和理论都是网络安全的研究领域。

ISO将“计算机安全”定义为:“为数据处理系统建立和采取的技术及其管理的安全保护,保护计算机硬件、软件和数据不因偶然和恶意的原因而遭到破坏、更改和泄露。”也有人将“计算机安全”定义为:“计算机的硬件、软件和数据受到保护,不因偶然和恶意的原因而遭到破坏、更改和泄露,系统连续正常运行。”

网络安全是计算机安全的延伸,主体由计算机扩展到了网络系统。网络安全是指网络系统的硬件、软件及其系统中的数据受到保护,不受偶然的或者恶意的原因而遭到破坏、更改、泄露,系统连续可靠正常地运行,网络服务不中断。网络安全涉及网络自身的安全和网络内信息的安全两部分。通常所说的网络安全,既要保证网络运行无障碍,又要保证网络内容(即网络中产生、存储、流转、传输中的信息)的完整性、保密性和可用性。

网络安全的具体含义会随着“角度”的变化而变化,例如,从用户(个人、企业等)的角度来说,他们希望涉及个人隐私或商业利益的信息在网络上传输时受到机密性、完整性和真实性的保护,避免其他人或对手利用窃听、冒充、篡改、抵赖等手段侵犯用户的利益和隐私,进行非法访问和破坏。

从网络运行和管理者的角度来说,他们希望对本地网络信息的访问、读写等操作受到保护和控制,避免出现“陷门”、病毒、非法存取、拒绝服务、网络资源非法占用和非法控制等威胁,制止和防御网络黑客的攻击。

对安全保密部门来说,他们希望对非法的、有害的或涉及国家机密的信息进行彻底的清查和消灭。

2. 网络安全面临的主要威胁

影响网络安全的因素有很多,既有自然因素,又有人为因素,其中人为因素危害较大,归结起来,主要有以下五个方面构成对网络的威胁。

1) 黑客的攻击

目前,世界上有20多万个黑客网站,这些站点都介绍一些攻击方法和攻击软件的使用以及系统的一些漏洞,因而系统、站点遭受攻击的可能性就变大了。尤其是现在还缺乏针对网络犯罪卓有成效的反击和跟踪手段,使得黑客攻击的隐蔽性好,“杀伤力”强,是网络安全的主要威胁。

2) 管理的欠缺

在网络管理中,常常会出现安全意识淡薄、安全制度不健全、岗位职责混乱、审计不力、设备选型不当和人事管理漏洞等，这种人为造成的安全漏洞也会威胁到整个网络的安全。

3）网络的缺陷

Internet的共享性和开放性使网上信息安全存在先天不足，因为其赖以生存的TCP/IP协议族，缺乏相应的安全机制，而且Internet最初的设计考虑是该网不会因局部故障而影响信息的传输，基本没有考虑安全问题，因此它在安全可靠、服务质量、带宽和方便性等方面存在着不适应性。

4）软件的漏洞或“后门”

随着软件系统规模的不断增大，系统中的安全漏洞或“后门”也不可避免地存在，例如我们常用的操作系统，无论是Windows还是UNIX，几乎都存在或多或少的安全漏洞，众多的各类服务器、浏览器、一些桌面软件等都被发现过存在安全隐患。新发现的安全漏洞每年都要增加1倍，管理人员不断用最新的补丁修补这些漏洞，而且每年都会发现安全漏洞的新类型。

5）企业网络内部

企业内部网络用户拥有系统的一般访问权，而且更容易知道系统的安全状况，掌握系统提供服务类型、服务软件版本、安全措施、系统管理员的管理水平。因此，相对于外部用户而言，其更容易规避安保制度，利用系统安全防御措施的漏洞或管理体系的弱点，从内部发起攻击来破坏信息系统的安全，是网络系统安全的主要威胁。

3. 网络安全的内容

网络安全的内容包括系统安全和信息安全两个部分。系统安全主要是指网络设备的硬件、操作系统和应用软件的安全；信息安全主要是指各种信息的存储、传输的安全，具体体现在保密性、完整性及不可抵赖性等方面。

从内容上看，网络安全大致包括以下四个方面。

（1）网络实体安全：如计算机机房的物理条件、物理环境及设施的安全标准，计算机硬件、附属设备、网络传输线路的安装及配置等。

（2）软件安全：如保护网络系统不被非法侵入，系统软件与应用软件不被非法复制、篡改，不受病毒的侵害等。

（3）数据安全：保护数据不被非法存取，确保其完整性、一致性、机密性等。

（4）安全管理：运行时突发事件的安全处理等，包括采取计算机安全技术、建立安全管理制度、开展安全审计、进行风险分析等。

4. 网络安全的特征

一个安全的计算机网络应当包含网络的物理安全、访问控制安全、系统安全、用户安全、信息加密、安全传输和管理安全等，并应具有以下特征。

1）可用性

可用性是网络信息可被授权实体访问并按需求使用的特性。即网络信息服务在需要时，允许授权用户或实体使用的特性，或者是网络部分受损或需要降级使用时，仍然为授权用户提供有效服务的特性。可用性是网络信息系统面向用户的安全性能。可用性一般用系统正常使用时间和整个工作时间比来度量。可用性还应满足以下要求：身份识别与确认、访问控制、业务流控制、路由选择控制、审计跟踪等。

2）保密性

保密性是防止信息泄露给非授权个人或实体，信息只为收取用户使用的特性。网络的保密能力主要体现在防窃听、防辐射、信息加密、物理加密等方面。

3）完整性

完整性是网络信息未授权不能进行改变的特性。即网络信息在存储或传输过程中保持不被偶然或蓄意删除、修改、伪造、插入等破坏和丢失的特性。完整性是一种面向信息的安全性，它要求保持信息的原样，即信息的正确生成、正确存储和传输。完整性和保密性不同，保密性要求不被泄露给未授权的人，而完整性则要求信息不致受到各种原因破坏，尽管信息本身可能是被公开的。

4）不可抵赖性

不可抵赖性也称为不可否认性，在网络系统的信息交互过程中，确信参与者的真实同一性。即所有参与者都不能否认或抵赖曾经完成的操作和承诺。利用信息源证据可以防止发信方否认已发送信息，利用递交接收证据可以防止收信方事后否认已接收的信息。

5）可控性

可控性是对网络信息的传播以及内容具有控制能力的特性。可以控制授权范围内的信息流向及行为方式，控制用户的访问权限，同时结合内容审计机制，对出现的信息安全问题提供调查依据和手段。

【例 11-2】 OSI 安全体系结构中定义了五大类安全服务，其中，数据机密性服务主要针对的安全威胁是(　　)。

A. 拒绝服务　　B. 窃听攻击　　C. 服务否认　　D. 硬件故障

解：此题考查的是对网络攻击手段的理解。保密性是防止信息泄露给非授权个人或实体，信息只为收取用户使用的特性。网络的保密能力主要体现在防窃听、防辐射、信息加密、物理加密等方面。答案为 B。

11.2.2 数据加密技术

11.2.2

数据加密技术是为提高信息系统及数据的安全性和保密性，防止秘密数据被外部破译而采用的主要技术手段之一，也是网络安全的重要技术。数据加密技术(Encryption)是指将明文信息(Plaintext)采取数学方法进行函数转换成密文(Ciphertext)，只有特定接收方才能将其解密(Decryption)还原成明文的过程。

密码技术分为加密和解密两部分。加密是把需要加密的报文按照以密钥为参数的函数进行转换，产生密码文件。解密是按照密钥参数进行解密还原成原文件。利用密码技术，在信源发出与进入通信信道之间进行加密，经过信道传输，到信宿接收时进行解密，以实现网络通信保密。

数据加密模型的三要素包括信息明文、密钥和信息密文。

一般的数据加密与解密模型如图 11-5 所示。在发送端，明文 X 使用加密算法 E 和加密密钥 Ke 得到密文 Y＝Eke(X)。在接收端，利用解密算法 D 和解密密钥 Kd，解出明文 X＝DKd(Y)＝DKd(EKe(X))。在传送过程中可能会出现密文截取者，也称为入侵者。一般情况下，加密密钥和解密密钥可以是一样的，也可以是不一样的，密钥通常是由一个密钥源提供。

信息加密过程是由多种加密算法来具体实施的，以较小的代价提供较高的安全保护。如果按照收发双方密钥是否相同来分类，信息交换加密技术可分为对称加密技术、非对称加密技术和不可逆加密技术。

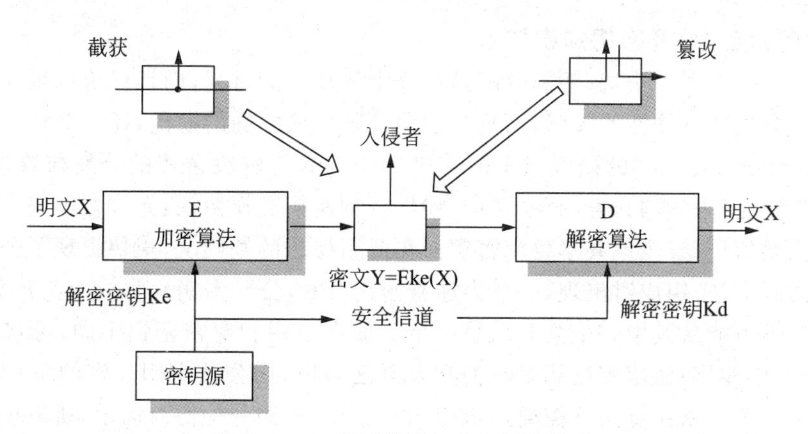

图 11-5　一般的数据加密与解密模型

1. 对称加密技术

密码学的基本目标是使两个在不安全信道中通信的人,通常称为 Alice(A)和 Bob(B),能够保密通信,也就是使窥探者无法理解通信的内容。A 向 B 发送的信息称为明文,A 使用事先商量好的密钥对明文进行加密,加密的结果称为密文。在传送密文的过程中,窥探者即使窃听到密文,也无法得到明文。而由于 B 知道密钥,因此他能对密文解密得到明文。

对称密钥加密算法在加密和解密时使用同一密钥。对称密钥加密算法包括分组加密算法和流加密算法。分组加密算法每次对固定长度的明文加密,流加密算法每次加密的单位是字节。对称密钥加密系统的模型如图 11-6 所示。A 将明文 x 通过以密钥 k 为参数的加密函数 E 变换成密文 y=E(k,x),B 得到密文 y,通过以密钥 k 为参数的解密函数 D 变换成明文 x=D(k,y)。

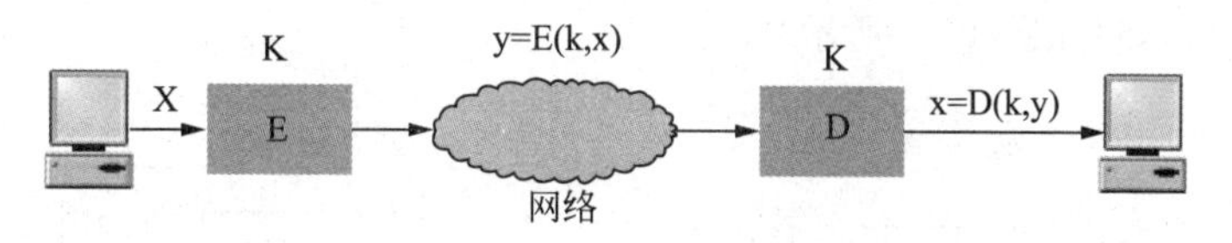

图 11-6　对称密钥加密系统的模型

对称加密算法的优点是算法公开、计算量小、加密速度快、加密效率高。不足之处是:交易双方都使用同一密钥,安全性得不到保证。此外,每对用户每次使用对称加密算法时,都需要使用其他人不知道的唯一钥匙,这会使得发收信双方所拥有的钥匙数量成几何级数增长,密钥管理成为用户的负担。对称加密算法在分布式网络系统上使用较为困难,主要是因为密钥管理困难,使用成本较高。而与公开密钥加密算法比起来,对称加密算法能够提供加密和认证,却缺乏了签名功能,导致使用范围有所缩小。

另外,对称密钥加密算法的主要参数是密钥长度和块长度。密钥的长度对应着算法抵抗密钥穷举蛮攻击的能力。20 世纪 70 年代,美国的数据加密标准(DES)算法的密钥长度是 56 位。随着计算能力提高,DES 的加密强度已经不能满足安全的需要,因此在 20 世纪 90 年代出现了一批 128 位密钥长度的算法,其中包括 IDEA、RC2、RC5、CAST5 和 BLOWFISH 等。而最新的高级数据加密标准 AES 的候选算法的密钥长度更是达到了 256 位以上。

2. 非对称加密/公开密钥加密技术

对于对称密钥加密算法,密钥的分配是一个十分复杂的过程,而且代价也很高。多人通信时密钥的数量会出现爆炸性的膨胀,而且为了保证陌生人之间的通信,还需要建立密钥分发中心。1976 年,Stanford 大学的研究员 Diffie 和 Hellman 为解决密钥的分发与管理问题,在他们奠基性的工作"密码学的新方向"一文中,提出一种密钥交换协议,允许在不安全的媒体上通过通信双方交换信息,安全地共享秘密密钥。在此新思想的基础上,很快出现了公开密钥密码体制。在该体制中,密钥成对出现,一个为加密密钥(PK,公开密钥),另一个为解密密钥(SK,秘密密钥),且不可能从其中一个推导出另一个。加密密钥和解密密钥不同,可将加密密钥公之于众,谁都可以使用;而解密密钥只有拥有人自己知道,用公共密钥加密的信息只能用专用密钥解密。由于公开密钥算法不需要联机密钥服务器,密钥分配协议简单,所以极大地简化了密钥管理。除加密功能外,公钥系统还可以提供数字签名。目前,公开密钥加密算法主要有 RSA、ElGamal 等。

公开密钥算法的特点如下。

(1) 发送者用加密密钥 Ke 对明文 X 加密后,接收者用解密密钥 Kd 解密,就可恢复出明文,即 DKd(Eke(X))=X。

解密密钥是接收者专用的秘密密钥,对其他人都保密。此外,加密和解密的算法可以对调,即 Eke(DKd(X))=X。

(2) 加密密钥是公开的,但不能用它来解密,即 DKe(Eke(X))≠X。

(3) 在计算机上可以容易地产生成对的加密密钥 Ke 和解密密钥 Kd。

(4) 从已知的加密密钥 Ke 不可能推导出解密密钥 Kd,即从加密密钥 Ke 到解密密钥 Kd 在"计算上是不可能的"。

(5) 加密和解密算法都是公开的。

公开密钥密码体制如图 11-7 所示。

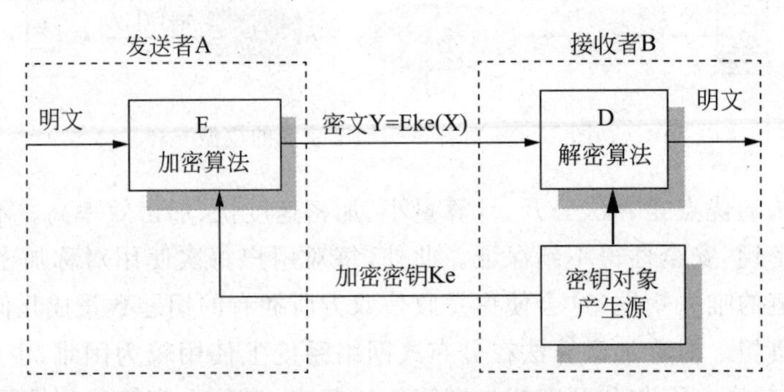

图 11-7 公开密钥密码体制

RSA 算法是第一个公钥加密体制,既能用于加密也能用于数字签名。RSA 算法的设计思想是使加密和解密使用不同的密钥,而且保证从其中任何一个密钥出发,没有有效的办法推出另一个密钥。这样每个用户就可以生成自己的一对密钥,并将一个密钥公布出去作为公开密钥 E,另一个作为私人密钥 D。

现举例说明公开密钥加密的执行过程:当用户 A 要向 B 发送信息 m 时,用 B 的公开密钥 E_b 加密 m,将密文发送给 B,B 就可以用自己的私人密钥 D_b 解密出明文。由于用 B 的公开密钥加密的信息只能用 B 的私有密钥才能解密,所以即使密文被另一用户 C 窃取,C 也无法解密出明文。

我们也完全可以用锁和钥匙实现这个过程。首先,用户 B 送给每一个发信者自己的“公开密钥”——一把锁,锁的钥匙只有 B 拥有,即为 B 的“私有密钥”。在当用户 A 要向 B 发送信件时,A 用 B 的锁将信件锁进一个信箱里,将这个信箱发送给 B,B 就可以用自己的钥匙打开信箱得到信件。对于窥探者 C 来说,即使拥有锁头,也无法打开锁,因此即使截获信箱也无法得到信件。同样,发信人 A 也无法打开自己锁上的信箱。

这个过程的逆过程可用来签名,如果 A 要发一封公开信,他需要在信上签名以证明信是他本人发出的。首先 A 拥有一些锁,称为签名锁,发给所有其他人开锁的钥匙,但只有 A 拥有锁。A 将公开信用锁在锁在信箱里,发给每个人。由于只有 A 拥有锁,因此若钥匙能打开锁,则锁必然是 A 的签名锁,里边的信必然是 A 放入的。当然锁必须只能用一次,否则锁就不只是 A 拥有了。其他人由于没有 A 的签名锁,因此无法伪造签名信。

RSA 的安全性依赖于大数分解,但是否等同于大数分解一直未能得到理论上的证明,因为没有证明破解 RSA 就一定需要做大数分解。目前,RSA 的一些变种算法已被证明等价于大数分解。不管怎样,分解 n 是最显然的攻击方法。现在,人们已能分解 140 多个十进制位的大素数。因此,模数 n 必须选大一些,因具体适用情况而定。

(1) 密钥分配简单。由于加密密钥与解密密钥不同,且不能由加密密钥推导出解密密钥,因此,加密密钥可以公开发布,而解密密钥则由用户自己掌握。

(2) 密钥管理方便。网络中的每一个成员只需保存自己的解密密钥,n 个成员只需产生 n 对密钥,与其他的密码体制比,其密钥的保存量小。

(3) 既可保密又可完成数字签名和数字鉴别。发信人使用只有自己知道的密钥进行签名,收信人利用公开密钥进行检查,既方便又安全。

【例 11-3】 下列加密算法中,属于双钥加密算法的是(　　)。

A. DES　　B. IDEA　　C. Blowfish　　D. RSA

解:RSA 算法是第一个公钥加密体制,既能用于加密也能用于数字签名。答案为 D。

3. 不可逆加密技术

近年来,随着计算机系统性能的不断改善,不可逆加密的应用逐渐增加。不可逆加密算法的特征是加密过程不需要密钥,并且经过加密的数据无法被解密,只有同样的输入数据经过同样的不可逆加密算法才能得到相同的加密数据。不可逆加密算法不存在密钥保管和分发问题,适合在分布式网络系统上使用,但是其加密计算工作量相当可观,所以通常用于数据量有限的情形下的加密,如计算机系统中的口令就是利用不可逆算法加密的。

MD(Message Digest)称为消息摘要,用于报文鉴别。所谓报文鉴别,是指防止报文被篡改或伪造的过程。MD5 是 Ron Rivest 在 1992 年公布的第 5 版本的 MD。MD5 可以将任意长的报文作为单向不可逆 Hash 函数的输入,结果得到 128 位的消息摘要。MD5 算法就属于不可逆加密算法。

密码技术是网络安全最有效的技术之一。一个加密网络,不但可以防止非授权用户的搭线窃听和入网,而且也是对付恶意软件的有效方法之一。

4. 数字签名技术

在网上正式传输的书信或文件常常要根据亲笔签名或印章来证明真实性,数字签名就是用来解决这类问题的。数字签名有两种,一种是对整体信息的签名,它是指经过密码变换的被签名信息整体;另一种是对压缩信息的签名,它是附加在被签名信息之后或某一特定位置上的一段签名图样。

一个签名体制一般包含两个组成部分:签名算法和验证算法。签名算法或签名密钥是秘密的,只有签名人掌握;验证算法是公开的,以便他人进行验证。

数字签名必须保证以下三点。

(1) 接收者能够核实发送者对报文的签名。

(2) 发送者事后不能抵赖对报文的签名。

(3) 接收者不能伪造对报文的签名。

现在通常都采用公开密钥算法来实现数字签名。发送者 A 用其私有且保密的解密密钥对得出 EKeA(DKdA(X))=X。因为除 A 外没有别人能具有 A 的解密密钥 KdA,所以除 A 外没有别人能产生密文 DKdA(X)。这样,报文 X 就被签名了,如图 11-8 所示。

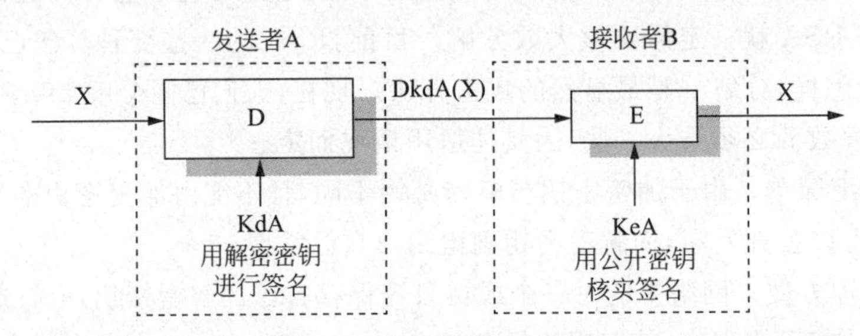

图 11-8 数字签名的实现

如果 A 要抵赖曾发送报文给 B,B 可以将报文 X 及 DKdA(X)出示给第三者,第三者很容易用 KeA 去证实 A 确实发送消息 X 给 B;反之,若 B 将 X 伪造成 X′,则 B 不能在第三者前出示 DKdA(X′),这样就证明 B 伪造了报文。可见,实现数字签名的同时也实现了对报文来源的鉴别。

上述过程仅实现了对报文的数字签名,对报文 X 本身却未保密,因为截获到密文 DKdA(X)并知道发送者身份的任何人,通过查阅手册即可获得发送者的公开加密密钥,因而能理解电文内容。若采用图 11-9 所示的方法,可同时实现秘密通信和数字签名。

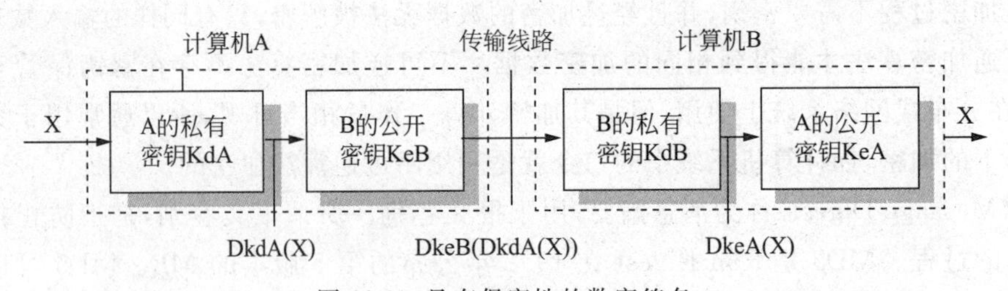

图 11-9 具有保密性的数字签名

发送者 A 用其私有且保密的解密密钥对报文 X 进行运算,得到签名了的报文 DKdA(X),再用 B 的公开加密密钥 KeB 对其进行加密,得到加密了的密文 EKeB(DKdA(X))传送给接收者 B。B 接收到密文后,用自己的私有解密密钥 KdB 对其进行解密,得到经 A 签名的报文 DKdA(X),B 再用已知的 A 的公开加密密钥 KeA 得出明文 EKeA(DKdA(X))=X。这样,即使截获了密文 EKeB(DKdA(X)),由于 B 的解密密钥保密,因此不能对密文进行运算,也就不能获知发送者。使用这种方法不仅可以对报文 X 签名,而且可以同时实现通信的保密。

11.2.3　防火墙技术

11.2.3

1. 防火墙的概念

防火墙的本义是指古代构筑和使用木质结构房屋时,为防止火灾的发生和蔓延,人们将坚固的石块堆砌在房屋周围作为屏障,这种防护构筑物就被称为"防火墙"。我们通常所说的网络防火墙是借鉴了古代真正用于防火的防火墙喻义,它是指设置在被保护网络和外部网络之间的一道屏障,以防止发生不可预测的、潜在破坏性的侵入。

防火墙是指设置在不同网络(如可信任的企业内部网和不可信的公共网)或网络安全域之间的一系列部件的组合。它是不同网络或网络安全域之间信息的唯一出入口,能根据企业的安全策略控制(允许、拒绝、监测)出入网络的信息流,且本身具有较强的抗攻击能力。它是提供信息安全服务、实现网络和信息安全的基础设施,如图 11-10 所示。

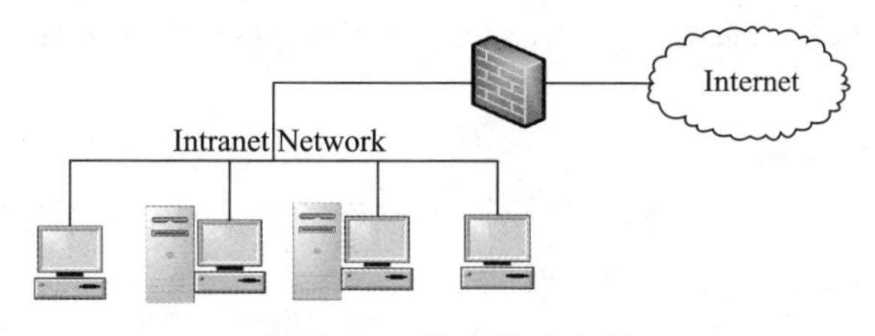

图 11-10　防火墙示意图

2. 防火墙的功能

防火墙是网络安全的第一道防线。防火墙能极大地提高一个内部网络的安全性,并通过过滤不安全的服务而降低风险。由于只有经过精心选择的应用协议才能通过防火墙,因此网络环境变得更安全。例如,防火墙可以禁止诸如众所周知的不安全的网络文件系统(Network File System,NFS)协议进出受保护网络,这样,外部的攻击者就不可能利用这些脆弱的协议来攻击内部网络。防火墙同时可以保护网络免受基于路由的攻击,如 IP 选项中的源路由攻击和网际控制报文协议(Internet Control Message Protocol,ICMP)重定向中的重定向路径。防火墙应该可以拒绝所有以上类型攻击的报文,并通知防火墙管理员。

防火墙可以强化网络安全策略。通过以防火墙为中心的安全方案配置,能将所有安全软件(如口令、加密、身份认证、审计等)配置在防火墙上。与将网络安全问题分散到各个主机上相比,防火墙的集中式安全管理更经济。例如在网络访问时,一次一密口令系统和其他的身份认证系统完全可以不必分散在各个主机上,而集中在防火墙一身上。

防火墙可以对网络存取和访问进行监控审计。如果所有的访问都经过防火墙,那么防火墙就能记录下这些访问并记录在日志中,同时也能提供网络使用情况的统计数据。当发生可疑动作时,防火墙还能进行适当的报警,并提供网络是否受到监听和攻击的详细信息。

防火墙可以防止内部信息的外泄。防火墙在内部网络周围创建了一个保护的边界,并且对于公网隐藏了内部系统的信息。当远程结点侦测内部网络时,它们仅仅能看到防火墙,内部细节如 Finger、DNS 等服务被很好地隐蔽起来。Finger 显示了主机的所有用户的注册名、真名,最后登录时间和使用 shell 类型等。Finger 所显示的信息非常容易被攻击者所获悉并利用。防火墙同样可阻塞有关内部网络中的DNS信息,这样一台主机的域名和IP地址就不会被外界所了解。另外,通过利用防火墙对内部网络的划分,可实现对内部网的重点网段的隔离,从而限制了局部重点或敏感网络安全问题对全局网络造成的影响。

除了安全作用,防火墙还支持具有Internet服务特性的虚拟专用网(VPN)。通过VPN,将企事业单位在地域上分布在全世界各地的LAN或专用子网有机地联成一个整体,不仅省去了专用通信线路,而且为信息共享提供了技术保障。

上面叙述了防火墙的优点,但它还是有缺点的,主要表现在以下几个方面。

1) 不能防范恶意的知情者

防火墙可以禁止系统用户经过网络连接发送专有的信息,但用户可以将数据复制到磁盘、磁带上,放在公文包中带出去。如果入侵者已经在防火墙内部,防火墙是无能为力的。内部用户偷窃数据,破坏硬件和软件,并且巧妙地修改程序而不接近防火墙。对于来自知情者的威胁只能要求加强内部管理,如主机安全和用户教育等。

2) 不能防范不通过它的连接

防火墙能够有效地防止通过它进行传输信息,然而不能防止不通过它而传输的信息。例如,如果站点允许对防火墙后面的内部系统进行拨号访问,那么防火墙绝对没有办法阻止入侵者进行拨号入侵。

3) 不能防备全部的威胁

防火墙被用来防备已知的威胁,如果是一个很好的防火墙设计方案,可以防备新的威胁,但没有一个防火墙能自动防御所有的新威胁。

4) 防火墙不能防范病毒

防火墙不能消除网络上PC机的病毒。

【例11-4】 下列关于防火墙的说法中,正确的是(　　)。

A. 防火墙可以解决来自内部网络的攻击

B. 防火墙可以防止受病毒感染的文件的传输

C. 防火墙会削弱计算机网络系统的性能

D. 防火墙可以防止错误配置引起的安全威胁

解:此题考查的是防火墙的特点,根据防火墙的缺点来看,答案为C。

3. 防火墙的分类

防火墙有许多种形式,有以软件形式运行在普通计算机上的,也有以固件形式设置在路由器之中的。按照不同的角度可以进行不同的分类,下面主要介绍按防火墙协议分析方式的分类。

1) 包过滤防火墙

包过滤防火墙工作在OSI参考模型的网络层和传输层,它根据数据包头源地址、目的地址、端口号和协议类型等标志确定是否允许通过。只有满足过滤条件的数据包才被转发到相应的目的地,其余数据包则被从数据流中丢弃。

【例11-5】 假设你是网络管理员,如果想禁止从Internet Telnet到你的内部网络设备中,你需要如何做?

解:如果想禁止从Internet Telnet到你的内部网络设备中,需要建立一条包过滤规则。如果在包过滤防火墙的默认是允许所有都可访问,则一条禁止Telnet的包过滤规则如表11-1所示。

表 11-1　包过滤规则(1)

规则号	功能	源 IP 地址	目的 IP 地址	源端口	目的端口	协议
1	Discard	*	*	23	*	TCP
2	Discard	*	*	*	23	TCP

包过滤对于拒绝一些 TCP 或 UDP 应用程序的 IP 地址进入或离开是很有效的。表 11-1 列出的信息告诉路由器丢弃所有从 TCP 23 端口出去和进来的数据包。星号说明是该字段里的任何值。在例 11-5 中,如果一个数据包通过这条规则时,若源端口为 23,那么它将立刻被丢弃。如果一个数据包通过这条规则时,若目的端口为 23,则当规则中的第 2 条应用时它会被丢弃,所有其他的数据包都允许通过。

其他一些 Internet 服务在一条规则里需要更多的项目。例如,FTP 使用 TCP 的 20 和 21 端口。假设包过滤防火墙禁止所有的数据包直到遇到特殊的允许时才放行,则该规则如表 11-2 所示。

表 11-2　包过滤规则(2)

规则号	功能	源 IP 地址	目的 IP 地址	源端口	目的端口	协议
1	Allow	192.168.10.0	*	*	*	TCP
2	Allow	*	192.168.10.0	20	*	TCP

表 11-2 中,规则的第 1 条允许内部网络地址为 192.168.10.0 的网段内源端口和目的端口为任意的主机初始化一个 TCP 的会话。第 2 条允许任意源端口为 20 的远程 IP 地址可以连接内部网络地址为 192.168.10.0 的任意端口上。

包过滤的优点是不用改动客户机和主机上的应用程序,因为它工作在网络层和传输层,与应用层无关。但其缺点也是明显的:它用来进行过滤和判别的信息只有网络层和传输层的有限信息,因而各种安全要求不可能充分满足;在许多过滤器中,过滤规则的数目是有限制的,且随着规则数目的增加,性能会受到很大的影响;由于缺少上下文关联信息,不能有效地过滤如 UDP、RPC 一类的协议;另外,大多数过滤器中缺少审计和报警机制,且管理方式和用户界面较差;对安全管理人员素质要求高,建立安全规则时,必须对协议本身及其在不同应用程序中的作用有较深入的理解。因此,过滤器通常是和应用网关配合使用,共同组成防火墙系统。

2) 状态检测防火墙

这类防火墙检查的包内容不局限于 IP 包头,而是深入更高层协议。状态包检测防火墙具有 TCP 连接跟踪能力,记录每个连接的状态。并且采用动态设置包过滤规则的方法,避免了静态包过滤所具有的问题。这种技术后来发展成为包状态监测(Stateful Inspection)技术。状态多层检测允许检查 OSI 七层模型的所有层以决定是否过滤,而不仅仅是网络层。目前,很多公司在它们的包过滤防火墙中都使用状态多层检测,也称为基于内容的过滤。

3) 代理

应用代理型防火墙工作在 OSI 的最高层,即应用层。其特点是完全"阻隔"了网络通信流,通过对每种应用服务编制专门的代理程序,实现监视和控制应用层通信流的作用。代理技术与包过滤技术完全不同,包过滤技术是在网络层拦截所有的信息流,代理技术针对每一个特定服务都有一个程序。代理是在应用层实现防火墙的功能,代理的主要特点是有状态性。通过代理,网络管理员可以实现比包过滤路由器更严格的安全策略。代理把网络 IP 地址替换成其他的暂时的地址。这种方法有效地隐藏了真正的网络 IP 地址,保护了整个网络。

4. 防火墙的结构

目前比较流行的防火墙分别是双主机防火墙、主机屏蔽防火墙和子网屏蔽防火墙。主机屏蔽防火墙和子网屏蔽防火墙是把路由器和代理服务器结合使用;而双主机防火墙是使用两块独立的网卡。

1) 双主机防火墙

双主机防火墙是一种简单而且安全的配置。在双主机防火墙中把一台主机作为本地网和 Internet 之间的分界线。这台计算机使用两块独立的网卡把每个网络连接起来。当使用双主机防火墙时,系统管理员必须使主机的路由功能失效,这样,该计算机不能通过软件把两个网络连接起来。

双主机防火墙是运行一组应用层代理软件或链路层代理软件来工作的。代理(Proxy)软件控制数据包从一个网络流向另一个网络。由于主机具有双网卡,这时防火墙可以检测到两个网络上的数据包。防火墙运行代理软件来控制两个网络上的信息传输,包括两个本地网之间或者一个本地网和 Internet 之间。

在双主机防火墙中,如果用户能够使标准开放的内部路由有效,则防火墙将变得无用。例如,如果通过设置主机的内部路由使 IP 向前,则数据包非常容易避开双主机防火墙应用层的作用。

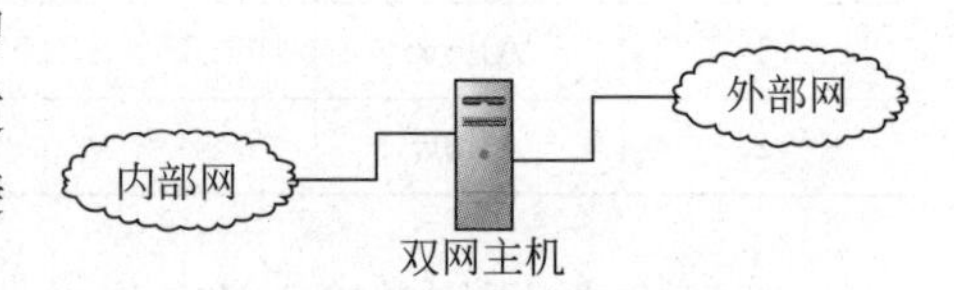

图 11-11 双主机防火墙

图 11-11 所示为双主机防火墙的配置情况。

2)主机屏蔽防火墙

当系统管理员建立主机屏蔽防火墙时,应把屏蔽路由器加到网络上并使主机远离 Internet,即主机不直接与 Internet 相连,这种配置方法将提供一种非常有效并且容易维护的防火墙。图 11-12 所示为主机屏蔽防火墙的配置情况。

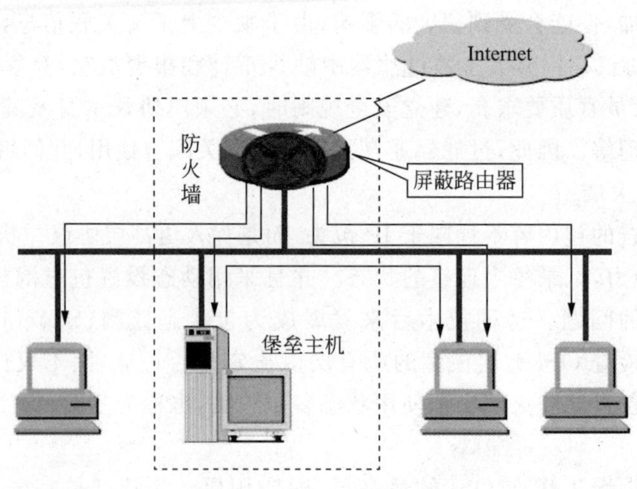

图 11-12 主机屏蔽防火墙

在主机屏蔽防火墙中,屏蔽路由器把 Internet 网和本地网连接起来,并同时过滤那些它允许通过的数据包类型，配置屏蔽路由器，以便它能识别本地网络中的唯一主机。如果需要把本地网络中的用户连接到 Internet 上，则必须要通过这台主机。这样，内部用户可以通过主机屏蔽防火墙访问 Internet，同时主机可以限制外部用户来访问本地网络。

3）子网屏蔽防火墙

子网屏蔽防火墙把本地网络和 Internet 隔离开来。子网屏蔽防火墙是把两台独立的屏蔽路由器和一台代理服务器连接起来。设计子网屏蔽防火墙时，系统管理员把代理服务器放到自己的网络中，并与屏蔽路由器共享网络。一台屏蔽路由器控制从本地到网络的传输，另一台屏蔽路由器监测并控制进入 Internet 和从 Internet 出来的传输。图 11-13 所示为子网屏蔽防火墙的配置情况。

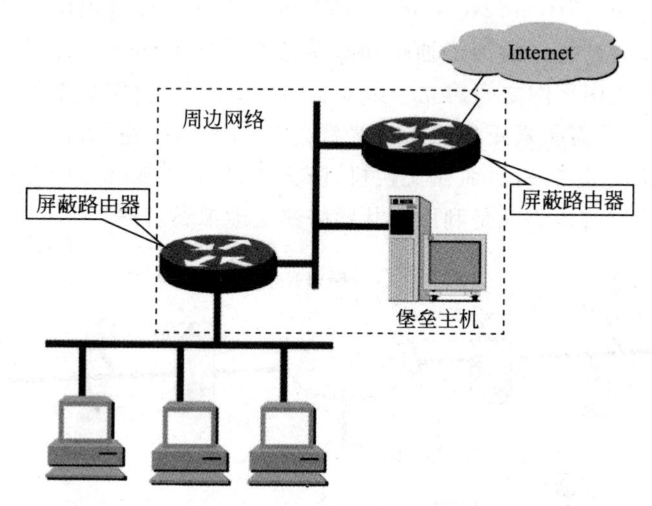

图 11-13　子网屏蔽防火墙

子网屏蔽防火墙能够有效地抵制进攻，由于防火墙在一个单独的网络中把主机独立了，它可以限制网络进攻，并把对内部网络的危害可能性最小化。

【例 11-6】 某局域网如图 11-14 所示，其中：1 号设备是路由器，4 号设备是交换机，5 号、6 号设备是 DMZ 区服务器，7 号、8 号和 9 号设备是个人计算机。

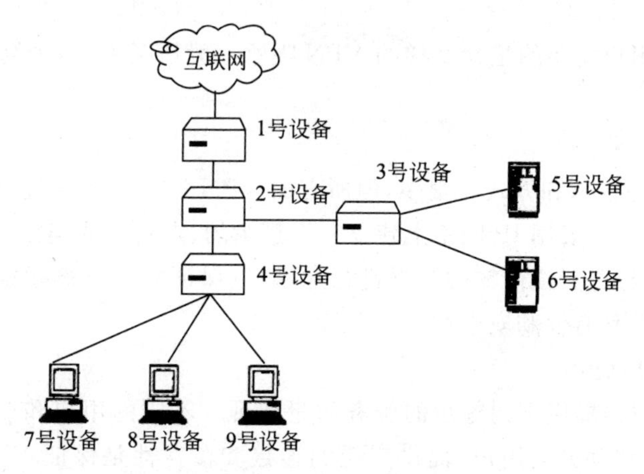

图 11-14　局域网结构

请回答下列问题。

(1) 2号和3号设备中,哪个设备是防火墙?哪个设备是交换机?

(2) 3套个人防火墙软件最适合安装在哪3个设备上?(只能选3个设备)

(3) 5套防病毒软件应该安装在哪5个设备上?(只能选5个设备)

解:(1) 2号设备是防火墙;3号设备是交换机。

(2) 3套个人防火墙最适合安装在7号、8号、9号设备上。

(3) 5套防病毒软件应该分别装在5号、6号、7号、8号、9号设备上。

11.2.4 虚拟专用网(VPN)

11.2.4

虚拟专用网(Virtual Private Network,VPN)可以理解成是虚拟出来的企业内部专网。它可以通过特殊的加密通信协议为连接在Internet上位于不同地方的两个或多个企业内部网之间建立一条专有的通信线路,就像是架设了一条专线一样,但是它并不需要真正地去敷设光缆之类的物理线路,如图11-15所示。VPN技术原是路由器的重要技术之一,目前在交换机、防火墙设备或Windows Server等软件里也都支持VPN功能。VPN的核心就是利用公共网络建立虚拟私有网。

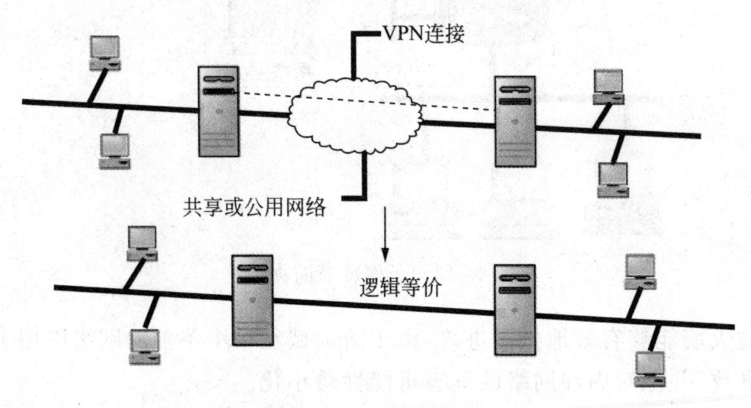

图11-15 VPN结构

1. VPN的特点

在实际应用中,用户需要的是什么样的VPN呢?一般情况下,一个高效、成功的VPN应具备以下几个特点。

1) 安全保障

虽然实现VPN的技术和方式有很多,但所有的VPN均应保证通过公用网络平台传输数据的专用性和安全性。在公用IP网络上建立一个逻辑的、点对点的连接,称为建立一个隧道,可以利用加密技术对经过隧道传输的数据进行加密,以保证数据仅被指定的发送者和接收者了解,从而确保数据的私有性和安全性。

2) 服务质量保证(QoS)

VPN应为企业数据提供不同等级的服务质量保证。不同的用户和业务对服务质量保证的要求差别较大。如移动办公用户,提供广泛的连接和覆盖性是保证VPN服务的一个主要因素;而对于拥有众多分支机构的专线VPN网络,交互式的内部企业网应用则要求网络能提供良好的稳定性:对于其他应用(如视频等),则对网络提出了更明确的要求,如网络时延及误码率等，所有以上网络应用均要求网络根据需要提供不同等级的服务质量。在网络优化方面，构建 VPN 的另一重要需求是充分有效地利用有限的广域网资源，为重要数据提供可靠的带宽。广域网流量的不确定性使其带宽的利用率很低，在流量高峰时引起网络阻塞，产生网络瓶颈，使实时性要求高的数据得不到及时发送；而在流量低谷时又造成大量的网络带宽空闲。QoS 通过流量预测与流量控制策略，可以按照优先级分配带宽资源，实现带宽管理，使得各类数据能够被合理地先后发送，预防阻塞的发生。

3）可扩充性和灵活性

VPN 必须能够支持通过 Intranet 和 Extranet 的任何类型的数据流，方便增加新的结点，支持多种类型的传输媒介，可以满足同时传输语音、图像和数据等对高质量传输以及带宽增加的需求。

4）可管理性

无论是用户还是运营商，都应方便地对网络进行管理、维护。在 VPN 管理方面，VPN 要求企业将其网络管理功能从局域网无缝地延伸到公用网，甚至是客户和合作伙伴。虽然可以将一些次要的网络管理任务交给服务提供商去完成，企业自己仍需要完成许多网络管理任务。所以，一个完善的 VPN 管理系统是必不可少的。VPN 管理主要包括安全管理、设备管理、配置管理、访问控制列表管理、QoS 管理等内容。

2. VPN 安全技术

由于传输的是私有信息，VPN 用户对数据的安全性都比较关心。目前 VPN 主要采用四项技术来保证安全，分别是隧道技术（Tunneling）、加密解密技术（Encryption&Decryption）、密钥管理技术（Key Management）、使用者与设备身份认证技术（Authentication）。

1）隧道技术

隧道技术是 VPN 的基本技术，类似于点对点连接技术，它在公用网建立一条数据通道（隧道），让数据包通过这条隧道传输。隧道是由隧道协议形成的，分为第二、三层隧道协议。第二层隧道协议是先把各种网络协议封装到 PPP 中，再把整个数据包装入隧道协议中。这种双层封装方法形成的数据包依靠第二层协议进行传输。第二层隧道协议有 L2F、PPTP、L2TP 等。L2TP 协议是目前 IETF 的标准，由 IETF 融合 PPTP 与 L2F 而形成。

第三层隧道协议是把各种网络协议直接装入隧道协议中，形成的数据包依靠第三层协议进行传输。第三层隧道协议有 VTP、IPSec 等几种。IPSec（IP Security）由一组 RFC 文档组成，定义了安全协议选择、安全算法，确定服务所使用密钥等服务，从而在 IP 层提供安全保障。

2）加密解密技术

加密解密技术是数据通信中一项较成熟的技术，VPN 可直接利用现有技术。

3）密钥管理技术

密钥管理技术的主要任务是如何在公用数据网上安全地传递密钥而不被窃取。现行密钥管理技术又分为 SKIP 与 ISAKMP/OAKLEY 两种。SKIP 主要是利用 Diffie-Hellman 的演算法则，在网络上传输密钥；在 ISAKMP 中，双方都有两把密钥，分别用于公用和私用。

4）使用者与设备身份认证技术

使用者与设备身份认证技术最常用的是使用者名称与密码或卡片式认证等方式。

3. VPN 技术的实际应用

在实际应用中,VPN 技术针对不同的用户有不同的解决方案,用户可以根据自己的情况进行选择。这些解决方案主要分为三种:远程访问虚拟网(Access VPN)、企业内部虚拟网(Intranet VPN)和企业扩展虚拟网(Extranet VPN)。这三种类型的 VPN 分别与传统的远程访问网络、企业内部的 Intranet 以及企业网和相关合作伙伴的企业网所构成的 Extranet 相对应。

1) Access VPN

对于移动用户或有远程办公需要的企业,或者要提供 B2C 安全访问服务的商家,都可以考虑使用 Access VPN。

Access VPN 通过一个与专用网络相同策略的共享基础设施,提供了对企业内部网或外部网的远程访问服务。Access VPN 能使用户随时随地以其所需的方式访问企业资源。Access VPN 包括模拟、拨号、ISDN、数字用户线路(xDSL)、移动 IP 和电缆技术,能够安全地连接移动用户、远程工作者或分支机构。Access VPN 结构如图 11-16 所示。

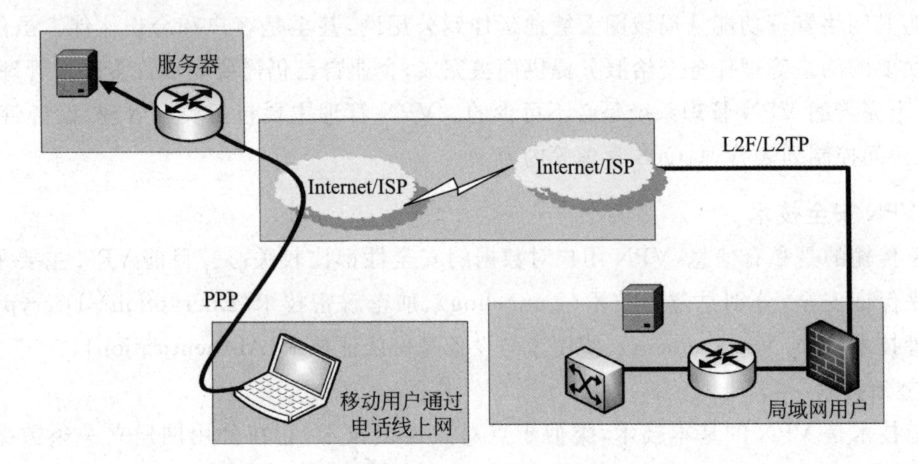

图 11-16 Access VPN 结构

Access VPN 最适用于公司内部经常有流动人员远程办公的情况。出差员工利用当地 ISP 提供的 VPN 服务,就可以和公司的 VPN 网关建立私有的隧道连接。远程验证拨号用户服务(Remote Authentication Dial In User Service,RADIUS)可对员工进行验证和授权,保证连接的安全,同时负担的电话费用大大降低。

Access VPN 的优势在于:减少用于相关的调制解调器和终端服务设备上的资金及费用,简化网络;实现本地拨号接入的功能来取代远距离接入,这样能显著降低远距离通信的费用;高扩展性,添加新用户十分简便;可提供安全的、基于标准和策略的远端验证拨入用户服务(RADIUS)功能;可减轻原用于管理运作拨号网络的工作量。

2)Intranet VPN

使用 Intranet VPN 方式方便企业内部各分支机构的互联。对于在全国乃至世界范围内需要建立各种办事机构、分公司、研究所等分支机构的企业,早期各个分支机构之间的网络连接方式一般是租用专线。显然,当分支机构增多、业务开展越来越广泛时,网络结构趋于复杂,费用昂贵。而利用 VPN 特性可以在 Internet 上组建世界范围内的 Intranet VPN,企业内部资源享用者只需连入本地 ISP 的接入服务提供点(Point Of Presence,POP)即可相互通信,实现传统 WAN 组建技术中彼此之间要有专线相连才可以达到的目的。利用 Internet 的线路保证网络的互联性，并利用隧道、加密等 VPN 特性可以保证信息在整个 Intranet VPN 上安全传输。Intranet VPN 通过一个使用专用连接的共享基础设施，连接企业总部和远程分支机构。企业拥有与专用网络的相同政策，包括安全、服务质量(QoS)、可管理性和可靠性。Intranet VPN 结构如图 11-17 所示。

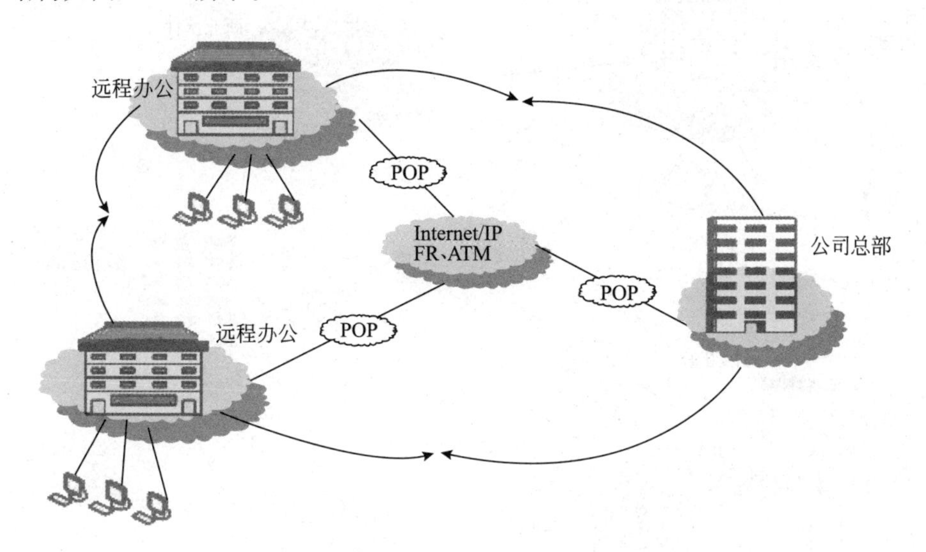

图 11-17 Intranet VPN 结构

Intranet VPN 有以下优点：减少 WAN 带宽的费用；能使用灵活的拓扑结构，包括全网络连接；新的站点能更快、更容易地被连接；通过设备供应商 WAN 的连接冗余，可以延长网络的可用时间。

3) Extranet VPN

Extranet VPN 主要应用于企业之间的互联，提供 B2B 之间的安全访问服务。随着信息时代的到来，各个企业越来越重视各种信息的处理和交流。希望可以提供给客户最快捷方便的信息服务，通过各种方式了解客户的需要，同时各个企业之间的合作关系也越来越多，信息交换日益频繁。Internet 为这样的一种发展趋势提供了良好的基础，而如何利用 Internet 进行有效的信息管理，是企业发展中不可避免的一个关键问题。利用 VPN 技术可以组建安全的 Extranet，既可以向客户、合作伙伴提供有效的信息服务，又可以保证自身的内部网络的安全。

Extranet VPN 通过一个使用专用连接的共享基础设施，将客户、供应商、合作伙伴或兴趣群体连接到企业内部网。企业拥有与专用网络相同的政策，包括安全、服务质量(QoS)等。Extranet VPN 结构如图 11-18 所示。

Extranet VPN 的主要优点表现在：能简便地对外部网进行部署和管理，外部网的连接可以使用与部署内部网和远端访问 VPN 相同的架构和协议进行部署。主要的不同是接入许可，外部网的用户被许可只有一次机会连接到其合作人的网络。

综上所述，由于 VPN 提供了安全、可靠的 Internet 访问通道，为企业提供专用线路类型的服务，企业甚至可以不必建立自己的广域网维护系统，而将这一繁重的任务交由专业的 ISP 来完成就能方便快捷地架构起企业私的有网络。可以看到，VPN 在网络安全、简化网络设计、互联互通、降低成本、易扩展性和完全控制主动权等方面都有其优势。另外，由于 VPN 还可以支持各种高级的应用，如 IP 语音、IP 传真，以及支持多种协议，如 RSIP、IPv6、MPLS、

SNMPv3 等,使其对新应用有非常好的支持能力。正是由于 VPN 能给用户带来诸多的好处,VPN 才能在全球迅速发展,该项服务已经成为一项相当普遍的业务。

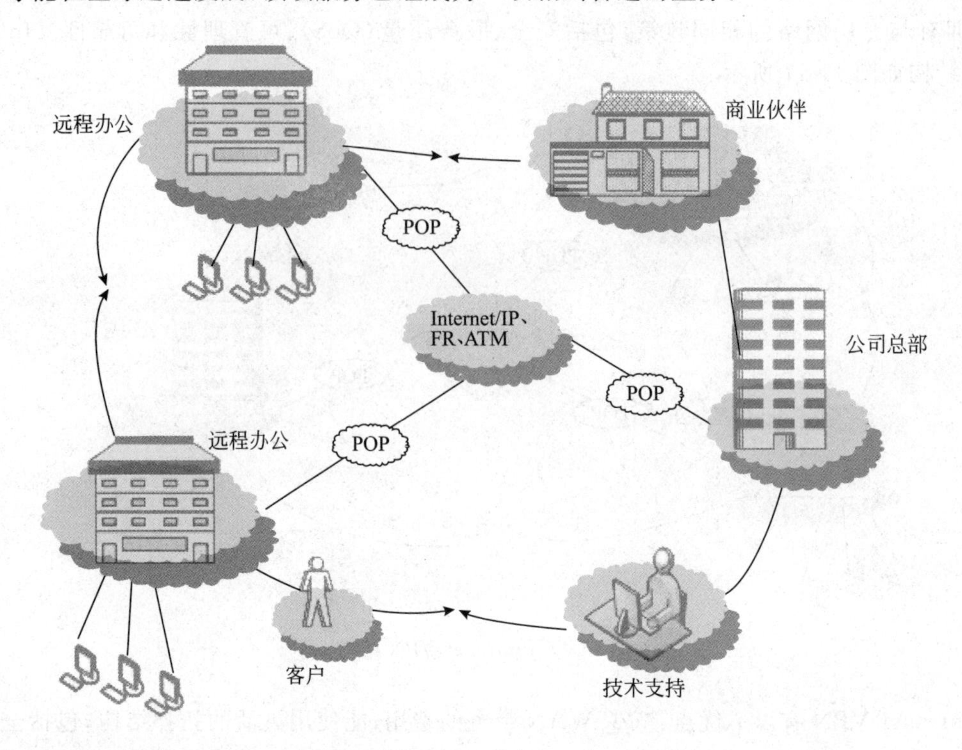

图 11-18 Extranet VPN 结构

11.2.5 网络防病毒技术

11.2.5

1. 计算机病毒的概念

计算机病毒是指进入计算机数据处理系统中的一段程序或一组指令,它们能在计算机内反复地自我繁殖和扩散,危及计算机系统或网络的正常工作,造成种种不良后果,最终使计算机系统或网络发生故障甚至瘫痪。这种现象与自然界病毒在生物体内部繁殖、相互传染,最终引起生物体致病的过程极为相似,所以人们形象地称为"计算机病毒"。

2. 计算机病毒的危害

计算机病毒对网络的危害主要体现在以下几个方面。

(1) 计算机病毒通过"自我复制"传染其他程序,并与正常程序争夺网络系统资源。

(2) 计算机病毒可破坏存储器中的大量数据,致使网络用户的信息蒙受损失。

(3) 在网络环境下,病毒不仅侵害所使用的计算机系统,而且可以通过网络迅速传染网络上的其他计算机系统。

网络病毒感染一般是从用户工作站开始,而网络服务器是病毒主要的攻击目标,也是网络病毒潜藏的重要场所。网络服务器在网络病毒传播中起着两个作用:一是它可能被感染,造成服务器瘫痪;二是它可以成为病毒传播的代理人,在工作站之间迅速传播与蔓延病毒。

网络病毒的传染和发作过程与单机基本相同,它将本身复制并覆盖在宿主程序上。当宿主程序执行时，病毒也被启动，然后继续传染给其他程序。如果病毒不发作，宿主程序还能照常运行；如果病毒发作，它将破坏程序与数据。

3. 网络防病毒措施

引起网络病毒感染的主要原因在于网络用户没有遵守网络使用制度，擅自下载未经检查的网络内容。网络病毒问题的解决，只能从采用先进的防病毒技术与制定严格的用户使用网络的管理制度两方面入手。网络防病毒措施重点在于预防病毒、避免病毒的侵袭。

1）采用防病毒软件

网络防病毒可以从两方面入手：一是工作站，二是服务器。防病毒软件是预防病毒传染的一种措施。目前用于网络的防病毒软件有很多，其中多数是运行在文件服务器上的，可以同时检查服务器和工作站病毒，由于实际局域网中可能有多个服务器，网络防病毒软件为了方便多服务器的网络管理工作，可以将多个服务器组织在一个“域”中，网络管理员只需要在域中主服务器上设置扫描方式与扫描选项，就可以检查域中多个服务器或工作站是否带有病毒。

网络防病毒软件的基本功能是：对文件服务器和工作站进行查毒扫描、检查、隔离、报警，当发现病毒时，由网络管理员负责清除病毒。

防病毒软件并不是万能的，网络病毒的防治，很大程度上还取决于网络管理员的经验、水平和对所管理网络的了解程度。

2）合理地分配用户访问权限

病毒的作用范围在一定程度上与用户对网络的使用权限有关。用户的权限越大，病毒的破坏范围和破坏性也越大。

网络管理员及超级用户在网络上的权限最大，因此在上网前必须认真检查本工作站内存及磁盘，在确认无病毒后再登录入网。为防止非法用户冒充网络管理员和超级用户身份，应限制此类用户的入网工作站地址，增加口令长度，只有在必要时才授予某个用户有超级用户存取控制的权力。另外，除用户个人单独使用的目录和文件外，尽量不要分配修改等权限，只读文件可以避免病毒的侵入。

3）合理组织网络文件，做好网络备份工作

网络上的文件可以分为三类：网络系统文件、用户使用的系统文件或应用程序、用户的数据文件。若有条件，将这三类不同的文件分别放在不同的卷上、不同的目录中。

网络备份是减少病毒危害的有效方法，也是网络管理的一项重要内容。没有绝对安全的系统，如果系统遭到破坏，就需要使用备份文件恢复系统，尽量减少损失。备份网络文件就是将网络中所需要的文件复制到光盘、磁带或磁盘等存储介质上，并将它们保存在远离服务器的安全地方。

日常网络备份工作包括四个部分：选择备份设备、选择备份程序、建立备份制度、确定备份工作执行者。使用何种备份设备是根据网络文件系统的规模、文件的重要性来决定的。常用的备份存储介质包括光盘、移动硬盘、磁带等。备份程序可以使用网络操作系统提供的功能，也可以使用专用的备份工具。备份制度规定多长时间做一次网络备份以及每次备份哪些文件，例如可以选择每月备份一次网络用户口令与属性信息等文件；每周备份一次所有的网络文件；每天做一次仅从上次备份以来修改过的文件备份。

4. 病毒的清除

一旦发现网络上有病毒，要立即进行清除。可按照以下步骤进行。

(1) 发现病毒后,立即通知系统管理员,通知所有用户退网,关闭网络服务器。

(2) 用干净的、无病毒的系统盘启动系统管理员的工作站,并清除该机上的病毒。

(3) 用干净的、无病毒的系统盘启动网络服务器,并禁止其他用户登录。

(4) 清除网络服务器上所有的病毒,恢复或删除被感染文件。

(5) 重新安装那些不能恢复的系统文件。

(6) 扫描并清除备份文件和所有可能染上病毒的存储介质上的文件。

(7) 确认病毒已彻底清除并进行备份后,才可以恢复网络的正常工作。

11.3 小型案例实训

案例:Windows Defender 防火墙的应用

1. 实验目的

(1) 理解防火墙的工作原理和作用。

(2) 掌握使用 Windows Defender 防火墙的方法。

2. 实验设备和环境

(1) PC 机:1 台。

(2) 软件:firewall.cpl。

(3) 操作系统:Windows 10。

3. 实验步骤

1) 打开/关闭 Windows Defender 防火墙

(1) 按 Win+R 组合键,输入 firewall.cpl。

(2) 打开"控制面板",选择"Windows Defender 防火墙",打开"Windows Defender 防火墙"窗口,如图 11-19 所示。

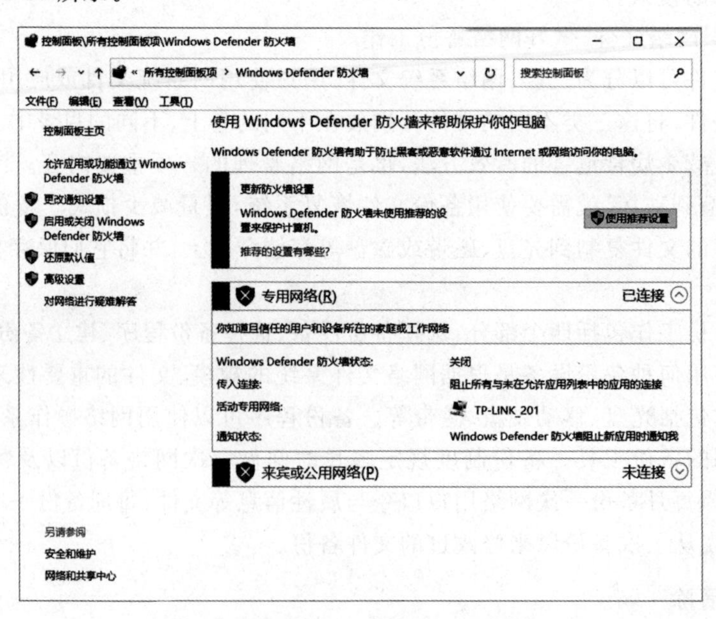

图 11-19 Windows Defender 防火墙

2）允许应用或功能

在打开的“Windows Defender 防火墙”窗口中，选择“允许应用或功能通过 Windows Defender 防火墙”链接，可以在打开的新窗口中设置允许的应用和功能，如图 11-20 所示。

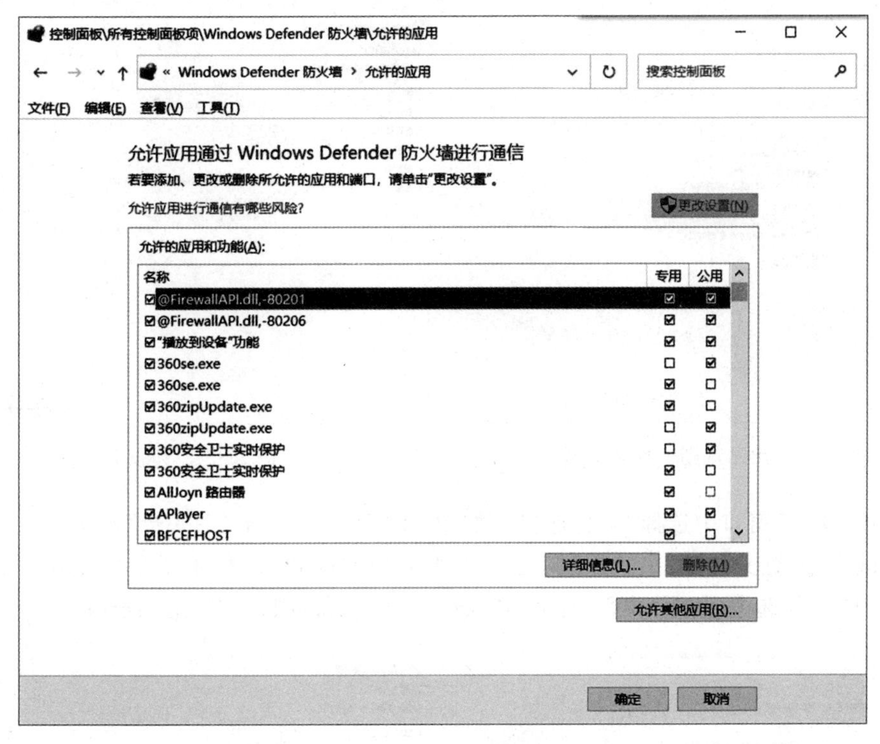

图 11-20　允许的应用

3）关闭 80 端口

（1）在“Windows Defender 防火墙”窗口中单击“高级设置”，可以打开“高级安全 Windows Defender 防火墙”，如图 11-21 所示。

（2）右击左侧的“出站规则”，在弹出的快捷菜单中选择“新建规则”，如图 11-22 所示。

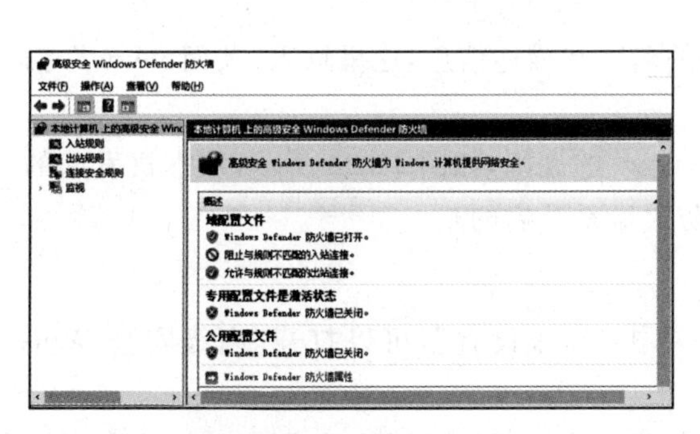

图 11-21　高级安全 Windows Defender 防火墙

图 11-22　新建出站规则

(3) 在打开的“新建出站规则向导”中选择“端口”,如图 11-23 所示,单击“下一步”按钮。

(4) 在打开的“协议和端口”窗口中选择 TCP 协议和特定远程端口,并在对应的文本框中输入 80,如图 11-24 所示。

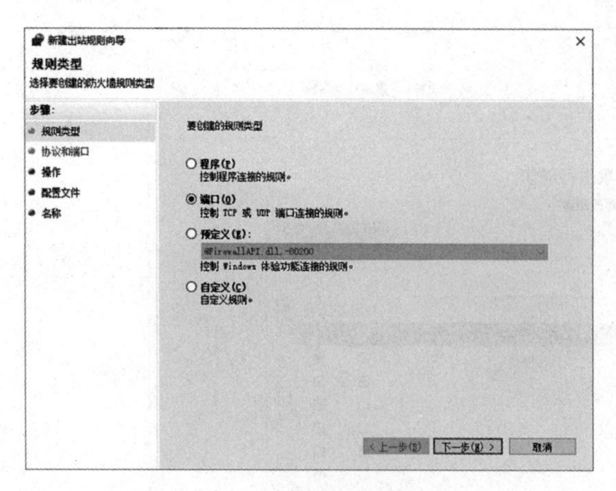

图 11-23 出站规则—规则类型

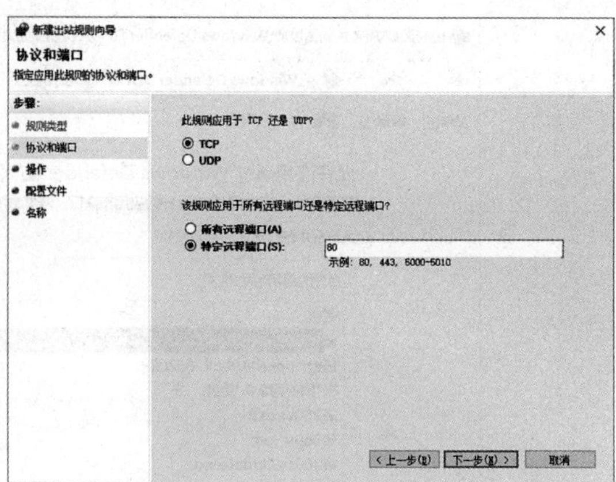

图 11-24 协议和端口

(5) 在“操作”窗口中选择“阻止连接”,如图 11-25 所示,单击“下一步”按钮。

(6) 进入“配置文件”窗口,用于指定此规则应用的配置文件,主要是确定何时使用该规则,这里三项全部选中,如图 11-26 所示,在实际工作中可以根据需要适当选择。

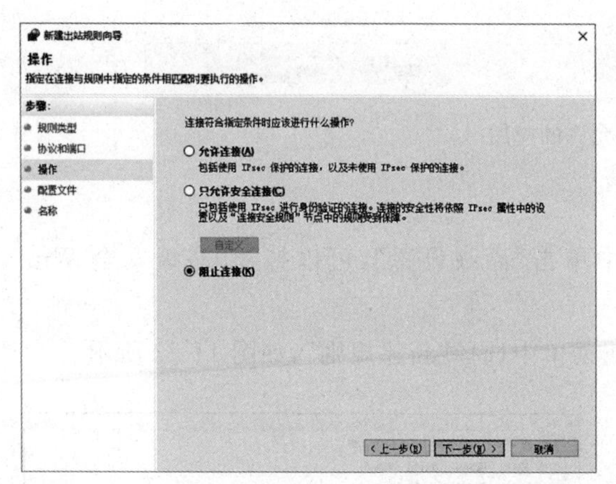

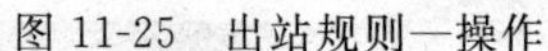
图 11-25 出站规则—操作

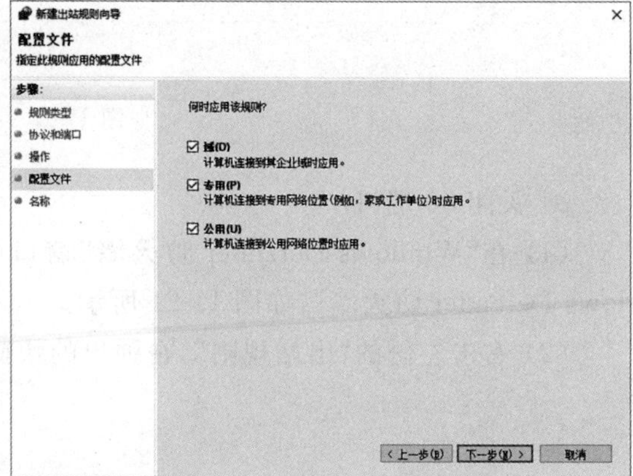

图 11-26 出站规则—配置文件

(7) 进入“名称”窗口,主要是指定该项规则的名称和描述信息,这里输入“关闭 www”,描述为空即可,如图 11-27 所示。

此时,在出站规则中就多了一条名为“关闭 www”的规则,如图 11-28 所示,从本机发起的访问任何网站的服务都将被拦截(注意,要保证防火墙是开启的)。

4. 禁止 ICMP 协议

(1) 在“Windows Defender 防火墙”窗口中单击“高级设置”,可以打开“高级安全 Windows Defender 防火墙”,如图 11-21 所示。

(2) 右击左侧的“入站规则”,在弹出的快捷菜单中选择“新建规则”,如图 11-29 所示。

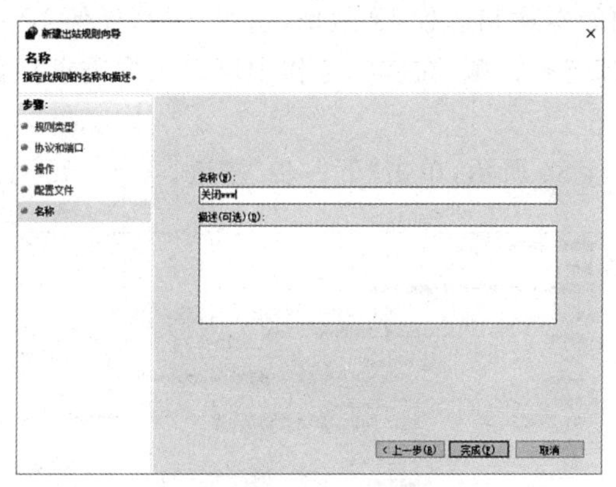

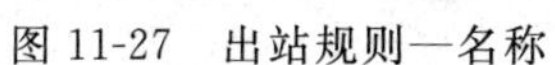
图 11-27　出站规则—名称

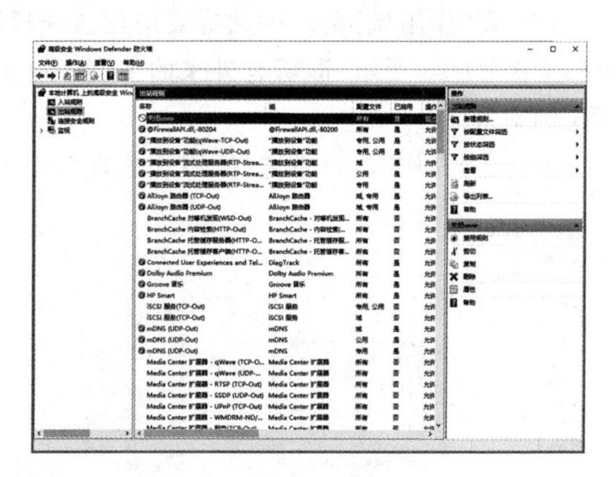
图 11-28　高级安全 Windows Defender 防火墙

(3) 在打开的"新建入站规则向导"中选择"自定义",如图 11-30 所示,单击"下一步"按钮。

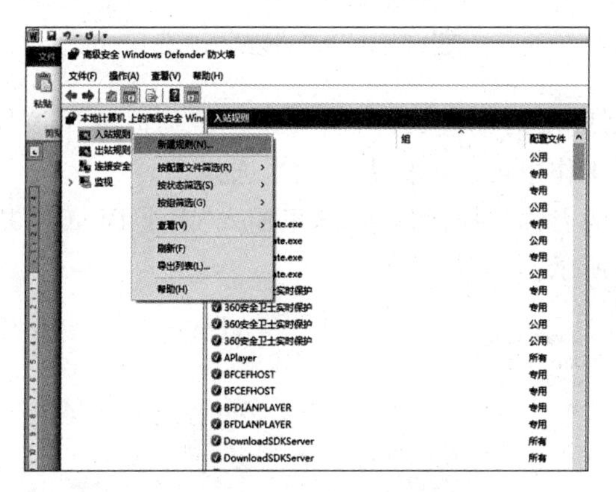

图 11-29　新建入站规则

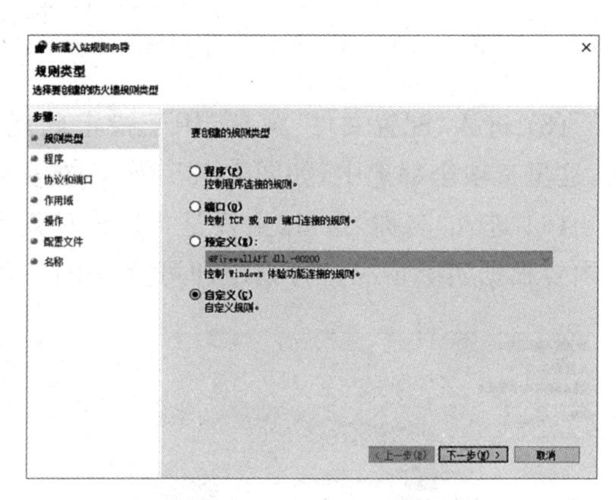

图 11-30　入站规则—规则类型

(4) 在"程序"窗口中选择"所有程序",如图 11-31 所示,单击"下一步"按钮。

(5) 在打开的"协议和端口"窗口中选择 ICMPv4,如图 11-32 所示,单击"下一步"按钮。

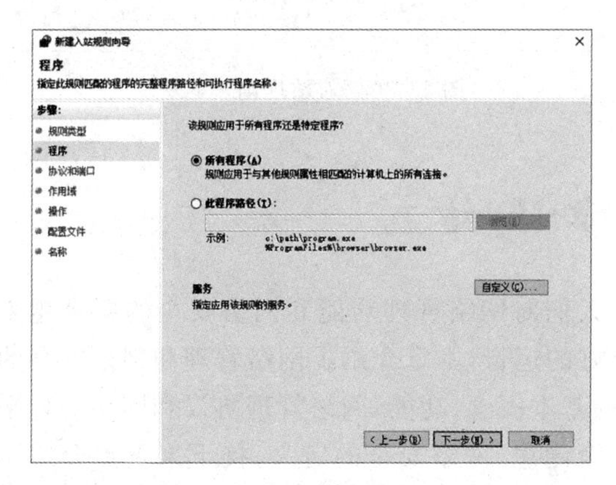

图 11-31　入站规则—程序

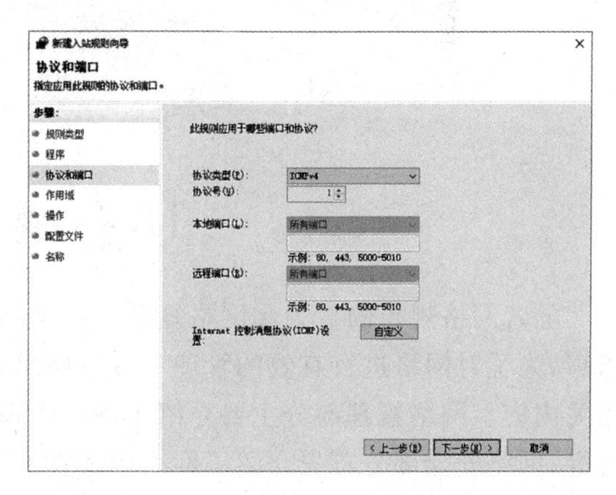

图 11-32　入站规则—协议和端口

(6) 在“作用域”窗口中选择要应用该项规则的本地和远程 IP 地址,这里选择“任何 IP 地址”,如图 11-33 所示,即所有外来的 PING 流量都将被拦截,在实际工作中可以根据需求拦截指定的地址。

(7) 在“操作”窗口中选择“阻止连接”,如图 11-34 所示,单击“下一步”按钮。

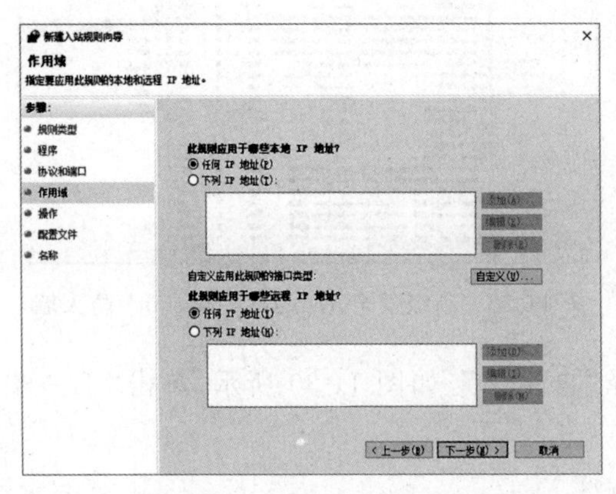

图 11-33　入站规则—作用域

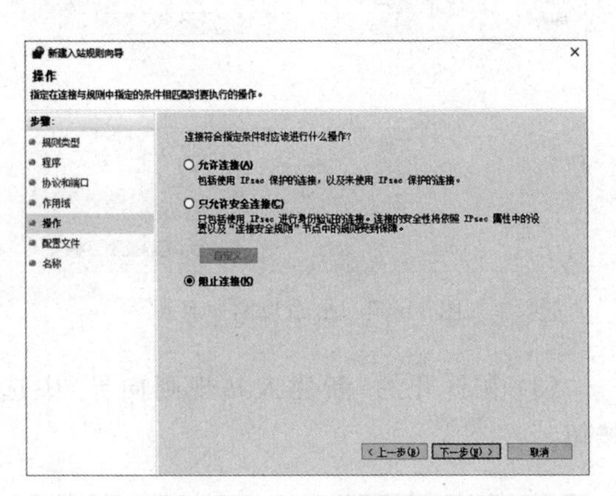

图 11-34　入站规则—操作

(8) 进入“配置文件”窗口,用于指定此规则应用的配置文件,主要是确定何时使用该规则,这里三项全部选中,如图 11-35 所示,在实际工作中可以根据需要适当选择。

(9) 进入“名称”窗口,主要是指定该项规则的名称和描述信息,这里输入“阻止 PING”,描述内容根据实际情况自行指定即可,如图 11-36 所示。

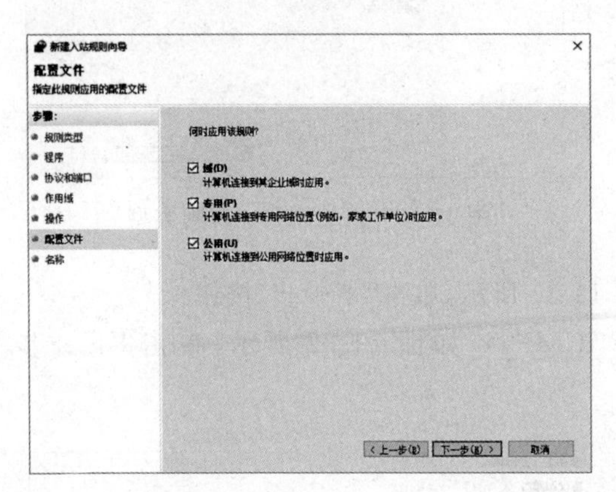

图 11-35　入站规则—配置文件

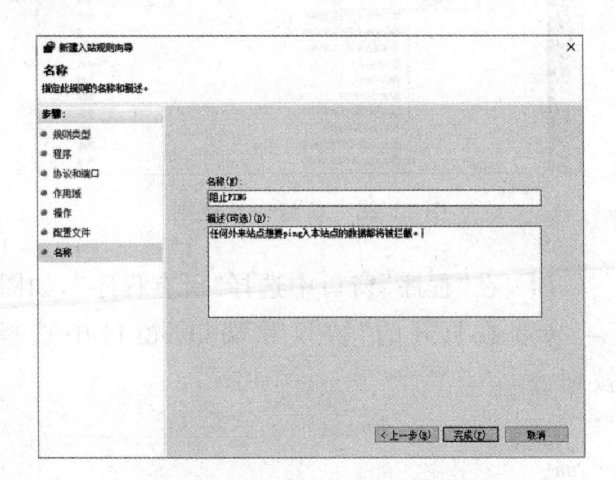

图 11-36　入站规则—名称

11.4 本章小结

随着网络规模的扩大和网络复杂性的增加,人们对网络管理功能和网络安全的要求越来越高,为了对网络进行有效的管理和保持网络良好的运行,本章介绍了网络管理和网络安全的相关内容。网络管理部分主要介绍了网络管理的基本概念、功能,网络管理协议和网络管理平台等;网络安全部分首先介绍了网络中存在的安全隐患、网络安全的定义,接下来重点介绍了安全加密技术、防火墙技术、虚拟专用网技术、防病毒技术等。

11.5 本章习题

一、选择题

1. 基于网络低层协议、利用协议或操作系统的漏洞来达到攻击目的，这种攻击方式称为(　　)。
   A. 服务攻击　　B. 拒绝服务攻击　　C. 被动攻击　　D. 非服务攻击
2. 计算机病毒为(　　)。
   A. 一种用户误操作的后果　　B. 一种专门侵蚀硬盘的病菌
   C. 一类有破坏性的文件　　D. 一类具有破坏性的程序
3. 计算机病毒不可以通过下面(　　)途径来传播。
   A. 网络　　B. 电子邮件　　C. 文件　　D. 只读光盘
4. 从病毒防护的角度来看，下面(　　)操作是应该避免的。
   A. 在网关上安装防病毒软件　　B. 在用户端安装防病毒软件
   C. 使用一台工作站作为网络的服务器　　D. 经常备份系统文件
5. 下列说法错误的是(　　)。
   A. 服务攻击是针对某种特定网络的攻击
   B. 非服务攻击是针对网络层协议而进行的
   C. 主要的渗入威胁有特洛伊木马和陷门
   D. 潜在的网络威胁主要包括窃听、通信量分析、人员疏忽和媒体清理等
6. 下列有关防火墙的说法错误的是(　　)。
   A. 防火墙通常由硬件和软件组成
   B. 防火墙无法阻止来自防火墙内部的攻击
   C. 防火墙可以防止感染病毒的程序或文件的传输
   D. 防火墙可以记录和统计网络正常利用数据以及非法使用数据的情况
7. 下列不属于消息认证的内容是(　　)。
   A. 证实消息来源是否具有密钥　　B. 证实消息的信源和信宿
   C. 消息的序号和时间性　　D. 消息内容是否受到偶然或有意地篡改
8. 下列关于加密的说法中错误的是(　　)。
   A. 对称型加密使用单个密钥对数据进行加密或解密
   B. 不对称型加密算法有两个密钥
   C. 不可逆加密算法的特征是加密过程不需要密钥
   D. 不对称型加密算法的密钥不公开
9. 网络管理系统模型的四个部分是(　　)。
   A. 管理对象、管理程序、管理信息和管理协议
   B. 管理员、管理对象、管理信息库和管理协议
   C. 管理体制、管理对象、管理信息库和管理方式
   D. 管理对象、管理进程、管理信息库和管理协议

二、填空题

1. DES加密标准是在________位密钥的控制下，将每64位为一个单元的明文变成64位

的密码文。

2. 公钥密码体制有两种基本模型,一种是________,另一种是________。

3. 防火墙采用最简单的是________技术,用它来限制可用的服务,限制发出或接收可接受数据包的地址。

4. 网络管理包括五个功能,分别为________、________、________、________和________。

三、简答题

1. 什么是网络安全?
2. 网络安全的主要威胁有哪些?
3. 网络安全的特征是什么?
4. 什么是公开密钥密码体制?其特点是什么?
5. 什么是 VPN?VPN 的实际应用有哪些?
6. 什么是计算机病毒?试举出几种常见的计算机病毒。
7. 网络防病毒的措施有哪些?
8. 简述网络病毒的清除步骤。

参 考 文 献

[1] 谢希仁．计算机网络[M]. 第 8 版．北京:电子工业出版社,2021.

[2] 李志球．计算机网络基础[M]. 第 5 版．北京:电子工业出版社,2020.

[3] 特南鲍姆,韦瑟罗尔．计算机网络[M]. 严伟,潘爱民,译．第 5 版．北京:清华大学出版社,2012.

[4] 陈年．TCP/IP 协议分析教程与实验[M]. 第 2 版．北京:清华大学出版社,2022.

[5] 徐红,曲文尧．计算机网络技术基础[M]. 第 3 版．北京:高等教育出版社,2021.

[6] 汪双顶,余明辉．网络组建与维护技术[M]. 第 2 版．北京:人民邮电出版社,2014.

[7] 陈波．网络服务器管理教程[M]. 上海:上海交通大学出版社,2019.

[8] 王国鑫．网络服务器配置与管理[M]. 第 3 版．北京:机械工业出版社,2021.

[9] 刘永华,张秀洁．局域网组建、管理[M]与维护．第 3 版．北京:清华大学出版社,2018.

[10] 李建林．局域网交换机和路由器的配置与管理[M]. 第 2 版．北京:电子工业出版社,2020.